经济林栽培与利用

李先明　著

武汉理工大学出版社

图书在版编目（CIP）数据

经济林栽培与利用 / 李先明著. ——武汉：武汉理工大学出版社，2024.5（2024.10 重印）

ISBN 978-7-5629-7053-8

Ⅰ. ①经… Ⅱ. ①李… Ⅲ. ①经济林—栽培技术 ②经济林—综合利用 Ⅳ. ①S727.3

中国国家版本馆 CIP 数据核字（2024）第 102046 号

项目负责人：杨　涛
责 任 编 辑：陈海军
责 任 校 对：张明华
装 帧 设 计：兴和设计
出 版 发 行：武汉理工大学出版社
社　　　址：武汉市洪山区珞狮路 122 号
邮　　　编：430070
网　　　址：http://www.wutp.com.cn
经　　　销：各地新华书店
印　　　刷：武汉市洪林印务有限公司
开　　　本：710mm×1000mm　1/16
印　　　张：23.75
字　　　数：400 千字
版　　　次：2024 年 5 月第 1 版
印　　　次：2024 年 10 月第 2 次印刷
定　　　价：49.80 元

凡购本书，如有缺页、倒页、脱页等印装质量问题，请向出版社发行部调换。
本社购书热线电话：027-87391631　87523148　87165708(传真)

序

习近平总书记强调，各地推动产业振兴，要把“土特产”这3个字琢磨透。我们要立足农业农村特色资源，大力发挥第一、二、三产业融合发展的乘数效应，把资源优势转化为产业优势、经济优势、战略竞争优势，为加快建设以实体经济为支撑的现代化产业体系发挥更大作用。

经济林是我国五大林种之一，集果、油、药、绿化、观赏、防护、水保于一体，具有生态效益和经济效益的双重性。经济林在调整农村产业结构、构建农业产业新质生产力、促进农民增收等方面发挥了重要作用，尤其是柿、枣、樱桃、石榴、无花果、桑葚、梨等特色水果已然成为各地发展地方经济、实现乡村振兴的支柱产业。

按照“产业生态化、生态产业化”的总体要求，经济林产业发展要践行绿水青山就是金山银山的理念，充分发挥资源优势，突出特色品种，优化区域布局，打牢产业发展基础。湖北省是经济林鲜果生产大省，柿、枣、樱桃等特色水果为大别山区、武陵山区、秦巴山区、幕阜山区等地的主要经济作物，承担着山区脱贫致富、产业振兴以及改善生态环境的重要任务，罗田甜柿、随县大枣、房县樱桃、南漳桑葚、汉水砂梨等品牌久负盛名，惠及千家万户。

经济林鲜果产业在发展过程中也出现了一些问题，部分地区缺乏科学规划，不能根据当地生态气候条件及市场需求选择合适的树种、品种，盲目跟风，“北果南引、南果北种”现象严重，不仅给农民的经济造成损失，还影响到林果业高质量发展和乡村振兴。湖北省农业科学院李先明研究员撰写的《经济林栽培与利用》一书，系统介绍了柿、枣、樱桃、石榴、无花果、桑葚、梨在长江中下游地区的市场前景、品种、建园及生产新模式、病虫害防治等内容，对推动经济林科技创新与成果转化、促进林果业绿色可持续发展具有重要指导意义。

中国工程院院士

2024年4月

目　录

第一章　柿

第一节 概 论

一、柿的经济意义及在长江中游地区的生产潜力

1. 柿的经济意义

柿是我国传统的特色水果，又名朱果、米果、猴枣。因柿果味道鲜美，营养价值高，被制成柿饼后，耐储耐运，古代常常将它作为粮食的代用品，故柿也被誉为“铁杆庄稼”“木本粮食”。南朝梁简文帝在《谢东宫赐柿启》中把柿子誉为“甘清玉露，味重金液”。柿果还可加工成柿汁、柿酱、柿霜糖、柿酒、柿醋等产品。柿果及其加工品除营养丰富、风味甘美，具有食用价值外，还具有保健功能及较高的药用价值。《名医别录》中记述“柿，味甘，寒，无毒。主通鼻耳气，肠澼不足”。《本草纲目》中记载“柿乃脾肺血分之果也。其味甘而气甲，性涩而能收，故有健脾、涩肠、治嗽、止血之功”。干柿加蜜柑皮少许，水煎服，是民间治疗百日咳的验方。柿饼、柿叶、柿皮、柿蒂、柿霜、柿木皮及柿根的药用价值在《本草衍义》《本草再新》等古代医药典籍中均有记载。

柿饼，味甘气平，能和胃肠，止痔血，可治大便下血，以及各种咯血、血淋、肠风、痔漏、痢疾等。柿霜为柿饼外表面的白色粉霜，具有清热、润燥、化痰的功效，主治肺热燥咳、咽喉痛、口舌生疮、吐血、咯血等疾症。柿蒂是柿的干燥宿萼，具有降血压、软化血管、调节免疫力等作用，可加工制成柿叶茶、柿叶保健茶、柿叶奶茶、柿叶饮料、柿叶晶等产品。柿果红色素可用作食用色素，柿子皮是天然类胡萝卜素和叶黄素的理想来源。

在我国古代，柿常常栽植于宫殿、寺院的庭园之中，作为观赏树木。《晋宫阁名》记载“华林园柿六十七株，晖章殿前柿一株”。《酉阳杂俎》(公元 860 年)记载柿有七绝，“一多寿，二多阴，三无鸟巢，四无虫蠹，五霜叶可玩，六佳实可

唊，七落叶肥大，可以临书”。南宋诗人杨万里在《谢赵行之惠霜柿》中描述“红叶曾题字，乌椑昔擅场。冻干千颗蜜，尚带一林霜。核有都无底，吾衰喜细尝。惭无琼玖句，报惠不相当”。在现代，柿也为优良的园林绿化树种，其冠层开展且枝干皮较为光滑，叶大而绿且入秋冬变红，果实又艳丽夺目，颇具观赏价值，不少城市作为行道树种植。许多山区和半山区的农村，柿也是家庭宅院、房前屋后、田边地角常常栽植的树种。在民间也流传着许多柿作为备荒粮食的俚语、俗语，如“枣柿半年粮，不怕闹饥荒”“板栗柿子是铁树，稳收稳打度荒年”，故此，柿生产栽培在贫困山区，特别是黄河中下游地区得到快速发展。

2. 柿在长江中游地区的生产潜力

(1)甜柿产业发展迅猛

如今，柿产业快速发展，特别是在长江流域及其以南地区的甜柿产业发展迅猛，如云南、湖北、浙江、江苏等地，主要栽培的甜柿品种为日本完全甜柿阳丰、次郎系、太秋以及中国完全甜柿品种鄂柿1号。俗话说“吃柿子挑软的捏”，而甜柿却是硬的，其果实在树上成熟时自然脱涩，采后不需要人工脱涩，可像苹果、梨那样削皮脆食，食用方便，而且，甜柿果实风味独特，其果肉甜脆爽口，纤维少，含糖量高，维生素C、铁、锌、钙、硒等含量都高于涩柿，保脆时间长，市场需求缺口较大。

随着我国人民水果消费水平的提高、消费观念的改变以及国内外果品市场供求关系的变化，国内水果消费市场上大宗水果的消费量趋于稳定，而一些精、奇、优、新的小水果、特色水果消费量增长较快，柿果及其加工品、保健产品的市场需求日渐增大。2022年，我国柿年人均占有量仅为2.73 kg，远远低于苹果的35.13 kg、柑橘的45.57 kg，特别是甜柿年产量仅为柿年总产量的2.0%～3.0%，市场缺口较大，供需矛盾较为突出，甜柿产业迎来黄金发展时期。

(2)柿加工品市场趋旺

我国栽培的甜柿主要用于鲜食，涩柿除鲜食以外，主要用于制作柿饼，其中广西、陕西、山东的柿饼产量占全国柿饼总产量近九成，广西恭城柿饼(月柿)、陕西富平柿饼(尖柿)和山东青州柿饼(牛心柿)为国家地理标志保护产品，是我国传统的地方特产，主要出口于日本、韩国及东南亚地区。国内柿饼市场由于产量少，需求缺口大，柿饼价格逐年攀升，每千克高达40.00～100.00元，精品包装的优质柿饼售价更高。

二、柿的栽培历史及产业现状

1. 柿的栽培历史

(1)我国柿的栽培历史

柿(*Diospyros kaki* Thunb.)属于柿科(Ebenaceae)柿属(*Diospyros*)，是柿属植物中作为果树利用的代表种，也是我国原产著名的浆果。除了东北、西北高寒地区不能栽培以外，柿在我国黄河流域及长江流域都有广泛种植。我国柿栽培历史悠久，早在夏朝、商朝时期，人民常采集野生状态下的柿果充饥，柿的人工驯化栽培则兴起于战国时代，流行于汉代。汉武帝时司马相如所著《上林赋》中有“枇杷橪柿、楟柰厚朴”之句；汉初《礼记·内则》中有“枣、栗、榛、柿”的记述。

广东高要的茅岗出土过战国时期的柿核，马王堆汉墓3号出土过柿种子及柿饼，表明先秦时期柿就已经成为一种受人们欢迎的水果。汉晋以后，柿更为人民所喜爱，视为珍果。西汉的王褒在《僮约》中记述“植种桃李，梨柿柘桑”。《梁书·沈瑀传》中有“永泰元年，为建德令，教民一丁种十五株桑、四株柿及梨栗；女丁半之，人咸欢悦，顷之成林”。唐代诗人韩愈在《游青龙寺赠崔大补阙》诗中描述“友生招我佛寺行，正值万株红叶满”，南宋马永卿《懒真子》中记载“仆仕于关陕，行村落间，常见柿树连数里”。《嵩书》中记载“二室之下，民多种柿，森蔚相望”，上述记载可以看出我国古代柿子种植规模之大。

在我国古代丰富的农业文献中，也可以看到不少关于柿栽培技术的记载。北魏贾思勰撰写的《齐民要术》中记载“柿有小者，栽之；无者，取枝于软枣根上插之，如插梨法”“柿有树干者，亦有火焙令干者”，从这些描述中可知，当时柿已用软枣(君迁子)作为砧木进行繁殖(图1-1)，同时通过日晒或者火焙制作柿干。《新唐书·地理志》中有关于柿品种的记载“柿有数种，有如牛心者，有如鸡卵者，又有如鹿心者”。《八闽通志》记载福州府有“花柿、卵柿、乌柿，古田、永福诸

邑为多”;泉州府有“钟柿、红柿、猴柿”;兴化府有“牛心柿、红柿、猴柿”。《农政全书》中有关于柿栽植技术及加工的记载“三月间,秧黑枣,备接柿树,上户秧五畦,中户秧三畦,下户秧二畦。凡坡陡地内,各密栽成行,柿成,做饼以佐民食”。关于柿的栽植方法,民间的俗语、俚语中也有很多记述,如“岗地柿,洼地柳,枣树栽到沙窝里”“七月石榴正开口,八月菱角舞刀枪,九月山上采黄柿”“软枣树上结柿子——小事(柿)一宗”“立秋胡桃白露梨,寒露柿子红了皮”“白露打核桃,霜降摘柿子”“霜降不摘柿,硬柿变软柿”“七月核桃八月梨,九月柿子红到皮”“旱枣涝栗子,不旱不涝收柿子”。

图 1-1　古老君迁子砧木及萌蘖(湖北枣阳市)

(2)湖北省柿的栽培历史

湖北省柿的栽培历史悠久,湖北荆门出土了战国时期的柿核,说明战国时期柿已经在长江流域进行人工栽培和利用。与湖北接壤的河南南阳地区,为我国柿栽培较早的地方之一。东汉王逸《荔枝赋》记载“宛(今在南阳)中朱柿”,张衡《南都赋》记载“若其园圃,……乃有樱、梅、山柿”,说明在东汉,河南南阳地区已经有人工栽培的柿子,很可能是从毗邻的湖北引入。在我国古代常将椑看作是柿的一种,甚至作为柿的别称。长江中下游地区,特别是湖北地区历来以产椑柿著称,三国时期韦昭的《云阳赋》记载“甘蔗椑柿、榛栗木瓜”,云阳县在重庆东北部,毗邻湖北省恩施州的利川市。《荆州土地记》记述“宜都出大椑”,表明魏晋时期在湖北宜都地区就有适宜商业化栽培的大果柿品种。《新唐书・地理志》记有“柑、橙、橘、椑”,说明当时湖北江陵地区的特产就有柑橘、橙子及柿子。

宋代苏轼在《答秦太虚七首》中描述“所居对岸武昌……柑橘椑柿极多”，很明显，宋代椑柿与栽培果树柑橘并列，且产业规模大，广行栽植。

中国是涩柿的重要原产地，也是甜柿的原产地。鄂、豫、皖三省交界地区，特别是以湖北省罗田县、麻城市为中心的大别山区分布着世界上最古老的甜柿种质资源（中国甜柿/罗田甜柿），亦是我国唯一原产的甜柿种质资源地。史料记载罗田甜柿栽培历史久远，明嘉靖十年（公元1531年），湖北省罗田县农户家的分家契约上记载“竹园中之甜柿树，为两家共有”。清康熙年间编撰的《罗田县志》“祥异”一节里记述“宋明道元年（公元1032年），黄州桔木及柿木连枝”，罗田县宋代属黄州管辖，由此可见罗田甜柿人工栽培历史已有近千年，较日本古老的甜柿品种“禅柿丸”（公元1214年）还早180年左右。

2. 柿产业现状及问题

(1)柿产业现状

中国是世界上最大的柿生产国，栽培面积和产量均居世界首位。2022年我国柿产量为385.82万t，较2015年、2014年、2013年、2012年分别增加了30.80%、30.53%、34.03%、32.58%，柿产量呈现出逐年稳步上升的态势，产业发展形势较好。部分柿产区依托当地传统的柿品种资源，大力发展生产，柿产业已经成为部分山区、半山区脱贫致富奔小康的当家产业，行业影响力逐年增强。全国先后涌现出一批各具特色的“中国柿之乡”，比如北京市房山区、天津市蓟州区、河北易县及保定市满城区被授予“中国磨盘柿之乡”，山西万荣县、山东临朐县、陕西富平县及商洛市商州区为“中国柿之乡”，湖北罗田县、云南保山市为“中国甜柿之乡”，广西恭城瑶族自治县为“中国月柿之乡”。

(2)柿产业存在的问题

①种业商业化水平低

我国是拥有柿品种资源最丰富的国家，初步统计柿品种数为1058个，主要为传统的农家品种或地方品种，少数为芽变和偶发实生品种，绝大部分为完全涩柿，仅大别山地区原产的罗田甜柿为完全甜柿。但是我国柿育种水平低，甜柿商业化育种水平低于日本，人工选育的适宜商业化栽培的品种极少，少量新近选育的品种均为资源鉴定评价后筛选而出或者芽变优株，如河北选育的莲花

柿，河南的胭脂红柿，福建的早红柿，山西的七月红，山东的八月黄、九月青，浙江省的平阳无籽柿等，生产中主要栽培品种仍为传统地方品种，如陕西泾阳县、三原县的鸡心黄柿，富平县的尖柿，河北的磨盘柿、莲花柿，山东菏泽的镜面柿，浙江杭州的方柿。

柿苗木市场较为混乱，专业化的育苗单位少，缺乏完善的苗木繁育体系。柿苗木以次充好，品种杂乱现象较为普遍，质量参差不齐，特别是部分地区未经过系统的品比试验，忽视品种的适栽性，盲目引种，完全不能满足建园及生产要求。

②商品化、集约化生产基地少

与苹果、梨、柑橘等大宗水果相比，柿生产商业化程度低，大部分主要散生于房前屋后、田边地角及荒坡岗地，甚至处于野生及半野生状态，特别是山区柿作为庭院经济作物广泛分布，基本失管，主要靠天收。各柿产区普遍缺乏规模化、集约化、商品化生产示范基地，以家庭为主要单位进行柿生产，导致柿商业化栽培技术滞后，特别是在现代农业的大背景下，实用化、省力化、机械化、信息化的栽培技术规范缺失，柿产业品牌少，产业影响力较弱，远远不能适应新形势下柿产业持续发展的要求。

③产业集中度低

我国许多柿产业新发展区，忽略了适地适栽的果树引种原则，时常发生柿品种“北种南栽”“南种北引”的现象，导致产业损失。如今甜柿生产的发展势头迅猛，黄河流域及一些南方高海拔地区盲目引种栽植，导致甜柿品质变劣，甚至颗粒无收，究其原因主要是不同品种类型、不同品种的区域规划不明晰。由于受到砧木的限制，湖北省甜柿栽培品种主要为次郎系的品种，与砧木君迁子亲和，包括次郎、前川次郎等。2005 年以后次郎系品种在湖北省部分地区果肉发生褐变，商品性状变劣，已经逐步淘汰。

④采后商品化处理及加工水平不高

当前，我国柿生产单元基本是以家庭为单位，规模小，投入不足，缺乏组织性。从生产到销售，市场各环节关联性差，“小生产与大市场”的矛盾较为突出，很难实现产、运、储、加、销一体化发展，产业的整体效益没有得到充分发挥。特别是采后商品化处理程度较低，市场流通无品牌、无包装、无分级。尽管柿加工品类型多，但生产上除了柿饼加工稍具产业规模以外，其他诸如柿片、柿酒、柿醋、柿饮料、柿叶茶等加工品及保健产品数量都较少，尤其缺乏有品牌效应的加工产品。加工增值问题没有得到解决，导致一些地方由于柿品种单一和熟期集中而出现柿贱伤农的情况，这已经成为制约我国柿产业健康快速发展的瓶颈问题。

三、柿的市场前景及发展趋势

1. 柿的市场前景

我国柿栽培面积最大的十个地区分别为广西、河北、河南、陕西、福建、山西、广东、山东、安徽、江苏，其中黄河流域的中部及东部地区为我国传统的柿产区，如河北、河南、山东、陕西、山西等省的柿产量占到全国柿产量的近一半，且柿产量均保持逐年稳步增长的态势。长江流域及以南地区柿产量则呈现出快速增长的态势，如广西、福建、广东、安徽、江苏等地，其中广西柿产量异军突起，占全国柿总产量的四分之一，主要栽培当地的完全涩柿品种恭城月柿，由于解决了月柿采后保脆脱涩问题，储藏运输较为便捷，市场竞争力强，种植经济效益高，导致月柿的生产爆发式增长。

我国的柿文化源远流长。自古至今，无论是帝王将相、文人墨客，还是普通百姓都将柿子视为吉祥如意的象征，其谐音表达“万事（柿）如意”“事事（柿柿）如意”。根据《礼记》的记载，我国在周代就开始在重大祭祀仪式上将柿果作为供品。随着社会经济的发展，柿文化与经济和社会生活结合得越来越紧密。柿的生产和柿文化旅游在许多柿产区已经成为一个独立的产业，各地通过举办柿文化节、宣传柿文化来进一步扩大柿产业，如湖北罗田县的“罗田甜柿节”、浙江天台的“红朱柿文化节”、浙江永康的“方山柿文化节”、陕西富平的“柿子文化节”。每年秋冬柿果灿烂的时候，各柿产区举办以“柿为媒、招商唱戏”为主的民俗节日活动，将柿果采摘与当前流行的生态旅游、观光休闲旅游、农家乐等融合，不少柿产区还推出了以柿文化为主题的旅游产品，如柿饼、柿果汁、柿酱、柿霜糖、柿酒、柿醋、柿膏、柿叶茶等。湖北罗田县还建了“柿之都”甜柿文化博物馆，为柿文化的普及注入了现代气息。

2. 柿的发展趋势

(1)育种将获得突破,良种普及率提高

种质资源是种质创新工作的基础和前提。我国是柿的重要原产园,柿原生于我国长江流域,野生柿在四川、湖北、浙江、江苏等省均有分布,大别山地区更是我国唯一的甜柿原产地,具有丰富的遗传资源及多样性。国内许多科研单位相继加大了柿种质创新的力度,在杂交育种、芽变选种、实生及辐射诱变育种方面成效显著,如中国林业科学研究院经济林研究所、西北农林科技大学、中国林业科学研究院亚热带林业研究所等单位在杂交育种领域取得了较为显著的成绩,选育出了一批新品种。

(2)低成本、省力化、标准化栽培成为主流

柿树适应性强,抗瘠薄耐盐碱,病虫害少,长期以来形成了粗放大冠、稀植、放任栽培的生产模式,导致树体高大、冠层稀疏、枝叶覆盖率大,严重制约了现代化生产条件下的果园操作管理,致使诸如果园自走式弥雾机、旋耕机、运输机械等无法直接入园,但果园用工多,这对现代化生产技术提出了更高的要求。随着我国工业化、城镇化的快速发展,大量农村青壮年劳动力流入城市,农村富余劳动力逐渐减少,用工成本快速上升,另外化肥、农药、农膜等生产资料也呈现出持续上涨的态势。

柿产业为劳动力密集型、资金密集型及技术密集型产业,且产业风险较大,在专业人力资源稀缺及劳动力成本高涨的新形势下,低成本、省力化、标准化栽培模式必定成为主流。土地成本可控,劳动力成本不可控,通过规模化、标准化、集约化、机械化等科学管理以及新科技的使用降低劳动力的投入,这是现代柿园可以盈利的根本,如轻简化高光效树形的创制、合理负载及果实管理、果园机械化、精准施肥、省力化土壤管理模式以及数字化柿园、信息化柿园等技术模式将大力推广应用。

(3)采后商品化处理及加工产业呈现出快速发展的态势

采后商品化处理为柿果从简单农产品转变为商品的必备过程,主要包括采收、分级、清洗、脱涩、包装等环节,重点提高采后分级包装技术标准,减少人工分级和包装的比例,提高涩柿的脱涩保鲜技术水平,如简化完善不同涩柿品种

的树体脱涩、CO_2脱涩保脆、乙烯脱涩保脆的技术流程，开发出广适性的保鲜剂等。

柿饼生产在选用专用加工品种的同时，开发柿饼精加工的工艺和配套的去皮、去核机械。传统的单家独户、家庭小作坊式的柿饼加工工艺及经营模式已经不能满足食品安全的要求，如传统青州柿饼、富平柿饼和恭城月柿的加工多采用自然晾晒，灰尘及霾粒污染大，遇到阴雨天易发霉变质，且包装材料粗糙，卫生指标及食用安全性得不到有效保障，应大力发展标准化、现代化、工厂化的柿饼加工生产及经营模式，依据国家食品质量安全要求，改进加工工艺，提高产品质量。除柿饼以外，还应强化柿霜糖、柿汁、柿酱、柿酒、柿醋、柿子脯、柿子干、柿子糕等产品的生产，进一步深入研究柿功能成分及有益物质的药理作用，开发出一系列功能食品、保健食品、药品以及其他产品，如柿叶茶、保健茶、柿叶奶茶、柿叶饮料、柿叶晶等多种功能保健食品。

(4)社会化生产组织的引领作用将进一步加强

培育生产社会化服务组织，诸如专业合作社、家庭农场、生产协会以及企业等新型生产经营主体，加强标准化果园管理、统一农资配送及使用、专业机械化服务、专业植保服务、产品可溯源等生产环节的服务和监管，走集约化产销之路，实现农超对接、农企对接、农旅对接。

第二节　主要栽培品种

一、甜柿

1. 鄂柿1号

(1)品种特性：果实扁方圆形，大小整齐一致，果实横断面近圆形，果形指数0.76；果皮橙红色，具蜡质光泽，果面光洁，平滑细腻，果粉极多，具细龟甲纹理；

果面无纵沟，无锈斑，无缢痕；果顶广平微凹，十字沟极浅，无裂纹；果柄中长，较粗；蒂座圆形，较平，果柄附近环状凸起；果蒂褐绿色，扁心形，斜伸，萼片基部分离。果实大，单果重 200 g，最大果重 260 g；果肉橙红色，肉质致密松脆，软化后水质纤维极少，无褐斑，汁液中多，可溶性固形物含量 16%～18%，味甜，品质上。湖北罗田地区柿果成熟期在 9 月下旬至 10 月上旬，树上硬果自然脱涩，不耐储运，树上脱涩后易软化。无核或者 1～2 粒种子，髓心中大，条形，成熟时实心。树势强健，树姿较直立，中心干强，树冠半圆形；枝条褐色，较为稀疏；叶片大，卵圆形；与君迁子嫁接亲和力极强；抗逆性强，耐旱、耐瘠薄，较抗角斑病、圆斑病及炭疽病；进入结果期早，较为丰产、稳产。

(2)适应性：原产于湖北省罗田县，适应性特强，我国甜柿适宜生产区均可种植。

(3)用途：鲜食，无须人工脱涩脆食。

(4)栽培技术要点：①该品种中心干强，树姿较为开张，集约化栽培适宜行株距为(4.0～5.0)m×(3.0～4.0)m；②生产上适宜的树形为自由纺锤形及变则主干形，幼树树姿较为直立，可采取拉枝等措施扩大树冠；③果实在树上自然脱涩时易软化，注意适期采收，以保持果肉脆度；④栽培管理较差时，有大小年现象，注意加强肥水管理，以保证连年丰产。

2. 上西早生

(1)品种特性：果实为稍高的扁圆形，大小整齐一致，果实横断面圆形或者椭圆形，果形指数 0.85；果皮较为细腻，平滑光洁，具亮丽的蜡质光泽，覆果粉，果面橙红色；果顶广平，无十字沟或者十字沟较浅，无纵沟，无缢痕；蒂洼浅，无蒂隙，萼片中大，较为平展，稍微向上卷曲。果实大，单果重 210 g，最大果重 280 g；果肉橙红色，松脆致密，无褐斑或者较少，纤维少，软化后黏质，汁液中多，可溶性固形物含量 15%～17%，味甜，品质极上。武汉地区成熟期在 10 月上中旬。无核或者 1～2 粒种子，髓心中大，近圆形，部分果实成熟时空心；果实在树上自然硬化脱涩，较耐储运，采后自然存放硬果期 15 d。树势中庸，树姿稍直立，树冠高圆锥形；枝条短而粗，节间短；叶片较小，椭圆形；仅具雌花；与君迁子嫁接亲和力较强；进入结果期早，生理落果少，丰产、稳产。

(2)适应性:原产日本,适应性强,但不耐盐碱,浙江、湖北、陕西、云南等地试种表现较好,我国甜柿适宜生产区可引种栽植。

(3)用途:早熟品种,鲜食,无须人工脱涩脆食。

(4)栽培技术要点:①该品种树势中庸,树姿稍直立,集约化栽培适宜行株距为(3.0~4.0)m×(2.0~3.0)m;②生产上适宜的树形为自由纺锤形及变则主干形,幼树注意拉枝开角,扩大树冠;③不抗炭疽病,注意加强防治;④单性结实率高,疏果后保持叶果比(18~20):1,生产上配置少量的授粉品种,可增大单果重,提高品质;⑤注意加强肥水管理,以实现持续丰产。

3. 太秋

(1)品种特性:果实扁圆形,整齐一致,果实横断面方圆形,果形指数0.72;果皮光滑,有蜡质光泽,果粉少,果面橙黄色,无网状纹;果顶广平微凹,无十字沟,无裂纹,无缢痕;果肩圆,无棱状凸起;果蒂凹陷,柿蒂较大,方圆形,褐绿色,略具方形纹;蒂片较大,4枚,扁心脏形,紧贴于果面,无蒂隙。果实极大,单果重205 g,最大果重340 g;果肉橙黄色,松脆致密,无褐斑,纤维少;软化后水质,汁液多,可溶性固形物含量16%,味甜,品质上。武汉地区成熟期在10月上中旬,果实在树上硬果自然脱涩。无核或者1~2粒种子,髓心中大,成熟时实心,8心室,耐储运,采后自然存放硬果期10~15 d,货架期长。树势中庸,树姿半开张,树冠自然圆头形,萌芽力强,成枝力强;枝条浅褐色,生长量中等;叶片宽,椭圆形,浓绿色,叶脉明显突起,先端钝尖,基部楔形;结果早、丰产,抗逆性较强,裂果少。

(2)适应性:原产日本,适应性特强,我国甜柿适宜生产区均可种植,但是南方柿产区果实生长期如降水量大,果面易形成环形的黑色裂纹,影响商品价值。

(3)用途:鲜食,无须人工脱涩脆食。

(4)栽培技术要点:①该品种树势中庸,适宜密植,集约化栽培适宜行株距为(3.0~4.0)m×(2.0~3.0)m;②生产上适宜的树形为自由纺锤形、变则主干形及开心形,幼树注意拉枝开角;③南方柿区第二次生理落果后,要及时套袋(白色单层防水纸袋),以防虫、防鸟害以及防裂果;④花期放蜂或进行人工授粉,提高坐果率,需要疏花疏果,每结果枝留单果。

4. 阳丰

(1)品种特性:果实为稍高的扁圆形,大小整齐一致,果实横断面圆形,果形指数0.81;果皮较为细腻光滑,具蜡质光泽,覆果粉,无网状纹,果面橙红色;果顶广平微凹,脐部凹,十字沟浅,无纵沟,无缢痕;果腰下部有一环形纹,这是区别于阳丰甜柿最为典型的特征;果肩圆,无棱状凸起;蒂洼中深,无蒂隙;柿蒂较大,圆形,微红色,果梗附近斗状突起;蒂片4枚,心脏形,较为平展,稍微向上卷曲,基部分离。果实极大,单果重230 g,最大果重350 g;果肉橙红色,松脆致密,质稍粗,无褐斑或者较少,纤维少而细;软化后黏质,汁液少,可溶性固形物含量16%～18%,味甜,品质中上或者上。武汉地区成熟期在10月上旬。无核或者1～3粒种子,髓心大,正形,成熟时实心;果实在树上自然硬化脱涩,极耐储运,采后自然存放硬果期25～35 d,货架期长。树势中庸,树姿半开张,树冠半圆形;枝条短而粗,节间较长,褐色;叶片中大,椭圆形,浓绿色,富有光泽;仅具雌花;与君迁子嫁接亲和力强;进入结果期早,生理落果少,极丰产,武汉地区裂果率低于5%。

(2)适应性:原产日本,适应性强,湖北、云南、浙江、陕西、河南等地试种表现好,我国甜柿适宜生产区均可种植。

(3)用途:鲜食,无须人工脱涩脆食。

(4)栽培技术要点:①该品种树势中庸,栽培适宜行株距为(3.0～4.0)m×(2.0～3.0)m;②生产上适宜的树形为自由纺锤形、变则主干形及疏散分层形,注意选留预备枝;③湿度较大的南方柿区第二次生理落果后,宜套袋提高果实品质,减轻果实的环形纹;④花期放蜂或进行人工授粉,提高坐果率,果实过密则进行疏果,适宜叶果比为20∶1。

5. 富有

(1)品种特性:果实为扁圆形,圆整一致,果实横断面圆形或者近椭圆形,果形指数0.79;果面平滑光洁,具亮丽的蜡质光泽,覆果粉,无网状纹,果面橙红色;果顶广平微凹,有窄而浅的十字沟,脐部凹,无纵沟,无缢痕;果肩圆,无棱状凸起;蒂洼中深,柿蒂中大,圆形,蒂片4枚,心脏形,平贴果面,稍立起,蒂片边缘无焦枯，基部分离；果梗短而粗，较抗风。果实极大，单果重 230 g，最大果重 300 g，果肉橙红色，柔软致密，无褐斑或者较少，纤维少而细；软化后黏质，汁液较多，可溶性固形物含量 14%～16%，味甜，品质上。武汉地区成熟期在 10 月下旬，9 月中下旬即可采收上市。无核或者 2～4 粒种子，髓心小，成熟时实心；果实在树上自然硬化脱涩，极耐储运，采后自然存放硬果期约 20 d。树势强健，树姿开张，树冠圆头形；枝条长而粗，节间长，枝梢中等密，易下垂；叶片中大，椭圆形，浓绿色，叶柄长，微带红色；仅具雌花；与君迁子嫁接亲和力较差，与罗田甜柿、浙江柿以及一些野柿的类型嫁接亲和力强；早果性强，大小年不明显，丰产、稳产，武汉地区不裂果，萌芽较迟，抗晚霜的能力较强。

(2)适应性：原产日本岐埠县，适应性强，我国甜柿适宜生产区均可种植。

(3)用途：可以作为有性杂交育种的良好亲本，其中已经选育出松本早生、爱知早生等芽变品种。鲜食，无须人工脱涩脆食。

(4)栽培技术要点：①该品种树势强健，且枝条易下垂，栽培适宜行株距为(3.5～4.5)m×(2.5～3.5)mm；②生产上适宜的树形为自由纺锤形及变则主干形，注意通过回缩、更新等修剪措施培养健壮结果母枝；③不抗炭疽病，注意加强防治；④生产上按照(8～10)∶1 的比例配置授粉树，以生产优质大果，适宜的叶果比为 20∶1。

6. 鄂甜柿 1 号

湖北省农业科学院果树茶叶研究所选育的甜柿优系，在大别山区、武陵山区进行的品种区域试验中，综合性状优良，有较大的发展前景。

(1)品种特性：果实为扁圆形(图 1-2)，果实横断面方形，果形指数 0.78；果面光滑，具亮丽的蜡质光泽，覆果粉，商品外观美；果面无网状纹，无纵沟，无缢痕；果面橙黄色，成熟时红色；果顶广平，无十字沟，不开裂；果肩圆，无凸起；蒂洼中深、中广，无蒂隙；蒂片 4 枚，扁心脏形，向上斜伸。果实大，单果重 269 g，最大果重 340 g；果肉红色，脆硬致密，纤维少，褐斑极少而小；软化后黏质，汁液多，可溶性固形物含量约 18.5%，味浓甜，品质上。武汉地区成熟期在 10 月中旬。无核，果实在树上自然硬化脱涩，货架期较长。树势强健，树姿开张，树冠圆头形；枝条粗且短，深褐色；叶片中大，椭圆形，浓绿色，有光泽；仅具雌花；与

君迁子嫁接亲和力较强；大小年不明显，丰产、稳产；抗逆性较强，抗炭疽病。

图 1-2 鄂甜柿 1 号(品系)

(2)适应性：原产大别山区，类似气候条件的地区可试种。

(3)用途：鲜食，无须人工脱涩脆食。

(4)栽培技术要点：①该品种树姿开张，适宜行株距为(3.5～4.5)m×(2.0～3.0)mm；②生产上适宜的树形为自由纺锤形及变则主干形，修剪宜轻，多甩放、拉枝，少短截、疏枝；③单性结实力强，疏果后保持叶果比 20∶1。

二、涩柿

1. 磨盘柿

(1)品种特性：果实扁圆形，果形指数 0.71；果面橙黄色，软后橙红色，果粉较多，果皮厚而韧，软化后易剥离；果腰处有缢痕一条而呈肉环，状若两个磨盘重叠；果顶较平，顶部有 4 条斜浅沟；果蒂较大，蒂部微凹陷，蒂片紧贴果面。果实大，单果重 220～260 g；果肉橙黄色，肉质松脆，软化后汁液特多，纤维少，糖度 17%～18%，味甜，无核，品质上，鲜果较耐储运。北方产区京津冀地区成熟期在 10 月中下旬，南方产区成熟期在 9 月下旬到 10 月上中旬。该品种树势强健，幼树直立，成年树的树冠为圆锥形；萌芽率低，成枝力弱；坐果率高，生理落果少；叶片较大，椭圆形，先端渐尖，基本楔形，叶柄粗短；抗逆性强，抗旱、耐涝，病虫害少。

(2)适应性:原产于河北燕山、太行山地区及北京、天津等地,适应性广,为我国栽培最为广泛的品种之一,黄河流域、长江流域及以南的柿产区均可种植。

(3)用途:主要鲜食,脱涩后做成烘柿,汁多味甜,软食;也可制柿饼,由于含水量大,不易干燥,出饼率稍低。

(4)栽培技术要点:①该品种仅具雌花,单性结实能力强,不需要配置授粉树;②幼树树姿直立,不开张,适宜的树形为变则主干形、自由纺锤形等,幼树整形注意拉枝开角,扩大水平方向上的冠层;③抗逆性较强,抗旱、抗寒,但喜肥水,瘠薄的山地和岗地应加强肥水管理;④该品种容易出现大小年现象,大年注意增强树体营养,合理调控产量,小年注意保花保果,提高产量。

2. 恭城月柿

(1)品种特性:果实扁圆形,较为圆整,果实横断面圆形,果形指数0.87;果面橙红色,无纵沟,无缢痕;果顶广平,脐部凹陷,果顶微有十字形浅沟,凸起;果蒂小,有方形纹,蒂片分离,稍反卷。果实大,单果重200 g,最大果重305 g;果肉橙色,肉质脆硬,纤维细长且少,软化后水质,汁液多,可溶性固形物含量20%~22%,味浓甜,品质上。每100 g鲜果肉含维生素C 36.87 mg,丹宁含量0.92%。广西恭城月柿成熟期在10月下旬。无核或1~3粒种子,髓心小,成熟时实心;难脱涩,耐储运。树势中庸,树冠稍低矮,树姿开张,树冠自然半圆形或者圆头形;枝条中等密,短而稀;叶片中大,椭圆形,先端突尖,基部圆形,叶片浓绿具光泽,表面具波浪状皱纹;较为丰产,抗逆性中等,耐旱、耐瘠能力中等,生理落果较为严重。

(2)适应性:原产于广西恭城、平乐、荔浦、阳朔、容县、富川等地,在湖北地区适应性较好。

(3)用途:最宜制饼柿,出饼率27%。粗皮类型,果皮稍厚,果肉水分少,制饼容易;细皮类型,含水量高,制饼较为困难,但是制成的柿饼饼肉透亮、细腻、味甜,广西地区制成的柿饼为无霜的乌柿,出口东南亚地区深受人们欢迎。鲜食通过二氧化碳硬化脱涩成酥柿,脆食。

(4)栽培技术要点:①该品种树姿开张,集约化栽培密度稍大,适宜行株距

为(4.0～5.0)m×(3.0～4.0)m;②冠层低矮,生产上适宜的树形为简化的变则主干形以及开心形;③和具雄花品种混栽时果实有种子,坐果率高,果个大,生产上按照1∶(10～12)的比例搭配雄花品种;④坐果率不高,落花落果较为严重,生产中注意通过环剥、激素处理等措施提高坐果率;⑤注意加强肥水管理,以维持持续丰产、稳产。

3. 铜盆柿

(1)品种特性:果实为稍高扁圆形,果实横断面方圆形或者近圆形,果形指数0.89;果面平滑,具蜡质光泽,橙红色或者橙黄色,无纵沟或者自定点射出浅斜沟和纵沟6条,在果顶稍明显,至中部仅1～2条稍明显,其余仅有痕迹,无缢痕;果顶广平,顶部稍凹入,脐部深陷;果蒂小,蒂片绿色半竖起或者反卷。果实有大果和中果两种类型,中果单果重130 g,大果单果重280 g。果肉鲜艳的橙黄色,肉质致密,纤维细长且少,软化后水质,汁液多,可溶性固形物含量19%～20%,味甜,品质上。每100 g鲜果肉含维生素C 31.52 mg,丹宁含量0.61%。浙江杭州地区成熟期在10月上旬。果皮薄而有韧性,无核或1～2粒种子,髓心小,心室有的多达11个,成熟时实心,果心有卵圆形的肉球;较易脱涩,较耐储运。树势强健,树姿稍直立,树冠扁圆头形;枝条中等密,叶片为广卵圆形,浓绿色,具光泽,先端稍尖,基部圆形;较为丰产,有大小年现象;抗逆性较强,病虫害较少。

(2)适应性:原产于浙江杭州、永康、宁波、德清以及江苏南京、宜兴等地,适宜在长江中下游地区栽植。

(3)用途:宜鲜食,脱涩软化为烘柿,软食;也可通过二氧化碳硬化脱涩成醂柿,脆食。

(4)栽培技术要点:①该品种树姿较为直立,集约化栽培适宜行株距为(4.0～5.0)m×(3.0～4.0)m;②幼树分枝角度较小,注意采取拉枝等措施,增加水平方向的枝叶分布;③生产上适宜的树形为变则主干形以及自由纺锤形;④具有大小年现象,注意加强肥水管理,以维持持续丰产、稳产。

4. 南通小方柿

(1)品种特性:果实四棱形或方扁圆形,果实横断面方圆形或者近方形,果形指数0.72;果面平滑,具蜡质光泽,朱红色,有4条浅纵沟或无;果顶广平微凹,十字沟不明显;蒂洼较平,果柄粗而长;蒂座大,方形微凸;萼片中大,斜伸,角状卷曲,基部分离。果实中大,单果重125 g,最大果重165 g;果肉朱红色,肉质细腻而致密,褐斑少,纤维短细而少,无核或偶有核,软化后水质,汁液多,可溶性固形物含量17%～19%,味甜,品质上。每100 g鲜果肉含维生素C 26.71 mg,丹宁含量0.78%。江苏南通地区成熟期在10月上中旬,果实生长期150～160 d。果皮易剥,髓心大,长形,不开裂;心室8个,条形;自然脱涩,采收后自然放置7～10 d可完全软化脱涩;储藏性中等,采后在常温下可储放20～25 d。树体矮化,树姿开张,树冠为自然半圆形;新梢红褐色,叶片大而厚,阔椭圆形,先端锐尖,基部楔形,叶面光滑,浓绿色,有光泽,叶柄较长;抗逆性较强,病虫害较少;早果性好,丰产、稳定。

(2)适应性:原产于江苏如东等地,适宜在长江中下游地区引种栽植。

(3)用途:南通小方柿为我国唯一的矮生型柿资源,可以作为矮化品种及砧木育种的亲本;宜鲜食,自然脱涩软化为烘柿,软食。

(4)栽培技术要点:①该品种冠层矮小,适宜密植,集约化栽培适宜行株距为(3.0～4.0)m×(2.0～3.0)m;②生产上适宜的树形为变则主干形、疏散分层形以及开心形;③果实长途运输时,用棉球蘸乙烯利混合溶液涂于小方柿梗部装箱即可,也可在果实上喷洒0.1%乙烯利水溶液进行脱涩,脱涩时间2～3 d;④加强肥水管理,以增强树势,避免早衰。

5. 方柿

(1)品种特性:果实高方圆形或高方形,果实横断面方形或方圆形,果形指数0.91;果面平滑,具光泽,有4条明显纵沟,近蒂部处较深,向顶部则渐趋不明显,有的在纵沟之间具有不明显的斜浅沟4条,无缢痕;果面橙黄色或橙红色,果顶广平,稍凹入,有浅十字沟,脐部凹陷,蒂洼深;萼片大,平展或者反转上竖。果实极大,单果重300 g,最大果重500 g;果肉橙黄色,纤维多而粗,肉脆硬,可溶性固形物含量16%～18%,味甜,品质中上。每100 g鲜果肉含维生素C 26.31 mg,丹宁含量0.54%。浙江杭州地区成熟期在10月中下旬,果实微着色时即可采收。无核或2～4粒种子;髓心小,成熟时实心;较易脱涩,耐储运。树

势强健，冠层高大，树姿开张，树冠自然高圆头形；枝条稀疏，叶片宽大，椭圆形或者广椭圆形，先端渐尖，基部短楔形，叶厚，浓绿色，叶柄长；抗逆性强，病虫害少；较为丰产，但大小年明显。

(2)适应性：原产于浙江杭州古荡、余杭、德清、萧山，江西高安、萍乡、宜春、上高、丰城、清江以及福建崇安、浦城等地，分布范围较广，长江中下游及以南地区均可种植。

(3)用途：主要为鲜食，杭州地区用石灰水浸渍硬化脱涩成酥柿，脆食。

(4)栽培技术要点：①该品种树姿开张，枝条稀疏，集约化栽培适宜行株距为(4.5～6.0)m×(3.5～4.5)m；②生产上适宜的树形为变则主干形以及疏散分层形；③大小年现象较为明显，生产中注意调控，大年合理负载，小年注意保花保果；④最显著的特点是果形大而晚熟，注意加强柿蒂虫的防治。

6．平核无

(1)品种特性：果实扁方形，整齐一致，果实横断面方形，果形指数 0.86；果皮细腻光滑，具有蜡质光泽，果皮橙红色或者朱红色，无网状纹，果实软后易剥皮，无纵沟，无缢痕；果顶广平，无十字沟。果实中大，单果重 145 g，最大果重 200 g；果肉橙黄色，肉质细腻而致密、柔软，褐斑较少或者无；纤维中等多，粗而长，软化后水质，汁液特多，可溶性固形物含量 21%，味浓甜，品质极上。每 100 g 鲜果肉含维生素 C 35.05 mg，丹宁含量 0.59%。西北地区 10 月中旬成熟。无核，髓心小，条形，成熟时实心；易脱涩，耐储运。树势极强，树姿半开张，树冠自然半圆形；枝条密集，叶片中大，长卵圆形；抗病性强，抗黑斑病及圆斑病；栽培管理容易，丰产、稳产。

(2)适应性：原产于日本，适应性特强，易管理，我国南北柿产区可以引种栽培。

(3)用途：该品种选育出的芽变品种由刀根早生、大核无，为优良的有性育种的亲本。果实加工及鲜食均优；制饼出饼率 26%，柿饼无核，易呈饼状，饼肉较厚而亮，味甜，品质上等；鲜食，脱涩软化为烘柿，软食；也可通过二氧化碳硬化脱涩成酥柿，脆食。

(4)栽培技术要点：①该品种树势极强，集约化栽培适宜行株距为(4.5～

6.0)m×(4.0～5.0)m；②生产上适宜的树形为变则主干形及自由纺锤形；③单性结实能力较强，坐果率高，大小年不明显，无须配置授粉树；④易受晚霜危害，注意适地栽培。

7. 蜂屋

(1)品种特性：果实长心脏形，大小整齐一致，果实横断面圆形或多棱形，果形指数 0.96；果面较为粗糙，软后难剥皮；果皮暗橙红色，软化后朱红色；果顶广平，十字沟不明显，无纵沟，无缢痕。果实中大，单果重 150 g，最大果重 250 g；果肉橙色，致密松软，无黑斑，纤维中多、粗而长，软化后黏质，汁液中多，可溶性固形物含量 25%～27%，味浓甜，品质上。每 100 g 鲜果肉含维生素 C 32.40 mg，丹宁含量 0.47%。西北地区成熟期在 10 月中旬。无核或 1～3 粒种子，髓心小，条形，成熟时实心；易脱涩，果实能完全软化，软化速度快，耐储运。树势强健，树姿开张，树冠圆锥形；枝条褐色，较为稀疏；叶片中等大，长椭圆形；抗逆性较强，病虫害少；耐粗放管理，丰产、稳产。

(2)适应性：原产于日本，适应性特别强，我国南北柿产区可以引种栽培。

(3)用途：最宜制饼，出饼率 30%，柿饼外观整齐，肉质透亮，柔软，味甜，口感好。

(4)栽培技术要点：①该品种树势健壮，树姿开张，集约化栽培适宜行株距为(4.5～6.0)m×(4.0～5.0)m；②生产上适宜的树形为变则主干形、疏散分层形及自由纺锤形；③减少与具雄花品种的混栽比例，以免果实种子过多。

8. 鄂涩柿 1 号

湖北省农业科学院果树茶叶研究所选育的涩柿优系，在大别山区、幕阜山区、秦巴山区等地进行区域比较试验，综合性状优良。

(1)特征特性：果实近圆形(图 1-3)，果实横断面方圆形，果形指数 0.83；果面平滑，有蜡质光泽，无纵沟，果肩有明显的棱状凸起，无缢痕；果顶广平，脐部微凹，十字纹不明显，蒂洼较深，果蒂较大，蒂片略向上卷曲，果梗短。果实大，单果重 267 g，最大果重 450 g；果肉橙红色，肉质致密，纤维少，软化后水质，汁液多，可溶性固形物含量 19%～21%，味浓甜，品质上。每 100 g 鲜果肉含维生素 C 31.65 mg,丹宁含量 1.67%。武汉地区成熟期在 9 月上中旬。无核或种子少,髓心小,成熟时实心;皮薄,易脱涩,较耐储藏和运输。树势中庸,树姿开张,树冠圆头形;枝条中等密,节间较短;早果、丰产、稳产,抗逆性强,耐旱、耐瘠薄能力较强,病虫害较少。

图 1-3 鄂涩柿 1 号(品系)

(2)适应性:原产于大别山区,类似气候条件地区适宜种植。

(3)用途:主要为鲜食,脱涩软化为烘柿,软食。

(4)栽培技术要点:①树势健壮,树姿开张,集约化栽培可以进行计划密植,栽植行株距为(3.0~4.0)m×(1.5~2.5)m;②生产上适宜的树形为变则主干形以及自由纺锤形;③注意加强肥水管理,以保持持续丰产、稳产。

第三节 建园及种植新模式

一、柿园的建立

1. 柿园规划设计

(1)作业区划分

在柿园规划中，应尽量增加柿园生产面积，压缩非生产性面积，趋利避害地利用自然条件，将园、林、路、渠协调配合，达到柿树占地90%，其他设施占地10%，其中林5%、路3%、渠道1%、建筑物1%。

果园面积小时，可不设置作业区；果园面积大时，应根据立地条件、土壤状况及气候特点划分作业区的面积、形状和方位，并与柿园的道路系统、排灌系统以及水土保持工程的规划设计相互配合。另外，果园小区面积过大，不便于管理；面积过小，不便于机械化作业。丘陵及低山柿园，依据地形、地势把全园划分成若干小区，小区面积宜为30～50亩(1亩≈667平方米)，作业区的长边与等高线平行；平原地区，小区面积宜为100～150亩，形状为长方形，其长边与短边的比为(2～5)∶1，这样便于清耕、除草、打药、运输等机械化作业。

(2)道路与辅助设施

主路：为全园最宽的道路，是全园生产物资及果品运输的主要道路，要求宽6～10 m，可容大型货车通行。山区柿园的主路可以环山而上或者修成“之”字形，随弯就势，因形设路，坡度不易过大，应盘旋缓上，不要上下顺坡设路，以便车辆安全通行。路面内斜3°～4°，内侧设排灌渠。

干路：干路与主路及支路相连接，也是作业小区的分界线，路宽3～5 m，可以通行拖拉机、药车及小型汽车。

支路：主要供人作业通过，路宽1～2 m。

辅助设施：主要包括办公室、车辆库、工具室、生产资料仓库、包装场等，现代化的柿园还应配备拖拉机、弥雾机、旋耕机、割草机、开沟机等柿园专用机械的农机具厂房。

(3)防护林的设计与规划

柿园营建保护林可以有效防止风沙侵袭，保持水土，涵养水源，同时可以改善柿园小气候，调节温度，提高湿度，并减少风害。防护林配置方向应垂直当地主要风向，树种应乔灌结合。北方乔木树种主要为高大速生的三倍体毛白杨、刺槐、苦楝、臭椿、核桃楸、白桦等，灌木树种主要为紫穗槐、荆条、花椒、酸枣等；南方乔木树种主要为法国梧桐、意杨、水杉、刺槐、冬青等，灌木树种主要为紫穗槐、胡秃子、木槿、油茶等，应避免种植与柿树有相同病虫害和互相寄主的树种。

(4)排灌水系统规划

排灌水系统是防止柿园旱涝以及保证柿树生长发育和丰产、稳产的重要工程设施。排灌水系统无论是采用明渠，还是暗渠，滴灌、渗灌还是喷灌，首先都要保证水源，河、湖、井、水库、蓄水池均可；其次输水系统要齐备，干、支、毛渠三者垂直相通，与防护林带和干、支路相结合，尽量缩短渠道的长度，以减少土石方工程量，节约用地。同时有路必有渠，主路一侧修主渠道，支路修支渠道。山地果园的蓄水池应设在高处，干渠设在果园上方，以便较大面积地自流灌溉。

山地和丘陵柿园的排水系统多为明渠排水，主要包括梯田内侧的竹节沟，作业小区之间的排水沟，以及拦截山洪的环山沟、蓄水池、水塘或水库等。环山截流沟修筑在梯田上方，沿等高线开挖，其截面尺寸根据截面径流量的大小确定，上方设溢洪口，使溢出的洪水流入附近的沟谷中，保证环山沟的安全。

2. 建园

(1)土壤改良

①抽槽改土

瘦瘠的丘陵岗地以及低山地区，建园时应抽槽改土。使用中型挖掘机开挖深宽各 80～100 cm 的定植槽，注意抽通槽，即定植槽应与排灌的沟渠连通，以防槽内出现积渍。取土时将表土和心土分别堆放于定植槽两侧，回填时先将表土填入槽底，然后将心土和有机肥混合填入，每亩施入 4000～5000 kg 的猪粪、鸡粪等粗有机肥或者 2000～2500 kg 的饼肥、生物有机肥，缺磷的柿园可以同时混入 500 kg 的过磷酸钙。定植槽填平后，顺着槽向起定植垄，垄宽 120～150 cm，土壤下沉后，垄面应高于地面 40～50 cm。

②深耕改土

土层较为肥沃深厚的平原或者坡度平缓的丘陵柿园可以通过深耕来改良土壤。每亩撒施 4000～5000 kg 的猪粪、鸡粪等粗有机肥或者 2000～2500 kg 的饼肥、生物有机肥，使用大型的旋耕机将肥料深耕翻入，翻耕的深度为 40～50 cm，然后将土壤旋碎，起定植垄。

(2)山地柿园的建设(图 1-4)

坡度 5°～20°的中坡地，地形地势较为复杂，土壤保肥保水能力较差，要求沿着坡地的等高线进行“坡改梯”，总体要求是小弯取直，大弯就势，沿山转。等高线水平距离在4.0 m以上，垂直高差1.5～2.0 m；梯田外侧筑挡水埂，内侧修排水沟。坡度20°以上的陡坡地，土壤瘠薄，水土流失严重，建园时挖鱼鳞坑，沿着坡地的等高线确定鱼鳞坑的定位点，先挖长2 m、宽1.0～1.5 m的长方形定植坑，回填后做成外侧为半圆形的定植盘，外高内低，内侧上方挖长×宽×深为1.5 m×0.5 m×0.5 m的蓄水沟。

图1-4　山地柿园的建设(广西恭城瑶族自治县)

二、苗木及定植

1. 苗木

在柿的生产过程中，培育适合当地自然条件、品种优良纯正、无检疫对象的健壮果苗，是新建柿园实现优质、丰产、高效目标的前提。现代化柿园的建立，要求使用优质壮苗，部分柿园要求使用营养钵大苗。柿苗木标准见表1-1。

表 1-1　柿苗木标准

级别	标准
一级苗	①苗高 120 cm 以上,嫁接口以上 10 cm 处直径 1.2 cm 以上; ②垂直主根长 20 cm 以上,具 15 cm 长、粗 0.3 cm 以上的侧根 5 条以上; ③直立,无皱皮,芽体饱满,无病虫害,根部无大的伤口; ④甜柿苗木砧穗亲和性好,愈合良好,嫁接口无膨大、开裂及大小脚
二级苗	①苗高 100～120 cm 以上,嫁接口以上 10 cm 处直径 1.0 cm 以上; ②垂直主根长 20 cm 以上,具 15 cm 长、粗 0.3 cm 以上的侧根 3 条以上; ③直立,无皱皮,芽体饱满,无病虫害,根部无大的伤口; ④甜柿苗木砧穗亲和性好,愈合良好,嫁接口无膨大、开裂及大小脚
三级苗	①苗高 80～100 cm 以上,嫁接口以上 10 cm 处直径 0.8 cm 以上; ②垂直主根长 20 cm 以上,具 15 cm 长、粗 0.3 cm 以上的侧根 1 条以上; ③直立,无皱皮,芽体饱满,无病虫害,根部无大的伤口; ④甜柿苗木砧穗亲和性好,愈合良好,嫁接口无膨大、开裂及大小脚

2. 栽植

(1)栽植时期

南方柿区以秋栽为最佳,南方秋冬气温较高,苗木根系活动早,秋栽比早春栽生长旺,成活率高,缓苗期短,“秋栽先长根,春栽先发芽”。北方柿区以春栽最为适宜,北方冬季温度低,幼苗易冻死或抽干,多在早春栽植。

(2)定植密度

柿树栽植密度主要依据树形、品种特性、立地条件、作业方式以及生产力水平等因素决定。合理密植可以提高柿园的覆盖率及叶面积指数,提高单位土地面积的生物学产量和经济产量,特别是提高柿园早期的经济产量。集约化生产的柿园亩植 67～167 株,株行距为(1.0～3.0)m×(4.0～5.0)m,结果后主要通过整形修剪进行调节,控制柿园个体冠幅,保障整体的通风透光,维持柿果品质。

(3)栽植方式

根据不同的土地条件和管理水平,栽植方式主要有长方形栽植、正方形栽植、三角形栽植、等高栽植、带状栽植等。生产上采用最广泛的方式为长方形栽植,即宽行密株,这样便于柿园操作管理及机械进入。平地柿园的栽植行向为南北向,光能利用率高,产量较东西行可提高10%～20%。山地柿园按等高线安排行向,上行高、下行低,光照条件较好。

(4)栽植方法

栽植前在定植垄上用石灰打点,确定栽植点,以保证横竖成行。柿树的根细胞渗透压低,易失水,且伤根后营养损失大,苗木栽植前务必修根,剪平因起苗造成的旧伤面,剪除机械伤根、断根等,用生根粉或萘乙酸浸泡根系并蘸稀泥浆,以利于伤口尽快愈合,尽快发根;放置时间较长的苗木,栽植前根部浸泡12 h,以吸足水分,并去除嫁接薄膜。栽植时以定植点为中心挖宽、深各30～40 cm的定植穴,苗木置于定植穴中央并培入碎土,覆土填平定植穴后,将苗轻轻往上提一提,再培土踩实,确保根系舒展;柿苗应浅栽,埋土深度要与嫁接口相平或者略低,以防埋干,发生焖根。覆土完成后,及时浇足定根水,一棵树一桶水,确保根、土、水密切结合,水渗透干燥后在树盘上覆一层碎土,防止土壤板结,以增湿保墒,提高成活率。

单性结实力低的甜柿品种,如富有系品种还须按照(8～10)∶1的比例配置授粉树,授粉品种为禅寺丸、西村早生。

3. 苗木定植后的管理

(1)定干及生长期修剪

"三分种,七分管",幼苗定植后的当年进行精细的柿园管理,是提高成活率以及早扩冠、早成形、早投产的关键。柿苗栽植后立即定干,高度为60～80 cm,采用变则主干形、自由纺锤形、树篱形等树形的,定干宜高些;采用开心形树形的,定干宜低些。柿园立地条件差、土壤瘠薄、坡度大以及阴坡、风大的地方,定干也应低些。计划密植园中的永久行、永久株,需要按照要求定干;临时行、临时株可不定干。苗木成活后6个月拉弯主干并采取刻芽等措施,尽早扩冠成形,以利提早结果。

(2)浇水

"活不活在于水",栽后10～15 d,如干旱缺水,依土壤墒情复水2～3次,柿

的缓苗期较长，有时栽后1～2个月仍然不发芽，适时复水能促进幼苗尽早发芽展叶。

(3)施肥

“长不长在于肥”，若幼叶颜色过浅且薄，可叶喷0.2%～0.4%尿素水1～2次，同时结合浇水，浅土施5.0%～10.0%的人粪尿或1.0%的尿素水。追肥应掌握勤施、薄施、浅施的原则，切忌肥料与根系直接接触，以免烧根死苗。

(4)幼苗的病虫害防治

幼苗萌发的新梢生长期易遭受柿梢鹰夜蛾、刺蛾、毛虫、金龟子等食叶害虫的为害，若5%的叶片出现受害时，选用20%甲氰菊酯乳油2000倍液或者50%辛硫磷乳油1500倍液进行全株叶片喷雾防治。

三、柿生产新模式及树体管理

1. 柿生产新模式

(1)原则

①现代柿栽培模式的总体原则：树形更加简化、修剪简单、技术简洁、管理方便、果品优质，同时果园更多采用机械化管理，管控人工劳力成本，节约生产资料。在现阶段没有解决柿树矮化品种以及矮化砧木的前提下，更多地应用人工控冠技术，辅之以综合配套技术措施，提高生产效率。

②主要技术特征：宽行窄株＋高垄低畦(图1-5)，行带覆盖＋行间生草，机械操作＋肥水一体，单果管理＋绿色防控。建园时要求培育定植垄面，宽1.0～1.2 m，高出畦面15～25 cm，设置滴管后用园艺地布覆盖，行带之间可以进行生草。

(2)综合调控技术

①改进土壤管理制度：废除落后的清耕制，倡导有机物覆盖制和生草制，实行柿园自然生草或人工种草，实现果园自我良性循环，改善柿园生态环境。

②施肥技术：进行测土配方施肥技术，提倡增施有机肥，控制氮肥用量，追肥除地下施、树上喷以外，增加涂干和枝干注射等新方法，以改善树体营养

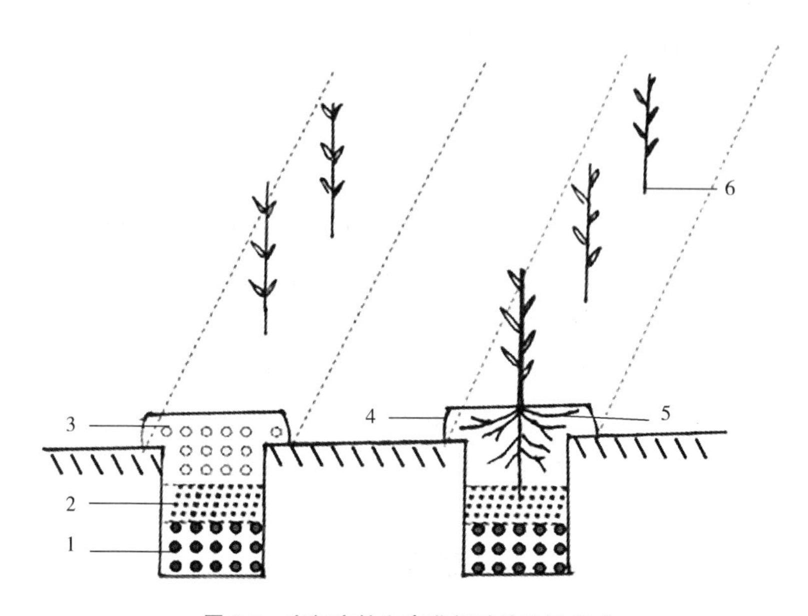

图 1-5　宽行窄株和高垄低畦的建园模式

1—抽槽表土(20～30 cm);2—粗有机肥;3—心土;
4—定植垄(宽 1.0～1.2 m,高出畦面 15～25 cm);5—苗木根系;6—定植行带

状况。

③水分调控技术:改革大水漫灌和沟灌,推行滴灌和渗灌,使柿园达到科学用水,节省水资源。同时,应用诸如覆地布、覆草等行带覆盖技术,保障旱地柿园的正常生长结果。

④整形修剪技术及合理负载:采用高光效树形和通风透光的修剪技术,瘦身高冠整形,通过诸如提干、开心、疏大枝等控冠改形技术,减少大枝数量,增加小枝数量,每亩柿园枝条量 4 万～6 万条,改善群体和个体光照条件;通过花果调节技术,合理负载,柿园叶果比(20～25)∶1,果实间距 25～30 cm,从而提高柿果品质。

⑤果园机械:小冠高密栽培模式为劳动节约型技术,是以专业机械技术使用来替代传统劳动投入的一种现代柿栽培技术,柿园管理环节中的疏花、疏果、喷药、施肥、整形、修剪、采收、包装等作业过程都需要投入大量劳动要素。在劳动要素价格快速上涨、土地非农化趋势加快的工业化背景下,小冠高密栽培模式要求具有专业性、适用性、针对性的替代劳动力投入的果园机械与技术装备

的应用。

2. 树体管理

(1)树篱形

①树篱形栽培模式的基本特征

柿树篱形的行株距为(3.5～4.0)m×(1.0～1.5)m,亩植110～190株,宽行密株,长方形定植。树篱形个体的冠层结构为主干高0.60 m,中心树干高3.0 m,树冠高3.5～4.0 m;树冠东西冠径为1.5 m,南北冠径为1.2～1.5 m;主干上着生15～20个结果枝组,在主干上的距离为15～20 cm,呈螺旋形分布;枝组平均长度为1.35 m,平均基角为65°,腰角为85°;单株平均枝条生长点数量为200～250个,75%的枝条生长点集中分布在距离主干1.0 m的水平区域。

树篱形的群体结构总体表现为水平方向上的枝叶分布减少,垂直方向上的枝叶分布较传统树形大大增加,以维持群体产量;柿园叶面积指数为4.5,树冠覆盖率为70%～85%,株间允许交接15%～20%;树篱宽度1.2～1.5 m,行间留出1.5 m以上的机械作业道;柿园所有植株通过立架成为一体,形成一道连续不断的树墙,故名"树篱形"(图1-6)。

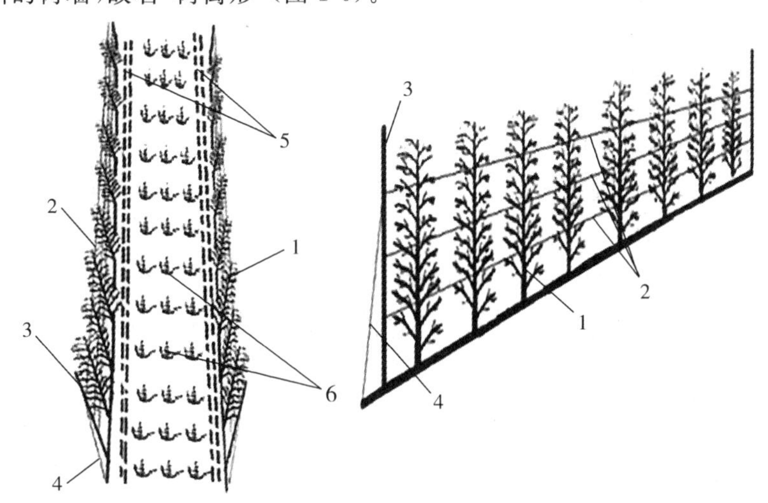

图1-6　柿树篱形栽培新模式

1—柿树;**2**—连接丝;**3**—水泥杆;**4**—拉线;**5**—机械作业道;**6**—行带生草或间作

树篱形栽培模式的宽行既保证了果园的通风透光，为树体生长结果提供良好的生长环境，又方便田间管理，为田间机械操作提供了良好的作业环境。同时，通过辅助栽培设施，加立杆固定扶干，保证中心干的直立生长，促进整形，又固定了树体和部分结果枝。陕西富平县新建柿园采用树篱形，前期效果良好，结果早、品质优、产量高、易操作。

②树篱形的整形修剪

苗木定植时设置篱架，沿柿树行向设置由方形水泥杆和连接丝组成的简易立架，方形水泥杆规格为 80 mm×100 mm×370 mm，每隔 8 m 设立 1 根，水泥杆地下埋设 50 cm；连接丝为 8 号热镀锌钢丝，距离地面高 1.0 m、2.0 m、3.0 m 处分别拉一道。幼苗主干固定在连接丝上，保持主干直立生长。

a. 第一年整形

定植后第一年 5—7 月设置立架后，将苗木中心干绑缚于连接丝上。生长期控制侧枝生长势，侧枝长度 20～30 cm，用竹签开角成 90°，定干剪口附近发出的竞争枝 20 cm 重摘心；及时抹除砧木的萌蘖。冬季修剪时，中心干距离地面 40～50 cm 内萌芽枝全部疏除，中心干延长枝轻短截 5.0 cm。

b. 第二年整形

第二年整形主要是培养结果枝组，包括春季刻芽、秋季拉枝以及冬季修剪调控。

翌年春，萌芽期在中心干进行刻芽，每隔 3 个芽刻 1 个芽，于芽体上方约 3 mm处使用钢锯条刻伤，深达木质部，宽度不超过中心干周长的 1/2，并在芽体上涂抹赤霉素膏，促进芽体萌发生长成长枝；抹除顶端第 2 芽和第 3 芽，保持顶芽新梢的生长优势。

8—9 月，将长度 50 cm 以上的分枝用竹签撑，或绳拉平至 80°～90°，培养成单轴结果枝组。枝组在中心干上呈螺旋状排列，相邻 2 个枝组在中心干的同侧位上下间距 20～25 cm，且生长势保持均衡。

休眠期，冬季修剪调控单轴枝组的生长势。如枝组基部的直径大于同部位中心干直径 1/2，则削弱强旺大枝的生长势，多留结果母枝，不行短截，第三年多结果；如枝组生长势弱，则留饱满芽短截，促发健壮枝。

c. 第三年整形

第三年进入初果期，培育强壮直立中心干为整形的核心。如单株叶幕层过

薄，总枝量不足，春季萌芽继续在缺枝处进行刻芽，培育单轴结果枝组；对直立旺长的新梢，进行拉枝或捋枝，缓和生长势，促使形成花芽，培育成结果枝组补空。

冬季修剪时，继续对中心干延长枝进行轻短截，保持中心干强旺的生长势。进一步调控中心干上枝组的生长势，对过旺的大枝，冬剪多留结果母枝，以果压势。

d. 第四年整形

第四年进入盛果初期，继续培育健壮的单轴结果枝组。此期树高 3.5～4.0 m，中心干上的单轴结果枝组达 20～25 个，个体结构整形基本完成。

e. 第五年及以后整形

第五年以后进入结果盛期，重点调节柿树地上部分与地下部分、生殖生长与营养生长的平衡，防止中心干生长势过弱，枝组过强，形成树上长树。单轴枝组基部的直径大于同部位中心干直径的 1/2 时需进行更新，在原位培养枝组进行替换；对过弱枝组短截培养健壮长枝，进行原位更新；对过旺枝组多留果，控制营养生长，平衡长势（图 1-7）。

图 1-7 树篱形结果状

此期对群体结构的调控主要预防冠幅过大，挤占行间作业通道。单轴枝组结果后及时回缩控制，使结果部位始终靠近主干；枝组替换应逐年逐步进行，防止更新迟、轴差小、枝组大、回缩急。

(2)变则主干形

①树体基本结构

变则主干形结构具有中心领导干，主干高 40～50 cm，中心干高 2.0～2.5 m，最上主枝的中心干进行落头开心，树高控制在 3.5 m 以下；主枝 4～6 个，呈螺旋状在中心干上均匀分布，基角为 45°～60°，下部主枝角度应开张，相邻主枝在中心干上的间距为 30～40 cm；每个主枝上配置 1～2 个侧枝，侧枝与主枝的夹角为 60°～75°，全株侧枝数量 8～10 个。变则主干形的树形优点是空间利用率高，单株产量高，适宜干性强且树姿较为直立的品种；缺点是盛果期以后果园群体易密闭，造成通风透光差。

②整形技术

a. 第一年

当年苗木定植后，离地面约 60 cm 处短截定干，剪口芽留饱满芽，去掉剪口以下的第二芽，剪口顶端枝条保持直立生长，主要加强肥水管理，主干上萌发的枝条可以放任生长直至顶端自枯。

b. 第二年

第二年以主干第一芽抽生的直立枝条作为中心干的延长枝进行培养，剪去 1/4～1/3，大体留长 40～50 cm；在中心干上选留 2～3 个一年生新梢作为主枝培养，其余枝条自基部剪除；如枝条数量不足，可以在主干饱满芽上部进行刻芽处理，以促发强壮新梢；作为主枝培养的新梢进行短截，对粗壮枝条适度重剪，细弱枝条适度轻剪，剪口芽用侧芽或外芽，或里芽外蹬。

c. 第三年

第三年继续选留直立、健壮的枝条作为中心干的延长枝，剪去顶端 3～5 芽；为了保持中心干生长势，延长枝附近的竞争枝应剪除；同时在主干上选择 1～2个方位好的新梢进行短截，培养成主枝，注意主枝在中心干上不要重叠或者平行，应错落有序；中心干上其他枝条拉平轻剪或甩放培养成结果母枝；对第二年已经选作主枝上的新梢，可以选择 1～2 个短截培养成侧枝，主枝延长枝剪留长度为 40～60 cm。

d. 第四年

第四年整形要求基本同第三年，主要培养 1～2 个主枝，3～5 个侧枝，同时对主枝、侧枝的延长枝的角度和生长势进行调整，以均衡树势及调整冠层结构；中心干上除主枝以外的结果枝组应逐步回缩，依据空间的大小调减直至疏除。树体结构要求，在配齐所有主侧枝的基础上，对中心干间及主枝上过密、过大的辅养枝进行疏间和回缩，逐渐减少其数量，增加结果枝组数量。

e. 第五年及以后

第五年至第六年，整个树体基本架构已形成，对最上主枝的中心干有计划地进行落头开心，打开天窗控制中心干及冠层高度；冠层内的主、侧枝延长枝及健壮枝均长放，待结果后再回缩培养成短轴紧凑的结果枝组。同时，继续调控主枝和侧枝的生长势，使生长与结果得以平衡，重点防止侧枝增粗过快和旺长，通过疏枝回缩的方法控制侧枝过长过大；对中心干、主枝、侧枝要理顺从属关系，防止树形紊乱，生产上注意边整形边结果，切忌强做树形而影响结果。

(3)小冠疏层形

①树体基本结构

小冠疏层形结构具有中心领导干，主干高 50～60 cm，中心干高约 2.0 m，树高控制在 3.0 m 以下；主枝分 2 层，第一层 3～4 个主枝，基角 60°～70°，相邻 2 个主枝在中心干上的间距为 10～15 cm；第二层 2 个主枝，基角为 50°～60°，主枝间距约为 10 cm；每个主枝配置 1～2 个侧枝，侧枝与主枝的夹角为 70°左右；第一层主枝与第二层主枝在中心干上的层间距为 1.0～1.2 m，层间距的中心干上直接着生中、小型结果枝组，第二层主枝以上的中心干落头。小冠疏层形的叶幕结构凹陷，层与层之间有间隔，便于立体结果；缺点是第一层主枝数量较多，轮生于中心干上，容易形成“掐脖”，造成第二层主枝生长势衰弱。

②整形技术

小冠疏层形是由传统的疏散分层形逐步简化而成的，故又称简化疏散分层形、延迟开心形等。整形过程中先培养成疏散分层形，待到树冠成形后，再在第二层以上除去中心干。

当年苗木定植后，离地面 60～70 cm 处剪截定干，剪口处留饱满芽，剪口以下第二芽抹去，第三至第六芽于芽的上部进行刻伤，促进芽体萌发长枝，便于培养第一层主枝；生长期对生长势强旺枝条进行拉枝或用竹签开角，使主枝基角达到 60°～70°。

第二年对剪口第一芽抽生的枝条继续培养中心干，剪去 1/4～1/3；选留下部抽生的 3～4 根枝条培养第一层主枝，剪口芽外向或侧向，或者里芽外蹬，剪截的长短根据枝条的长短粗细确定；如第一层候选枝条的数量不足，则对中心干重截或对主干进行刻伤，促发长枝。

第三年对中心干延长枝继续短截，注意剪除竞争枝；对主枝延长枝的修剪参考第二年，同时每个主枝培养 1～2 个侧枝，疏除主枝上骑马枝或背上直立旺长枝条；在第一层主枝以上的中心干上培养辅养枝和枝组，如层间距达到 1.0 m，则培养第二层主枝，由于第二层主枝顶端优势强，可通过拉枝开角，以防止其直立强旺生长。

第四年继续进行第一层、第二层主枝及其侧枝的培养，依据树冠骨架合理调控枝条空间分布；主枝及侧枝应培养结果枝组、辅养枝和结果母枝；中心干层间距着生的结果枝组注意疏枝和回缩，以免长势过旺。

第五年树体结构已基本形成，进入初果期，此期重点是调整骨干枝的生长角度、生长方向及生长势，平衡第一层与第二层主枝与主枝、主枝与侧枝、辅养枝与结果母枝以及枝组之间的主从关系，防止局部旺长、“树上长树”；合理运用回缩、短截、长放、疏枝等修剪技术，调节营养生长与结果的关系；第二层以上的中心干保留，长放结果；第七、八年，依据品种特性及栽植密度，对第二层以上的中心干落头开心。

(4)倒伞形

①树体基本结构

倒伞形结构具有中心领导干，主干高 60 cm，中心干高约 2.0 m；第一层主枝以上的中心干弱化为主枝，其上直接着生中小型结果枝组，树高控制在 2.5 m 以下；主枝为一层，3～4 个，基角 60°～70°，相邻 2 个主枝在中心干上的间距为 15～20 cm；在最上主枝的中心干上直接着生 8～10 个中、小型结果枝组，不配置主枝；每个主枝配置 1～2 个侧枝，侧枝与主枝的夹角为 70°左右。倒伞形结构的优点是主枝数量少、易操作、成形快、结果早，冠层内外光照条件好，有利于

提高果实品质。

②整形技术

当年苗木定植后，离地面 70 cm 处定干，剪口处留饱满芽，剪口以下第二芽抹去，第三至第六芽于芽的上部进行刻伤，促进芽体萌发长枝，便于培养一层主枝；生长期对生长势强旺枝条进行拉枝或用竹签开角，使主枝基角达到 60°～70°。

第二年对剪口第一芽抽生的枝条继续培养中心干，剪去 1/4～1/3，大体留长 40～50 cm；选留下部抽生的 3～4 根枝条培养主枝，方法同小冠疏层形；夏季修剪采用压平、曲别、摘心等方法控制直立新梢旺长。

第三年对中心干延长枝继续短截，剪除竞争枝；第一层主枝及侧枝的培养同小冠疏层形。第一层主枝背上易发生直立旺枝，夏季修剪时注意拉平成结果母枝，结果后以果压势，培养成中小型结果枝组；在主枝以上的中心干上直接培养结果枝组，不配置主枝；对中心干上强旺的枝组，通过疏枝和回缩等修剪方法控制，防止旺长成主枝。

第四年树体基本构架已形成，主要是继续进行第一层主枝及其侧枝、中心干上结果枝组的培养，调整骨干枝的生长角度及生长势；中心干的延长枝不进行短截，甩放结果。

(5)开心形

①树体基本结构

开心形结构没有中心领导干，主干高 70 cm，树高控制在约 2.0 m。主枝为 2～3 个，其中 2 个主枝的树形又名"Y"形，主枝垂直于行向，与地面成 60°的夹角，树形为扁形(图 1-8)；3 个主枝的树形又名"三挺身树形"，主枝与地面成 40°～50°的夹角，两主枝之间的夹角为 120°。每个主枝上配置 2～3 个侧枝，侧枝与主枝的夹角 60°～70°。开心形的主要优点是无中心干、主枝数量少、成形快、结果早，光照条件好，果实品质优；缺点是幼树期夏季修剪工作量大，拉枝及抹芽次数多，早期不易丰产。

图 1-8　柿开心形树体结构

②整形技术

注意选用健壮的苗木，定植后，离地面 80～90 cm 处短截定干，剪口第 1～2 芽抹除，第 3～6 芽于上部进行刻芽；新梢长 50～60 cm 时，选留 3 个方位好的枝条，用竹签把新梢基角开成 40°～50°的角，其余的枝条进行圈枝或者拉成 90°下垂，削弱其生长势；“Y”整形时，选留 2 个垂直于行向的枝条，用竹签把新梢基角开成 30°的角，其余的枝条也进行圈枝或者拉成 90°。

第二年继续培养主枝，枝条顶端剪去 1/4～1/3，剪口芽外向或侧向，剪截的长短根据枝条的长短粗细确定，对中心干上的其余枝条全部疏除。直立枝、竞争枝、徒长枝不要轻易疏除，可进行摘心、拉枝，培养成侧枝及结果枝组；夏季修剪时对主枝背上萌发的强旺直立枝应拉平成结果母枝，结果后以果压势，培养成中小型结果枝组。

第三年主枝的延长枝继续短截，剪除竞争枝；对主枝上选作侧枝的枝条亦进行短截，主枝上的其余枝条甩放成中小型结果枝组。每个主枝培养 2～3 个侧枝，如主枝上备选的枝条数量不足，则对主枝重截或进行刻伤，促发长枝。夏季修剪疏除主枝上密挤的骑马枝或过多的背上直立旺长枝条，有空间部位的直立枝可拉平成结果母枝。

第四年树体骨架基本形成，对主枝的延长枝继续短截，重点培养侧枝及结果枝组，合理运用回缩、短截、长放、疏枝等修剪技术，调节主枝、侧枝及结果枝组的生长角度及生长势，保持各类枝条在冠层内的合理有序分布。

第四节　果实管理

一、保花保果

1. 柿花的特征

柿结果枝由上年结果母枝先端数芽萌发而成，开花的数量由品种类型、结

果母枝以及结果枝的营养条件决定，少则 1 朵，多则 12 朵，一般每个结果枝着生 3～5 朵雌花，通常在第三叶腋起开始着生雌花。柿的花芽形态分化通常在枝条停止生长后开始，到翌年开花前结束，分为分化初期、托叶原基分化期、萼片原基分化期、花瓣原基分化期、雄蕊原基分化期、雌蕊原基分化期等 6 个阶段，我国南方地区 6 月上中旬出现花原始体，北方柿区出现时间晚些。

柿花常见有雄蕊退化至仅剩雄蕊痕迹的雌花、雌蕊退化至仅剩雌蕊痕迹的雄花以及雄蕊和雌蕊俱全的完全花。雌花单生于叶腋，子房上位，假雄蕊、花瓣、萼片依次向外轮生，子房扁圆形或圆形，膨大后即成为果实；合瓣花，下部连合成壶瓶状，先端 4 裂反卷，花瓣黄白色，萼片宿存。雄花在叶腋着生成小聚伞花序，通常仅 3 朵，花冠为吊钟状，中心有假雌蕊，淡黄色。完全花有雌花型和雄花型两种，其中雌花型外观与雌花相似，受精结实率低，果实小，发育不良，种子数少，品质低劣。

2. 果实的发育特征

柿果发育可分为 3 个时期：第一个时期为幼果快速膨大期，此时期由于果实细胞数量的增加，盛花后至 6 月中下旬，果实增长速率达到最高峰；第二个时期为果实缓慢生长期，7 月至 9 月上中旬果实生长较慢，呈间歇性状态，主要是种子的生长，果形变化不大；第三个时期为成熟前膨大期，果实着色至采收前，果肉细胞吸水膨大，体积增大，出现第二次快速生长期，此时期果实含糖量迅速增加，单宁含量随着果实的成熟而减少。果柄在果实成熟时不产生离层，不易采收。

3. 保花保果的技术措施

柿的生理落果大致可以分为两个时期：第一次生理落果期，主要为盛花期至 7 月上旬，生理落果的高峰期发生在盛花期后 20～30 d，武汉地区约为 5 月下旬，此时期落花落果数量大，占整个落果数量的 80%～90%，果蒂和幼果一同脱落，这个时期营养生长旺盛，生殖生长与营养生长之间存在着激烈的养分争夺，落果的原因主要为花芽分化不完全、授粉受精不良以及营养不良。第二次生理落果期为果实生长后期的落果，7 月上旬至采收前，此时期落果的程度由柿园的栽培管理水平、树体营养条件以及逆境威胁等因素决定，如果实膨大期的干旱、梅雨期日照寡导致营养不良、柿炭疽病及柿蒂虫等病虫害的发生等，都可能导致落果。生产上主要采取人工辅助授粉、加强果园管理等技术措施来减轻柿生理落果，提高坐果率以及果实品质。

(1)人工授粉

单性结实力弱，而种子形成力强的品种，通过授粉使其受精形成种子，能显著防止生理落果。柿栽培品种一般仅有雌花，有些品种具有雄花，如红山柿、山柿、正月、台湾正柿、禅寺丸等品种。花粉的采集于雄花现蕾期开始，花瓣黄白色即将开放或刚刚开放时采摘，剥开花瓣，取出花药，置于30～40℃的培养箱中24～36 h，花粉即可散出，晾干后加入30倍的淀粉、滑石粉、石松子、奶粉作为稀释剂，放入干燥器中备用，或者加入干燥剂放入自封袋中置于冰箱中保存。用毛笔、橡皮头等授粉工具于雌花开花前后3～4 d进行点授，每个结果枝点授1～2朵雌花。

(2)花期环剥

环剥的时间、次数以及剥口宽度，因树而异，也可进行环刻(图1-9)。旺长树、幼年树及开花少的树，开花前进行，剥口宽度0.6～0.8 cm，不超过1.0 cm；通常于雌花开放一半时，对主干直径5 cm以上、在主干距地面30 cm处进行环状剥皮，或者在健壮主枝上进行环剥，深达形成层为度，剥口宽度0.3～0.6 cm，剥后用塑料布条包扎，以保持剥口湿度促进愈合。通常每年只环剥1次，如果降水量偏多，营养生长强旺，可以进行二次环剥。环剥严重会削弱树势，不可年年进行，以免树势早衰。

图1-9　柿树主干的环刻

(3)花期放蜂

柿为虫媒花，主要依靠蜜蜂等昆虫传粉。开花前2～3 d每50亩柿园放置一箱蜜蜂，或开花前7～8 d放入500～750头壁蜂，花期注意禁止喷施对蜜蜂有

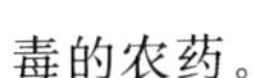

毒的农药。

(4)药剂处理

盛花初期和幼果期各喷1次100～200 mg/kg赤霉素＋0.3%尿素或400 mg/kg芸苔素内酯水剂；开花前及谢花后喷施叶面肥2～3次，使用0.1%活性硼＋0.2%硫酸锌＋0.3%磷酸二氢钾混合液。

(5)配置授粉树

柿多数品种能单性结果，无须配置授粉树，但部分单性结实能力弱，如富有、阳丰等甜柿品种不经过授粉容易发生落花落果现象，建园时可适当配植授粉树，比例一般是(15～20)∶1，授粉品种为禅寺丸、正月等具雄花的不完全甜柿品种。

二、合理负载

柿树结果过多时，果实小且大小不一致，品质差，同时因树体消耗过多养分，花芽分化不良，翌年结果少，形成“大小年”，故需要疏花疏果，其原则为“迟疏不如早疏，疏果不如疏花，疏花不如疏蕾”。

1. 疏蕾

花量过多时，疏除过多的花蕾。结果母枝上抽生2～4个以上的结果枝时，保留顶部2个结果母枝基部向上的3个花蕾，其余花蕾及其他结果枝上的花蕾全部疏除，留作预备枝；若结果母枝抽生5个以上的结果枝时，保留前3个结果母枝基部向上的3个花蕾，其余疏掉。疏蕾早，花柄容易用指掐断，若过迟则花柄木质化需要用疏果剪剪除。

2. 疏花

疏花时期并非越早越好，在结果枝上第1朵花开放时开始至第2朵花开放时结束，为疏花的最适期；结果枝上基部向上第2～4朵花坐果率最高，果个大、品质优，疏花时在基部向上第2～4朵花中选留1～2朵花，其余疏去。初次结果的幼树，将主、侧枝上的所有花蕾全部疏掉，便于集中养分进行营养生长，促使幼树早成形。

3. 疏果

于7月上旬生理落果即将结束时进行，原则为三疏三留；疏去发育不良小果、萼片受伤果、畸形果，疏去向上着生的果实（易受日灼），疏去病虫果；选留不易受日光直射的侧生果或侧下生果，大而深绿色、果形高而匀称的幼果，萼片大、形正而不受伤的幼果，其果实最容易发育成大果。疏果时果柄已木质化，必须用疏果剪进行剪除。

4. 留果量

树势强弱为合理负载的主要依据。冬剪后保留的结果母枝数量合适时，富有、次郎、磨盘柿、恭城水柿等平均单果重在200 g以上的大果型品种，叶果比为(20～25)∶1,30 cm以上的长结果枝每枝留单果1～2个；大红柿、孝义牛心柿等平均单果重小于150 g的中果型品种，叶果比为20∶1，长结果枝每枝留果2～3个；火柿、火晶、橘蜜柿等单果重小于100 g的小果型品种，叶果比为(15～20)∶1，长结果枝留果2～4个。小于30 cm的中长结果枝留果量相应减少，5片叶以下的小枝不留果，主枝与侧枝的延长枝上也不留果，以促进主枝和侧枝的生长。

三、果实套袋

1. 酌情选择套袋栽培

柿果套袋栽培，虽然能减少柿蒂虫、鸟害（图1-10）、炭疽病等病虫害以及果面机械损伤，提高商品外观品质，但是会增加果园生产成本及劳动力投入，降低果实含糖量及果面色泽，因此，涩柿及北方甜柿生产中不建议套袋。

图1-10　柿果鸟害

南方柿区在甜柿生产中，由于果实生长期湿度过大，导致果肉褐斑多（图1-11），果顶，特别是十字沟处易产生褐变的裂纹，严重影响商品价值，故在浙江杭州地区、湖北恩施地区的阳丰甜柿生产上进行套袋。

图 1-11 柿果褐斑（次郎）

2. 套袋方法

纸袋选用涂蜡的白色单层原木浆纸，有些地区选择双层袋；不同地区以及不同品种对纸袋的要求不一样，应先进行纸袋筛选试验，综合评价出适宜的纸袋类型，然后推广。套袋时期为谢花后 50～60 d 进行，套袋前 2 d 全园喷施 1 次杀虫剂和杀菌剂，喷雾应仔细彻底，防止漏叶、漏果，纸袋使用前进行湿口处理，套袋顺序为先上后下、先里后外；套袋时撑开纸袋如灯笼状，张开底角的出水汽口，幼果悬空在纸袋中，以免纸袋摩擦幼果果面；从中间向两侧依次按折扇方式折叠袋口，将袋上的捆扎丝反转 90°，沿袋口旋转扎严，切记封口要严，防止雨水和害虫进入袋内。

选择白色单层袋，不提前解袋，带袋采收；选择双层袋，应于采收前 30 d 解除纸袋，便于果面着色及上糖，提高品质。

四、果实采收

1. 采收时期

（1）涩柿的采收时期

采收是涩柿田间生产的最后一个节点，也是采后处理的开始节点，原则为优质、适时及低损耗,生产上主要依据不同品种、脱涩方法以及用途、市场供给等因素综合确定采收期。

①制作酥柿:脱涩为酥柿(脆柿)的品种可以适当早采,南方柿产区部分品种,如"永定红柿"在果皮颜色开始变黄、种子为褐色的时候即开始采收脱涩后供应市场;果皮为绿色的时候采收,果实糖分积累少,水分含量高,制成的脆柿质粗、味淡、水多,品质差。

②制作烘柿:脱涩为烘柿(软柿)的品种应在果实完熟时采收,此时果皮的颜色由黄色变为橙红色或红色,果实的物质积累基本完成,大小已经成形,种子变为黑褐色或黑色,呈现出品种固有的色泽和风味。脱涩后的烘柿,果肉可溶性固形物含量高,汁液多,浓甜爽口。

③制作柿饼:生产柿饼的品种应在果实正常成熟时尽快采收,此时果皮黄色消退,开始出现红色,出饼率高,柿饼个头大、肉厚而软、味甘甜、品质优良。南方柿产区制作柿饼时,果实在八成熟时采收。过熟的果实生产过程中容易软化,果皮出现皱纹,出饼率较低;早采的果实制成的柿饼,因养分积累少,饼肉粗糙,味淡,色泽差。

(2)甜柿的采收时期

甜柿在树上自然脱涩,主要作为鲜果供应市场,应在果实正常成熟时适期采收,此时果实已经脱涩,果皮颜色刚刚变为红色,果实的体积、质量增长完成,呈现出品种特有的色泽、肉质和风味,果肉的可溶性固形物含量高,肉质脆硬,甘味浓,且较耐储运。部分早熟甜柿品种可以适当早采,果实脱涩后果皮变为淡黄色时即可采收,抢早应市。过熟采收的甜柿,果肉容易软化,味淡,不耐储藏,商品性大大降低。

甜柿果实在成熟的过程中会发生"回涩",由于受气温、降雨等因素的影响,完全脱涩的果实重新出现涩味,黄熟初期及中期的果实较易发生,而黄熟末期及红熟期的果实则无此现象,采收时应注意鉴别。

2. 采收

(1)采前准备

采收前30 d禁止喷施任何农药,确保果品中农药及重金属残留不超标;采果前30 d不追施化肥，停止柿园灌水。准备好采收用的采收梯、采果剪、采果袋(篮)、采果篓(筐)以及中转用的塑料筐、纸箱等物品，硬质采果工具的底部和四周应安放软垫，以免刺伤果皮，准备好果实的预冷场地，冷藏用的机械冷库应进行清理和检修。

(2)采收方法

采收应在晴天的上午、露水干后进行，阴雨天及久雨后不宜采收，此时果面潮湿，果皮细胞膨压较大，易引起腐烂和污染；避开中午高温时采收，果实温度高造成预冷时呼吸强度高，湿气重，不易散热。采收人员应剪短指甲并戴手套，果实要轻拿轻放，防止划伤果皮。柿果梗及蒂片木质化而坚硬，干燥后更硬，采收时要剪除果梗；晒制柿饼的果实则不要剪除果梗，须保留"丁"字形拐把。采收的顺序宜先外后里、先下后上，避免果实机械损伤。

果前梢多而瘦弱、冠层内结果母枝数量较多以及挂晒柿饼的果实，采收时采用"两剪法"，第一剪留基部1～2芽或隐芽剪断结果枝，第二剪断果梗，或剪留"丁"字形拐把；果前梢发育健壮，需要留作结果母枝的果实采用"一剪法"，即直接剪断果梗。

3. 采后处理

在果园里将刚采下的柿果进行初选，人工分级，剔除腐烂果、伤病果、畸形果和小果，使果品规格基本一致，分级工作应与果品包装结合进行。良好的包装可以减少果品间的摩擦、碰撞和挤压造成的机械伤，防止坚硬果梗及蒂片造成的刺伤，维持果品在流通中的稳定性，增加产品的附加值。柿果包装应符合科学、经济、牢固、美观和适销的原则，包括瓦楞纸箱、塑料箱、钙塑箱、手提袋等，辅助包装材料有衬垫物、抗压托盘、塑料网套、泡沫隔盘等。

五、果实脱涩

1. 酥柿(脆柿)脱涩

涩柿脱涩后，果实肉质脆硬，味甜，称为酥柿，又叫懒柿、暖柿、温柿、泡柿、脆柿等。

(1)温水脱涩:将新鲜柿果装入铝盆、木桶、塑料桶或陶缸内,不宜使用铁质容器,以防铁和单宁发生化学变化而影响柿果品质。柿果装满容器的70%~80%后,倒入40~50℃的温水,淹没柿果;容器口用塑料薄膜或者棉被覆盖保温、密封缸口,10~24 h后便可脱涩,不同的品种、不同的成熟度脱涩的时间长短不同。此法的缺点是果品褪色为淡黄色,味淡,不能久储,常温下2~3 d后果皮发褐变软,不宜大规模进行。优点是脱涩快,适宜于自家食用,或者就地供应市场时使用。

(2)冷水脱涩:将柿果装入箩筐或塑料筐内,连筐浸没在水塘内;或将柿果浸入盛有清水的缸(塑料桶)内,淹没柿果,若水混浊则换清水;也可以用50 kg冷水加入1~2 kg柿叶或者3~5 kg辣蓼草,经过5~7 d便可脱涩。此法脱涩的时间依据气温、水温及果实的成熟度不同而不同,脱涩时间较长,但不用加温,无须特殊设备,多在南方柿产区使用。

(3)石灰水脱涩:每50 kg柿果,用生石灰3~5 kg。在木桶或缸内,先用少量水溶化石灰,然后加水稀释,趁石灰水温热时放入柿果,以水完全淹没为度,用塑料薄膜封闭容器口,3~4 d后便可脱涩。如能提高水温,则能缩短时间。此法的优点是脱涩后的柿果肉质特别脆,对于刚刚着色、提早采收的柿果效果特别好。缺点是脱涩后果实表面附着石灰,不甚美观,操作不当会发生裂果。

(4)酒精脱涩:将柿果放入缸、酒坛、木桶、塑料桶等易密闭的容器内,果实分层放入,每层喷洒35%~40%的酒精或者烧酒,使用量为柿果质量的1%,装满后密封,在20℃的条件下闷闭8~10 d即可脱涩。此法脱涩的果实品质最优,肉质脆、甜,风味浓郁。

(5)二氧化碳脱涩:将柿果装在可以密闭的容器内,容器上下方各设一个小孔,二氧化碳由下方小孔逐渐注入,待上方小孔排出的气体能把点燃的火柴或者线香熄灭时,则容器内已充满了二氧化碳,将上下方的小孔塞住;最适宜温度25℃,在常压下7~10 d便可脱涩,若在容器中再加入少量酒精,则能加速脱涩。此法脱涩后的柿果,在空气中果皮易发生褐变,时间长时果肉亦褐变,必须迅速食用或销售。自容器内取出柿果时有强烈的刺激性,须置于通风处数小时后方可食用。

(6)PE膜真空包装脱涩:柿果装入厚0.01 mm低密度聚乙烯(LDPE)袋内,用真空包装机进行包装。在真空包装条件下,柿果通过厌氧呼吸产生二氧化碳,同时维持一定的湿度,创造一个低氧、高二氧化碳的环境,从而完成涩味,并具有保鲜的作用。此外,柿果真空包装后,柿果的品质和营养成分得到较好的保持,抗机械压力、减轻振荡,有利于长途运输和市场销售。

2. 烘柿(软柿)脱涩

涩柿脱涩后,果实肉质松软、汁液多,味甘甜,易剥皮,称为烘柿,又叫软柿、爬柿等,脱涩方法分为自然脱涩和人工脱涩。自然脱涩即果实采收后储放,使其自然变软而脱涩,优点是风味浓郁,品质保持最好;缺点是脱涩时间长,不便于掌控。各地依据当地的生态气候条件、自然资源及生产习惯创造了许多人工脱涩的方法。

鲜果脱涩法,即每50 kg柿果放入2～3 kg梨、苹果、香蕉、山楂等成熟的水果,封闭容器口,经3～5 d后便可软化脱涩,果实色泽艳丽,风味佳良。熏烟脱涩法,即在柿果堆放处熏烟并密封,促使果实软化脱涩,果实有烟味。自然留树脱涩法,即果实成熟后不采收,在树上自然软后再采收,果皮色泽艳丽、风味浓郁。刺伤脱涩法,即在柿蒂附近插入小段牙签或芝麻秆,利用机械伤害加速果实分子间内呼吸,促进成熟脱涩;缺点是易造成裂口,引起发酵或霉烂。植物叶脱涩法,即在柿果中混入新鲜的柏树叶、松叶、苹果树叶,分层混放,促进果实软化脱涩。乙烯利脱涩法,即在果实未采收时,用浓度为250 mg/kg的乙烯利全株喷雾至果面滴水,果实在树上即可脱涩变软。

六、储藏

1. 简易储藏

简易储藏主要采用室内堆藏、露天架藏、自然冻藏等方法,主要依靠自然冷源通风降温,进行短期和中期储藏,为我国北方柿产区的主要储藏方式,设施简单,成本低,但是不便于商业化大规模应用。

室内堆藏：果实略早采收，剔除病虫果、机械损伤果后摊放一夜进行自然预冷，降低果实的温度和湿度。选择冷凉、干燥、通风的窑洞、地窖以及专用堆放仓库，入库前将果篓、果箱、置放架等置于库内进行消毒，每立方米的空间使用硫黄 10 g 熏蒸消毒，密闭 24 h，通风 1～2 d 后使用。预冷的柿果放入库内，打开进气孔、排气孔及窗户，通风降温，5～7 d 后关闭进排气孔及窗户；当窖内温度降低到－1℃时，应尽量保温，以不冻、不升温为原则，定期通风透气，使窖内土层积蓄更多的冷量。冬季窖内温度保持在－2～0℃，定期检查剔除病果、烂果并及时带出库外。

2. 冷库储藏

机械冷库储藏与自然通风库（窖）储藏不同，其不受外部气候条件和地域的限制，关键是可准确控制库温、保持库内湿度以及通风换气。储藏的原理是通过减缓果品的呼吸代谢过程阻止果实衰老，延长储藏期，保证果品的周年供应。多数柿品种适宜储藏温度条件为 0±1℃，其变幅控制在 0.5℃。刚采收的果实由于带有大量田间热，呼吸作用旺盛，易腐烂变质，应立即预冷，使果实温度迅速降到 5℃。库内湿度控制在 90%～95%，可采取地面洒水、挂湿草帘以及使用加湿器等方法进行加湿。库内通过吊顶风机进行空气循环。

储藏期间还需要防止柿果受冷害。冷害主要是低温引起的生理失调，果面色泽灰暗，局部水渍状或有凹陷斑点，严重时果实褐变；果肉风味变淡、褐变，发生凝胶化，果汁黏稠不能挤出。

3. 气调储藏

与机械冷藏相比，气调库储藏保存时间更长，品质保持更好，出库后货架期长，并且能显著减少柿果储藏期间的病害。柿果能忍受较高浓度的二氧化碳，适合气调储藏。果实气调储藏的适应氧气浓度为 3.0%～5.0%，二氧化碳最适浓度为 3.0%～8.0%，气调储藏可以保存 3～4 个月，果实可保持硬度和脆度，果肉不褐变。

气调储藏封库后，严格按照要求监控二氧化碳、氧气的浓度，以免发生二氧化碳伤害，库内相对湿度保持在 90%～95%。储藏期间入库检查，必须二人同行，戴好氧气呼吸面具，库门外留人观察。气调储藏是当前国内外生产上最先

进的柿果储藏方法，但是成本较高，气调库造价较高，技术要求也高。

4. 冷冻储藏

冷冻储藏分为自然冷冻储藏和速冻储藏。自然冷冻储藏将柿子采收后置于室外寒冷之处，任其冰冻，果实发硬后仍堆放在室外，勿使其解冻，可储藏至春节，果实色泽和风味保持良好，此法只适宜在寒冷的北方柿产区应用，俗称“冻柿”。速冻储藏将柿果置于－20℃的冷库内1～2 d，使果肉细胞充分冻结，停止生命活动；然后再储放在－10℃的冷库中，果实可以全年供给。食用时将冷冻的果实放在水中缓慢解冻，这样果肉中维生素C的含量损失减小。

七、柿饼加工

柿饼是我国传统的名优特产，风味佳良，颇受国内外消费者喜欢。柿饼制作工艺主要有自然干制法和人工干制法两种。自然干制法是传统的民间加工工艺，历史悠久，延用至今，工艺流程为：选果→去皮→日晒→压捏→脱涩→捏晒→整形→定形→出霜→包装→储藏（图1-12），晾晒干制过程分为摊晒和挂晒，其缺点是生产周期长（30～50 d），微生物及粉尘污染严重，产品卫生质量差，且占地多、用工多。人工干制法克服了自然晒制法的缺点，生产周期短，其工艺流程为选果→去皮→脱涩→烘烤（40～50℃）→第一次捏饼→烘烤（40～50℃）→第二次捏饼→烘烤（40℃）→回软→整形→烘烤（50℃）→出霜→包装，人工烘制，可缩短柿饼干制时间，提高产品质量。

图1-12　传统的柿饼生产工艺

1. 原料预处理

(1)品种选择:制饼品种要求果个大、果形正,无纵沟和缢痕,含糖量高,无核或少核,我国优良的制饼品种有富平尖柿、恭城水柿、菏泽镜面柿、荥阳水柿、博爱八月黄、元宵柿等。

(2)采收及选果:适期采收,北方柿产区制饼品种要求正常成熟,萼片变色,果皮颜色由黄色变为淡红或红色,果肉坚硬时采收;南方柿产区习惯早采,果实八成熟时采收,此时柿果刚刚由黄变为浅红。采收后的柿果剔除病虫果、机械损伤果、烂果及软果,并按照果个大小和生熟程度进行分级。

(3)去皮:去皮前完成去花、剪柄、清洗等工作,去掉柿蒂花,留下萼盘,使果蒂齐平,剪去果柄,挂晒须保留"丁"字形拐把,然后用清水进行清洗,除去尘污及杂物。手工去皮用专用的不锈钢刮刀进行,刮刀自上而下或自下向上旋削,分头、中、尾三部分进行,用右手拿刮刀,左手掌托住果实,大拇指压在果蒂上,中指压住果顶,削皮时要从头开始,右手不断地刨刮,左手随之不断转动果实,一直削到果实中部,最后直到尾部,削净果皮,不留顶皮和花皮,仅在果蒂周围留皮 0.5~1.0 cm,皮留得越少越好,以利于蒂部水分尽快蒸发,减少"落架";操作时刀要拿稳,做到不伤果肉,不留残皮。使用削皮机时,用旋刀或旋车将皮削去,旋去的皮要求薄、不漏旋、不重旋、不留顶皮和腰带;若出现断皮、漏削,要及时弥补,保证果肉光洁平滑。

(4)上架:选择通风、干燥向阳处用木棒搭建 3~4 m 高的晒架进行挂晒,在架上搭直径为 0.5~0.8 cm、长为 4~6 m 两股合一的麻绳或塑料绳,挂柿时两端各站一人,在绳头一端打一结,另一端用手捻松绳子,将去皮后带"丁"字形拐把的柿果逐个夹在捻松的绳缝之间,由下向上挂柿,直到接近横椽为止,第 1 串挂好后再挂第 2 串,直至挂完。注意保持柿果上、下、左、右之间的距离,以防软化后相互粘连,并有利于通风。

2. 干制定形

(1)自然干制法的脱涩干制

上架后的柿子,切忌暴晒,须避光阴干,遮光物以蓝色、绿色为佳。若遇雨

天，用席或塑料薄膜覆盖，雨后揭开。柿串须转换1～2次，使其受光均匀。晾晒3～5 d后，表面开始收缩发白结皮，果肉发软，此时进行第1次捏饼，随捏随转，纵横都捏到，直至内部变软，使其达到"开心""开孔"，促进脱涩，注意揉捏力度不要太大，以免捏破外皮，影响外观。

第一次捏饼后晒5～6 d，待柿果表面形成一层干皮，将柿串取下堆起，用麻袋覆盖2 d后，进行第2次捏饼，从中间向外捏，捏成中间薄四周隆起的蝶形，这次是影响柿饼品质好坏的关键，捏时用力较第一次大些，将果肉的硬块全部捏软。再隔3～4 d，果面出现粗大皱纹时，进行第三次捏饼，将果心捏散，使果顶不再收缩，并将种子挤出，注意捏果要均匀，不留硬块，捏时用食指和中指按果顶，拇指按果蒂，旋转果实稍加压力，捏时结合整形，横向捏扁成圆饼形。

每次捏果宜选择晴天或有风的早晨进行，因为经过夜间露水滋润和果实水分外逸，果面返潮有韧性，不易捏破。回软后再晒3～4 d，即可上霜。

(2)人工干制法的脱涩干制

使用人工干制法去皮后柿果无须上架，可进行熏硫漂白、防腐，通常250 kg鲜柿用硫黄10～20 g，将柿果连同烘烤筛一起置入熏硫室，逐层铺好后，点燃硫黄置于底层，关好门窗和排气孔，熏蒸10～15 min。

摆盘时将果顶朝上逐个摆放在烤盘上，果距0.5～1.0 cm，不互相挤靠。入烘房时将大果或果顶发软的果置于近火道或通风口，加快水分蒸发，小果置于中层。烘烤时温度的高低会影响柿果干燥的速度和品质，按低→高→低进行变温间歇性烘烤，初期炉温控制在40℃左右，待果实脱涩软化后，将炉温升至50℃左右，使水分迅速蒸发，果实失水至50%，降温至40℃直至烘成，以防出现硬壳、渗糖现象。烘成的柿饼标准是内外软硬一致，果肉富于弹性，失水率65%～70%。

烘烤过程中用手指或机械挤伤果肉，促进果实脱涩软化，加速水分内扩散，缩短烘烤时间，使柿饼软硬一致，红亮透明，增进风味。烘烤过程中需捏饼2～3遍，当果面颜色由橙黄变得发白，果肉由硬变得微微发软，即柿果进入烘房干燥10～16 h后捏第一遍，两手交错握柿，轻轻地横向捏，边捏边转，将内部果肉组织捏破成块状，捏时用力要缓不能猛，挤压部位要全面，达到果肉挤伤而皮不破的效果。捏过的果实变软呈红色，没挤压的部位呈白色；再烘至果面干燥出现皱纹，即干燥19～25 h后，捏第二遍，这次非常关键，必须将上次未捏到的部位全部揉捏，将剩余的果肉硬块全部捏碎，捏散果心并将捏碎的果肉上下、左右来回挤动，并初步整形；再烘至果面又干燥，出现粗大的皱纹时捏第三遍，这次结合整形，将髓(果心)自基部捏断，使果顶不收缩，有核的品种要将核推倒或挤出。由于烘房内温度不匀，水分蒸发的速度不一样，每隔一定时间需将烤筛的位置调换一下，使各盘干燥均匀，同批出炉。为了提高烤炉利用率，提高柿饼品质，可分两三批轮换烘烤。

引发柿饼霉变主要有青霉、根霉、毛霉和曲霉四种。柿饼在烘房高温高湿环境中极易长霉，除器具干净卫生外，烘烤时果实排列要松散，注意翻转，因果实粘连处或与烤筛接触处水汽不易逸出，容易发霉；揉捏时应抚平皱纹，皱纹内湿度大也易生霉。另外，烘烤过程中温度不得低于 30℃，否则容易长霉或发酵；必须注意通风换气，防止柿果发霉、发酵。

(3)出霜

柿霜是柿饼在加工过程中糖随水分渗出果面，凝结成的白色结晶，其主要成分是甘露醇、葡萄糖、果糖、蔗糖和木糖醇等。柿霜不仅具有保健功能，而且其形成的薄厚、颜色及储藏期的稳定性等直接影响到柿饼的感观质量，并且柿霜披覆于柿饼表面能预防霉菌的感染和减少水分的蒸发，保持柿饼柔软可口。

柿饼出烘房时含水量适中，柿霜出得快而厚；柿饼出烘房时含水量过低，不易回软，出霜慢而薄，呈粉末状，甚至不出霜；柿饼出烘房时含水量过高，水分大量外渗，也不容易出霜，即使出霜也呈污黄色，影响柿饼质量。因此，严格控制柿饼出烘房时的含水量是提高柿饼质量的重要措施。

自然晒制时，柿饼晒得过干或过湿，都不易出霜，在入容器(缸)时应检查柿饼所晒程度，若用手压有坚硬感，表明晒得过干，应在柿皮上喷洒少量水，用塑料薄膜覆盖 1～2 h，使柿皮将水分吸收后再放入容器；若用手压无弹性，感觉过软，表明晒得不够干，应选择干燥通风处再晾晒 1～2 d，否则入缸后会造成柿饼表面出水，发黏、霜少，或根本无霜。此外，上霜与环境温度也有关系，温度越低，上霜越好，因为低温使可溶性固形物溶解度下降，容易结晶析出。品质好的柿饼肉色黄红，呈透明胶黏状，饼形扁圆，完整，起铜锣边，表层有白色霜，味甘甜，不涩口，无霉变，无虫蛀。

出霜是烘干后的柿饼经反复多次堆捂和凉摊而形成的，堆捂是将出烘房的柿饼冷却后装入陶缸、箱或者堆放在平板上，高度 30～40 cm，用清洁的塑料布

盖好，经 2～5 d 堆捂，柿饼回软，糖分随水渗透到柿饼表面；凉摊是将表面渗出糖和水分的柿饼摊在阴凉通风的干燥环境中，有条件可用风机对摊开的柿饼吹风。凉摊过程中，柿饼表面的糖分随着水分的蒸发而变成白色结晶体，即所谓出霜。阴雨潮湿天气不宜凉摊或吹风。经过多次反复堆捂、凉摊的出霜过程后，柿饼的含水量低于 27%时，可进行分级包装。

红饼直接下架，无须出霜。柿饼用消毒后的草席或净布保存，厚度不超过 30 cm，2～3 d 观察一次，看是否"出水"，如无"出水"，则适当"闭气"；如有"出水"，则须晾翻，必要时晾晒，使其周身水分均衡、柔润。

(4)包装储藏

柿饼含水量在 30%左右，保质储藏期短，散装柿饼仅能保存 60～70 d。柿饼长途运输及销售过程中，也会发生霉变、酸败、虫蛀、褐变、柿霜消失等危害，常常通过低温储藏、露天挂藏、室温储藏、充气包装储藏、脱气包装储藏、真空包装储藏等方法延长柿饼保质期。

柿饼包装的主要目的是防潮、防虫蛀，延长货架期。柿饼出霜完成后，应立即用透明注塑盒分装并抽真空，或用隔绝性能较好的 PE(聚乙烯塑料)薄膜封装，充气或真空包装，真空度不小于 0.08 MPa。经过包装处理后的柿饼保质期为 3～6 个月。

第五节　主要病虫害防治

一、病害

1. 柿角斑病

(1)病原及症状

柿角斑病的病原菌俗称柿尾孢(*Cercospora kaki* Ell. et Ev.)，属半知菌亚门真菌，华北、西北、华中、华东各省区以及云南、四川、台湾等地都有发生，为害柿和君迁子，是造成柿落叶、落果的重要病害之一(图 1-13)。柿叶片受害初期正面出现不规则黄绿色病斑，边缘较模糊，病斑内叶脉变为黑色，后病斑逐渐加深成浅黑色，病斑中部变为浅褐色。由于受叶脉限制，病斑扩展最后呈多角形，其上密生黑色绒状小粒点，有明显的黑色边缘。柿蒂发病时，呈淡褐色，形状不定，由蒂的尖端逐渐向内扩展。蒂两面均可产生绒状黑色小粒点，落叶后柿子变软，相继脱落，而病蒂大多残留在枝上。

图 1-13　柿叶片角斑病

(2)发生规律

柿角斑病菌以菌丝体在病蒂、病叶内越冬，以树体上的病蒂为主要初侵染源和传播中心，病菌在病蒂上可存活 3 年。翌年 6—7 月菌丝体产生大量分生孢子，通过风雨传播，进行初次侵染，从叶背气孔侵入，潜育期约 1 个月。阴雨较多的年份，发病严重。南方柿区于 6—7 月中旬开始发病，降水量大则有利于病菌侵染，发病早而重，临近君迁子的柿树发病较重。幼叶不易受侵染，老叶易受侵染；在同一枝条上顶部叶不易受侵染，而下部叶易受侵染；树冠外围发病轻，内膛及下部叶片发病重。

(3)防治方法

①农业防治

冬季清除挂在柿树上的病蒂，剪去病枝、枯枝，集中深埋或焚毁，减少侵染源；增施有机肥料，增强树势，提高抗病力；柿园开沟排水，以降低果园湿度，减

少果树发病率；避免柿树与君迁子混栽。

②药剂防治

6月上中旬至7月中下旬，选用75％百菌清可湿性粉剂800倍液、53.8％氢氧化铜悬浮剂900倍液、70％代森锰锌可湿性粉剂800倍液、50％异菌脲可湿性粉剂1000倍液、40％多硫悬浮剂400倍液等药剂，全株喷雾，视病情发展，间隔10 d后再喷1～2次。

2. 柿圆斑病

(1)病原及症状

柿圆斑病俗称柿子烘，病原菌称柿叶球腔菌(*Mycosphaerella awae* Hiura et Ikata)，属于囊菌亚门真菌。在我国河北、山东、山西、陕西、四川、浙江、湖北等省都有分布，主要为害叶片，也为害柿蒂。为害叶脉时，使叶呈畸形。叶片染病，初生圆形小斑点，叶面浅褐色，边缘不明显，后病斑转为深褐色，中部稍浅，外围边缘呈黑褐色，病叶在变红的过程中，病斑周围现出黄绿色晕环，后期病斑上长出黑色小粒点，严重时病叶即变红脱落。柿蒂染病，病斑呈圆形，褐色，病斑小，柿果逐渐转红、变软，脱落。

(2)发生规律

以未成熟的子囊果在病叶中越冬，翌年4—5月形成子囊壳，6月至7月上旬子囊壳成熟，散发出子囊孢子，孢子通过风雨传播，萌发后从叶片气孔侵入，潜伏期60～100 d，8月下旬至9月上旬开始发病，出现症状；9月下旬病斑数量迅速增加，达到发病高峰，叶色开始变红，10月病叶大量脱落。弱树和弱枝上的叶片易感病，而且病叶变红快，脱落早。在阴雨连绵的年份或潮湿的气候发病较重。

(3)防治方法

①农业防治

冬季清除柿园的落叶、病叶，集中深埋或烧毁，以减少初侵染源。

②药剂防治

柿圆斑病无再次侵染，6月至7月上旬是药剂防治的关键时期。于6月上中旬喷施1∶5∶500倍波尔多液、30％碱式硫酸铜胶悬剂400～500倍液、80％

代森锰锌可湿性粉剂 800 倍液、12.5%烯唑醇可湿性粉剂 2500～4000 倍液、25%吡唑醚菌酯乳油 1000～3000 倍液、24%腈苯唑悬浮剂 2500～3000 倍液等药剂，喷药间隔期为 10 d，视病情发展喷 2～3 次，注意保护剂和治疗剂混用或轮换使用。

3. 柿炭疽病

(1)病原及症状

柿炭疽病病原菌称柿炭疽盘长孢菌(*Colletotrichum gloeosporioides* Penz.)，半知菌亚门黑盘孢目、黑盘孢科、盘圆孢属。华北、西北、华中、华东各地都有发生，叶片受害时，先在叶尖或叶缘开始出现黄褐斑，逐渐向叶柄扩展；叶面染病后出现不规则黄绿斑块，边缘模糊，病斑内叶脉变黑，以后渐深，有黑色小粒点，因受叶脉所限病斑扩展呈多角形，严重时病斑相互融合，布满叶片，甚至使其枯焦脱落。新梢发病初期，先生黑色小圆斑，后扩大呈椭圆形，病斑呈褐色或黑色，中部凹陷纵裂，产生黑色小粒点；病斑中部密生轮纹状排列的灰色至黑色小粒点(分生孢子盘)，空气潮湿时病部涌出粉红色黏稠物(分生孢子团)；新梢易从病部折断，严重时病斑以上部位枯死。

果实发病初期，在果面上先出现针头大、深褐色或黑色小斑点，后病斑扩大呈近圆形、凹陷病斑(图 1-14)，中部密生灰色至黑色小粒点(分生孢子盘)，空气潮湿时病部涌出粉红色黏稠物(分生孢子团)；病果上有一至多个病斑，受害果易软化脱落。柿蒂首先在四角出现病斑，由尖端向内扩展，表里两面均可见黑色小粒点。

图 1-14　柿果炭疽病

(2)发生规律

以菌丝体在病梢、病果、叶痕和冬芽中越冬，翌年初春产生分生孢子进行初次侵染。风、雨、昆虫都是分生孢子的传播途径，病枝梢是主要初次侵染孢子的来源，病菌从伤口侵入时潜育期为 3～6 d，由表皮直接侵入时潜育期为 6～10 d。枝

梢在 5 月上旬开始发病，6—7 月为盛发期，枝条及果实到 9 月下旬还继续染病。果实在 6 月开始发病，7 月可见病果脱落，并不断侵染新的果实。

柿炭疽病感病程度及初次侵染的时间与降水量和阴雨天气有密切关系，春末夏初，阴雨天较多时，柿树感病重，干旱年份发病轻。柿炭疽病菌喜高温高湿，雨后气温升高，出现发病盛期。病菌发育最适温度为 25℃左右，低于 9℃或高于 35℃，不利于此病发生蔓延。

(3)防治方法

①农业防治

加强柿园土肥水管理，增强树势，提高树体抗病能力。冬季结合修剪，彻底清园，剪除病枝梢，摘除病僵果，刮除柿树病疤上的坏死组织并将坏死组织集中深埋。

②药剂防治

6 月上中旬至 7 月中旬为药剂防治的关键时期，选用 240 g/L 噻呋酰胺悬浮剂 2000 倍液、240 g/L 吡唑醚菌酯乳油 1000 倍液、25 g/L 咯菌腈悬浮剂 1000 倍液、10％苯醚甲环唑水分散粒剂 1500 倍液、40％氟硅唑乳油 8000 倍液、5％己唑醇悬浮剂 1000 倍液、25％咪鲜胺乳油 1000 倍液等药剂，全株喷雾，喷药间隔期为 10 d，视病情发展喷 2～3 次。

二、虫害

1. 柿蒂虫

柿蒂虫(*Kakivoria flavofasciata* Nagano)，又名柿实蛾、钻心虫、柿烘虫，分布于河南、山东、陕西、安徽、江苏等地，主要为害柿、君迁子，在山区栽植分散、管理粗放的园区，柿蒂虫蛀果率达 50％～70％，有的园区甚至绝产。

(1)为害特点

幼虫为害果实，多从柿蒂处蛀入果实内食害，蛀孔处有虫粪，幼虫于果蒂和果实基部吐丝缠绕。幼果被蛀早期为灰白色，后变黑干枯，但不脱落；大果被害后提前发黄至红，变软脱落，黄河流域柿区为害严重。

(2)发生规律

一年发生2代,以老熟幼虫在树皮裂缝里或树干基部附近土壤中结茧过冬。越冬幼虫于翌年4月中、下旬化蛹,5月上旬成虫开始羽化,盛期在5月中旬。5月下旬第1代幼虫开始为害幼果,6月下旬至7月上旬幼虫老熟,一部分老熟幼虫在被害果内,一部分在树皮裂缝下结茧化蛹。第1代成虫在7月上旬到7月下旬羽化,盛期在7月中旬。第2代幼虫自8月上旬至柿子采收期陆续为害柿果,9月下旬以后,幼虫陆续老熟脱果越冬。成虫昼伏夜出,白天多静伏在叶片背面或其他阴暗处,夜间活动,交尾产卵。卵多产在果蒂与果梗的间隙处,幼虫转果多则形成落果。

(3)防治方法

①农业防治

冬季或早春刮除树干上的粗皮和翘皮,清扫地面的残枝、落叶、柿蒂等与皮一起集中烧毁,以消灭越冬幼虫。在幼虫为害期及时连同被害果的果柄、果蒂全部摘除,幼虫脱果越冬前,在树干及主枝上束草诱集越冬幼虫,冬季在刮皮时将草解下烧毁。

②药剂防治

5月下旬至6月上旬、7月下旬至8月中旬,正值幼虫发生高峰期,应各喷2遍药,每次药间隔10～15 d,如虫量大,应增加防治次数,可用20%氟氯氰菊酯乳油1500～2500倍液、20%甲氰菊酯乳油或20%氰戊菊酯乳油2500～3000倍液、2.5%溴氰菊酯乳油3000～5000倍液等药剂,着重喷果实、果梗、柿蒂,毒杀成虫、卵及初孵化的幼虫,均可收到良好的防治效果。

2. 介壳虫类害虫

为害柿的介壳虫类型较多,如柿粉介、柿绒介、柿草履介、柿龟蜡介等,特别是失管的柿园,介壳虫类型多,为害程度重。为害最为广泛的是柿粉介(*Phenococcus pergandei* Cockerell),俗称柿长绵介、树虱子、苹长粉介,其为害柿、苹果、梨、枇杷、无花果、桑等。

(1)为害特点

以雌成虫和若虫吸食嫩梢、叶片和果实汁液的形式为害。梢、叶被害后,枯

焦变褐；果实受害后，初为黄色，逐渐凹陷为黑色，受害严重的果实变红脱落，另外由于虫体排泄蜜露，还会诱发煤污病（图 1-15）。

图 1-15　柿介壳虫为害果实

（2）发生规律

一年生 1 代，以 3 龄若虫在枝条上结大米粒状的白茧越冬。翌春，柿萌芽时柿粉介开始活动，在嫩梢和幼叶上吸食为害。3 龄雄虫脱皮成蛹前，再脱 1 次皮变为蛹，雄虫交尾后死亡；雌虫不断取食发育，4 月下旬羽化为成虫，交配后继续爬至嫩梢和叶片上为害，逐渐长出卵囊，至 5 月下旬始陆续将卵产在卵囊中。6 月上中旬开始孵化，卵期约 20 d，6 月下旬至 7 月上旬为孵化盛期。初孵若虫爬向嫩叶，沿叶脉、叶缘群集为害，然后固着在叶背主脉附近吸食汁液，到 8 月下旬、9 月上旬脱第 1 次皮，10 月上中旬脱第 2 次皮，然后转移到枝干上，多在阴面群集，结茧越冬，相互重叠堆集。

（3）防治方法

①农业防治

冬季刮除柿树干上的粗皮和翘皮，清园喷洒 3～5°Bé 石硫合剂，或 45％晶体石硫合剂 20～30 倍液，或 5％柴油乳剂，杀死越冬若虫。

②药剂防治

越冬若虫出蛰后，5 月下旬至 6 月上中旬为害重，选用 2.5％溴氰菊酯 4000 倍液全株喷杀，对初孵转移的若虫防治效果好，混用含油量 1％的柴油乳剂有明显增效作用。

3. 柿斑叶蝉

柿斑叶蝉(*Erythroneura* sp.)，又称柿血斑小叶蝉、柿小浮尘子，全国各地柿产区均有分布，为害柿、枣、樱桃、桑等。

(1)为害特点

以成虫或若虫群集叶背面叶脉附近，刺吸汁液，被害叶片出现失绿斑点，逐渐连接成片，严重为害时整个叶片呈苍白色，微上卷，最后脱落。

(2)发生规律

一年发生2代，以卵在当年生枝条的皮层内越冬，翌年4月展叶时孵化，第1代若虫历期1个月，5月下旬为羽化盛期，6月下旬出现第2代若虫，8月中旬出现第2代成虫。越冬时将产卵管刺入当年生枝条皮层内产卵。卵散产，产卵枝直径约为0.5 cm，孵化后若虫先群集在枝条基部叶片的背面中脉附近，不活跃。随着龄期增长，食量增大，逐渐分散为害。老龄若虫及成虫均栖息在叶背中脉两侧吸食汁液，性活泼，喜横着爬行，成虫受惊即起飞。

(3)防治方法

①农业防治

冬季修剪时剪除带卵枝条，深埋或烧毁，结合防治柿介壳虫，清园时喷3～5°Bé石硫合剂，注意保护七星瓢虫、龟纹瓢虫和中华草蛉等天敌。

②药剂防治

若虫盛发期，选用40.7%乐斯本2000倍液、80%敌敌畏1500倍液、22.4%螺虫乙酯悬浮剂3000倍液、20%烯啶虫胺水分散粒剂2000倍液进行防治，可以混加500～1000倍的洗衣粉，提高防效。

第二章　枣

第一节 概 论

一、枣的经济意义及在长江中游地区的生产潜力

1. 枣的经济意义

枣(*Ziziphus jujube* Mill.)是中国独具特色的古老树种和最具发展潜力的民族果品之一,更是中国传统五果(栗、桃、杏、李、枣)之一,具有重要食用价值、养生价值、药用价值以及文化价值,种植经济效益高。枣被誉为“木本粮食”“铁杆庄稼”,俗语有“枣柿半年粮,不怕闹饥荒”。枣产业作为中国传统特色产业,其发展振兴是中华文明传承的必然要求,枣文化也早已渗入到中华文明和人们日常生活中,从春节、正月十五元宵节的枣年糕、枣元宵,到端午节的蜜枣粽子、中秋节的枣月饼;从结婚时的“早(枣)生贵子”,到饮茶时的“五子登科(茶碗五枣)”,以及祭祀和宗教活动中的贡品,枣及枣产品已经融入中国人生活的方方面面。

我国传统的枣加工产品,类型多样,从制作简单的枣干到工序复杂的枣糕、枣脯、枣膏、枣油、枣醋、枣酒等都有记载。《食经》记载“新菰蒋,露于庭,以枣著上,厚三寸,复以新蒋覆之。凡三日三夜,撤覆露之,毕日曝,取干,内屋中。率一石,以酒一升,漱著器中,密泥之。经数年不败也”“作干枣法:须治净地,铺菰箔之类承枣,日晒夜露,择去胖烂,曝干收之”。先秦时期我国已经制作枣脯,《史记·封禅书》记述“如缑城,置脯枣,神人宜可致也”。《齐民要术》描述“枣脯法:切枣曝之,干如脯也”。蜜枣是我国传统的馈赠佳品,《抚郡农产考略》介绍“俟枣赤时收取,就草地晒之”“储一层枣盖一层糖,糖枣拌匀,旬日后,变成黑色即为蜜枣,味甘而实大”。

枣具有药食同源的特点,在日常生活中,枣以其养血安神、补中益气等营养

功效而受到人们的喜爱，俗语有“五谷加红枣，胜似灵芝草”“日食一枣，医生不找”“日食三枣，长生不老”。枣也被传统中医认为是重要的药材，被收录在我国多部古代药物学著作中，《神农本草经》《黄帝内经》《本草纲目》等专著中均有明确记载，约60%的重要中药配方都要用到枣。《本草衍义》记载“酸枣，微热，《经》不言用仁，仍疗不得眠。天下皆有之，但以土产宜与不宜”。《神农本草经》记载“大枣，味甘，平。主心腹邪气，安中养脾。助十二经，平胃气，通九窍……和百药。久服轻身，长年”。

2. 枣在长江中游地区的生产潜力

(1)枣的生产潜力及主要品种

我国已经形成了五大传统枣产区，且栽培历史悠久，主要为河北、山东、山西、河南和陕西，均为黄河流域枣产区。枣新兴产区主要是新疆枣产区，该地区具有得天独厚的自然条件，日照时间长、降水量少、土壤肥沃、病虫害较少，自然资源条件远远优于传统枣产区，枣果的品质也要明显优于传统枣产区。如今，新疆枣农的生产技术水平得到了快速的提升，而且新疆枣产区的劳动力从年龄结构和性别结构上看均优于传统枣产区的劳动力，新疆枣产区大多是年轻男性劳动力从事枣种植，极大促进了生产效率的提高。受到枣产业高利润的驱使，大量投资者也涌向了枣产业，国内有些房地产企业、建筑企业在新疆地区投资建设了大面积的标准化枣园，推动了全国枣产业化和市场化的进程。

经过长期的自然演化和人工选育，我国枣现有750个品种，其中主栽品种约30个。按照果实用途，枣品种可分为制干品种、鲜食品种、加工品种、干鲜兼用品种、观赏品种5个种类，观赏品种如龙须枣、茶壶枣等。枣品种结构中仍以制干品种为主，如骏枣、灰枣等，生产规模最大的加工品种金丝小枣主要分布在河北和山东；鲜食品种由于其丰富的营养成分、浓郁的风味得到消费者越来越多的认可，如冬枣、酥脆枣等，产业规模最大的鲜食品种冬枣主要分布在山东、河北和陕西；干鲜兼用品种的种植规模也呈逐年扩张的态势，生产规模最大的干鲜兼用品种赞皇大枣主要分布在河北。

(2)长江中游地区枣的生产机遇

枣产业的生产环节受自然环境因素影响较大，不同地区的土壤、水分、气候条件等因素对枣果的品质和产量有不同的影响，枣果品质特色鲜明，地域特征明显。长江中游地区，如湖北省属于典型的亚热带季风性湿润气候，全省除高山地区外，大部分地区雨热同季、降水充沛，冬冷、夏热，春季气温多变，秋季气温下降迅速，全省无霜期在 230～300 d，年均降水量 800～1600 mm，地域分布呈由南向北递减趋势，鄂西南年均降水量最多达 1600 mm，鄂西北年均降水量最少为 800 mm。

由于自然条件的限制，长江中游地区不适宜种植制干品种的枣，也不适宜大规模发展鲜食品种的枣。冬枣、糖枣等鲜食品种适宜在城市近郊地区少量种植，用于丰富当地水果市场的品种，同时满足休闲观光农业园的采摘需求。另外，由于湖北地区秋季(枣果成熟期)可能遭遇的连阴雨，建议进行遮雨栽培，搭建类似种植葡萄用的简易避雨设施，防止枣的裂果及浆果。

湖北地区枣种质资源丰富，地方特色品种很多，鲜食的地方品种有应城的牛奶枣、大白枣、象牙枣，枣阳的磙枣、响枣、婆婆枣，阳新的木枣、土枣，宣恩的鸭蛋枣，随州的秤砣枣、尖枣等，另外，湖北地区有食用蜜枣的传统习俗，故还有较多适宜加工蜜枣的品种，如随县大枣等。

二、枣的栽培历史及产业现状

1. 枣的栽培历史

我国枣的栽培历史悠久，在河南新郑裴李岗文化遗址出土的枣核化石表明，新郑地区早在 8000 年以前就有枣的栽培。3000 多年前的西周时期，我国就已经有了枣栽培的文字记载，《诗经・豳风》记载“八月剥枣，十月获稻”。《战国策》中记述“北有枣、栗之利，民虽不由田作，枣、栗之实，足食于民矣”。《史记・苏秦列传》叙述“北有枣栗之利，民虽不佃作，而足于枣栗矣，此所谓天府者也”，到了汉朝出现了“安邑千树枣”。《种艺必用》记载“元日日未出时，以斧斑驳椎斫枣、李等树，则子繁而不落，谓之嫁树”。《农桑衣食撮要》提出嫁枣，“用斧于树上斑驳敲打遍，则结实肥大，味美”。《便民图纂》记载“端午日，用斧于树上斑驳敲打，则实肥大”。《花佣月令》记有“驳树皮，辰日将斧斫树则果不落，一云：

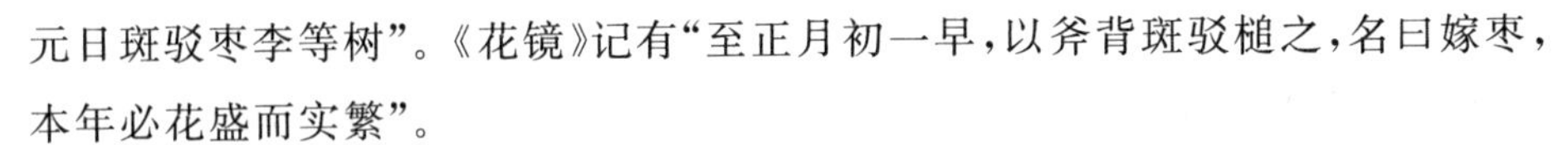

元日斑驳枣李等树”。《花镜》记有“至正月初一早，以斧背斑驳槌之，名曰嫁枣，本年必花盛而实繁”。

北魏《齐民要术》中详细记述了枣的栽培技术体系，有些仍然沿用至今，如“旱涝之地，不任耕稼者，历落种枣则任矣”“阴地种之，阳中则少实”“正月一日日出时，反斧斑驳椎之，名曰‘嫁枣’。不椎则花而无实，斫则子萎而落”“日日撼而落之为上”“候枣叶始生而移之”“三步一树，行欲相当”等。

民间也有许多关于枣种植的谚语，如“上结枣，下种田，不愁吃的不愁钱”“涝梨旱枣”“桃三杏四梨五年，早熟当年就还钱”“七月枣，八月梨，九月柿子红了皮”等。

2. 枣的产业现状

我国枣栽培历史大致分为三个阶段：

(1)引种驯化栽培阶段

这一阶段大致从新石器时代晚期持续到汉朝，人们从野生酸枣中引种驯化优良品种并加以栽培，至汉朝时期，野生酸枣和人工栽培枣已经分化完成，由此形成了我国传统枣树栽培核心区域，主要为黄河流域的河北、陕西、山西、河南、山东，优良品种多见于古文献中，《尔雅》记载有壶枣、边要枣、洗、櫅、樲、杨彻、遵、煮、蹶泄、皙、还味等品种。北方地区的山东、山西、陕西、河北等地盛产酸枣，又称为山枣，“枣有椭枣、家枣、羊枣、酸枣数种，羊枣一名软枣，酸枣一名山枣一名樲”。

(2)传统生产阶段

这一阶段大致从汉朝时期持续到近代，该时期传统枣生产技术体系形成，生产规模不断扩大，优良品种不断增加，同时还逐渐形成了传统的宽行密株的枣粮间作栽培模式，出现了蜜枣、枣干、枣酒、枣醋等枣类加工产品。

(3)现代生产阶段

从中华人民共和国成立持续至今，主要是现代科学技术的快速发展促进枣生产技术的迅速发展，工业社会的设备、设施广泛应用于枣生产中，在加工方面还出现了功能性产品，如枣汁、色素、枣膳食纤维、环核苷酸糖浆等，市场规模不断扩大，产品开始出口到国际市场。

2022年，我国红枣总产量为747.24万t，较2012年增加了37.34%，其中新疆2022年枣产量为337.93万t，占全国枣总产量的45.22%，呈现出快速增长的态势。传统枣产区陕西2022年产量为127.05万t，较2017年增加37.40%；河北、山西、山东、河南2022年枣产量分别为78.16万t、79.30万t、61.30万t、11.99万t，分别较2017年降低1.13%、9.33%、26.31%、59.91%。甘肃、辽宁、宁夏、湖北、天津、湖南、广西、云南、四川、安徽、重庆、北京、江苏、贵州、内蒙古、上海等地也有枣的商业化栽培，但是集约化生产的面积小，产量低。

新疆为我国最大的红枣生产基地，枣生产面积约750万亩，主要分布在喀什、阿克苏、和田、巴州、哈密和吐鲁番等地，其中喀什和阿克苏的枣生产面积约占新疆枣生产面积的一半。枣制干品种主要是灰枣和骏枣，其次为哈密大枣、赞皇大枣、七月鲜等，种植面积小；鲜食品种主要为冬枣，仅少量栽培。新疆红枣以果肉饱满、含糖量高、品质独特深受市场欢迎，在国内市场独领风骚，目前市面上销售的红枣几乎全部来自新疆，对传统枣产区带来了极大的冲击，导致黄河流域枣产量的锐减。

三、市场前景及发展趋势

1. 市场前景

(1)市场需求较大，但干制红枣价格持续低迷

随着人们生活水平的提高，很多人越来越认识到枣的营养价值与医疗价值，从而对枣的需求越来越大。同时，伴随着社会经济发展水平的提高，消费者的收入水平高，支付能力强，消费者越来越喜欢红枣的口味，认同红枣的营养价值，导致枣在国内外市场需求较大。

然而干制红枣市场价格却持续低迷，新疆产灰枣通货价格为5.00～9.00元/kg，骏枣通货价格为6.00～10.00元/kg，红枣价格仅为2.00～3.00元/kg，主要原因是红枣供应量加大，导致供过于求的矛盾突出；由于片面追求产量，管理不到位，导致品质严重降低；产品类型单一，无序竞争加剧，加之经济下行导致消费乏力。

(2)枣生产效益较高,鲜食枣市场平稳

2019年红枣期货在郑州商品交易所挂牌上市,在枣产业发展史上具有划时代的意义,有利于形成合理透明的价格体系,将给我国枣生产带来巨变。红枣期货上市将极大推动枣种植结构调整、促进优质优价发展、规范红枣市场、改善供需矛盾,对促进我国枣产业的转型升级具有重要意义。目前红枣期货的价格始终在10000～11000元/t的宽幅震荡,同时以期货市场为纽带提供套期保值,防范价格风险,有利于提高枣农的生产积极性,提高枣果品质,增加枣农收益。

我国鲜食枣仍然以冬枣为主,种植面积约为100万亩,主要分布在华北枣产区。市场上冬枣价格较为平稳,温室大棚(暖棚)冬枣价格为50.00～80.00元/kg,冷棚(简易遮雨栽培)冬枣价格为12.00～20.00元/kg,露地栽培冬枣价格为4.00～8.00元/kg。

(3)销售渠道仍为传统的市场批发零售,但网上销售快速增长

全国红枣交易市场在河北沧州红枣交易市场,该市场是全国的红枣交易集散地,入驻的较大企业有400余家,冷库存量达到100万t,年交易额350余亿元,九成以上的红枣均来自新疆。该市场及其周边分布着红枣加工和销售企业千余家,新疆以及全国各地的红枣在此集中和加工,再分销到广州、武汉、上海、北京、南昌、长沙等地。

干制红枣及鲜食枣的销售模式主要是批发市场、商超、商贩零售等方式,但是电商、微商销售呈现出快速增长的态势。直播带货销售方式也是不错的渠道,有的主播一次直播销售额达到近百万元。

2. 发展趋势

(1)适地适栽,调整品种结构

传统枣产区品种结构方面的问题一是栽培品种多,产品质量参差不齐,如河北枣产区有玉田小枣、婆枣、金丝小枣、糖枣、黄口枣、马连小枣、赞皇大枣、扁核酸、圆铃枣、核桃纹等近百个品种,其中金丝小枣是河北省第一大主栽品种,生产面积140余万亩,然后是婆枣、赞皇大枣等。二是枣品质退化严重,传统枣产区大部分枣为自然生品种,多为本地红枣的根蘖苗,品种及枣果品质退化问题严重,抗病虫害能力、抗裂性差,由于大部分枣树自然散生在山区坡地,树形

高大，生产管理和果实采摘难度大。

在适地适栽的前提下，对制干红枣进行品种改良，新疆红枣品种仅为灰枣和骏枣，品种单一导致同质化竞争严重，因此要调整品种结构，使产品多元化；对陕西、河北、山西、山东、河南等传统枣产区的制干品种要进行提纯优化，筛选出适宜各地风土气候条件的主栽品种，避免由于栽培品种过多而导致的产品质量千差万别。

目前，鲜食枣市场总体稳定，呈现出稳中向好的态势，各枣产区要加大鲜食枣品种比例，但是要避免一窝蜂地种植冬枣，同质化、单一，不利于市场竞争，要适当发展与冬枣成熟期错开的优良鲜食品种，如长江中游地区可以适当发展祁东酥脆枣等地方鲜食品种。

(2)提质增效，推行省力化栽培模式

由于受到市场低迷的不利影响，不少传统枣产区的枣农疏于枣园管理，不愿投入成本，甚至出现弃管刨树现象，导致枣果品质下降，价格下滑。要实现枣产业的提质增效，必须抓好枣园管理这个源头，强化枣园标准化科学管理，加强土肥水管理的投入，合理负载，提高枣果品质和商品率。

枣生产过程中人工成本现已成为最主要的生产成本，生长期抹芽、剪梢以及土壤深翻、除草、施肥、病虫害防治、采收等人工成本已经占到总成本的60%以上，因此降低生产成本最根本的是大幅降低人工成本，亟待推行省力化栽培模式。

(3)培育品牌，强化组织管理

传统枣产区仍然以一家一户分散粗放型经营为主，农户是最基本的经营主体和利益主体，组织结构简单。农户在生产资料和生产技术的投入上各不相同，对现代栽培管理技术的掌握不够，枣果品质和产量参差不齐，生产的随意性导致产品质量难以保障。产业化程度低还体现在缺乏龙头企业带动，整个产业链各环节组织较为分散，效率较低。大部分枣产区的经营模式还停留在枣农坐等收购商上门收枣，收购商将枣果运至批发市场坐等零售商或加工企业上门，零售商或加工企业直接面对终端零售市场。

目前，全国有一定规模的红枣加工企业有1500余家，大多是中小企业，其中年产值超千万元的仅百余家，好想你枣业有限公司、陕西美农网络科技有限

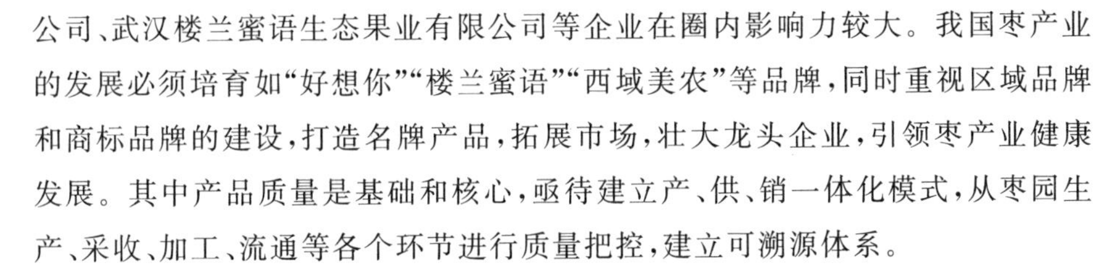

公司、武汉楼兰蜜语生态果业有限公司等企业在圈内影响力较大。我国枣产业的发展必须培育如“好想你”“楼兰蜜语”“西域美农”等品牌，同时重视区域品牌和商标品牌的建设，打造名牌产品，拓展市场，壮大龙头企业，引领枣产业健康发展。其中产品质量是基础和核心，亟待建立产、供、销一体化模式，从枣园生产、采收、加工、流通等各个环节进行质量把控，建立可溯源体系。

(4)创新产品，延长产业链条

从枣产业的加工现状看，可根据加工程度将枣产品简单分为原枣、初级加工品和精深加工品。原枣主要指采摘后经过简单分拣、清洗、烘干、分级的散装枣果，主要在各级批发市场和零售市场销售，可用于加工企业的初级加工、精深加工或者消费者直接购买食用。枣类初级加工品主要指以合作社和小型企业为主的加工企业，对原枣进行进一步分拣、清洗、脱核、切片、高温油炸、取汁制泥、包装等初级加工处理，初级加工品多以即食为目的，以快消品的形式直接出售给消费者，部分初级加工品也会以原材料的形式出售给精深加工企业。精深加工品主要指通过提取枣果内在营养物质而加工制成的快消品、营养品、生物制药、添加剂等产品。

我国大部分加工企业仍然以将原枣进行清洗、烘干、分级的粗加工为主，科技含量低，产品同质化严重，市场竞争力低。枣精深加工产品不足加工总产量的10%，在市场上适销的精深加工品不多，主要以快消品和酒类产品居多，亟须根据国内外市场需求和枣果的特点，加大新产品研发和投资力度，研制出符合市场需求、营养丰富、高保健价值的精深加工品，提高枣果附加值，延长产业链条。

第二节　主要栽培品种

1. 沾化冬枣

(1)品种来源

原产于山东省沾化区，又名苹果枣、雁过红，选育出了多个芽变品种，在全

国各地枣产区均可引种栽植，属优良鲜食品种。

(2)品种特征特性

果实扁圆形，果形指数 1.02；果肩平，果顶凹，果皮薄而脆，果面光滑，浅红色；果点小、圆形，不明显，梗洼深、中广，果形整齐，外观美(图 2-1)，平均单果重 17.5 g。果肉浅绿色，肉质细嫩酥脆，汁液多，甜味浓。果实成熟期果肉可溶性固形物含量 33.6%，可溶性糖含量 26.7%，可滴定酸含量 0.33%，含水率 47.57%，可食率 97.9%，每 100 g 果肉维生素 C 含量为 132 mg，品质上乘。枣核呈倒纺锤形，核纵径 16.87 mm，核喙长 1.68 mm，核横径 7.37 mm，核侧径 6.56 mm，单核重 0.36 g，核面粗糙，核纹深，核尖钝尖，核基钝短，颜色深。

图 2-1　沾化冬枣

沾化冬枣树呈圆锥形，较直立，树势强，主干开裂呈条状。枣头长 56.7 cm，粗 7.2 mm，红褐色，蜡质多，无针刺，枣头节间长 6.7 cm；二次枝长 23 cm，6 节，弯曲度 19°，股吊数 4～5 个，枣吊长 19 cm，每吊果数 4～5 个，每枣吊 12 片叶。叶片卵状披针形，叶缘锯齿，叶片较光亮、绿色，叶尖锐尖，叶基偏斜形；叶片平展，纵径 6.3 cm、横径 2.6 cm。在南方枣产区萌芽期为 3 月上中旬，花期为 5 月上旬到 6 月上中旬，果实成熟期为 9 月下旬到 10 月上中旬，落叶期为 11 月上中旬。二年生树高 189 cm，冠径 183 cm，主干直径 42 mm。早果性、丰产性中等，二年生平均株产 2.4 kg 枣。

该品种在南方枣产区抗病性较强，其抗枣炭疽病能力相对最强，其发病率

为2.0%，病情指数为0.9；枣缩果病发病率为1.5%，感病指数为2.5；叶片抗锈病能力中等，发病率为14.5%，病情指数为33.0。对土壤条件要求不高，适于土层肥沃深厚、透气性良好的沙壤土及壤土。

(3)栽培技术要点

①适宜密植，栽植株行距为(1.5～2.0)m×(3.0～4.0)m。

②适宜树形为开心形、纺锤形以及圆柱形，其中开心形树高控制在2.5 m以下，无中心干，主干高约50 cm，主枝3～5个，基角50°～60°；主枝上着生结果枝或结果枝组，枝粗度不超过着生部位主枝粗度的1/3。树形结构简单，成形快，便于管理。

③通过环割、环剥与喷施生长调节剂相结合，保花保果。环剥主干，第一次离地面25 cm以上，以后向上间隔3.0～5.0 cm再次环剥，弱树则进行环割。环割和环剥在枣花开至1/3～1/2，或大部分枣吊上开花3～6朵时进行，环剥宽度为主干直径的1/10，深至木质部而不伤木质部。环剥5 d后全株叶喷赤霉素10～15 mg/kg+0.3%尿素+0.1%硼肥，连喷2次。

④主要防治枣炭疽病、疮痂病、锈病、缩果病、日灼等病害，防治桃小食心虫、枣瘿蚊、叶螨、枣尺蠖、绿盲蝽、蚜虫等害虫。

2. 临猗梨枣

(1)品种来源

原产于山西运城和临猗等地，在全国各枣产区均可引种栽植，属鲜食及加工兼用型品种。

(2)品种特征特性

果实椭圆形、圆形或梨形，果形指数1.09，果面不平整，有高低起伏状。果点小、圆形，不明显，果皮薄，果面平滑，呈淡红色，脆熟期呈赫红色，分布有不明显的紫红斑点，平均单果重21.3 g。果肉绿白色，质地疏松，汁液较多，浓甜，富有香气，成熟期果肉可溶性固形物含量21.7%，可食率96.7%，每100 g果肉维生素C含量为190 mg，品质上。

临猗梨枣树形圆锥形，开张，树势中等，干弱性，主干开裂呈条状。枣头长44.0 cm，粗7.0 mm，浅灰色，蜡质多，针刺发达，角度90°，长刺长1.1 cm，短刺长 0.3 cm。枣头节间长 7.5 cm;二次枝长 26 cm,7 节,弯曲度 24°;股吊数 4～5 个,枣吊长 18 cm,每吊果数 3～4 个,每枣吊 12 片叶。花小,上午 10 时蕾裂,属昼开型。花谢 1 周后开始第一次生理落果,7 月 20 日第二次生理落果,果实迅速膨大期为 30 d。叶片卵状披针形,叶缘呈锯齿状,叶片较光亮,绿色,叶尖钝尖,叶基偏斜形;叶片合抱,纵径 6.2 cm,横径 3.2 cm。在南方枣产区萌芽期为 3 月下旬,花期为 5 月下旬至 7 月上旬,果实成熟期为 9 月中下旬,落叶期为 11 月下旬。二年生树高 120 cm,冠径 80 cm,主干直径 26 mm,平均株产 3.5 kg枣。

该品种早花早结,有两批花果,丰产稳产,无大小年现象,采前落果较为明显。其抗病能力中等,果实炭疽病发病率为 21.0%,病情指数为 11.5;枣锈病发病率为 18.5%,病情指数为 37.7。

(3)栽培技术要点

①适宜密植,栽植株行距为(1.5～2.0)m×(2.5～3.0)m。秋冬季起垄抬高定植,确保成活率。

②适宜树形为开心形、纺锤形以及疏散分层形。纺锤形主干高 50 cm,树高 2.5 m,中心干直立,其上错落分布主枝 10 个,主枝角度 70°～90°;其上配置中小结果枝组,采用疏枝、短截和回缩等方法,更新结果枝组和骨干枝。

③幼树期冬季全园用挖掘机深翻,深 60 cm。根据土壤质地,分层施入粗有机肥和磷、钾肥,改良土壤结构,改善土壤通透性,提高有机质含量。

3. 枣阳磙枣

(1)品种来源

原产于湖北省枣阳市,因该品种果实呈圆柱形故名“磙枣”,属兼用型品种。

(2)品种特征特性

果实圆柱形,果形整齐一致,果皮薄,果面光滑,紫红色,外观美。平均单果重 10.5 g。果肉白色,松脆,汁液中多,甜味。果实成熟期果肉可溶性固形物含量 19.6%,可滴定酸含量 0.19%,可食率 96.8%,每 100 g 果肉维生素 C 含量 482 mg,品质上。其鲜食及加工兼用,适宜制作蜜枣。

枣阳磙枣树形圆锥形,半开展,树势中庸,主干开裂呈条状。枣头长 54.0 cm,

粗 6.6 mm，红褐色，蜡质多，针刺发达，角度 85°，长刺长 2.7 cm，短刺长 0.6 cm。枣头节间长 9.1 cm；二次枝长 27 cm，7 节，弯曲度 27°；股吊数 2～3 个，枣吊长 17 cm，每吊果数 5～6 个，每枣吊 12 片叶。叶片卵圆形，叶缘呈钝齿状，叶片较光亮，绿色，叶尖钝尖，叶基偏斜形；叶片平展，纵径 5.2 cm，横径 2.5 cm。湖北地区萌芽期为 3 月底，花期为 5 月上旬到 6 月初，果实成熟期为 9 月上中旬，落叶期为 11 月下旬。二年生树高 180 cm，冠径 120 cm，主干直径 32 mm。该品种早果性、丰产性好，二年生平均株产 2.7 kg 枣。

该品种适应性强，耐瘠薄，对土壤条件要求不高，在沙土、壤土以及黏土中均可种植。其抗病性较强，对炭疽病、枣缩果、锈病抗性中等。

(3)栽培技术要点

①适宜栽植株行距为(1.5～2.0)m×(3.0～4.0)m；建园时，瘠薄的坡岗地应抽槽改土，增施有机肥。

②适宜树形为疏散分层形、纺锤形以及开心形。生产期注意抹芽及摘心，冬季修剪通过短截、回缩等方法更新结果枝组。

③制作蜜枣时应适当提前采收。

4. 湖南糖枣

(1)品种来源

原产于湖南省麻阳、零陵、溆浦、衡山、祁阳、祁东等地，在祁东县选育出糖枣的芽变品种“中秋酥脆枣”，属优良鲜食品种。

(2)品种特征特性

果实扁圆形，果形指数 1.08；果肩平，果顶平，果面光滑，果皮较薄，紫红色；果点中大，不明显，梗洼深、中广，果形整齐一致，外观美；平均单果重 8.3 g(中秋酥脆枣 13.7 g)。果肉绿色，质地细嫩酥脆，致密无渣，汁液多，极甜。果实成熟期果肉可溶性固形物含量 30.5%，可溶性糖含量 22.6%，可滴定酸含量 0.42%，含水率 47.63%，可食率 95.2%，每 100 g 果肉维生素 C 含量 340 mg，品质极上。枣核纺锤形，核纵径 16.92 mm，核喙长 3.00 mm，核横径 6.14 mm，核侧径 6.31 mm；单核重 0.35 g，核面较粗糙，核纹浅，核尖渐尖，核基钝短，颜色深。

湖南糖枣树形圆锥形，直立，树势中庸，主干开裂呈条状。枣头长 64.0 cm，粗 7.8 mm，灰褐色，蜡质多，针刺不发达，角度 100°，长刺长 0.3 cm，短刺长 0.3 cm。枣头节间长 6.2 cm；二次枝长 28 cm，8 节，弯曲度 16°；股吊数 2～3 个，枣吊长 22 cm，每吊果数 5～6 个，每枣吊 15 片叶。叶片卵圆形，叶缘呈钝齿状，叶片较光亮，绿色，叶尖钝尖，叶基偏斜形；叶片反卷，纵径 5.5 cm，横径 2.5 cm。其萌芽期为 3 月中旬，始花期为 5 月中下旬，盛花期为 6 月上旬，果实成熟期为 8 月上中旬至 8 月底，落叶期为 11 月上旬。二年生树高 230 cm，冠径 176 cm，主干直径 33 mm。该品种早果性、丰产性中等，二年生平均株产 3.0 kg 枣。

该品种抗病性较强，枣炭疽病发病率为 12.0%，病情指数为 6.6；果实成熟期枣锈病发病率为 19.7%，病情指数为 38.3；枣缩果病发病率为 9.0%，感病指数为 18.0。

(3)栽培技术要点

①适宜密植，栽植株行距为(1.5～2.0)m×(2.0～3.0)m；建园时全园深翻，施入有机肥，改善土壤条件。

②适宜树形为开心形、纺锤形以及圆柱形。

③采用环割、环剥与喷施生长调节剂相结合的方法，保花保果。环剥主干离地面 25 cm 以上，弱树则行环割；在枣花开至 1/3～1/2 时进行环剥，环剥宽度为主干直径的 1/10。环剥 5 d 后全株叶喷赤霉素 10～15 mg/kg，连喷 2 次。

④适宜采用简易遮雨栽培模式。

5. 蟠枣

(1)品种来源

全国各地均有零星栽培，外观似蟠桃故名“蟠枣”，属优良鲜食品种。

(2)品种特征特性

果实短柱形，果形指数 1.30；果肩凸，果顶平，果面极平滑光洁，果皮较厚，紫红色；果点大，不明显，梗洼中深、中广，果形整齐一致，外观美；平均单果重 42.0g。果肉浅绿色，质地较致密，细嫩无渣，汁液多，味甜。果实成熟期果肉可溶性固形物含量 35.8%，可溶性糖含量 29.7%，可滴定酸含量 0.27%，含水率 41.3%，可食率 96.7%，每 100 g 果肉维生素 C 含量 463 mg，品质上。枣核纺锤形，较大，核纵径 22.21 mm，核喙长 3.10 mm，核横径 7.47 mm，核侧径 7.54 mm；单核重 0.46 g，核面粗糙，核纹深，核尖急尖，核基渐尖，颜色较深。

蟠枣树形圆锥形，半开张，树势强，主干开裂呈条状。枣头长 55.7 cm，粗 6.8 mm，灰褐色，蜡质多，针刺不发达，角度 90°，长刺长 1.4 cm，短刺长 0.4 cm。枣头节间长 7.8 cm；二次枝长 24 cm，8 节，弯曲度 14°；股吊数 1～2 个，枣吊长 25 cm，每吊果数 4～5 个，每枣吊 15 片叶。叶片卵圆形，叶缘呈钝齿状，叶片较光亮，绿色，叶尖钝尖，叶基偏斜形；叶片反卷，纵径 6.4 cm，横径 2.8 cm。萌芽期为 3 月中旬，花期为 5 月上旬到 6 月上中旬，果实成熟期为 9 月中下旬，落叶期为 11 月中下旬。二年生树高 210 cm，冠径 156 cm，主干直径 32 mm。该品种早果性、丰产性强，二年生平均株产 3.6 kg 枣。

该品种抗逆能力强，抗病性强，抗枣炭疽病、轮纹病、缩果病及抗裂果都明显高于冬枣，全红裂果率不超过 5.0%，在长江中游地区可以露地栽培。

(3)栽培技术要点

①适宜矮化密植，栽植株行距为(1.0～2.0)m×(1.0～3.0)m，适合草地枣园栽培模式。

②适宜树形为开心形、纺锤形以及圆柱形。最适宜树形为开心形，定植后及时定干 80 cm，发芽后留 3～5 个侧枝。

③蟠枣盛花期喷施 25 mg/kg 赤霉素+0.5%的硼砂，提高坐果率。同时，在开花盛期，在主枝或主干上进行环剥，环剥宽约 0.4 cm，深至木质部；幼树和弱树环剥宽度要控制在 0.2～0.3 cm，每年的环剥位置要从下至上交替错开。

④疏果。在幼果膨大期进行，去小留大，疏除病虫果、畸形果和不饱满的枣果，每个枣吊保留 2～3 个果。

⑤增施有机肥。蟠枣花量大、花期长、产量高，消耗的营养多，秋冬季每株施农家肥 40～50 kg+硫酸钾复合肥 1.0～1.5 kg 作为基肥。

6. 桐柏大枣

(1)品种来源

原产于河南省桐柏县，属鲜食及加工兼用型品种。

(2)品种特征特性

果实椭圆形,果形指数1.26;果肩向外倾斜,果顶平,果皮中厚,棕红色,果面有光泽;果点不明显,梗洼浅,果形不整齐,外观美;平均单果重43.0 g。果肉白绿色,质地致密酥脆,汁液中多,味甘甜。果实成熟期果肉可溶性固形物含量30.8%,可溶性糖含量25.7%,可滴定酸含量0.22%,可食率97.2%,每100 g果肉维生素C含量227 mg,品质上。枣核纺锤形,褐色,核纵径15.11 mm,核横径7.47 mm,单核重0.42 g。

树形圆头形,半开张,树势中庸,主干开裂呈块状。老枝紫灰色,二年生枝紫色。枣头长62.3 cm,红褐色,蜡质多,针刺发达。枣头节间长7.5 cm;二次枝6节。叶片长卵圆形,浅绿色,叶缘呈钝锯齿状,叶尖渐尖,叶基圆形。萌芽期为3月下旬,始花期为5月上旬,果实成熟期为9月底至10月上旬,落叶期为11月上中旬。该品种丰产、稳产,三年生平均株产5.0 kg枣。

该品种抗逆能力强,耐旱,耐瘠薄,对土壤的适应性强,对枣炭疽病、缩果病抗性中等。

(3)栽培技术要点

①栽植株行距为(2.0～2.5)m×(3.0～4.0)m,瘦瘠的坡岗地应施入有机肥。

②适宜树形为开心形、纺锤形以及疏散分层形。生长期注意抹芽、摘心,冬季修剪通过短截、回缩等措施更新枝组。

③综合运用开甲、花期放蜂以及喷施赤霉素等措施,提高坐果率。

7. 泗洪大枣

(1)品种来源

原产于江苏省泗洪县,属鲜食及加工兼用型品种。

(2)品种特征特性

果实扁圆形,果形指数0.92;果肩凸,果顶凹,果皮中厚,果面光滑,浅红色;果点小、密,梗洼中深、中广,萼片脱落,柱头脱落;平均单果重32.4 g。果肉浅绿色,质地细嫩酥脆,汁液较多,味甜酸。果实成熟期果肉可溶性固形物含量28.6%,可溶性糖含量21.7%,可滴定酸含量0.28%,可食率98.9%,每100 g

果肉维生素C含量479 mg,品质上。枣核椭圆形,褐色,核纵径17.44 mm,核横径16.61 mm,单核重0.36 g。

泗洪大枣树形圆锥形,开张,树势强,主干开裂呈块状。枣头紫褐色,长203.7 cm,粗27.8 cm,红褐色,蜡质少,无针刺。枣头节间长23.8 cm;二次枝长36.7 cm,8节,枣吊长16.8 cm,股吊率2.93%,吊果率2.52%,每枣吊10片叶。叶片椭圆形,叶缘钝齿,叶片光亮,绿色,叶尖钝尖,叶基圆楔形;叶片平展,纵径4.9 cm、横径2.3 cm。萌芽期为3月下旬,花期为4月底到5月底,盛花期为5月中旬。果实白熟期为8月中下旬,脆熟期为8月底,落叶期为11月下旬。

该品种抗逆能力强,对土壤的适应性强;高抗枣疯病,对枣炭疽病、锈病的抗性中等;抗风力弱,储藏性较差。

(3)栽培技术要点

①对土壤的适应性强,瘠薄地建园应抽槽改土,栽植株行距为(2.0～2.5)m×(3.0～4.0)m。

②适宜树形为开心形、纺锤形以及疏散分层形。生长期通过抹芽、摘心、剪梢等措施控制营养生长。

③综合运用开甲、花期放蜂以及喷施赤霉素等措施,提高坐果率。

④分批采收,成熟一批采收一批。

8. 随县大枣

(1)品种来源

原产于湖北省随州市,属鲜食及加工兼用型品种。

(2)品种特征特性

果实椭圆形,果形指数1.22;果肩平斜,果顶圆弧形;果皮中厚,果面光滑,褐红色;果点细小,不明显,梗洼深、广,萼片脱落,柱头脱落;平均单果重32.4 g。果肉乳白色,肉质致密,酥脆,汁液中多,味甜。果实成熟期果肉可溶性固形物含量26.3%,可溶性糖含量17.4%,可滴定酸含量0.19%,可食率97.8%,每100 g果肉维生素C含量401 mg,品质上。枣核纺锤形,褐色,核纵径16.01 mm,核横径8.12 mm,单核重0.46 g。

随县大枣树形圆头形,半开张,树势中庸,主干开裂呈块状。枣头暗褐色,长 74.3 cm，粗 0.5 cm，红褐色，蜡质少，针刺发达，枣头节间长 7.0 cm。叶片长卵圆形，叶缘钝齿，叶片光亮、浅绿色，叶尖渐尖，叶基圆形；叶片纵径 5.5 cm，横径 3.5 cm。萌芽期为 4 月上旬，花期为 5 月上旬到 6 月上中旬，盛花期为 5 月中旬，果实成熟期为 9 月下旬，落叶期为 11 月上旬。聚伞花序，2～4 朵花并生，萼片 5 枚、绿色、三角形，花瓣 5 枚、乳黄色、匙形，雄蕊 5 枚。

该品种对土壤的适应性强，较耐贫瘠；高抗枣疯病，对枣炭疽病、锈病的抗性中等；早果性好，丰产稳产，适宜加工蜜枣。

(3)栽培技术要点

①适宜栽植株行距为(1.5～2.0)m×(3.0～4.0)m；建园时，瘠薄的坡岗地增施有机肥。

②适宜树形为疏散分层形、纺锤形以及开心形。生产期注意抹芽及摘心，冬季修剪通过短截、回缩等措施更新结果枝组。

③制作蜜枣时应适当提前采收。

9. 阳新木枣

(1)品种来源

原产于湖北省阳新县，属鲜食及加工蜜枣兼用型品种。

(2)品种特征特性

果实长圆形，果形指数 1.09；果肩凸，果顶凹；果皮较厚，浅红色；果面较平滑，果点中多、中大，梗洼中深、中广；萼片脱落，柱头脱落；平均单果重 11.8 g。果肉白色，肉质较致密，汁液少，味甜。果实成熟期果肉可溶性固形物含量 24.1％，可溶性糖含量 17.5％，可滴定酸含量 0.37％，可食率 96.5％，每 100 g 果肉维生素 C 含量 126 mg，品质上。枣核椭圆形，核纵径 20.35 mm，核横径 7.36 mm，单核重 0.31 g。

阳新大枣树形圆锥形，开张，树势强，主干开裂呈块状。枣头长 218.5 cm，粗 22.17 mm，红褐色，蜡质少，针刺发达。枣头节间长 23.8 cm；二次枝长 59 cm，7 节，枣吊长 19 cm，股吊率 3.39％，吊果率 3.09％，每枣吊 11 片叶。叶片椭圆形，叶缘呈锐锯齿状，叶片光亮、浅绿色，叶尖锐尖，叶基圆楔形；叶片平展，纵径 4.9 cm，横径 2.2 cm。萌芽期为 4 月上旬，花期为 5 月中旬到 6 月上旬，盛花期为 5 月底。果实白熟期为 8 月下旬，落叶期为 11 月上旬。

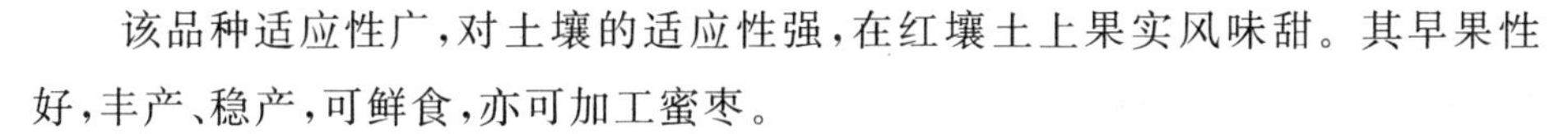

该品种适应性广，对土壤的适应性强，在红壤土上果实风味甜。其早果性好，丰产、稳产，可鲜食，亦可加工蜜枣。

(3)栽培技术要点

①栽植株行距为(2.0～2.5)m×(3.0～4.0)m。

②适宜树形为小冠疏层形、纺锤形以及开心形。其中小冠疏层形主干高50～60 cm，树高2.5～3.0 m，具中央领导干；第一层3～4个主枝，主枝基角65°～70°，主枝间距为10～15 cm；第二层2个主枝，基角为50°～60°，主枝间距约为10 cm。每个主枝配置2～3个大型结果枝组，第一层主枝与第二层主枝在主干上的层间距为0.8～1.0 m，其上着生中、小型结果枝组，第二层以上的中心干落头开心。

③盛花期开甲，提高坐果率，甲口距地面20 cm，甲口宽0.3 cm，深达木质部，扒净韧皮部，不留残皮。

10. 鄂枣1号

(1)优系来源

湖北省农业科学院果树茶叶研究所通过实生选种育成的优系，前期在大别山地区、桐柏山地区试种表现优良，该优系为大果鲜食及加工蜜枣兼用型品种。

(2)特征特性

果实圆柱形，果形指数1.06；果皮较薄，果面光滑，着色刚开始呈绿白色，后加深呈红色(图2-2)；平均单果重14.3 g。果肉厚，白色，肉质松脆，汁液中多，味甜。果肉可溶性固形物含量21.3%，可溶性糖含量16.4%，可滴定酸含量0.19%，可食率96.5%，每100 g果肉维生素C含量333 mg，品质上。果核小，适宜鲜食和加工蜜枣等。

图2-2 鄂枣1号(品系)

鄂枣1号树形呈圆锥形，树姿开张，发枝力中等。3月下旬开始萌芽，5月中下旬开花，6月上旬进入盛花期，8月中下旬果实成熟，11月中旬落叶。二年生树高203 cm，冠径158 cm，主干直径46 mm。丰产稳产，早果性好，二年生平均株产3.4 kg枣。

该优系对土壤的适应性强，较耐贫瘠；枣炭疽病发病率为20.0％，病情指数为10.3；对枣缩果病、枣锈病的抗性中等，抗逆性较强。其早果性好，丰产稳产。

(3)栽培技术要点

①适应性广，各类地形及土壤条件下均可种植，栽植株行距为(2.0～2.5)m×(3.0～4.0)m。

②适宜树形为开心形、纺锤形以及疏散分层形。其中疏散分层形有中心干，树高控制在2.5 m以下。主枝6～7个，第一层主枝3～4个，第2层主枝2～3个，主枝角度60°～75°，每个主枝上配2～3个侧枝，侧枝上着生结果枝组，二层主枝在中心干上的间距为0.8～1.0 m。

③各种综合措施运用，提高坐果率。盛花初期新枣头枝30 cm以上，将不作更新枝的枣头剪去，留下3～4个二次枝，以控制枣头旺长。盛花期喷10 mg/kg赤霉素＋0.2％硼砂＋0.2％硫酸锌＋0.1％硫酸镁＋2.0％蜂蜜混合液，同时进行花期放蜂。花期开甲，甲口距地面20～30 cm，用开甲刀环剥深达木质部，甲口宽0.3～0.5 cm，扒净韧皮部，露出木质部，不留残皮，以后每年隔3.0～5.0 cm依次向上开甲，直到树干分枝处，再从下向上重开。

④分批采收，成熟一批采收一批，适宜采收期为脆熟期。

11. 鄂枣2号

(1)优系来源

湖北省农业科学院果树茶叶研究所通过系统选育而成的优系，原产地为湖北黄石市，在幕阜山地区、大别山地区试种综合性状优良，该优系为鲜食及加工兼用型品种。

(2)特征特性

果实椭圆形，果形指数1.05；果肩凸，果顶凹；果皮中厚，浅红色；果面平滑光洁，果点白色、小、密；梗洼中深、中广，萼片脱落，柱头脱落；平均单果重12.1 g。果肉浅绿色，肉质细嫩酥脆，汁液少，味甜。果肉可溶性固形物含量28.8％，可溶性糖含量24.6%,可滴定酸含量0.34%,可食率96.8%,每100 g果肉维生素C含量354 mg,品质上。枣核椭圆形,果核小,适宜鲜食和加工蜜枣等。

鄂枣2号树形圆头形,半开张,树势中庸,主干开裂呈条状。主干灰褐色,粗糙、纵裂,老树树皮易剥落。一年生枝条红褐色,多年生枝灰褐色。枣头节间长18.2 cm,灰褐色,蜡质少;二次枝长68 cm,枣吊长37 cm;股吊率2.23%,吊果率1.41%。叶片椭圆形,叶缘钝齿,叶片光亮,绿色,叶尖钝尖,叶基圆形。萌芽期为4月上中旬,花期为5月上旬到6月上旬,盛花期为5月下旬,果实白熟期为8月上旬,脆熟期为8月中旬,落叶期为11月中下旬。

该优系抗逆性强,抗枣炭疽病、轮纹病、缩果病均高于冬枣;裂果少,大部分年份全红裂果率不超过3.0%,在长江中游地区可以露地栽培(图2-3)。

图2-3 鄂枣2号(品系)

(3)栽培技术要点

①适宜密植,栽植株行距为(1.5～2.0)m×(2.0～3.0)m。建园时全园深翻,施入有机肥,改良土壤团粒结构,增强土壤养分供给能力。

②按照(6～8)∶1的比例配置授粉树,提高坐果率。

③适宜树形为开心形、倒伞形以及疏散分层形,幼树期注意开张主枝角度,通过拉枝、摘心等措施使幼树早成形。

④采用环割、环剥与喷施生长调节剂相结合的方法,保花保果。环剥主干离地面25 cm以上,弱树则行环割;在枣花开至1/3～1/2时进行环剥,环剥宽度为主干直径的1/10。环剥5 d后全株叶喷赤霉素10～15 mg/kg,连喷2次。

第三节　建园及轻简种植模式

一、枣园的建立

1. 建设的原则

枣园的建设是枣生产的开始，建园的好坏直接决定以后枣的生产效益的高低，应科学规划，提高建园质量，实现现代枣园早结果、早丰产，翌年见效的目标。我国大多是传统枣园，总体上表现为好的不多，多的不好，加之新疆现代化枣生产的冲击，鲜食及加工枣市场竞争激烈。枣园建立时不但要考虑果园的经济效益，而且要充分考虑生态效益，要切实落实“绿水青山就是金山银山”的发展理念，通过创建生态果园、观光果园，使一、二、三产业融合，推行果实采摘、农耕文化体验、产业效益创新种植模式。

（1）成本控制

枣产业见效快，“桃三李四梨五年，枣树当年就还钱”，但是枣生产过程中环节多，枣园管理劳动用工量大，投入高，人工成本已经是现代枣园最主要的支出，存在着诸多不可控的环节。相反，生产资料、土地以及营销等的成本相对可控，因此在生产中，我们应千方百计地控制人工劳力成本，枣园工作尽量使用果园机械进行，以控制生产成本。集中连片的现代枣园从建园到中耕锄草、整形修剪、灾害防控等必须设置配套的机械设施，如酸枣直播机、地膜覆盖机、中耕锄草机、喷雾机械、水肥一体微灌设备等。近年来，农用无人遥控飞行器（无人机）在病虫监测、喷药等领域开始得到应用。

建园时要求采用宜机化栽培模式，行间宽敞，可保障拖拉机、弥雾机、割草机、旋耕机、开沟机、枝条粉碎机、采收运输平台等机械设备自由出入；宽行窄株，尽可能加大行距，加密株距，同时增加垂直方向上枣树的枝叶分布，可提高

田间生物学产量。

(2)适地适栽

建园时应根据枣园的立地条件、管理省工化以及枣的市场需求、鲜食及加工特性等要求，充分考虑市场定位问题(鲜食/加工)，确定好目标市场。在不同的立地条件下，砧木及品种的适应性不同，应合理使用砧木及品种搭配，适地适栽。枣园建立后就形成了一个相对稳定的环境条件，对生产效益会产生直接的影响，因此建园时应综合考虑各种因素。山地果园最好实行坡改梯，以提高果园保肥保水能力，配套好水利设施以及路网建设，以方便田间作业。科学布局水窖、沼气池、肥水一体化输送设施、防鸟网等，预留出建设用地。土壤是枣生长的基础，应选择土层深厚，土壤疏松肥沃、理化性状良好，地势较高，pH 值为 6.5～8.5，排水良好的轻壤至中壤质土地。

(3)良种良法

枣产品市场竞争激烈，而其中起决定性作用的因素是品种，品种不对，功夫白费。在品种选择上要综合考虑，长江中游地区枣生产必须坚持以鲜食品种为主，适当兼顾蜜枣加工品种，不选择制干品种。枣的食用安全性与广大消费者的身心健康密切相关，良种良法配套，建园时应远离厂矿企业及公路沿线等污染源，生产中切实控制农药、化肥、激素等化学物质的使用。根据病虫害发生规律，建立病虫害监测预警，做到有效防控，绿色防控。

2. 建园

(1)园地的选择

园地的地势、地形、坡度、坡向、土层对果园的小气候以及枣果的生长影响很大。特别是长江中游地区高温、高湿、少日照，更要注意园地的选择。大多数枣园都建立在丘陵山地，近年来在江汉平原地区建立了集约化生产枣园。丘陵山地枣园光照充足，昼夜温差大，排水和通风条件良好，病虫害发生程度较轻，果实品质好。南坡较北坡温暖，春季地温上升快，日照时间长，因而物候期开始早，果实成熟早，着色及品质均较好，但是果实日灼多。沙滩地、河道故道及平原地区地势平坦，土层深厚，果实质量好，产量高，而且便于机械化操作，宜建成大型枣园，但园地土壤瘠薄，肥力差，漏水漏肥，需要增施有机肥料，改良土壤。

(2)园地的规划

果园的规划，通常包括生产小区的划分、道路系统的安排、排灌系统的设置、防护林的营造、建筑物的规划等。果园的办公室、宿舍、仓库等设施要建立在枣园的中心位置，包装场、储藏库则应设置在较低位置，配药池宜设置在交通方便的水区或地段的中心。

枣园可划分为若干小区，按自然地块大小划分，以减小小区内地势变化差异；小区宜为长方形，长边要与等高线平行，以便于机械操作。小区的边缘与道路排水沟、防风林等连接。道路系统规划是枣园规划中重点强调的问题，同时有路就有沟，路、沟、渠配套，排灌系统要与小区的形式、方向以及道路系统相配合。另外，果园建立之后运肥、运药、运果等各项田间管理，都需要机械化运输和管理，道路规划不好势必会影响机械作业的进行。

丘陵山地果园大多是利用水库、河流、山地泉水、塘坝拦截地面径流蓄水灌溉，干渠设在分水岭或上坡，平地设在干路的一侧，支渠设在支路的一侧，灌水沟设在道路或者梯田埂旁，排水沟放在梯田内侧。灌溉渠道由干渠、支渠和灌水沟组成。灌溉渠道应就地取材、节本增效，同时要实用、耐久、减少渗漏。

(3)山地枣园的建设

坡度5°～20°的中坡地，地形地势较为复杂，土壤保肥保水能力较差，要求“坡改梯”，即沿着坡地的等高线进行，总体要求小弯取直，大弯就势，沿山转。等高线水平距离在4.0 m以上，垂直高差1.5～2.0 m；梯田外侧筑挡水埂，内侧修排水沟。坡度20°以上的陡坡地，土壤瘠薄，水土流失严重，建园时挖鱼鳞坑，沿着坡地的等高线确定鱼鳞坑的定位点，先挖长×宽为2 m×(1.0～1.5)m的长方形定植坑，回填后做成外侧为半圆形的定植盘，外高内低，内侧上方挖长×宽×深为1.5 m×0.5 m×0.5 m的蓄水沟。

二、苗木及定植

1. 枣苗木

枣苗木质量的优劣是建园成功与否的关键。枣苗木要求芽体健壮充实，无

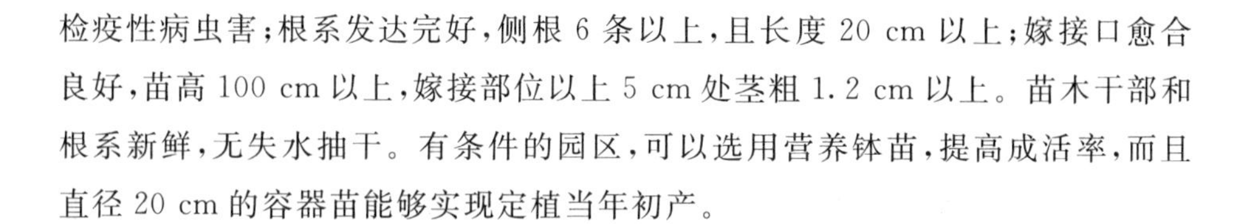

检疫性病虫害；根系发达完好，侧根 6 条以上，且长度 20 cm 以上；嫁接口愈合良好，苗高 100 cm 以上，嫁接部位以上 5 cm 处茎粗 1.2 cm 以上。苗木干部和根系新鲜，无失水抽干。有条件的园区，可以选用营养钵苗，提高成活率，而且直径 20 cm 的容器苗能够实现定植当年初产。

2. 定植

(1)栽植密度

合理密植是提高早期产量和单位面积产量的有效措施。合理密植可以提高光能的利用率，而且随着栽植密度的增加，单位面积内叶面积增加，光合作用增强，增加物质积累，可以提高单位面积产量。同时，密植树冠小，可采取草地枣园模式，方便管理。栽植密度应根据园地的地势、土壤、气候以及品种特性、管理模式确定。合理密植除了适当增加株数外，还应加强土、肥、水综合管理，进行综合整形修剪，科学运用促花保果技术从而实现早果优质丰产。

计划密植：采用永久株（永久保留的植株）和临时株（临时结果，枝叶过密时，逐年通过回缩修剪或移植、间伐）同时定植，建园前期适当增加株数以解决由于树体小、枝量少、叶面积不足而导致产量低的问题，增加叶面积系数，发挥枣园群体结果优势，提高单位面积产量。

(2)栽植形式及时期

丘陵山地果园采用等高栽植，这样有利于水土保持。长方形栽植行距大，株距小，通风透光好，便于耕作和间作。带状栽植是以两行或两行以上作为一带，带与带间距离加大，带内株数较多，平原地区可以采用这种方式，同时便于排水。三角形栽植是按等边或等腰三角形栽植，适用于较宽的山地梯田或撩壕果园，这种方式的栽植可以充分利用空间，光照好。正方形栽植方式现在很少采用。

栽植时期根据当地气候条件确定，主要为秋栽和春栽。江汉平原地区冬季较温暖、土壤湿度大，宜秋栽。此时期苗木储存养分多，伤根容易愈合，成活率高，缓苗期短。

(3)栽植方法

栽植前按照预定的株行距用石灰标记栽植点。丘陵山地梯田，按株距顺梯田定点，把点定在梯田外沿向内的 1/3 处；梯田面宽栽双行，按三角形定点，或沿等高线定点。

苗木栽植前用清水浸泡苗木根部 12 h，再用 ABT 生根粉溶液浸泡 1.0 h，或根部蘸泥浆。栽植时将苗木放在定植坑正中，将根系舒展开，目测或者拉绳对直树行，用表土、细土填埋根系，轻轻提拉苗木使根系与土壤密接；栽植深度以苗木根颈与地面平齐或稍高为宜，以免由于苗木下沉影响树体生长；覆土后，在苗木周围培土埂，浇透定根水（一棵树一桶水），水下渗后封土保墒，或进行地膜覆盖。

苗木定干高度根据树形确定。疏散分层形、小冠疏层形或自由纺锤形定干高度以 60～70 cm 为宜，开心形或倒伞形定干高度则为 40～50 cm，圆柱形或高纺锤形则留 10～20 cm 平茬。

三、轻简种植模式及树体管理

1. 传统栽培模式

(1)小冠疏层形

小冠疏层形即小冠的疏散分层形，干高 50 cm，树高 2.5 m，主枝 5～6 个，分层着生在中心干上。第一层 3～4 个主枝，长度 1.2～1.5 m，基角 70°，层内距 20～25 cm；第二层 2 个主枝，长度 0.8～1.2 m，基角 60°，层内距 15 cm；主枝上不配置侧枝，直接着生结果枝组。第一、二层之间的层间距为 70～80 cm。小冠疏层形的特点是主枝分层排列，上下错落着生，层间距大，通风透光良好，树体寿命长，负载量大，结果年限长。

①定植当年

苗木定干 60～70 cm，主干上的二次枝全部剪除（清干）。萌芽后，枣头长 20 cm 时，保留顶端的新梢培养为中心干；在中心干下部选取 3～4 个生长发育健壮、不同方位上分布的枣头培养为第一层主枝，主枝之间的方位角互为 90°～120°，第二层的主枝也参照第一层的主枝来处理。主干上离地面太近或细弱的二次枝剪除，其余的二次枝保留结果。

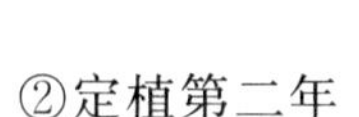

②定植第二年

萌芽前，如果主枝角度小，则打桩拉枝开角（以布条或麻绳为宜）近于水平状，最后基角70°。如果三个主枝长势不均衡，则对强旺的主枝短截，减缓其生长势。对于中心干留80 cm短截，并去除剪口下第一个二次枝，用主干上的芽抽生新枣头作为中心干的延长枝。中心干选留2个二次枝，重截留1～2节，利用二次枝上的主芽抽生枝，培养第二层主枝。

第二年生长期修剪很重要。抹芽时保留主枝和中心干延长枝的生长优势的同时，如果第二层主枝的基角度太小，需要通过拿枝进行调控，拿枝在枣头枝半木质化时进行，将近直立的枝条改变为近水平，使枝头插空延伸。抹去其余萌发出的枣头枝，或者通过枣头摘心加以控制。夏末秋初，对中心干延长枝长出的二次枝进行摘心，促进摘心下的主芽发育充实。

③定植后第三年及以后

此时期已经培养出第一层3个主枝、第二层2个主枝和中心主干。萌芽前修剪主要调节主枝之间的平衡，对过旺的主枝短截，利用二次枝开张角度，削弱生长势。夏季摘心留股数太多的二次枝，缩剪到3～5个节，并将上年抽生的木质化枣吊剪掉。第二层以上的中心干落头开心。

三年以后仍以扩冠和培养结果枝组为主。冬季修剪时对于长势强的竞争枝进行拉枝；采用重剪＋刻伤的方法，刺激萌生新枣头来弥补空间；内膛老弱的二次枝疏除或回缩。

(2)自由纺锤形

自由纺锤形树体结构，主干高50 cm，树高2.5～3.0 m；具中心干，其中着生主枝10～12个，呈螺旋状分布，不分层，无侧枝；主枝角度70°～80°，主枝上直接着生中小型结果枝组。南方枣产区，树生产快，该树形易培育，结构简单，进入结果期早，果实品质优。

①定植当年

苗木定干高度60～70 cm，所有的分枝疏除。萌芽后进行抹芽定枝，主干上部整形带处培养3～4个新萌生的枣头，中心干上部保留直立的枣头作为延长枝。生长期主要培育第一轮的3～4个主枝，主枝在中心干上的间距为10～20 cm，基度80°～90°。

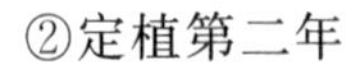

②定植第二年

此时期主要任务是兼顾结果与主枝培育。生长期继续培养第一轮主枝，每个主枝配置2～3个中小型结果枝组。在与第一轮最上主枝距离20 cm处开始，选配第二轮主枝，每隔10～20 cm螺旋上升配置4～5个二次枝，培养后作为主枝。对作为第二轮培养的主枝进行抹芽，去弱留强。

③第三年及以后

对第一轮以及第二轮的主枝进行拉枝缓放，主枝基角70°～80°；主枝长度超过1.5 m，进行回缩或破枣头封顶。同时，在中心干上选择3个螺旋上升状、健壮的二次枝，间距10～20 cm，作为第三轮主枝进行培养，其上的二次枝条全部疏除。

三年以后通过疏枝、回缩、拉枝等措施，维持树体结构平衡，提升枣园经济效益。枣树修剪反应迟钝，“一剪子堵，两剪子出”，对枣头延长枝进行摘心或短截后即不再向前延伸，该树形树冠易控制，整形修剪的工作量可控制在很低的水平。重点对老化衰弱的主枝逐年进行更新，每年更新1～2个主枝。预备更新的主枝，萌芽期于基部10 cm处刻芽，促使其长出健壮枝条，翌年将新长出的枝条拉平培养为主枝，需要更新的衰老主枝直接去掉。

2. 宜机化枣园栽培模式

宜机化枣园栽培模式的树形群体结构为树篱形，个体结构为圆柱形，宽行窄株，行间留出机械作业通道。枣园树篱高3.0～4.0 m，宽1.8～2.0 m，行间作业道1.2～1.5 cm。圆柱形树体中心干距离地面40 cm以上，螺旋状排列18～25个水平生长结果枝组，长度小于或等于1.0 m。树形培养为当年定植，翌年始果，三年丰产。

①定植当年

建园栽植株行距为(1.0～1.5)m×(3.0～3.5)m，苗木平茬，高度10～20 cm，以促进当年新生枣头强旺直立生长。萌芽后选留最顶端枣头作为中心干延长枝，用2.0 m的竹竿将其绑缚，促其直立旺长，其余的枣头及萌芽抹除。新枣头长至1.0 m时，摘除枣头顶端10 cm嫩梢，控制中心干过快向上生长；剪除中心干40 cm以下全部的二次枝，促进其余二次枝的生长，培养结果枝组。

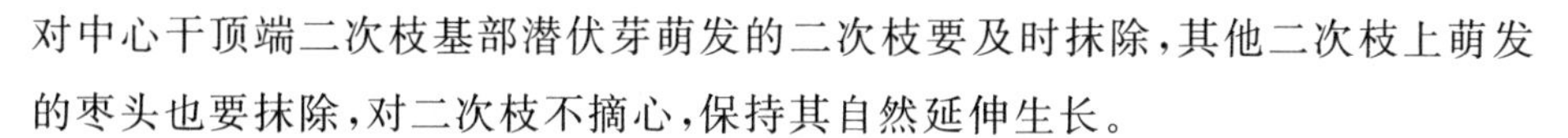

对中心干顶端二次枝基部潜伏芽萌发的二次枝要及时抹除，其他二次枝上萌发的枣头也要抹除，对二次枝不摘心，保持其自然延伸生长。

当年幼树的果实全部疏除，集中养分进行营养生产，尽快形成树形，当年中心干上培育6～8个结果枝组，水平生长，枝组基部粗度5.0 mm以上。

②定植后第二年

枣的早果性强，此时期生产目标是结果与树形培养兼顾，适量结果，抑制上强，促进结果枝组平衡生长。冬季修剪疏除中心干顶端的第一个二次枝，刺激基部的潜伏芽萌发形成新的直立旺长枣头，用于继续培养上部的结果枝组。对长度小于或等于50 cm的二次枝（结果枝组）短截，剪除前端3个枣股，促使其萌发枣头，培养结果枝组；对长度大于50 cm的二次枝（结果枝组）甩放不动，用于结果。

生长季节，中心干顶端新生枣头达1.0 m时，进行摘心，摘除顶部10 cm嫩梢，促进新枣头中下部的二次枝发育，培养结果枝组。中心干二次枝摘心后，其基部萌生的枣头及时抹除，控制中心干的延长生长；对其余二次枝基部潜伏芽和枣股上萌生的新枣头，及时抹芽，全部除去。

结果枝组上枣股萌发的枣头保留2～4个枣吊，摘去枣吊中心的幼嫩枣头，促进枣吊发育成木质化枣吊，提高坐果率，同时促进枣股发育；枝组二次枝基部潜伏芽、枣股在果实膨大期以前萌发的新枣头保留2～4个枣吊后摘除。

③定植后第三年及以后

第三年，枣树进入快速生长期和盛果期，此时期的重点是缓和树势，合理负载，调控生殖生长与营养生长之间的平衡。春季萌芽前，疏除过密枝、竞争枝、病虫枯枝，疏除枣股萌生的直立旺长枣头。疏除中心干顶端的二次枝，促发其基部的潜伏芽，继续培养结果枝组。对于小于或等于50 cm的二次枝进行短截，剪除前端3个枣股，促使萌发枣头，培养健壮结果枝组。春季萌芽后，除保留中心干顶端第一个二次枝基部萌生的新枣头外，其余新枣头保留2～4个枣吊，摘去枣吊中心的幼嫩枣头，提高坐果率。中心干顶端保留的新枣头长至60 cm时进行剪梢，除去先端20 cm，以后及时除萌芽，控制中心干延长枝过快生长，维持树高2.5 m以下。

第一茬花坐稳果后，在内膛有空间的冠层部位适当保留新生枣头，新生枣头50 cm时进行摘心，培养结果枝组，用于补空。

3年以后，枣园主要目标是调节田间生物学产量，增加枣园经济效益。要强化生长期修剪、调控枝组数量和控制树高。花期和幼果期及时抹芽，除去新生枣头，促进坐果，提高产量。树冠超高后进行落头，疏除冠层内的交叉枝、直立枝、病虫枝。同时，注意结果枝组的更替，枝组结果能力下降时，从基部预留发育枝重新培养；也可回缩大型结果枝组，刺激萌发枣头，培养新的结果枝组。

3. 草地枣园模式

南方枣产区，枣树生产量大，在无霜期长、土壤肥力高、灌溉便利的平原地区可以采用“草地枣园”生产模式(图2-4)。草地枣园必须水肥充足，管理精细，技术上年年平茬。该模式对栽培品种要求较高，综合性状优良，栽培品种必须具有早实性强、丰产、稳产、坐果率高、品质优等特点。

图2-4　草地枣园生产模式(湖南祁东)

该模式采用超高密度栽培，株行距为(0.8～1.5)m×(2.0～3.0)m，树体为超矮化型结构。树形为开心形，主干高40～50 cm，无中心干。落叶后，冬季修剪在主干上选留2～3个长势均衡的二次枝平茬，截留10～20 cm(图2-5)。翌年生长期，通过抹芽、摘心、拉枝等措施，提高坐果率及田间产量。草地枣园的树形也有采用主干形的，仅保留直立主干，冬季修剪时在距离地面约80 cm处截干，不留主枝及侧枝。

(1)抹芽

抹芽是控制树势和提高产量的关键措施之一，抹除结果枝以外的其余新生枣头，抹芽应“早、勤、净”。“早”即早抹芽，减少不必要的营养消耗；“勤”即勤抹

图 2-5　草地枣园冬季修剪(湖北荆门市)

芽,在整个生长季节不间断地抹除萌发的新生枣头;“净”就是抹芽彻底,对没用的枣头从基部抹除,仅保留基部枣吊,避免留桩二次萌芽。

(2)摘心

在生长期,把当年新生枣头生长点摘除,控制生长。摘心分为枣头摘心、二次枝摘心、木质化枣吊摘心,弱枝重摘心,留 2～4 个二次枝;壮枝轻摘心,留 5～6 个二次枝。对二次枝和枣吊也要进行摘心,过强,当年结果很多,但翌年二次枝上会大量萌发枣头;过轻,坐果率降低,果实品质差,结果枝组偏弱。

(3)开角

在 5—7 月进行,对角度小、直立的枝条采用撑、拉、吊等方法,调整枝条角度,促使枝条分布匀称,以改善通风、透气、透光条件。

第四节　果实管理

一、保花保果

枣树在花后一周,即幼果迅速生长初期就开始落花落果的主要原因为营养不足。由于枣花量大，花芽分化持续时间长，分化次数多，且盛花期长达 20 d，整个花期持续 1～2 个月，需要耗费大量的营养物质，从而引起大量落花落果，甚至只开花不结果。因此，枣生产上需要进行保花保果，提高坐果率。

1. 减少营养生长的养分消耗

(1)抹芽及剪梢(图 2-6)

萌芽后，将多余的不做延长枝和枣吊培养的新生枣头沿基部抹去，随发随抹，越早越好，防止多余的枣头消耗养分，增强树势，并减少因疏枝而造成的伤口。同时，花果生长期间，剪除强旺的营养枝。

图 2-6　枣树剪梢

(2)摘心

及时摘除新生枣头，剪除基部萌蘖，对二次枝、木质化枣吊进行摘心，控制营养生长，减少养分消耗，缓解新梢与花果争夺养分的矛盾。短截更新的新放枣头，达到 5～7 个二次枝后，及时摘心，控制生长。从 5 月上旬开始，对冬枣树的一次枝、二次枝、过长的枣吊进行摘心。对一次枝，摘心的部位和程度依枝条的位置和长势而定，位于树体内膛、生长空间小或弱小的枝条留 2～3 个二次枝重摘心；位于树体外围、生长空间大或健壮的枝条留 5～6 个二次枝轻摘心。二次枝留 3～4 个节后及时摘心，对过旺、过长的枣吊应留 10～12 片叶摘心，木质化枣吊保留 14～16 片叶片摘心。摘心后新发的旺长枣头，及时反复摘心。枣吊摘心可减少生长点对养分的消耗，使营养分配重心由生长转向花果发育，同

时枣吊摘心后，叶片发育大而厚，提高光合作用，保证花果发育的养分供应。

注意培养全树枝量5%～8%的主、侧枝作为更新枝，其长度达到0.8～1.2 m时摘除1～2节嫩梢，促其发育充实。

(3)拉枝

对角度过小、方位不当的枝条，利用布条、麻绳等柔软物将其拉至合适部位固定，抑制枝条顶端生长，控制旺长，改善光照条件，促进花芽分化。拉枝在5月底以前完成，枝条基角拉至70°～85°；枣枝条硬而脆，拉枝要软化枝条基部，防止拉劈。

(4)开甲(环剥)

当枣树30%(即6～8朵)的花蕾开放时开始开甲，南方枣区约在5月上中旬。直径2.0 cm以上且长势旺的主干或主枝甲口宽度为1.2 cm，直径2.0 cm以下或长势弱的主干或主枝甲口宽度为0.8～1.0 cm。用刮刀将开甲部位的老树皮刮去，露出白色韧皮部，再用割刀沿枝干一周轻轻划出2条平行线。用割刀沿上线横切一圈，切断韧皮部并深达木质部，但不能伤及木质部；以同样深度沿下线向上斜切一圈。在两圈之间竖切一刀，将中间的韧皮部剥掉。甲口要求上平下斜，外宽内窄，宽度整齐一致，平直、完整、无毛碴。然后用戴手套的手指在甲口摸一圈，挫伤形成层，延长愈合时间(图2-7)。

图2-7　枣树的主干环剥

开甲部位根据树龄、树势和空气温湿度等条件确定，可单独主干开甲或主枝开甲(图2-8)，也可二者结合开甲。主干开甲在距地面20～30 cm处，可留1～2个辅养枝，在辅养枝以上开甲。从下部开始，每年甲口上移3.0～5.0 cm。对强壮主枝进行多点开甲，在距主枝基部10～30 cm的光滑处进行；每棵树保留2～4个主枝作为辅养枝，不行开甲。

图2-8 枣树主枝开甲

开甲的工具要锋利，以免甲口出现毛碴，不利于愈合，每次开甲前用75%酒精对工具进行消毒。根据树势、树龄掌握适合的开甲宽度，避免因甲口过宽或过窄影响生长。甲口要求上缘要平直，下缘向外稍倾斜，使甲口呈上平下斜的梯形槽，防止因积聚雨水而引起腐烂，阻碍甲口愈合。开甲要掌握好力度，动作要快、准，一次完成。开甲完成后，不要用手或者工具触及甲口部位的形成层，以免引起甲口愈合期过长，甚至甲口不愈合。

2. 多措施促进生殖生长

(1)喷施赤霉素

赤霉素可促进枣树花粉萌发，刺激子房膨大，同时刺激未授粉的枣花结实；避免干旱、多风、低温等逆境对枣花授粉的不良影响，提高枣花坐果率。喷施赤霉素以盛花期最为适宜，在枣吊平均开花4～7朵时喷布1次，浓度为20～

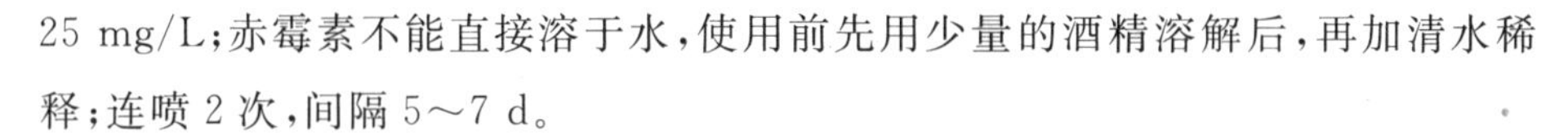

25 mg/L；赤霉素不能直接溶于水，使用前先用少量的酒精溶解后，再加清水稀释；连喷 2 次，间隔 5～7 d。

(2)喷肥和微量元素

肥料和微量元素是枣树生命的调节者，参与酶的活动。硼在枣花中含量较多，可促进花粉发芽和花粉管生长，有助于坐果；铁是多种氧化酶的组成部分，缺铁则花芽形成不良，坐果率低；锰可促进花粉管的生长和受精过程，提高结实能力。可将赤霉素与 0.3%尿素或磷酸二氢钾＋0.1%硼肥混喷，或在初花期、盛花期各喷 1 次 300 mg/L 的稀土溶液，对促进坐果有较好的作用。

(3)喷水

枣花粉发芽需要较大的空气相对湿度，相对湿度 75%～85%较为适宜。空气湿度低于 60%时，花粉发芽明显降低，花粉管伸长受到不利影响，从而影响受精和坐果。花期遇到干旱时，应在盛花初期、开甲后进行灌溉和树上喷水，喷水时间以傍晚(上午 10:00 前，下午 16:00 时后)最为适宜，此时期空气相对湿度大，喷水后能使树冠在高湿状态下维持较长时间，连喷 3～4 次，每隔 2 天 1 次。

(4)放蜂

枣花是典型的虫媒花，蜜盘发达，盛开时蜜汁丰富，香味浓。花期放蜂使枣花充分授粉受精，提高坐果率。把蜂箱均匀分散在枣园中间，蜂群间距 300～500 m，花期放蜂严禁喷施杀虫剂。

(5)疏果

枣生理落果期之后进行第一次疏果，每个枣吊留 1～2 个果。果实进入第一个膨大期进行第二次疏果，1 个枣吊 1 个果。

二、避雨栽培

枣树花粉萌发受环境影响极大，如多风多雨、低温干旱对授粉都不利，会造成落花，影响授粉结实。果实发育后期若雨水多，会提高果实内部膨压，超过临界值时则易引起裂果，使果实失去商品价值，严重时导致生理落果。由于南方地区雨水较多，导致落花、落果及裂果，对南方鲜食枣产业造成严重的灾害。枣树的避雨栽培是使用聚乙烯薄膜等材料覆盖，起到避雨、防病、防水等作用，有效减少裂果，降低病害发生，提高坐果率。

1. 避雨栽培的原则

(1)因地制宜，降低成本

建园时根据实际地形、地貌、材料获得途径以及经济状况灵活多样搭建避雨设施，综合考虑投入产出比，选择相对投入低效益高的设施结构与材料，如钢架结构、水泥、竹木、塑钢等材料均可。避雨设施以各家各户独立、单户分散进行建设，少部分企业在政府主导下，按统一模式集中连片搭建。与露地栽培相比较，避雨栽培能够减轻枣锈病、炭疽病、枣缩果等病害发生，减少化学农药的投入，既有利于安全生产，又能降低生产资料成本和劳动力成本，降低生产风险。

(2)不误农时，增加效益

在避雨设施内，枣树的开甲、抹芽、摘心、花果管理等田间操作可以不受雨天的影响而得以及时进行，不误农时。避雨栽培虽然一次性建园投入成本高于露地栽培，但是从长远来看，避雨栽培可有效规避生产灾害，降低管理成本，枣果品质好，售价高，经济效益成倍增加。若能将一、二、三产业融合，发展观光采摘、休闲康养农业，则更能延长产业链条，促进枣产业多元化发展。

2. 避雨设施的类型

(1)竹木棚

设施搭建以竹片及木头为材料，立柱及棚顶纵向骨架采用杉木构建，棚顶以竹片弯拱，连接缚扎，上覆薄膜，并以压膜线固定。竹木棚的优点是搭建材料成本低，竹木避雨棚每亩成本 8000～10000 元，但由于木头及竹片易腐烂及损坏，使用寿命短，5 年左右就需更换材料。由于竹木节骨表面粗糙，覆盖薄膜时易造成破裂，且大棚中间需立柱，不利于耕作，更不利于机械操作。

(2)水泥柱木棚

以水泥柱、木头、竹片为搭建材料，以木头为纵向骨架，将木头与部分水泥柱绑缚并固定作为单跨棚内中心立柱，其余立柱由水泥柱构成，弯拱用竹片制作，上面覆盖聚乙烯薄膜并拉紧压膜线固定。水泥柱木棚是大部分枣园在已有

露地栽培基础上，进行改建避雨棚而采用的方式，每亩成本12000～15000元。

(3)钢架棚

钢架棚所有结构均以镀锌管为搭建材料，棚顶覆薄膜，设有卷膜器，在棚顶形成通风天窗。钢架棚的建设成本高，每亩18000～20000元，但使用寿命长，可连续使用10年以上。钢架棚采用防老化防雾滴聚乙烯农膜，厚度0.12 mm。热浸镀锌钢管大棚，单栋宽8 m，肩高3.5 m，棚顶高5.0 m，大棚长度40 m，3月中旬扣棚，既解决了花期雨水多对坐果带来的不利影响，又解决了成熟期雨水多产生裂果的问题。

3. 遮雨棚的栽培模式

(1)单行式遮雨栽培模式

单行式遮雨栽培模式是沿行向一行一棚，使用简易人字形棚室遮雨结构，下雨时雨水通过棚间隙落入畦沟。搭建遮雨棚时，每隔10 m设一个人字形立架，立架之间用铁丝或细钢丝做成网格骨架，上面覆盖塑料薄膜，棚内树体高度2.0～2.5 m，棚体顶高(中间立柱)3.0 m，肩高1.8 m(侧面的两个立柱)，四周通风，在花期至果实成熟期都可以覆盖应用，夏季高温时还可以搭盖遮阳网。

(2)多行式遮雨栽培模式

根据地块大小和搭建材料设立，跨度10～15 m，一个棚覆盖4～6行。多行式钢架遮雨棚，可以为单体棚，也可为联体棚，钢架棚坚固耐用，单体棚内部相通，棚体较大，耕作方便，防雨效果好。

多行式竹木遮雨棚造价低，经济实用，棚长不限，棚体高度2.5～3.0 m，肩高1.5～2.0 m，由立柱、拉杆、拱干、压杆、塑料棚膜组成，顶部留通风口。立柱用竹竿、杂木或预制水泥杆制作，竹竿和杂木粗4.5～6.0 cm，埋入土中35～45 cm，以棚的脊为中心轴线，向两边由高到低配置，横向和纵向立柱间距多为2.0～2.5 m。拉杆连接纵向立柱，用粗4.0～4.5 cm的竹竿做拉杆，也可以用较细的杂木做拉杆，在距离棚面10～20 cm处与立柱绑缚固定。拱干将立柱在横向上连为一体，用粗3.0 cm的竹竿做拱干。压杆固定棚膜，和横杆上的拉线错开，棚膜呈波浪形固定在棚顶(图2-9)。

图 2-9 冬枣的简易设施栽培

(3)飞鸟架式遮雨棚

棚顶距地面 270 cm 以上建拱形遮雨棚，棚宽 210 cm，弯拱高度 70 cm，棚间距 60 cm，立柱埋入土中 50 cm。每一单棚架分 3 层，第一层距地面 140 cm，用 ϕ2.1 mm 钢丝纵向(绕柱)双道分布；第二层距地面 170 cm 处横向固定一根长 150 cm、ϕ33 mm 的镀锌管做横梁，在横梁上纵向拉四道 ϕ2.1 mm 钢丝；第三层棚顶用 ϕ20 mm 镀锌管做成拱形固定，钢管中间纵向拉一道 ϕ3.2 mm 钢丝以及两边各拉一道 ϕ2.1 mm 钢丝，拱顶面横向固定一条弓形竹片。在距地 200 cm 处(连接各单棚)每隔 50 cm 横向各拉一道 ϕ2.1 mm 钢丝，将整个棚面连成一体。在每跨棚架的首尾立柱处设立斜支撑，便于生产操作。

三、采收及商品化处理

1. 采收的时期

(1)枣果的成熟期

枣果的成熟期根据果皮颜色和果肉质地的情况，分为白熟期、脆熟期和完熟期。白熟期的果实大小、形状已基本固定，达到了品种固有的形状和大小，果皮绿色减退，细胞叶绿素大量减少，呈绿白色或乳白色；果实肉质变得松软，果汁少，含糖量低。用于加工蜜枣的枣果应在白熟期采收。脆熟期的枣果半红或

全红，果皮增厚，稍硬，煮熟后易与果肉分离，自梗洼、果肩开始逐渐着色；果肉为绿白或乳白色，质地脆，汁液较多，含糖量增加，具备品种特有的风味。用于鲜食和加工酒枣的枣果应在脆熟期采收。

完熟期的枣果约在脆熟期后 15 d，充分成熟，果皮颜色继续加深，有的出现微皱；果肉乳白色，含糖量继续增大，近果柄端开始转黄，近核处转变成黄褐色，质地从近核处开始逐渐向外变软；含水量减少，含糖量增加；果实开始出现自然落地现象。制干品种此时期采收则出干率高、色泽浓、果肉肥厚、富有弹性、品质好。

(2)不同用途的枣果采收适期

枣果采收期依其用途不同而异，还应考虑品种特性、气候条件、储运、加工和市场需求等因素，如果采收过早，果实未发育成熟，产量低，品质风味及耐藏性差；采收过晚，果实完熟软化，不利于储藏保鲜。采前落果严重的品种，宜适当早采；遇雨易裂果的品种，根据天气预报适当提前采收；为提高耐储性的鲜食品种，可在半红期采收；制干用且不易裂果和采前落果轻的品种，尽可能晚采。

加工蜜枣以白熟期为采收适期，此时果实基本上达到了品种固有的形状和大小，果皮褪绿变白，呈绿白色或乳白色，果肉质地松软，煮糖时容易充分吸糖，且不会出现皮肉分离现象，制成品黄橙晶亮，为半透明琥珀色，没有皮渣，品质最佳。

鲜食和加工乌枣、南枣和醉枣的枣果以脆熟期为采收适期。此时期枣果色泽鲜红，甘甜微酸，松脆多汁，鲜食品质最好；鲜食以初红或半红期采摘最佳，加工乌枣、南枣、醉枣则以全红最为适宜。加工乌枣、南枣能获得皮纹细、肉质紧的上等佳品；加工醉枣能保持良好的风味，可防止过熟破伤而引起浆包、烂枣。

制干用的枣果以完熟期为采收适期，此时果实已充分成熟，含糖量高，含水量少，制干率高；制成的红枣色泽光亮，果形饱满，富有弹性，品质最好。

2. 采收方法

(1)手工采摘

由于枣果成熟期不一致，因此要分期分批进行采收，先熟先采，以恢复树势减少养分消耗。用于鲜食和加工蜜枣、醉枣、乌枣的枣果要求无伤无裂，宜手摘，以减少果实机械损伤。采收前 10 d，停止灌水抗旱，采收前 20 d 停止使用农药。采果时间选在阴天或晴天上午露水干后 8:00—10:00、下午 15:00 以后进行,以降低果实的田间热,便于采后预冷降温。晴天中午、雨天、有雾和露水时都不宜采收。采果人员剪平指甲,戴手套采摘。果箱、果篮内用布片、泡沫等软质材料衬垫,装果不要太满。

鲜食枣果保留果柄,轻摘轻放,轻装轻运,避免机械损伤,减少采后腐烂损失。同时,边采边将病虫伤果、果柄脱落果、畸形果等次果剔除。采下的枣果不得堆放太高,不得露天堆放,应尽快运到阴凉通风的室内或遮阴的空旷地,散热预冷。

(2)制干枣果采收

制干枣果采收时在树下撑(铺)布单或塑料布,以便于拾取落果;用木杆敲击大枝或摇动树干,将枣果震落,以布单接枣,减少枣果破损,节省捡枣用工。

制干枣果的采收,还可用乙烯利催落。使用乙烯利后可促进果柄产生离层,使果实易脱落,其喷施效果与喷施时期、喷施浓度等有关。喷施时期越近完熟期,催落效果越好;喷施浓度要适宜,浓度低了催落效果差,浓度过高易引起大量落叶。在采收前 5～7 d,使用乙烯利 200～300 倍液全株喷雾,隔 3～5 d 后,摇动树干,枣果即能全落。

此外,机械采收应用越来越广泛,特别是在新疆等新枣区,制干枣果主要采用机械采收。

3. 采后处理

(1)果实的清洗及预冷

枣果采摘后及时运输到常温库分摊,散失田间热,进行分级精选。存储时间较长的鲜食枣果应用药剂浸果,杀灭果皮表面的病原微生物,以减少腐烂。采收当天用 0.02%～0.05%高锰酸钾、1.0%漂白粉,或 1.0%～2.0%氯化钠溶液+2.0%氯化钙、100～200 mg/L 2,4-D,或 30～50 mg/L 赤霉素混合液浸果 1～2 min,提高果实抗病性和耐储性。浸泡后的枣果用清水清洗,风干表面水分,降低果实温度,可更好地保持品质,提高耐储性。

(2)分级

随着市场经济的不断发展,消费者对枣果质量要求的日益提高,传统的枣

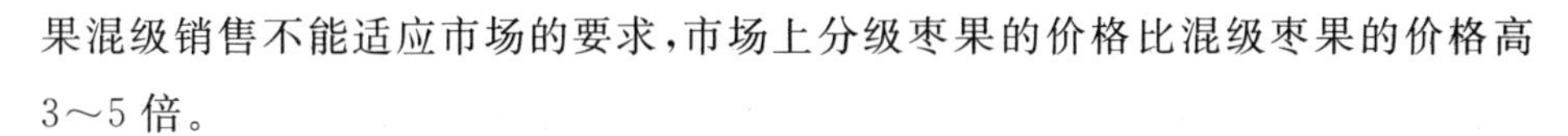

果混级销售不能适应市场的要求，市场上分级枣果的价格比混级枣果的价格高3～5倍。

枣果的分级包括品质和大小，品质等级根据枣果品质的好坏、形状、色泽、损伤和病害情况可分为特等、一等、二等、三等；大小级别则根据质量、横径、纵径分为特大、大、中、小等。分级方法主要为手工分级和机械分级。手工分级在果型、新鲜度、颜色、品质、病虫害、机械伤等的基础上，再按大小进行分级，现在大部分果农以手工分级为主。机械分级由专门的分级设备，按照果品的质量、体积(形状)和颜色进行自动化分选。枣果分级后，质量等级分明，规格一致，便于枣果包装、销售、运输和储藏，满足不同消费者的需求，提高销售效益。

(3)包装

包装是枣果商品化的重要环节，主要是为了保护果实，方便储运和购买，促进流通和销售。枣果包装发展很快，各式各样，彻底改变了传统的大包装销售模式。商品枣果按不同等级分别包装，以利于储存、定价与销售。鲜枣不耐碰撞和挤压，易失水皱缩，对 CO_2 敏感，应根据销售预期因地制宜选择包装材料。

瓦楞纸箱的重量较轻，空箱可折叠，便于存放和运输；箱体坚固有弹性，能较好地保护果实，但吸潮后变软，强度低，外观及质地不高雅。钙塑瓦楞纸箱的应用越来越多，其防水、防潮、不吸湿变软，抗压性能强，且机械成型，外形美观。此外，鲜枣还可用塑料箱、泡沫塑料箱进行包装，特别是 1.0 kg 以下的小包装，可选用单层硬纸或透明塑料盒。

四、储藏及加工

1. 储藏

(1)冷库储藏

预处理后的枣果装入打孔薄膜袋内，放入温度 0～1℃、相对湿度 90%～95%的冷库内储藏，可储藏 30～90 d。冷库制冷设备通过温度自控装置保持库温稳定，湿度低于 90%时，在地面洒水或在库内挂湿草帘、麻袋来增湿。CO_2 浓度高于 2.0%时会加速枣果肉软化褐变，储藏期间应保持库内空气流通，在夜间

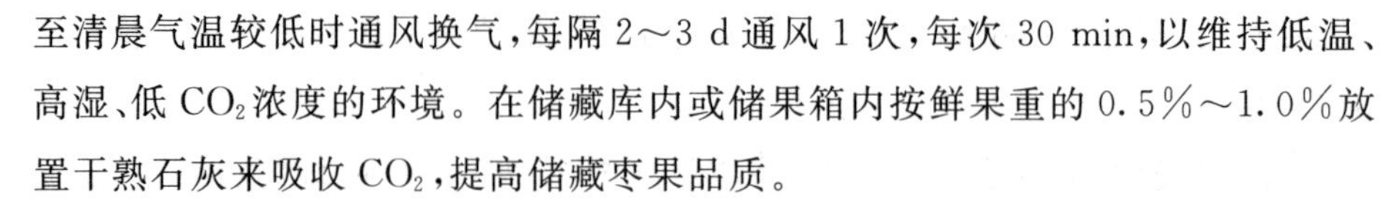

至清晨气温较低时通风换气，每隔 2～3 d 通风 1 次，每次 30 min，以维持低温、高湿、低 CO_2 浓度的环境。在储藏库内或储果箱内按鲜果重的 0.5%～1.0%放置干熟石灰来吸收 CO_2，提高储藏枣果品质。

(2)气调储藏

气调储藏以小型库最佳，鲜枣气调储藏的条件为：库内温度 0～1℃、相对湿度 90%～95%、氧气 3%～5%、CO_2 小于 2%。储藏期间关键要控制库内 CO_2 浓度，保持较高的湿度。枣果不能进行长期储藏，否则货架期变短，腐烂加重。

(3)通风储藏

库房可以选择山洞、防空洞、地下库(室)、地窖等。储藏时架空堆垛，垛与垛之间、垛与墙之间要保持距离，以利于通风透气。库内或果箱内可按鲜果重的 0.5%～1.0%放入干熟石灰，降低 CO_2 浓度。山洞、防空洞、地下库(室)、地窖内冬暖夏凉，相对湿度大于或等于 95%，内部温度相对较低且稳定，用于鲜枣的短期储藏，不仅效果好，而且费用低、技术简单。但是通风库内通风条件差，储藏期间要加设通风排气设施，在夜间至清晨气温较低时通风换气，将库内温度降至 25℃以下。

也可在库内进行沙藏。在地面铺 3.0～5.0 cm 厚的洁净细沙，湿度以手捏成团、松手即微散为度，将枣果按一层枣、一层沙(与枣的厚度相当)的顺序堆放高约 30 cm，最后在上面再覆沙 3.0～5.0 cm，如此可保温保湿。储藏期间如表层沙子干燥发白，则喷清水补充湿度。

2. 蜜枣的加工

蜜枣是枣的糖渍干制品，其历史悠久，在南方枣区生产量大，已经形成质地和风味各具特色的多种加工产品。蜜枣加工的基本工艺流程为选料→分级→清洗→切纹→糖煮→倒锅→烘烤→包装→成品。

(1)选料与清洗

制作蜜枣的品种要求果大，果面平整。枣果形状以长筒形最好，皮薄，核小，含水量低，肉质松软。原料枣在白熟期采收，枣果应新鲜饱满、无病虫、无破伤，剔除畸形、红圈、有斑疤和成熟度过低的绿枣。加工前按果实大小进行分级，后用清水将果实漂洗干净。

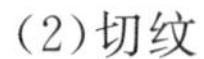

(2)切纹

将枣果用切缝机或手工进行切缝。每颗枣切 50 道以上,每道间距 1.0～2.0 mm,切至枣肉 1/2 深处,缝距要均匀,深浅一致,既不能切掉果肉,也不能漏切,在煮制时才能渗糖充分。将切纹后的枣坯,浸泡在 0.1%亚硫酸钠水溶液中,防止褐变,增进成品色泽,并保护维生素 C 等容易氧化的营养成分不被破坏。浸硫后的枣坯用清水洗净滤干,即可糖煮。

(3)糖煮

用高浓度糖液进行煮制,煮制容器为口径 50 cm 的铁锅,每锅煮鲜枣 8 kg,煮制时糖、水、枣的比例为 3.4∶1.5∶5.1,也可根据情况灵活掌握。锅内先放入清水和白砂糖,将白砂糖溶解配成 65%的糖液,将清洗后切好的果实放入糖液内煮沸 45 min,不停搅拌使枣果均匀渗糖,并除去面上的泡沫。

当枣果变软发黄时,停止翻搅;糖液由白变黄时,改用文火缓缓熬煮;用手捏枣似能触及枣核,果肉透明、锅面水蒸气明显减少时,即可出锅。将锅端起,把枣坯连同剩余的糖液倒入另一冷锅中,慢慢翻搅 3～4 次(15 min 内),使枣坯充分吸收糖分。

桂式蜜枣采用一次糖煮,全过程历时 1.5～2.0 h,历经排水、渗糖、浓缩三个阶段。第一阶段将水煮漂净的枣坯用糖液猛煮 20 min。第二阶段历时 50～60 min,减小火力,使锅内保持缓滚状态,并逐渐增添稀糖液,使果肉组织平缓地渗糖排水,但不焦枣煳锅。第三阶段历时半小时,再次减小火力,使锅内保持微滚状态,停止补充糖液,锅内糖液逐渐浓缩时可出锅冷却、整形。京式和徽式蜜枣采用两次糖煮法。第一次用 30%～36%的糖液,保持开锅剧滚状态煮半小时,使枣坯排水渗糖,然后在相同浓度的糖液中冷浸渗糖 24 h,再用 55%～60%的糖液,用小火保持缓滚状态回煮 20～30 min,以提高枣坯糖分。

在加工中可用饴糖和蜂蜜代替蔗糖,其产品称为蜂糖蜜枣。将蜜枣去核并填入糖桂花、糖玫瑰、青梅、金橘饼、瓜子仁和青红丝等制成桂花蜜枣。

(4)烘烤

焙笼用竹制成,烘烤温度要先低后高。将滤去糖液的枣坯摆放在焙笼内,温度控制在 55℃焙烘 24 h,每隔 3～4 h 翻倒 1 次;烘至枣坯软而不黏时进行整形,将枣坯捏成扁圆形,用力要适度,不要挤破丝纹。整形后进行第二次烘焙,温度控制在75～80℃，使枣面透出一层糖霜（结晶糖）后，逐渐降温缓烤，并不断翻拌干燥，干至蜜枣变硬，用力挤压不变形，用手掰核肉易分离，肉色金黄色，晶亮透明即可。

(5)包装

包装前需进行挑选、分级和修整，拣出破枣，虫蛀枣，色泽浑暗、丝纹不整齐、焦头的次品和杂质。优质蜜枣含水12%～15%，总糖75%～80%，色泽金黄透明，近似琥珀色或浅茶色，无焦皮，肉厚核小，大小一致，丝纹整齐，表面有糖结晶，无杂质。特级品每千克60粒，一级品每千克80粒，二级品每千克110粒，三级品每千克140粒。将合格品分级后用塑料袋密封包装，防止受潮。

第五节　主要病虫害防治

一、病害

1. 枣炭疽病

(1)病原及症状

枣炭疽病（*Colletotrichum gloeosporioides* Penz.）在全国各地枣产区均有发生，属半知菌亚门刺盘胶孢炭疽菌。病原菌的菌丝体在果肉内生长旺盛，有分枝和隔膜，无色或淡褐色，分生孢子盘位于表皮下，由疏丝状菌丝细胞组成。其主要为害果实，也能为害枣头、枣叶、枣吊和枣股。果实多在果肩或果腰处受到侵染，受害初期呈现水渍状的黄色斑点，后逐渐扩展成不规则黄褐色斑块，斑块中心有向内圆形凹陷，后病斑扩大，连片呈红褐色，引起早期落果。剖开落地病果，部分枣果由果柄向果核处有呈漏斗形、黄褐色的病变，果核变黑，果实味苦，不能食用。在潮湿的高温天气，病果的病斑上生出黄褐色小凸起。叶片受害后变黄绿色，早落，有的呈黑褐色焦枯状悬挂在枝头。

(2)发生规律

枣炭疽病菌以菌丝体潜伏于枣头、枣吊、枣股及病果、僵果内越冬。翌年分生孢子借风雨从自然孔口、伤口或直接穿透表皮侵入。刺吸式口器的害虫如蚜虫、绿盲蝽等在为害枣果的过程中可传播病害。枣炭疽病在枣花开放时就开始侵染,多不发病,果实快成熟时或采收期才出现病症。病菌在田间潜伏期的长短与气候条件和树势强弱有关系,降水早且连阴雨天数长,则发病时间早且重;降水晚,发病晚;干旱年份,发病轻或不发病;管理水平高、树势健壮的枣树则发病轻,反之则发病重。

(3)防治方法

①冬季精细清园消毒,收集病虫枯枝以及脱落的枣吊、枣果、枣叶,带出园外深埋或焚毁,以减少翌年侵染源。同时,加强水肥管理及枣树体管理,增强树势,减少枣炭疽病发生。

②休眠期到萌芽前,用3.0～5.0°Bé石硫合剂对树体进行淋洗式喷雾1次,杀灭潜伏在树体上越冬的病原菌。

③果实生长期,选用80%炭疽福美可湿性粉剂750倍液,或25%咪鲜胺水剂750倍液,或50%退菌特可湿性粉剂600倍液,或25%溴菌清可湿性粉剂600倍液,或25%阿米西达悬浮剂1200倍液,或65%代森锌可湿性粉剂500倍液,或75%百菌清可湿性粉剂600倍液,每隔10～15 d,连续喷药3次,注意药剂的轮换使用。

2. 枣缩果病

(1)病原及症状

枣缩果病主要为害果实,其病原众说纷纭,至今没有统一定论,主要有三种说法:一是枣缩果病为生理性病害,其发生与钾、锰含量低和钙含量高有密切关系,补充钾、锰可有效防控枣缩果病,在土壤中施用钾肥和锰肥,比单纯喷施化学药剂的防治效果好。枣园的土肥管理不科学、栽植密度过大、整形修剪不合理、过度使用激素、开甲技术应用不当和负载过重等均可造成枣果萎蔫干缩。二是枣缩果病是由于细菌或者真菌感染引起,多种真菌可以单独或混合侵染枣果。三是生理上的缺素症导致病菌侵染,染病果实上分离到的病原菌均为弱寄生菌。生理上的缺素症造成树势较弱,树体抗性较弱,在受到机械损伤或者刺吸式害虫为害时，枣果易感染致病菌，加重病情的发生。

枣缩果病主要为害果实，初期在果肩或胴部或腰部出现淡黄色晕环，边缘较清晰，逐渐扩大，进而果皮出现水渍状、土黄色斑，边缘不清，呈凹形不规则黄褐色病斑；后期果皮呈暗红色，果肉干瘪萎缩，失去光泽，果实变小、皱缩、坏死、脱落，果肉黄色、发苦，于成熟前脱落，果柄变为褐色或黑褐色。

(2)发生规律

病原菌在幼果期侵入果实，在枣果着色期6月中旬开始出现症状，发生盛期为7月上中旬，高峰期在7月中旬，末期为8月上中旬。其主要通过伤口侵入，机械刺伤有利于发病。最先在果实的两端出现大小不一的淡黄色晕斑，后变成水渍状，随后病斑扩大，颜色加重，果色成为红褐色；最后病斑萎缩，果皮失去光泽，果柄逐渐脱落。病果果肉后期失水，呈海绵状坏死，味苦，不能食用。枣果从出现症状到脱落，初期为7～10 d，后期则为2～4 d。

枣缩果病的发生与土壤结构也有关，沙壤土发病较重，保水、保肥性能好的黄土地发病相对轻，坡地较平地枣园重。有机肥施用多的枣园较单纯施用尿素或复合肥的果园发病率低，土壤平均含水量相对低的地块，感病指数相对较高，生草的果园较没有生草的果园发病相对较轻。不同枣品种对缩果病的抗性也存在差异，圆铃枣等品种及野生酸枣极少发病，临猗梨枣等品种极易感病，晚熟品种发病较轻。另外，树势也影响该病的发生，树势强，发病轻，且发病晚；树势弱，则发病早且重。幼龄结果枝发病轻，多年生结果枝上果实发病重；随着树龄的增加，枣缩果病发生逐年加重。

(3)防治方法

①加强枣园肥水管理，增施有机肥以及磷、钾肥，增加土壤有机质，改善土壤理化性状，增强树势，提高树体抗病性。

②选用简化、高光效树形，保持群体冠层通风透光；修剪时注意保留上梢，避免枣果受到阳光直射；及时疏果，减少树体养分消耗。同时，加强对桃小食心虫、介壳虫、绿盲蝽、叶蝉等刺吸式口器害虫的防治，减少枣果外皮破损，避免细菌感染，预防缩果病发生。

③幼果膨大期(6月中旬至7月下旬)，选用37%苯醚甲环唑水分散粒剂4000倍液，或43%戊唑醇悬浮剂3000倍液，或75%百菌清可湿性粉剂600倍液，或40%氟硅唑乳油4000倍液，全株叶面喷雾2～3次，注意药剂交替使用。

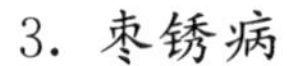

3. 枣锈病

(1)病原及症状

枣锈病(*Phakopsora zizyphi-vulgaris*(P. Henn.)Diet.)的病原为担子菌纲锈菌目层锈菌属。病原菌主要以夏孢子堆在病叶上越冬,或以多年生菌丝在病芽中越冬。翌年夏孢子借风雨传播到新的叶片上,从叶片正面和背面直接侵入,引起初次感染。夏孢子堆单生或群生,凸起,初生于表皮下,后突破表皮;黄色或淡黄色,革质,椭圆形或卵圆形。冬孢子堆散生,近圆形,黑色,不突破表皮。枣锈病只为害叶片,叶片发病初期,在背面叶脉两侧、叶尖和基部产生淡绿色小白点,散生,后形成暗黄褐色凸起,破裂后产生黄色粉末状物,扩散传播。后期染病叶片正面开始有绿色小点出现,逐渐扩大成病斑,呈现花叶状,病叶逐渐变为灰黄色,收缩干枯,直至完全失水后脱落。受害叶片从树冠下部开展脱落,逐渐由内向外、由下向上扩展,直至整株落叶。

(2)发生规律

锈菌是高度专化的活体寄生真菌,在7、8月雨水多、湿度大时开始萌发,从叶片气孔侵入发病,产生新的夏孢子,借风雨传播。空气相对湿度在70%～80%、气温在30℃以上时发病较重,发病率可达80%以上。降水量少时,发病晚而轻。枣锈病从发病到落叶约需30 d,造成全树落叶约需2个月。

(3)防治方法

①加强预测预报。6月上旬至7月下旬在枣园采用孢子捕捉法进行观测,每5天观察1次,同时结合天气预报进行预测,适期进行防治。

②加强枣园管理,合理密植,科学修剪,保持果园通风透光。增施农家肥,提高植株抗病能力。雨季及时排水,降低枣园湿度。行间不宜间种高秆作物。

③发病初期,喷洒15%三唑酮可湿性粉剂1000倍液,或20%萎锈灵乳油500倍液,或45%石硫合剂晶体300倍液,每隔15 d喷施1次,连续2次。

4. 枣疮痂病

(1)病原及症状

枣细菌性疮痂病的病原为假单胞菌(*Pseudomonas* sp.),主要为害枣树叶片、枣吊、枣头、花柄和枣果。叶片感病后,先在先端或边缘部分出现水烫状萎

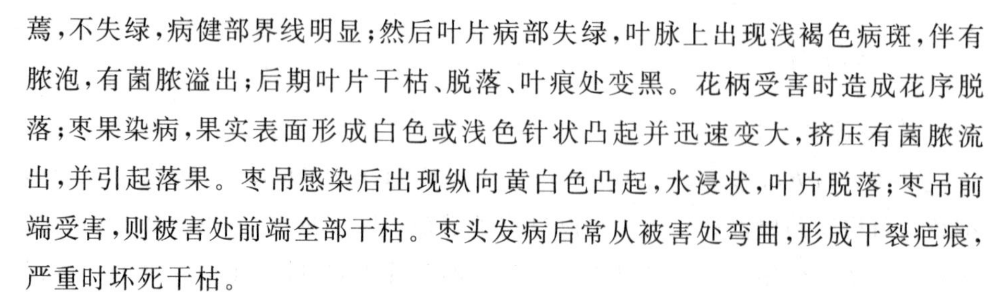

蔫，不失绿，病健部界线明显；然后叶片病部失绿，叶脉上出现浅褐色病斑，伴有脓泡，有菌脓溢出；后期叶片干枯、脱落、叶痕处变黑。花柄受害时造成花序脱落；枣果染病，果实表面形成白色或浅色针状凸起并迅速变大，挤压有菌脓流出，并引起落果。枣吊感染后出现纵向黄白色凸起，水浸状，叶片脱落；枣吊前端受害，则被害处前端全部干枯。枣头发病后常从被害处弯曲，形成干裂疤痕，严重时坏死干枯。

(2)发生规律

细菌性疮痂病的初侵染源主要是上年染病脱落的枣叶、枣吊及被害枣头所带的病菌。病菌从嫩组织的皮孔、气孔、伤口侵入，也可从刺吸式口器害虫造成的伤口侵入。该病的发生及为害与空气湿度和温度有关。4 月中旬至 5 月初气温偏低，不利于病菌侵染，发病很轻。5 月上中旬花蕾发育、开花及坐果期，气温在 20～33℃时适宜病菌的繁殖和侵染。此时期若干旱少雨，则发病相对较轻，降雨会加重发病。脱落后的病叶、干枯的枣吊、枣头上的菌体是主要的再侵染源。高温会抑制病原菌的侵染与繁殖，6 月以后为害程度随之减轻。

(3)防治方法

①落叶后或早春及时清除枯枝、落叶及杂草，集中深埋或烧毁。冬季修剪时剪除断裂枝、病残枝、被害枣头及未脱落的枣吊，集中清理出园深埋。刮除树干及主枝的老列粗皮，减少初侵染菌源。

②3 月底 4 月初全园喷布 3～5°Bé 石硫合剂，减少初侵染菌源；防治绿盲蝽、大青叶蝉等刺吸式口器害虫，减少伤口，避免病原菌侵入。

③发病季节用农用链霉素 500～600 万国际单位，或 3%的克菌康(中生菌素)600 倍液，或 10%杀菌优 800 倍液，每隔 7～10 d 喷施 1 次。

5. 枣疯病

(1)病原及症状

枣疯病是由病毒和类菌原体混合侵染引发的。发病后叶片黄化，枝叶丛生，叶片凹凸不平，黄绿不均，叶缘卷曲；病株花器退化为营养器官，花梗变大，呈明显的小分枝，萼片、花瓣、雄蕊皆可变成小叶，病花不结果；根部受害表现为根瘤，病根上的不定芽会大量萌发长出一簇簇长短不一的短疯枝，出土后枝叶

细小、黄绿，日晒后全部焦枯呈“刷子状”，后期病根皮层变褐色腐烂。幼树发病1～3年后死亡，大树染病5年后死亡。枣疯病最明显的发病症状是枝叶丛生黄化，形成丛枝状，直到4次枣头上的主芽不再萌发。健康枝条结果后，果实着色不匀，果面凸凹不平，果汁变少，多渣且味淡。

(2)发生规律

疯枣树是枣疯病主要的侵染来源，病原体在活着的病株内存活。病原体主要通过传毒昆虫和嫁接、带病苗木等进行传播，其中媒介昆虫是重要的传播方式。春季通过嫁接或叶蝉传染，当年就可发病；夏秋传染的枣树，翌年发芽才表现症状，潜育期最短25 d，最长可达2年。病原侵入枣树体后运行到根部，经过增殖沿韧皮部向上运输到生长点，发病以后逐渐遍布全株。病株的花粉、种子、园内的土壤以及病树和健树根系间的自然接触、汁液摩擦，不传染枣疯病。

叶蝉是传播枣疯病的主要媒介昆虫，其在病树上吸取汁液后，再转移到健康树上取食，将枣疯病类菌原体传入健康枣树，导致健树染病。带病的根生苗也可传播病原体，各种嫁接方式以及砧木或接穗都可传染。不同品种则抗病性不同，枣疯病的发生程度不同。

(3)防治方法

①严格检疫，选用抗病品种。选用抗病品种的苗木、砧木或接穗，使用无病砧木、接穗或苗木，不用枣疯病严重发生区的枣苗。在枣园内不要间作芝麻、豆类等传毒昆虫寄主作物，减少病原的传播。苗圃中发现病苗，立即拔除烧毁，刨净根部。最好使用脱毒苗木，采用茎尖组织培养与热处理相结合的方法，脱除枣疯病类菌原体，获得无毒枣苗。

②加强田园综合管理，提高树体的抗病能力。增施有机肥，适当增施碱性肥料，提高土壤有机质含量和肥力，提高树体的营养水平，从而提高树体的抗病能力。清除杂草及其他树木，减少虫媒滋生，及时杀灭媒介昆虫叶蝉。在枣疯病发病盛期及时去掉病芽，对初发病枝及时从病枝基部切除，着生病枝的健枝一并除去；同时切除、刨净病枝同侧的病根，重病树连根刨除。

落叶后至枝萌芽前，采用病株截锯的方式进行枣疯病的防治。主干根基部向上25 cm处开始第一道环锯，深至枣树木质部，向上每隔10～15 cm环锯1道；病轻植株锯3道，病重锯5道。

③对发病较轻的树先锯除疯枝，再用土霉素、盐酸四环素等药剂减缓病害扩散蔓延。钻孔法第一次治疗于春季树液流动前，在树干基部钻孔，注入1000万单位土霉素100 mL，将孔用酒精棉球塞严；第二次治疗于秋季树液回流根部前，取出第一次塞入的棉球，再注药1次。

也可采用枝干输液法，在距地面约50 cm处的主干上，钻一个斜向上的小细孔，将瓶装1000 mg/kg的盐酸四环素水剂倒悬，通过静脉输液线滴入孔内，滴速控制在细孔无药液溢出为宜，约10 h后取出针头，停止输液，并用泥土封实细孔，早春树液流动前和秋季树液回流前各输液1次。

二、虫害

1. 枣尺蠖

枣尺蠖(*Sucra jujube* Chu)又名枣步曲，属鳞翅目尺蛾科害虫，主要为害枣、苹果、梨、桃、沙果等，在国内各枣产区广泛分布。

(1)为害特点

枣尺蠖初孵幼虫为害枣刚萌发的嫩芽，俗称“顶门吃”；枣展叶开花时，幼虫为害叶片及花，俗称“串花虫”。枣尺蠖以幼虫为害嫩叶、花蕾和幼果，叶片呈孔洞和缺刻状，严重时将叶片食光；被害叶的叶缘向叶正面纵卷，呈紫红色，质地变脆变厚，后期卷叶多为褐绿色，最后变黑枯萎脱落。幼虫1～2龄时食量小，芽叶被害不易被发现；3龄后进入暴食期，为害嫩芽、叶片、花蕾、枣吊和新枝梢等所有绿色组织；幼虫暴食性强，严重时可将枣叶或枣芽全部吃光，造成严重减产或绝收危害。

(2)发生规律

枣尺蠖一年发生1代，以蛹在5～20 cm深的土中越冬，翌年3月中下旬、连续5日均温7℃以上、5 cm处土壤温度高于9℃时成虫开始羽化，3月下旬至4月中旬为羽化盛期。早春多雨，成虫发生多；土壤干燥，其出土延迟，有时拖后40～50 d，成虫多在日落后出土。雄虫有翅，具趋光性。雌成虫无翅不能飞，出土后栖息在树干基部或土块上，白天在草间潜伏，傍晚时爬上树干交尾，当天即

可产卵于枝顶分杈处或树皮缝中，每虫产卵千余粒，呈锥状，经过10～25 d孵化幼虫，4月下旬到5月上旬为孵化盛期。幼虫共5龄，历期30 d，幼虫可吐丝下垂，为害到5月下旬到7月上旬，后老熟落地，入土化蛹越夏和越冬。

(3)防治方法

①人工防治。枣尺蠖幼虫在土壤中越冬，可以进行耕地翻蛹，树干基部则人工刨蛹，杀灭虫蛹，减少虫源；利用枣尺蠖幼虫的假死特性，进行人工捕杀；设置杀虫灯诱杀成虫；在树干基部绑塑料薄膜带，环绕树干1周，涂上粘虫药带，阻止雌蛾上树产卵。

②生物防治。保护赤眼蜂、蜘蛛、螳螂等天敌昆虫。幼虫发生期，使用8000 IU/mL苏云金杆菌悬浮剂，或10%多杀霉素悬浮剂、1.3%苦参碱水剂，或使用幼脲Ⅲ号2000～2500倍液进行树冠喷雾。

③化学防治。菊酯类农药对枣尺蠖有良好的防治效果，选用20%甲氰菊酯乳油2000倍液，或2.5%高效氯氰菊酯乳油3000倍液，或2.5%高效氯氟氰菊酯乳油2000倍液进行叶面喷雾。

2. 枣瘿蚊

枣瘿蚊(*Contarinia* sp.)又称枣芽蛆、卷叶蛆，俗称枣蛆，为双翅目瘿蚊科害虫，为害枣、酸枣等，在全国各枣区都有发生。枣瘿蚊成虫体长为1.4～2.5 mm，头小，黑色，形似小蚊子；触角细长念珠状，腹部橘红色，雌虫腹部末端有产卵管。卵长椭圆形，长0.3 mm，白色，具光泽。若虫乳黄色或乳白色。蛹呈纺锤形，身体浅黄色。

(1)为害特点

以幼虫为害嫩叶、花蕾和幼果，枣萌芽而叶片尚未展叶时，第1代幼虫就开始为害嫩芽和幼叶。幼叶受害后，不能正常展开，为害部位红色肿皱，从叶片两侧叶缘向叶正面纵向翻卷，呈筒状；被害叶片的叶尖紫红色，变硬发脆，严重时叶片枯萎脱落。枣苗和幼树因枝叶生长期长，受害比成年树严重。花蕾受害后，不能正常开放，花萼畸形膨大，花蕾逐渐枯黄脱落。幼虫为害幼果，在果肉内蛀食，果面出现红色；幼果不能发育长大，黄豆大小时变黄脱落；为害轻的幼果，随果实膨大受害部位变硬，形成畸形果。

(2)发生规律

枣瘿蚊一年发生6代,秋季以老熟幼虫入土2～5 cm处作茧越冬。次年枣芽萌动后,越冬幼虫到近地面处作茧化蛹,12 d后羽化为成虫,即交尾产卵。卵产于未展平的筒状幼叶的缝隙中,数粒至十余粒产一起。幼虫孵化后刺吸叶汁,受害叶片两边纵卷,幼虫藏身于卷叶内继续吸汁为害,被害处的叶片组织肿胀、变红、变硬脆,卷叶中常有幼虫几头至十几头。幼虫老熟后钻出叶筒入土化蛹羽化,产生下一代。第二代以后的幼虫不仅为害嫩叶,还为害花蕾和枣果,幼虫可在花蕾内化蛹。秋季气温降低,最后一代老熟幼虫入土结茧越冬。各代卵期3～6 d,幼虫期8～12 d,蛹期6～12 d,成虫期1～2 d,每代历期19～22 d。越冬茧入土深度因土质、气温等环境条件不同而异,黏质土2～3 cm,砂质土3～5 cm;多雨季节比干旱季节浅,最适发育温度为23～27℃。

(3)防治方法

①人工防治。老熟幼虫入土前及时清理树上、树下虫枝、叶、果,集中深埋或焚毁;冬春季翻挖树盘,减少越冬虫源。成虫羽化出土前或幼虫脱叶入土前,在树干周围地面撒3%辛硫磷颗粒剂毒杀,施药后松土拌匀。

②化学防治。幼虫为害期,使用内吸性或胃毒性农药,选用22.4%螺虫乙酯悬浮剂2000倍液、22%噻虫·高氯氟微囊悬浮-悬浮剂2500倍液、20%吡虫啉可湿性粉剂5000倍液、50%敌敌畏乳油1200倍液进行全株喷雾。

3. 桃小食心虫

桃小食心虫(*Carposina sasakii* Matsumura)又称桃蛀虫或枣蛆,简称“桃小”,为鳞翅目蛀果蛾科害虫,食性杂,为害枣、桃、李、樱桃、苹果、梨、板栗、石榴、柑橘等果树,在国内水果产区广泛发生。

(1)为害特点

主要为害果实。幼虫从果实顶部蛀入果内,果实长大后,蛀孔处留一褐色小点,凹凸不平;随着幼虫虫龄增长,食量增大,向果心蛀入,蛀食枣核四周果肉,绕核串食,边吃边排泄,虫粪留在果核周围,形成“豆沙馅”;老熟幼虫会从果皮蛀孔脱出落地,会引起脱果孔周围腐烂,严重时枣皱缩,果实提前变红,为害严重时,造成大量落果,严重影响枣果的产量和品质。

(2)发生规律

在南方枣产区,桃小食心虫一年发生1代,越冬茧大都分布于枣树根颈范围内土壤中,越冬幼虫出土盛期在7月中旬,成虫盛期在7月下旬至8月上旬。以老熟幼虫入土作茧越冬,蛹绝大多数分布在树干周围1 m范围内、深3～6 cm的土层中。成虫白天潜伏于枝干、树叶、草丛等背阴处,日落后开始活动,深夜最为活跃,交尾产卵多在深夜完成。成虫产卵有趋大果的习性,卵多散产于枣叶背面基部的叶脉分叉处,或枣果梗洼、萼洼处;幼虫孵出后,多从枣果近顶部和中部蛀入为害。

(3)防治方法

①及时捡拾地面落果,集中烧毁,消灭果内幼虫;在树干基部覆盖塑料膜,在塑料膜内喷施40%辛硫磷乳油,消灭出土的老熟幼虫;释放和保护甲腹茧蜂、齿腿姬蜂等天敌;冬季深翻土壤,冻杀越冬幼虫。

②在成虫发生盛期,投放桃小食心虫信息素诱芯诱杀雄蛾。

③越冬幼虫出土盛期在7月中旬,成虫盛期在7月下旬至8月上旬,喷施5%虱螨脲悬浮剂800倍液,或5%甲氨基阿维菌素苯甲酸盐微乳剂1000倍液,或10%虫螨腈悬浮剂1000倍液,或20%氯虫苯甲酰胺悬浮剂3000倍液,或20%速灭杀丁乳油2000倍液,或20%甲氰菊酯乳油2000倍液,每隔10～15 d喷雾1次,连续喷施2～3次。

4. 枣黏虫

枣黏虫(*Ancylis sativa* Liu),又称枣实虫、枣菜蛾、枣镰翅小卷蛾,为鳞翅目卷蛾科害虫,主要为害枣和酸枣,是枣树的重要害虫之一。

(1)为害特点

幼虫为害枣叶时,吐丝将叶片、嫩枝及果实包在一起,在内取食叶肉,形成网膜状残叶;为害枣花时,侵入花序,咬断花柄,蛀食花蕾,吐丝将花缠绕在枝上,被害花变色但不脱落,全株枣花呈现一片枯黑;幼虫为害枣果,啃伤果皮并蛀入果内,粪便排出果外,被害果不久变红脱落,也有虫果与叶粘在一起不脱落,发生较重时会引起严重减产。初孵幼虫到老熟作茧,每头需食叶片6～8片,体长6～7 mm时为害最重。幼虫吐丝下垂并随风飘移传播,老熟幼虫在叶苞内、花序中、枣果内以及树皮裂缝内结白色薄茧化蛹。

(2)发生规律

在南方枣产区一年发生4代,世代重叠,以蛹在枣树粗皮、裂缝、树干的洞孔内结茧越冬,翌年3月中旬至5月上旬羽化。成虫昼伏夜出,白天潜伏在叶背面或其他植物上,夜间活动,对黑光灯趋性强;羽化后翌日即交尾,交尾后第二天开始产卵。雌蛾产卵的最适温度为25℃,气温在30℃以上时产卵量少,而以第2代卵量最多,第3代卵量最少;卵多散产于叶正面中脉两侧,每片叶着卵1～3粒,雌虫产卵量40～90粒,卵期10～25 d。初孵幼虫先在枝条上爬行,后爬到枣芽、叶、果上为害;4月下旬至5月中旬第1代幼虫孵化后钻入芽内,啃食嫩芽和嫩叶,使枣树不能正常发芽,外观似枯死,造成当年2次发芽;5月下旬至7月上旬发生第2代幼虫,为害枣花后,继续为害叶和枣果;7月下旬至10月下旬发生第3代幼虫,除为害枣叶外,还啃食果皮和蛀入果内,造成落果。9月上旬幼虫陆续老熟,到树体缝隙中结茧化蛹越冬,非越冬代均在卷叶内结茧化蛹,蛹期9 d。

(3)防治方法

①冬春刮除树干的粗皮,锯去残破枯枝,集中深埋或焚毁;主干涂白,并用胶泥堵塞树洞,以消灭越冬蛹。于9月上旬以前,在主干分权处绑缚厚约3 cm的草把,引诱第三代幼虫入草束化蛹,11月以后解下草把,并将贴在树皮上的虫茧全部刮掉,集中杀灭。

②利用成虫趋光性强的习性,在成虫发生期晚间,用手提灯或黑光灯诱杀成虫。

③做好虫情测报,掌握各代幼虫孵化盛期,第1次喷药于枣吊长3 cm时,第2次喷药于枣吊长5～8 cm时,第3次喷药于6月下旬(夏至),选用4.5%高效氯氰菊酯乳油1500倍液,或10%联苯菊酯乳油2500倍液,或2.5%溴氰菊酯乳剂4000倍液,或15%阿维·毒死蜱乳油10000倍液喷雾。

5. 绿盲蝽

绿盲蝽[*Apolygus lucorum*(Meyer-Dür)]别名花叶虫、小臭虫,为半翅目盲蝽科害虫,食性杂,寄主范围较广,为害枣树、石榴、葡萄、梨、棉花、豆类、药用植物及花卉多种植物,近年来在枣产区为害较重。

（1）为害特点

以若虫、成虫为害枣嫩芽、嫩叶、花蕾及幼果。枣芽萌动后越冬卵孵化，若虫即开始为害。嫩芽生长点被绿盲蝽为害后，不能正常抽枝展叶，嫩芽枯干或呈光杆状；嫩叶被为害后，先呈现失绿斑点，随着叶片的长大，叶片变成不规则的孔洞，发生破叶现象，俗称“破头疯”“破叶疯”。枣吊受害后，变形脱落；花蕾受害后，停止发育，枯死脱落，为害严重时，造成枣树绝产。幼果遭到绿盲蝽为害后，受害部位逐渐出现色斑，枣果萎缩，引起幼果大量畸形或脱落，甚至造成枣果产量减少以及品质变劣。

（2）发生规律

一年发生4～6代，以卵越冬。越冬卵大多产在多年生枣股芽鳞内和枣头残留橛上，少数越冬卵产在杂草、树皮缝、枝条锯口等处。翌年4月上旬，平均旬气温达11℃、空气相对湿度高于60%时越冬卵开始孵化；幼虫可快速爬行，隐藏在枣股幼芽中，为害新萌发枣树幼叶、嫩芽及杂草等。4月底若虫开始羽化，5月上旬为羽化盛期。成虫喜阴湿环境，有趋光性，早晚活跃，飞翔能力强，成虫有明显的趋嫩性和趋花性，产卵期30～40 d。绿盲蝽白天潜伏，下午16:00以后上树取食为害。成虫具转主迁移特性，第1、2代成虫为害枣树，并向周围作物及杂草转移，经第3、4代繁育后，9月中下旬，第5代成虫又返回枣园产卵越冬。在品种混合栽植的枣园中，不同品种受害程度不一样。

（3）防治方法

①冬季清除园区杂草杂木和枯枝落叶，剪除剪口残枝和病虫害枝，刮除树皮，集中烧毁或深埋。5—6月及时清除树下杂草、根蘖苗。成虫发生期田间悬挂黄板，诱杀成虫。遮雨栽培，可用防虫网隔离防治。枣树生长季节于主干上涂抹闭合的粘虫胶环，阻杀上树的绿盲蝽若虫。利用成虫的趋光性，使用全自动物理灭蛾器诱杀成虫，减少卵的基数。

②保护和利用绿盲蝽天敌，如瓢虫、寄生螨、草蛉、蜘蛛、小花蝽及寄生蜂等，减少用药次数。

③绿盲蝽具有迁飞转移习性，进行药物防治时应群防群治、联防联治，喷药时间最好在傍晚，集中连片统一用药，先防治枣园四周，逐步向中心推进，迫使该虫向枣园内部转移，提高防治效果。以触杀性好和内吸性强的药剂混合喷施

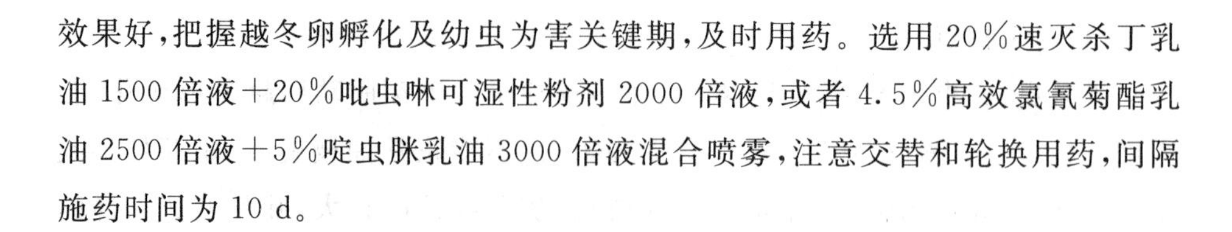
效果好，把握越冬卵孵化及幼虫为害关键期，及时用药。选用20%速灭杀丁乳油1500倍液+20%吡虫啉可湿性粉剂2000倍液，或者4.5%高效氯氰菊酯乳油2500倍液+5%啶虫脒乳油3000倍液混合喷雾，注意交替和轮换用药，间隔施药时间为10 d。

6. 叶螨

叶螨为蜱螨目叶螨科害虫，为害枣树的叶螨有截形叶螨（*Tetranychus truncatus* Ehara）、二斑叶螨（*Tetranychus urticae* Koch）等，食性杂，寄主范围广，为害枣树、石榴、葡萄、梨、苹果、柑橘、棉花、豆类、茄子等多种植物。

(1)为害特点

叶螨主要为害叶片、花和果实。成螨和若螨集中为害，集中于枣树叶片背面为害，以刺吸式口器刺破不同部位表皮细胞，取食汁液。叶片受害失绿，先形成小斑点，后逐渐连片，叶片变黄，失去光泽，造成大量落叶。花器受害，花瓣不能正常开放，易脱落。果实受害，果小皱缩。

(2)发生规律

叶螨在枣树上一年发生10代以上，世代重叠。以受精雌成虫在土缝中及枯枝落叶下或宿根性杂草根际等处吐丝结网潜伏越冬，部分雌螨则在树皮下、裂缝中或在植物根颈处的土中越冬。当平均气温达10℃以上时，越冬雌性成虫开始产卵。早春第1代卵主要集中产在杂草上，孵化后进入世代重叠。其繁殖速度随着气温的升高而加快，高温干旱条件有利于螨类的滋生。叶螨为害持续时间长，发生期可延续到9月，10月后个体陆续发育停滞，但在温度超过25℃时重新进食，11月后均滞育越冬。

许多枣园都会遭受叶螨的为害，主要原因：一是发生初期对虫害没有重视，等出现为害症状时，大多数枣农以为是红蜘蛛，防治效果不是很理想。二是用药不当增加了其抗药性，加速了其繁殖，叶螨对常用杀螨剂如哒螨灵、阿维菌素等具有抗性，防治效果差；三唑锡、唑螨酯等杀螨剂多次使用后，其也会产生不同程度的抗性，且用药次数越多，浓度越高，抗性越强。三是用药时期的不当导致为害加重，错过最佳防治时期，防治难度加大，同时有些枣农重治轻防，不能有效预防。

(3)防治方法

①越冬螨孵化前刮除树干老翘皮，修剪枯死、受病虫为害的枝条，清理枣园枯枝落叶和杂草，集中烧毁或深埋；及时中耕，剪除枣树根上的萌蘖，清除小旋花等阔叶杂草。

②保护和释放小黑瓢虫、中华草蛉、东亚小花螨、塔六点蓟马和深点食螨瓢虫等天敌，或人工释放捕食螨，充分利用自然资源，减少害螨为害。

③在枣萌芽期，也是越冬雌成螨出蛰期，全园喷 3～5°Bé 石硫合剂，消灭在树上活动的越冬成螨。

④叶螨生活周期较短，繁殖力强，应尽早防治，控制虫源数量，避免转移传播。及时检查，当点片发生时即进行防治，选用 5%香芹酚水剂 500 倍液，或 73%炔螨特乳油 2000 倍液，或 28%阿维螺螨酯悬浮剂 2000 倍液，或 30%乙唑螨腈悬浮液 1000 倍液，或 10%浏阳霉素乳油 1000 倍液，或 0.3%苦参碱水剂 300 mL/亩，或 15%哒螨灵乳油 1000 倍液等喷雾防治，每隔 7～10 d 喷雾 1 次，共 2～3 次。

第三章　樱桃

第一节 概论

一、樱桃栽培历史及产业现状

樱桃属蔷薇科(Rosaceae)樱桃属(*Cerasus*)落叶灌木或小乔木,樱桃属植物有120多个种,我国作为果树栽培的有中国樱桃、甜樱桃、酸樱桃和毛樱桃等,其中经济价值较高的为中国樱桃和甜樱桃。

1. 樱桃栽培历史

樱桃也叫莺桃、玉桃或梅桃,古代也叫含桃,因其果实颜色鲜红、营养丰富,也被称作朱樱,是深受我国古代民众喜爱的一种古老果树,也是落叶果树中成熟最早的,被誉为"春天第一果"。樱桃成熟早,果实珠圆红润,赏心悦目,深得古人喜欢,其不仅很早被用作祭品,而且从汉代开始皇帝用它来赏赐大臣。《吕氏春秋》记载"是月也(仲夏之月),天子乃以雏尝黍,羞以含桃,先荐寝庙",含桃即樱桃。《拾遗录》记载,汉明帝用樱桃宴请群臣。《尔雅·释木》《上林赋》《西京杂记》《说文解字》等文献中都有关于樱桃的记述,表明樱桃很早就成为人们所熟知的果树,汉代长安上林苑中有人工栽培樱桃树。魏晋时期的《名医别录》中记载,樱桃可当药用,"令人好颜色,美志"。

随着栽培和育种技术的发展,在晋代樱桃已有多个品种,《广志》记载"樱桃,大者如弹丸,有长八分者,白色多肌者,凡三种"。宋代西京洛阳一带樱桃品种繁多,其中《洛阳花木记》就收录有紫樱、蜡樱等11个品种。《图经本草》记述"今处处有之,而洛中南都者最胜。其实熟时深红色者谓之朱樱,正黄明者谓之蜡樱,极大者有若弹丸,核细而肉厚,尤难得也。食之调中益气,美颜色,虽多无损,但发虚热耳"。从宋代开始用樱桃嫁接海棠,以培育垂丝海棠。清代《植物名实图考》记述,樱桃"有红、白数种,颍州以为脯",说明樱桃不仅品种多,而且

还用来制作果脯。

樱桃果实美观，也可用作观赏栽培，“为树则多阴，为果则先熟，故种之于厅事之前”，这也是其受古人重视的另一原因。《晋宫阁铭》记述“含章殿前，樱桃一株，华林园樱桃二百七十株”。唐代的御园（芳林园）中有专门的樱桃园，供皇帝和百官到园中观赏。明代《学圃杂疏》记载“百果中樱桃最先熟，即古所谓含桃也。吾地有尖圆大小二种，俗呼小而尖者为樱珠。既吾土所宜，又万颗丹的，掩映绿叶可玩，澹圃中首当多植”。

2. 樱桃产业现状

(1)甜樱桃(*Prunus avium*)

①世界甜樱桃的生产

甜樱桃即欧洲甜樱桃，又名大樱桃，原产于欧洲黑海沿岸和亚洲西部，在乌克兰的西部和西南部、摩尔多瓦、高加索的山区森林中以及小亚细亚、印度北部分布着野生的甜樱桃。欧盟及土耳其、美国、中国、俄罗斯、乌克兰、智利、乌兹别克斯坦、塞尔维亚、叙利亚、伊朗是世界上主要的甜樱桃产区，2018 年，世界樱桃种植面积约 1295.3 万亩，产量 570.2 万 t，平均每亩产量 440.2 kg；其中甜樱桃种植总面积 660 万亩，总产量 364.6 万 t。2018 年，樱桃主要生产国土耳其种植面积 158.7 万亩，产量 83.3 万 t；美国种植面积 72.9 万亩，产量 44.8 万 t；智利种植面积 45.3 万亩，产量 19.6 万 t；伊朗种植面积 58.5 万亩，产量 24.7 万 t。

②中国甜樱桃产销现状

甜樱桃在中国的栽培始于 19 世纪 70 年代，至 20 世纪 80 年代我国开始规模化商业栽培，90 年代大面积推广。中国甜樱桃栽培已经形成两个优势产业区，一是环渤海湾甜樱桃优势产业区，以山东烟台、泰安，辽宁大连，河北秦皇岛，北京等地为主，涵盖山东半岛、辽东地区、鲁中南地区以及京唐秦地区，该区地理位置优越，人口密集，经济发达，自然生态条件好，集约化生产规模大，组织化程度高，产业化优势明显；二是陇海铁路沿线甜樱桃优势产业区，以河南郑州，陕西西安、渭南，甘肃天水等地为主，涵盖秦川地区、陇东南天水地区和豫西、晋南地区，该区光照充足、昼夜温差大，成熟期早，但易遭受晚霜危害。中国甜樱桃产业发展迅猛，出现了很多新兴产区，如新疆的南疆地区、青海的海东地区、云贵川高海拔地区以及长江流域的上海、江苏、浙江和安徽等地。

2018年，中国甜樱桃栽培面积超过200万亩，其中山东省甜樱桃栽培面积57.9万亩，产量约53万t，约占全国甜樱桃总产量的50%。2018年国内甜樱桃市场设施栽培和空运进口果品，质量好，价格高；露地栽培和海运进口果品，质量不高，低价滞销。随着淘宝、京东、微商、抖音等电商平台的快速发展，提高了市场运行效率，将种植者和消费者更加紧密地联系了在一起。

2018年，我国甜樱桃进口量18.6万t，主要进口国分别为智利、美国、加拿大、土耳其、澳大利亚、吉尔吉斯斯坦、乌兹别克斯坦、塔吉克斯坦等国。

(2)中国樱桃[*Cerasus pseudocerasus*(Lindley)G. Don]

中国樱桃俗称小樱桃，我国除西藏高原和台湾省、海南省以外，北纬35°以南地区均有分布，主要分布在山东、江苏、安徽、浙江、河南、湖北、四川、重庆、云南、贵州、陕西以及甘肃等地。中国樱桃是我国古老的经济栽培果树之一，包括野生群体、地方品种及栽培品种，经过长期的驯化栽培中国樱桃现保存有较多的地方品种和部分广泛栽培的优良品种，一些地方品种由于其自身的优良性状已经成为当地重要的经济作物，对当地的经济发展起到了重要的推动作用。

尽管中国樱桃具有甜樱桃无法取代的优良性状，如风味浓、抗逆性强、品质好、产量高等特点，但是相对于欧洲甜樱桃而言，其劣势为果粒小、肉质薄、不耐储运，市场竞争力弱，导致中国樱桃大多零星、点状栽培，没有形成产业规模。

随着人们生活水平的提高，休闲旅游已成为市场新热点。中国樱桃已由原来的单纯鲜食或加工发展成为赏花观果和品果兼用，如早春二月的樱桃花盛开，让人们在乍暖还寒时享受“最美人间二月天”；五一期间采摘樱桃果实，享受田园风光。中国樱桃产业已经紧紧地与农家乐等形式的乡村旅游产业结合在一起，逐渐成为乡村休闲旅游的重要载体之一。

二、长江流域樱桃产业市场前景及发展趋势

1. 长江流域樱桃产业市场前景

(1)因势利导，发展中国樱桃生产，填补市场空缺

中国樱桃是我国最为重要的温带落叶栽培果树之一，在长江流域樱桃栽培历史悠久。1965年，我国的考古工作者曾在湖北江陵的战国时期古墓中挖掘出

樱桃核。

中国樱桃果实成熟早，经济价值高，是落叶果树中果实成熟最早的树种，"枇杷开花过年，还是樱桃成熟在前"。武汉地区樱桃在4月下旬至5月上旬上市，正值市场水果淡季，在本地生产的水果中熟期最早，一枝独秀，深受人们的喜爱，素有"春果第一枝"的美称。

长江中游地区由于高温、多湿、少日照的生态气候条件的限制，绝大部分地区不适宜栽培甜樱桃，只能因地制宜地发展中国樱桃（小樱桃）。由于中国樱桃独有的早花、早果优势，其在调节鲜果淡季市场供应以及满足人们生活需要方面有着特殊的作用。从产业布局上看，中国樱桃在长江中游地区的生产应该将都市休闲农业与零星种植相结合，不能进行集约化大规模生产，以规避产业风险。特别需要指出的是，长江中游地区不能盲目种植甜樱桃（大樱桃），尤其是商业化、集约化、规模化生产。本章后面所说的"樱桃"指的是中国樱桃，也即小樱桃，不是甜樱桃（大樱桃）。

（2）农旅融合，提高经济效益

中国樱桃以"多荫"、花果多姿、果实味美多汁、富于营养又有美容效果，在我国的"百果园"中独树一帜。清代高士奇在其《北墅抱瓮录》中认为，"仲春发花，娇冶多态，结实圆匀莹彻，俨然绛珠。玉液芳津，甘溅齿颊"，樱桃自古以来就作为玩赏和品尝的树种而存在，"樱桃会""樱笋厨""樱桃宴"曾盛极一时，"西蜀樱桃也自红，野人相赠满筠笼"，"昔作园中实，今来席上珍"，"相思莫忘樱桃会"。

中国樱桃生态适应性广，抗病虫和环境胁迫的能力强于甜樱桃，其果实皮薄，肉质细腻，口感好，营养丰富，鲜食风味佳；同时，樱桃花早而美，果实色泽鲜艳、发育期短，是天然的绿色食品。中国樱桃除供生食外，宜于加工制作果酱、果酒、果汁、蜜饯以及罐头等，被誉为"水果中的钻石"。中国樱桃在高附加值经济林产业发展中越来越显示出其突出的优势和重要性，这也是中国樱桃产业发展的新机遇。

长江流域发展樱桃产业必须与休闲观光旅游产业结合，通过政府引导，樱桃花果搭台，经济唱戏。各地方政府以赏花或赏果为载体举办的樱桃节，已经成为许多地方旅游经济的重要支柱之一，同时也提升了樱桃产业的经济效益。

2. 长江流域樱桃产业发展趋势

(1)樱桃产业发展定位

在长江中游地区中国樱桃产业的定位是柑橘、梨、桃等大宗水果的补充，樱桃生产必须面向大中城市市场，建园宜在交通便捷、生态环境好的地区，以采摘、观光、农旅融合消费为主，以本地高档超市配送为辅，同时结合线上电商、冷链物流等扩充市场。中国樱桃的市场应定位在中高端，不宜面向大众果品批发市场。

从生产经营组织化程度上看，特色产区应大力发展壮大龙头企业，推进专业合作社示范建设。政府引导散户成立合作社，使社员与合作社形成利益共同体，提高樱桃产业的组织化程度；同时，通过龙头企业的拉动，推行“公司＋农户＋基地”模式，转变产业发展模式。从市场上看，果品进行商品化处理，采后预冷，冷链运输成为必要措施，电子商务营销份额继续扩大。

(2)提升樱桃生产技术水平

尽管中国樱桃产业发展势头好，但是仍然存在许多突出问题，如主栽品种综合性状不优、果品质量差、优质果率低、栽培标准化技术水平低、栽培方式单一等。中国樱桃的特色产区没有依据“适地适栽＋良种良法”的原则进行栽培，没有形成适合当地发展的樱桃栽培技术体系，仍然以传统栽培模式为主，树形多采用不规范的自然开心形或者小冠疏层形，存在大枝偏多、角度过大、群体郁闭、通风透光条件差、难以适应机械化操作等弊端；土壤管理多采用传统的清耕制，果园生草、树盘覆盖、肥水一体等应用少。长江中游地区普遍地下水位高，土壤黏度大，透气性差，影响樱桃根系生长；全年降水量多，连阴雨、梅雨等天气多，易造成涝害并加重樱桃树流胶病的发生，甚至导致死树。

提升中国樱桃生产技术水平，一是发展优新和特色品种，选择最适应当地生态气候条件的优新品种或者地方特色品种，既要体现多样化、特色化，又要有重点，做到早熟和中熟品种合理搭配。二是改造升级传统果园，对郁闭樱桃园进行改造，改品种、改树形、改土壤，减枝干、减密度、减肥药，强化沃土养根，推行高光效树形以及省力化花果管理技术。三是有条件的地区采用设施栽培模式，研发樱桃打破休眠、设施内简化高效树形、环境因子调控、花果管理以及肥

水精准调控等关键技术。

第二节　主要栽培品种

1. 葛家坞短柄樱桃

(1)品种来源

原产于浙江诸暨,中国樱桃,早熟品种。

(2)品种特征特性

果实肾形,果形指数 0.86,果柄长 1.96 cm,果形整齐一致。果实缝合线平,果顶凹;果实底色红黄色,成熟时面色为红色,果面平滑光洁,外观美。平均单果重 3.04 g,肉质细嫩,柔软多汁,果肉可溶性固形物含量 11.27%,可滴定酸含量 1.58%,固酸比 7.13,酸甜适口,具香味,品质上。果实可食率 92.9%,果肉离核,核重约 0.25 g,沟纹不明显。湖北地区萌芽期 2 月底,花期 3 月上旬,花期长约 10 d;果实成熟初期 4 月中旬,成熟期 4 月中下旬,果实采摘期约12 d;落叶期 11 月中旬。

树冠圆头形,树姿半开张,树势强旺;干性较强,层次不明显。萌芽力和成枝力较弱,幼树生长迅速,后期易衰退。盛果期树为顶芽延伸枝,约 20%的春梢萌发为夏梢;幼树抽梢 3 次,形成春、夏、秋梢。叶单生,卵圆形,叶长 15.3 cm,宽 10.6 cm,叶色深绿。花为总状花序,花 3～6 朵。该品种自花结实,以中、短果枝结果为主,分别占总枝数的 40%和 50%;长果枝结果较少,约占 10%。结果枝腋芽皆为纯花芽,顶芽皆为叶芽。叶芽萌发后抽枝展叶,成为翌年结果枝。早果性好,丰产、稳产,定植第二年始果,第三年初产,盛果期亩产达 800 kg。

(3)栽培技术要点

①园地宜选择地下水位低,易灌易排,土壤 pH 值为 6.0～7.5,土层深厚且交通便捷的地区,建园时应考虑晚霜的危害;瘠薄的坡岗地应抽槽改土,增施有机肥。

②适宜栽植株行距为(1.5～3.0)m×(3.0～4.0)m;宽行窄株,高垄低畦,抬高栽植;土壤肥沃的平原地区栽植密度宜稀,坡岗地栽植宜密。

③适宜树形为开心形、Y形及自由纺锤形,其中开心形的主干高40～50 cm,无中心干,配置3～4个主枝,主枝分枝角度60°～70°;每个主枝上1～2个侧枝,侧枝开张角度约70°,侧枝或主枝上着生结果枝。

④秋季施足基肥,成年树株施充分发酵腐熟的猪鸡粪、厩肥、堆肥等有机肥25～50 kg,也可施入养分等量的商品有机肥,同时每株混合施入复合肥1.0～2.0 kg。追肥以速效氮、磷、钾肥为主,在开花前、花期以及果实膨大期施入。

⑤重点防控细菌性穿孔病、褐腐病、流胶病、缩叶病以及果蝇、梨小食心虫、蚜虫、天牛等病虫害。

2. 红妃

(1)品种来源

原产于重庆地区,中国樱桃,短低温品种。

(2)品种特征特性

果实长心脏形,果形指数1.05,果柄长2.10 cm。果顶略尖,果实缝合线平;初熟时皮鲜红色,充分成熟时果品浓红,光洁亮丽,果形整齐,外观漂亮。平均单果重4.15 g,果肉黄色,肉质细软,可溶性固形物含量12.7%,可滴定酸含量1.42%,固酸比8.94,汁液多,味甜,品质极上。果实可食率92.5%,粘核,果核重0.29 g,沟纹不明显。果实耐储存,成熟后留树10 d不落果。20℃下可存放3 d,置于冰箱(1～5℃)可存放8 d。湖北地区萌芽期2月下旬,花期3月上旬,花期长约11 d;果实成熟初期4月中旬,成熟期4月底至5月初,果实采摘期约14 d;落叶期11月中下旬。

树冠圆锥形,树姿较开张,树势中庸;萌芽力中等,成枝力强。新梢绿褐色,嫩枝绿色,无茸毛。叶芽圆锥形,暗褐色;叶片椭圆形,长15.2 cm,宽8.67 cm;叶尖渐尖,叶基钝形,叶缘细锯齿,叶柄长1.5 cm。花芽圆锥形,花瓣白色,卵圆形,花柱与雄蕊近等长,花粉多。幼树生长旺,枝条直立。一年生新梢长达1.5 m,可抽生5～6个副梢,90%新梢可抽生夏梢。新梢第一次生长高峰在4月初至4月中旬,第二次生长高峰在6月下旬至7月初。该品种早果性好,极丰产,定植

当年可形成花芽，翌年始果，幼树以长果枝（15～20 cm）结果为主，盛果期树以中果枝结果（5～15 cm）为主，自花结实率高，5 年生树单株产量达 9.5 kg。

（3）栽培技术要点

①适宜栽植株行距为（1.5～3.0）m×（3.0～4.0）m；宽行窄株，高垄低畦，抬高栽植；园地应选择地下水位低、易灌易排的地方。

②树形为开心形或 Y 形。开心形的苗木定植后定干高 50～60 cm，选择 3 个健壮新梢作为主枝，不留中心干；新梢长至 50 cm 时进行摘心，促发侧枝。幼树轻剪，以生长期摘心、拉枝为主，控制枝梢旺长，快速扩大树冠，尽快形成树形。成年树以夏剪为主、冬剪为辅，通过生长期摘心、环割、拉枝、扭梢等方式缓和树势，冬剪主要通过短截、疏枝、回缩等方法控制生长量，防止结果部位外移。

③及时疏花疏果。花芽过多，在开花前疏除约 1/5 的花芽，盛花期疏掉花束状果枝和弱枝上部分弱花、病虫花、畸形花；果实绿豆大小时，疏除小果、伤果和畸形果。

④适时追肥。萌芽后至开花前，每株施尿素 0.5 kg；采果 10 d 即花芽分化期，及时追肥，恢复树势，促进花芽分化，株施复合肥 0.5～1.0 kg。

3. 秦巴山樱桃

（1）品种来源

原产于湖北省十堰市，中国樱桃。秦巴山樱桃（图 3-1）为地方品种群，中心产区为秦巴山地区的房县，又称房县樱桃，从中选育出了优质、大果、丰产优系，可进行商业化栽培。

（2）品种特征特性

果实扁圆形，果形指数 0.87。果顶平，果实缝合线浅；果皮红色，成熟时鲜红色，色泽亮丽，外观漂亮。平均单果重 3.8 g，果肉柔软多汁，可溶性固形物含量 13.4%，可滴定酸含量 1.61%，酸甜适口，品质优。果梗较短，不易脱落；果实可食率 92.2%。果实较耐储存，

图 3-1 秦巴山樱桃

20℃下可存放 5 d,简易冷藏(4～5℃)条件下可储藏 10 d 以上。十堰地区萌芽期 2 月中下旬,花期 3 月上旬,花期长约 10 d;果实成熟初期 4 月底,成熟期 5 月上旬,果实采摘期约 11 d;落叶期 11 月中旬。

树冠圆头形,树姿半开张,树势强旺;萌芽力和成枝力强。新梢灰色,光滑有皮孔,嫩枝绿色,有棱。叶卵形,叶尖尾尖,叶基钝圆,叶缘锯齿,叶柄长 1.16 cm,有短茸毛。花为总状花序,有花 3～6 朵,花未开时粉红色,盛开后花瓣白色,先开花后展叶。花瓣 5 枚,雄蕊 20～40 枚,雌蕊 1 枚,花粉量大,自花结实力强,坐果率高达 70%以上。该品种早果性好,苗木定植翌年始果,第四年进入盛果期,单株产量可达 10.0 kg 以上。幼树期长、中、短果枝均可结果,以中短枝结果为主,进入盛果期花束状果枝比例高,其节间短,数芽密挤簇生,除顶芽为叶芽外,侧芽均为花芽。果实束状,每束 4～6 果,最多 9 果。

(3)栽培技术要点

①平地、缓坡地和宽幅梯地起垄栽植,垄面宽 1.0～1.2 m,高出地面 0.2～0.3 m。栽植株行距为(1.5～3.0)m×(3.0～4.0)m,依据土壤条件以及树形确定栽植密度,土壤条件好,光照充足的梯地栽植密度宜大些,反之可小些。

②树形为开心形或自由纺锤形。其中纺锤形主干高 40～50 cm,具有中心干;主枝 5～7 个,在中心干上不分层,树高 2.5～3.0 m。幼树以轻剪、甩放、拉枝为主,促使其早成形、早成花、早结果。

③基肥于 9 月中下旬至 10 月施入,以商品有机肥以及腐熟的畜禽粪肥、饼肥等为主,每亩有机肥施用量为 2500～3500 kg,加上无机肥 150～250 kg,混匀后开沟深施或撒施后深耕翻入。萌芽肥于 3 月上旬施入,以速效氮素肥料为主,施用量占全年氮素肥料用量的 1/3,株施 0.5～1.0 kg 尿素,撒施后翻耕。采果还原肥于 5 月中下旬施入,以速效肥料为主,株施 1.0～1.5 kg 复合肥,撒施后翻耕;或用水溶肥灌根。

④重点防控细菌性穿孔病、褐腐病、流胶病、炭疽病以及果蝇、蚜虫、天牛和鳞翅目害虫等病虫害。

4. 大别山樱桃

(1)品种来源

原产于湖北省罗田县,中国樱桃,当地又称恩桃。

(2)品种特征特性

果实心脏形,果形指数 0.91,果柄长 1.53 cm,果形整齐一致。果顶凸,果实缝合线平;果实底色和面色为红色,果面平滑光洁,外观漂亮(图 3-2)。平均单果重 3.11 g,肉质柔软多汁,可溶性固形物含量 13.87%,可滴定酸含量 1.54%,固酸比 9.01,味甜,品质上。核重 0.21 g,核纹不明显;果实可食率 92.1%。湖北地区萌芽期 2 月底,花期 3 月上旬,花期长约 12 d;果实成熟初期 4 月中旬,成熟期 4 月中下旬,果实采摘期约 11 d,落叶期 11 月中下旬。

图 3-2　大别山樱桃

树冠圆头形,树姿较开张,树势中庸。萌芽力和成枝力中等。新梢灰褐色,嫩枝绿色。叶片长椭圆形,单生,叶长 14.9 cm,宽 8.7 cm,叶色深绿。叶尖渐尖,叶基钝圆形,叶缘细锯齿。幼树生长势强旺,以长、中果枝结果为主;盛果期树生长趋缓,以中、短果枝结果为主。该品种早果性好,丰产、稳产,定植第二年始果,第三年初产,盛果期亩产达 1000 kg。该品种适应强,在大别山地区表现耐旱,无晚霜危害,抗早期落叶病,无根瘤病;果实不裂果。

(3)栽培技术要点

①适宜栽植株行距为(1.5～3.0)m×(3.0～4.0)m,栽培模式为宽行窄株,高垄低畦,抬高栽植;长江中游地区梅雨期及时排水,防止积渍。

②适宜树形为开心形、Y 形及自由纺锤形。幼树注意甩放、拉枝,延缓生长势,促使其早成形、早结果。冬季修剪通过疏枝、回缩等措施,控制冠层枝叶密度。

③果实采收后，及时施入还原肥，以恢复树势，促进花芽分化；于5月中下旬施入，以速效肥料为主，株施1.0～1.5 kg复合肥，撒施后翻耕；或用水溶肥灌根。

④重点防治细菌性穿孔病、褐腐病、流胶病、炭疽病等病害，防治蚜虫、叶蝉以及鳞翅目等虫害，以免早期落叶。

第三节　建园及果园管理

一、果园的建立

1. 樱桃园的选址及规划

(1)选址

长江中游地区樱桃的生产定位是作为柑橘、梨、桃等大宗水果的补充，以采摘、观光、农旅融合等消费为主。建园宜在交通便捷、生态环境好的地区，重要的原则是“适地+适栽”。

樱桃园选址应考虑避免冻害，园区地势稍高、背风向阳、光照充足，以阳坡、半阳坡为宜，避开阴坡、低洼、深谷地带；园内灌水、排水设施齐全，地下水位低；选择土层深厚或较深厚，有机质含量高，透气性好，保水保肥能力强的沙壤土或壤土；土壤pH值5.6～7.0，或微酸、微碱性，避开盐碱地及前茬为核果类的地块。

(2)规划

樱桃矮而宽的树冠体积小，冠层内枝叶密集，中下部透光差，结果表面化；同时，矮而平的树冠限制了樱桃产量和果实品质的提高。高而窄的树冠可有效增加叶幕体积，合理地分散叶面积，改善冠层光照条件；同时，适当增加行宽，在行与行之间保留机械作业通道，也是一条通风道和透光带，可极大地改善果园

群体的通风透光条件，有利于提高果实品质。

长江流域，樱桃生长量大，应降低群体密度，增加主枝数量，分散营养分配，削弱每个主枝的生长势，减少旺长。在生产中，许多果园为了花果管理，采用低冠模式，该模式的缺点是产量不高，也导致果园劳作环境的恶化，降低了劳动效率。高冠樱桃园虽增加了果实管理（疏果、采摘等）的难度，但可以最大程度进行果园机械作业，降低劳动强度和减少劳动力支出。

樱桃园规划应根据实际地形、地貌特征，进行栽植区、灌溉与排水体系、道路系统以及管理设施和场所的规划设计；同时依据“适地＋适栽、良种＋良法、生产＋生态、农艺＋农机”的原则，确定栽培模式及种植密度，特别是合理设计有利于机械化作业的株行距。现代樱桃园的生产模式为“宽行窄株＋高垄低干＋行间生草＋行带覆盖＋肥水一体＋机械耕作”，栽植株行距为(1.5～3.0)m×(3.0～4.0)m，宜机化管理模式的行距不能低于 4.0 m。为了提高早期樱桃园的收益，可以采用永久株和临时株的配置方式，适当增加栽植密度，这样既可充分利用土地，节约管理成本，又能缩短回本周期。旅游采摘樱桃园应采取高冠宽行模式，株行距应加大。

2. 改良土壤，抬高垄栽，宜机化建园

樱桃园的土壤改良技术措施参照梨、柿等果树，改良的主要目的是满足树体早期的营养供给。长江流域樱桃园建园的重要环节是起垄，栽植密度确定后以定植行带的中心线为基准，将中心线两边熟土翻起做成定植垄。垄下部宽 1.2～1.5 m，上部宽 1.0～1.2 m，距离地面高 20～30 cm。

随着工业化程度的提高，果园机械应用越来越多，装备也越来越齐全、适用、智能化。樱桃园动力机械部分，一般要求 30 马力以上，50 马力最合适；体积不能太大，在果园里要能进得去、出得来，效率要高。现在很多果园农机满足了便利、灵巧的要求，但效率太低，能耗过高，省力而不省钱。配套机械部分包括旋耕犁、开沟器、秸秆还田机、枝条粉碎机、割草机、断根机、喷药弥雾机、工作平台等。樱桃园机械使用必须有足够的作业面，过度密植、树形紊乱、地形高低不平都会影响机械使用，建园时务必规划好机械作业通道。

3. 樱桃园设施

现代樱桃园生产常见装备有水肥一体化滴灌设施(图 3-3)、防霜防鸟架材、避雨栽培设施、生态环境监测装备、采后处理装备等,而滴灌设施、水肥一体化设施的滴灌管、喷头和微喷带质量和使用年限差异很大,后期维修和更换增加成本,建园设计时应考虑费效比。

图 3-3 樱桃园水肥一体化滴管设施

樱桃园架材主要是为了整形修剪时用,同时,可防止果实受到伤害。幼树期可用竹竿支撑,成年树结合防鸟网、防雹网架设钢管比较合适,易于固定、支撑力强,使用年限更长。连栋温室,可避雨、控水、控肥,提升樱桃果实品质。生态环境监测设施主要用来调控生态因子和预测天气情况,可获取田间气象信息,也可获取土壤温度、湿度和持水量等信息。

二、苗木及定植

1. 苗木

苗木质量要求生长健壮,整形带附近芽体饱满充实、无病虫害及机械损伤,根系要求无根瘤,主根发达,侧根多而粗长,无虫咬、无腐烂(根腐、颈腐等),根

系和干部新鲜，无皱皮和萎蔫，总损伤面积小于或等于 1 cm^2。

苗木最好选择嫁接部位以上 10 cm 处粗度 1.0～1.2 cm、苗高 100 cm 以上的苗木，无检疫性病虫害，整形带附近饱满芽 6 个以上，有根瘤的苗木坚决剔除，苗木栽植时用 200 倍硫酸铜液蘸根。

2. 品种及授粉树配置

品种选择中国樱桃，切忌盲目选用大樱桃。采摘园的品种，熟期要配套，早、中熟合理搭配，以延长采摘期。按照(3～4)∶1 的比例配置授粉品种，授粉品种与主栽品种的花期一致、亲和力强且本身综合性状优良，可分别成行栽植，便于分批采收和销售。

3. 定植

苗木定植的具体方法参照梨、柿等果树。樱桃苗木根系浸水时间不能超过 10 h，防止发生烂根。另外，樱桃苗木宜浅栽，根颈部露出地面 5～10 cm；砧木埋得过深，不发苗、不长树，容易发生腐烂病。苗木栽植时切忌施用化肥，避免烧根死树；也不宜施用商品有机肥或腐熟的农家肥，易遭受蛴螬为害，肥料应该在建园改土时提前施入，即“肥上覆土隔离，栽时根不蘸肥”。

4. 栽植后的管理

苗木栽植后依据不同树形的高度要求进行定干，定干苗与不定干苗相比，水分蒸发减少，成活率提高，发枝量大且长，有利于树体扩冠成形。新梢长 50 cm 时进行拉枝，用布条、麻绳等材料，末端绑上木桩埋入地下，枝条拉开后经过一个生长季节，待角度基本固定时，解开拉绳。拉枝时应注意防止枝条劈裂，防止拉枝支撑点过高而造成枝条中部上拱，腰角达不到要求，易冒条。拉枝时间为 6 月上旬、8 月中旬，不同的树形枝条角度不同，开心形拉至 60°～70°，纺锤形拉至 80°～90°，Y 形拉至 30°～45°。樱桃树对除草剂比较敏感，行带禁用除草剂，行间最好不用除草剂，否则容易引起叶片发黄、脱落，甚至死树。

三、树体管理

1. 樱桃树体管理的发展趋势

传统的樱桃树形为疏散分层形、自然开心形以及小冠疏层形,树体高大,田间操作管理不便,特别是不符合现代观光采摘的要求。传统树形的结构为多主枝、多侧枝、多级次、低级差,结构级次庞大繁杂,冠内外枝条不同级次之间级差小。多主枝、多侧枝导致树体大部分营养用于生长新梢和枝干,用于结果的营养分配少。由于级次较多,树形形成时间长;级差小常导致树体直立旺长,营养生长过旺,主从关系不明显,形成树上树,内膛枝条郁闭、瘦弱、枯死、光秃,结果部位外移,产量降低,品质下降。

现代樱桃树管理的原则之一是"农机+农艺",宜机化生产,其栽培制度由稀植转向密植、由大冠转向小冠,树体的整形修剪技术也随之发生了改变。树形结构简单,修剪容易,级次少;修剪量小,光照好,成花易,结果早。对同龄的竞争性枝或梢甩放,则优势集中于顶端,基部易抽空,结果级次变高,基部花芽少,树势旺。

2. 几种主要树形的培育

(1)开心形

①树体结构

樱桃开心形无中心干,主干高约 40 cm,树高 2.5~3.0 m。主枝 3~4 个,在主干上错落分布,平面夹角为 90°~120°;主枝仰角 45°~50°,过小易旺长,过大则易平面结果。每个主枝上着生侧枝的数量根据生长空间而定,一般配置 2~3 侧枝,分布在主枝两侧,角度 60°~70°,同侧的侧枝间距为 30~40 cm(图 3-4)。

②整形过程

a. 定植当年

苗木距地面 40~50 cm 处定干。新梢长至 30~40 cm 时,选留 3~4 个生长健壮的新梢作为主枝培养,疏去与主枝竞争的新梢;选留 1~2 个中庸新梢作

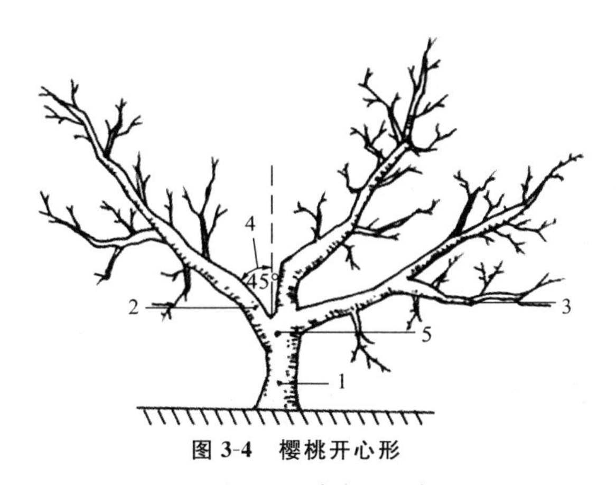

图 3-4　樱桃开心形

1—主干；2—主枝；3—侧枝；

4—主枝与垂直线的夹角；5—中心干去除

为辅养枝，通过扭梢延缓其生长势，促进成花。保持主枝旺盛生长，通过拉枝、撑枝保持主枝基角 45°～60°，其背上直立副梢疏除或扭梢，侧生副梢多次摘心，控制延长生长。冬剪时采用长放修剪法，少短截，多甩放；主枝延长枝保留 40～60 cm 短截，剪口芽留外芽，促进主枝延长生长。

b. 定植第二年

继续维持主枝强壮的生长势，促进主枝外延和上延生长，扩冠快、成形早。此时樱桃进入初果期，少量结果。萌芽后剪口下第一芽作主枝延长头，长至 40～50 cm 时摘心，以促发副梢；剪口下第二、三芽萌发的新梢培养成为大、中型结果枝组，早成花结果。疏除冠层内直立、密挤副梢，有空间部位的副梢长 25～30 cm 时摘心，或采用扭梢控制，促其形成花芽。

冬季修剪时主枝延长头剪留约 50 cm，第一芽留外芽或侧芽，第二、三芽留侧芽以培养侧枝。每个主枝上培养 1～2 个大型结果枝组、2～3 个中型结果枝组，全树配置 3～5 个大型结果枝组及中、小型结果枝组。

如果对同一年竞争性的枝或梢冬季极重短截，或夏季留 5 cm 摘心，使其形成单轴向外延伸，则树体营养更多集中于基部，空间光照充足、花芽分化好、树势中庸。背上枝则留 0.5 cm 极重短截，萌发出来的新梢摘心，培养成花束状结果枝。冬季回缩大的结果枝组，及时疏除或重短截侧枝上直接着生的粗枝，减少分散侧枝数量，避免树上树。

c.定植第三年及以后

进入盛果期，重点是均衡树体的营养生长和生殖生长，维持中心干与结果枝、树冠上部与下部的树势，调整中心干与侧生枝及树冠上下部的平衡。树高达不到要求的，对骨干枝的延长枝继续短截、摘心；对已超过所要求高度的树，要适当落头，控制树高为2.5～3.0 m。

树体成形后，骨干枝背上、两侧萌发的新梢，通过摘心、扭梢、捋枝等方式，培养结果枝组，防止骨干枝上早期结果的叶丛短枝在结果多年后枯死，避免骨干枝后部出现光秃现象，从而防止结果部位外移。控制侧生枝的粗度与其着生部位骨干枝粗度比在1/7～1/5。对上部疏除过密过旺枝，促进上部多结果，以果压势，削弱上部树势。加强夏季修剪，控制侧生枝及副梢的生长，侧生枝及副梢长度控制在30～60 cm，枝粗控制在0.5～0.6 cm，使其芽体饱满，枝条充分成熟，成为第二年稳健的结果枝。冬季修剪以疏为主，采用长放修剪法更新。

(2)Y形

①树体结构

Y形树体无中心干，树高2.5～3.0 m，主干高40～50 cm。主枝2个，枝距10～15 cm，两个主枝在水平方位夹角为180°，垂直于行向；主枝与主干中心线的垂直夹角的基角为35°～40°、腰角50°～60°、梢角40°～50°，2个主枝基部夹角70°～80°。根据定植株行距(栽植密度)配置侧枝和枝组，每个主枝配置2～3个侧枝，利于加大主枝的尖削度，提高主枝的负载量。主枝和侧枝上配置结果枝组与结果枝，各枝组向主枝两侧伸展或稍向背后。

Y形树形保持小角度开张，两主枝夹角小于80°，尽量保持主枝优势地位，疏除过粗的壮侧枝，超过主干1/3的侧枝去掉；增强树冠内空气流通，提升叶片光合作用效率，利于叶片积累营养，提高树体整体营养水平。主枝基角不能过大，不然易萌发背上枝和徒长枝，形成结果平面化现象。

②整形过程

a.定植当年

苗木定干高度40～50 cm。新梢长至30～40 cm时，选留2个长势健壮、着生均匀、垂直行向的新梢作为主枝，2个主枝在主干上间距10～15 cm，主干上萌发的其余新梢全部剪除。主枝上的二次枝长到20～30 cm时摘心，促发分

枝；背上枝疏除，斜上枝通过扭梢（拿枝）调整枝条角度。冬季修剪时，2个主枝单轴延伸，保持主枝角度和生长势；主枝延长枝保留60～70 cm短截，剪口芽留外芽，其上部30～40 cm范围内不留竞争枝。对主枝中下部枝条去直留斜，保留中庸健壮的斜生枝。

b. 定植第二年

进入初结果期，少量结果。此期主要是培养强壮的主枝，增加枝叶数量，搭建丰产的树体骨架。生长期抹除主枝背上枝和过密枝，保留剪口下第一芽作为主枝的延长枝；延长枝40～50 cm时摘心，促发副梢。充分利用冠层空间，促进侧枝萌发，培养中庸的结果枝组，通过扭梢抑制新梢加长生长，促进花芽分化。冬季修剪以疏为主，少短截。疏除过密枝、背上枝，结果枝采用长放修剪法，结果后回缩更新。

c. 定植第三年及以后

树体骨架基本形成，进入盛果期。2个主枝上配置2～3个侧枝，第一侧枝距主干30～40 cm，侧枝与主枝的分枝角度为50°～60°，向外侧延伸；第二侧枝在主枝的另一侧，距离第一侧枝40～50 cm；第三侧枝距离第二侧枝30～40 cm，与第一侧枝同向，也可以不配置第三侧枝。此期主要保持2个主枝的健壮生长势，维持树冠上部和下部、内部和外部的树势平衡，防止出现“上强下弱”“外旺内弱”。树冠上部的新梢保持间距为20～25 cm，斜生枝、侧生枝及时摘心，控制旺长，促进其成花结果，以果压势，削弱上部的生长势。应把树冠中下部的徒长性结果枝和长果枝培养成中小型结果枝组，促进中、短果枝形成。

果实采收后，及时通过拉枝、扭梢等措施调整主枝、侧枝及结果枝组延长枝的延伸方向，促使枝叶在冠层内的合理均衡分布；疏除主枝和侧枝延长枝附近的竞争枝，剪除主枝和侧枝的背上枝、强旺枝及过密枝。冬季修剪时采用疏枝、回缩和长放措施，对中长枝不进行短截。枝组衰老后，冬季修剪时可以通过短截培养健壮枝组进行更新。

（3）自由纺锤形

①树体结构

自由纺锤形树体具中心干，主干高50 cm，树高3.0～3.5 m，中心干高2.5～3.0 m。全树配置10～12个主枝，基部3～4个主枝在中心干上形成第一层主枝，在中心干上的枝间距为5～10 cm，主枝开张角度为80°～85°。其余的6～9个主枝在中心干上呈螺旋式均匀插空排列，不分层，下大上小，中上部的主枝开张角度为85°～90°，在中心干上的间距约为10 cm。主枝上直接配置中、小型结果枝组，冠层内长枝、中枝、短枝、叶丛枝的比例为5∶3∶2∶10。

②整形过程

a. 定植当年

苗木距地面70～80 cm处定干。将定干的剪口下第2～4芽抹除，保留第5芽，以除去顶芽附近萌发的竞争枝，促进顶芽快速生长，形成中心干的强旺生长优势。对中心干离地面40 cm以上、第5芽以下的芽，每隔8～10 cm进行刻伤，同时涂抹赤霉素膏，以促发长条；对距地面40 cm以下的芽，不再进行刻芽。

b. 定植第二年

中心干延长枝留60 cm短截，同时抹除竞争新梢，中心干上部缺枝部位每隔8～10 cm进行刻芽，以促发长枝。中心干中下部缺枝的地方，在叶丛短枝上方，于芽萌动时用手锯进行刻芽，促发长枝，培育骨干枝。对第一年形成的骨干枝背上萌发的新梢进行扭梢控制，或留5～7片叶摘心，促其形成腋花芽。对骨干枝前端萌发的丛生枝，选留1个新梢作为单轴延长枝，其余摘心控制或者疏除。

c. 定植第三年及以后

对中心干继续短截、抹芽、刻芽，此期树体基本成形，骨干枝背上、两侧萌发的新梢，通过摘心、扭梢、捋枝等方式，培养结果枝组，替换骨干枝后部多年结果衰老、枯死的叶丛枝，避免骨干枝后部出现光裸现象，从而防止结果部位外移。修剪以生长季修剪为主，休眠期修剪为辅。生长季多摘心、扭梢，缓和树势，促进成花结果；萌芽后和生长季拉枝开角，促进花芽分化，改善树冠通风透光条件。休眠期延迟修剪，在萌芽前后进行，多轻剪、长放。

四、土肥水管理

长江中游地区樱桃的生产定位是充分利用樱桃“春果第一枝”的优势，打时间差，作为柑橘、梨、桃等大宗水果的补充，以观光采摘为主的果园，其土肥水的

管理应该考虑园地的景观效应，强调“生产＋生态”。现代樱桃园的生产模式为“宽行窄株＋高垄低干＋行间生草＋行带覆盖＋肥水一体＋机械耕作”，樱桃定植的行带安装滴灌设施，实行简易肥水一体化管理模式，改变传统的土壤开沟翻耕施肥方式，节省劳动力成本。滴灌肥料为完全水溶或绝大部分水溶，主要为尿素、氯化钾、硝酸钾、硝酸钙、硫酸镁以及沼液、有机肥沤腐后的上清液，磷肥不在滴灌系统中使用。

根据不同樱桃园的生态气候、栽植密度以及管理习惯选择覆盖材质，如塑料薄膜、无纺布、地布等材料。采用由聚丙烯窄条纺织而成的黑色无纺布覆盖，可有效抑制树盘各种杂草生长，减少水分蒸发，且透气性好，经日晒雨淋其自然腐烂，不造成土壤污染。覆盖宽度为 1.0～1.2 m，不超过树冠投影宽度的 80%。樱桃园土肥水管理技术参照梨、柿、枣等树种，本节重点介绍观光樱桃园的果园生草技术。

1. 草种的选择

长江流域樱桃园所选草种应适应高温、多湿、少日照且雨热同季的生态气候条件。所生的草不能影响樱桃树的光合作用，匍匐生长或植株较低矮，草层在 40 cm 以下；覆盖率高，根系分布在土壤的表层且不分泌毒素或相克；与樱桃树没有共同的病虫害，利于害虫天敌繁殖栖息；耐阴性和耐践踏性好，覆盖时间长而生育期较短，管理简单、省工，便于机械作业。

(1)白三叶(*Trifolium repens* L.)

白三叶属豆科车轴草属，又名白车轴草，是多年生草本。白三叶茎蔓生，株高 30 cm，全株无毛；叶片倒卵形，掌状三出复叶；托叶卵状披针形，基部抱茎呈鞘状；头状花序，顶生，直径 20～35 mm，由 30～40 朵白色小花组成，梗细长，高于叶面，自花授粉；子房线状，长圆形，胚珠 3～4 粒，种子千粒重 0.5～0.7 g；主根短，侧根和须根发达，固氮能力强，浅根系，耐践踏，耐荫蔽，不与果树争肥；适于年降水量 800～1200 mm 的地区生长，种子在 1～5℃时萌发，最适生长温度为 19～24℃，草层致密，观赏性强。

(2)野豌豆(*Vicia sepium* L.)

①长柔毛野豌豆(*Vicia villosa* Roth)

长柔毛野豌豆属豆科野豌豆属，又名苕子、毛苕子，是一年生或多年生草本。长柔毛野豌豆茎攀援或蔓生，茎柔软，条棱，分枝较多，被长柔毛；偶数羽状复叶，顶端具卷须，小叶 5～8 对，线矩形，基部楔形；花着生在叶腋间，总状花序，花冠紫色、淡紫色或紫蓝色，具花 12～24 朵；荚果细长菱形，扁平，种子 3～10 粒；种子呈球形，黑褐色，千粒重 20～30 g，无休眠期；主根明显，侧根多，具白色或粉红色根瘤，对土壤选择不严；适应性广，喜温凉湿润气候。

②大别山野豌豆(*Vicia dabieshanica* X. Y. Li et X. M. Li)

大别山野豌豆属豆科野豌豆属，原产大别山地区，又名野蚕豆、野菜豆，是多年生草本(图 3-5)。大别山野豌豆茎蔓生或借卷须攀援，茎四棱略扭曲，柔软，微被细柔毛；羽状复叶，小叶 7～9 对，全缘，先端具卷须，托叶 2 片，狭披针形；总状花序，花着生于叶腋，红紫色，花冠蝶形，每花序花朵数 8～12 对，花柱圆柱形；初花期 3 月中旬，盛花期 4 月 15 日，谢花期 5 月下旬，花期长达 65 d，为早期良好的蜜源植物；荚果扁，长纺锤形，种子 1～6 粒，球形，黑褐色，平均千粒重 31 g；生育期约 190 d，生长期约 210 d；须根，具较多的白色自然结瘤。

图 3-5　大别山野豌豆

(3)紫云英(*Astragalus sinicus* L.)

紫云英属豆科黄芪属，又名红花草、草籽，是二年生草本。紫云英植株直立丛生，茎匍匐，圆柱形，中空，多汁，主茎高 70～120 cm，具二次分枝；奇数羽状复叶，叶柄短，小叶倒卵形；总状花序，花梗腋生，每花序 5～12 朵伞形花，花冠紫红色，萼钟状；异花授粉；荚果长圆形，黑色，每荚种子数 3～8 个，种子肾形，栗

褐色，千粒约重 3.6 g；3 月上旬现花蕾，4 月初盛花期，5 月中旬种子成熟，生育期 200 d；固氮能力强，喜潮湿的环境，为重要的蜜源植物。

(4)鼠茅草[*Vulpia myuros*(L.)C. C. Gmel.]

鼠茅草属禾本科鼠茅属，是一年生草本。鼠茅草自然倒伏，匍匐生长，直立性弱；线状针叶长条形，丛生，叶表光滑，长达 60～70 cm，类似马鬃马尾，在地面形成厚 20～30 cm 的波浪式绿海覆盖地面；根为须根，草层 20 cm，湿度大时在地表形成厚约 0.5 cm 的菌丝状根系；种子菱形，有种沟，千粒重 3.4 g；耐低温、忌高温，最适宜生长温度是 18～23℃，3 月中下旬生长量加大，4 月上旬抽穗，5 月下旬随着气温的升高而开始倒伏枯死，地上部形成厚 5～7 cm 的干草层；适应性强，产草量适中，抑制杂草能力强；自然萌发生长，无须人工刈割。

(5)黑麦草(*Lolium perenne* L.)

黑麦草属禾本科黑麦草属，是多年生疏丛型草本。黑麦草植株丛生，茎秆高 80～100 cm，直立、无毛，分蘖数多；叶片线形，墨绿色，背面具光泽，叶片长 5～20 cm，叶舌短、不明显，柔软、具微毛，叶耳细小；穗状花序，长 10～20 cm，每小穗 7～11 朵花，无柄，互生于主轴两侧，无第一护颖，第二护颖比小穗短，颖披针形，5 脉，边缘狭膜质，无芒，内外稃等长；颖果千粒重 15～20 g；须根发达，喜湿润温凉环境，适宜年降水量 1000～1500 mm 的地区；适宜生长温度为 10～25℃，分蘖适宜温度为 15℃；可刈割 2～3 次，夏季高温时逐渐枯死，种子成熟后自然脱落。

2. 播种及草地管理

(1)播种

长江流域于 9 月上中旬，结合樱桃园秋施基肥，每亩施入 1500～2000 kg 羊粪、牛粪或腐熟的猪粪、鸡粪，并混入 100～150 kg 复合肥，行间撒施，用拖拉机翻耕压入，深度 20～25 cm。土壤施肥翻耕后，在播种草种前使用旋耕机进行旋耕，深度 10～15 cm，清除地面残茬、枝叶、杂草，保持播种的畦面平整疏松。

长江流域草种播种时间分秋播和春播。秋播于 9 月中下旬，过早气温高，种子出苗率低；过晚生育期短，不利于越冬。春播于 2 月中下旬，气温稳定在 5℃以上时即可播种。根据土壤墒情适当调整用种量，土壤墒情好，播种量宜小;土壤墒情差,播种量大些。每亩播种量白三叶 0.75～1.0 kg,紫云英 1.5～2.5 kg,野豌豆 3.0～4.0 kg,黑麦草 3.0～4.0 kg,鼠茅草 1.0～1.5 kg。

禾本科及白三叶、紫云英的种子进行撒播,按照种子质量的 1∶5 混入细沙,使用抖动法将草种均匀撒播到土壤表面,用多齿短耙来回耙动,或用竹条扫把轻轻扫动,使种子覆土 2～3 cm。野豌豆种子进行条播或点播,条播行距为 15～20 cm,深度以 1.5～2.5 cm 为宜,宜浅不宜深。

(2)草地管理

①种子播种后管理

种子出苗时忌缺水,干旱应及时灌水,保持畦面湿润。连阴雨时要清沟排渍,以防积水死苗。幼苗期生长弱,及时清除杂草,以免草荒抑制幼苗发育。出苗后,土壤墒情好的傍晚,每亩撒施 5～10 kg 尿素,2～3 次。

②草坪管理

草地成坪以后,进行追肥,3 月上中旬沿着行带沟施复合肥或磷钾肥,每亩施入 50～75 kg,又可作为樱桃幼果膨大肥。草地生长期撒施 1～2 次尿素,每次 15～20 kg。及时清除草坪恶性杂草,长江流域樱桃园主要有蓼科的酸模、萹蓄,苋科的空心莲子草,石竹科的繁缕,大戟科的铁苋菜、地锦,菊科的野艾蒿、刺儿菜、菊苣、苦苣菜以及禾本科的白茅等。

③草类管理

使用便携式割草机或动力式果园割草机械进行刈割。植株 30～40 cm 时即可刈割。豆科草类保留 1～2 个分枝,留茬 15 cm 以上,刈割 2～3 次。禾本科草类保留心叶,留茬约 10 cm,刈割 4～5 次。起垄栽培的樱桃园,刈割的草可进行树盘覆盖,覆草厚 15～20 cm,每亩需草量约 1000 kg。平地栽培樱桃园实行全园生草,刈割时就地撒开。刈割的草也可开沟深埋,或混合沤肥。鼠茅草自然生长,无须刈割。

樱桃园连续生草 5～7 年以后,及时翻压。使用农用拖拉机将表层的有机质翻耕,草类直接翻埋入土,深度 20～30 cm。休闲 1～2 年后,重新播种。

豆科和禾本科草类均为优质饲料作物,刈割后作为青饲或干制饲料喂养畜禽,然后将畜禽粪便施入果园,有助于根层土壤团粒结构的形成,改善土壤,提高土壤肥力,实现“果、肉、肥＋果、草、牧”生态循环。

3. 自然生草

(1)自然生草的原则

樱桃园自然生长的各种野生草，通过连续刈割、自然竞争和适度的人工选择，多年以后剩下的适应当地自然生态环境的野生草种，便可形成稳定的自然生物群落。自然生草后，选留无木质化或半木质化茎、茎叶匍匐、覆盖面大且须根多、浅根、耗水量小的草种作为自然生草种类，禾本科选留一年生，豆科和十字花科为一年生或多年生。

自然生草可有效地减慢径流流速和泥沙流失，稳定果园土壤表层的温度和水分，减少果园土壤表面水分蒸发。同时，使樱桃园植被多样化，为天敌提供了食物和栖息的场所，增加果园生态系统对农药的耐受性，扩大生态容量，使果园优势天敌数量显著增加，形成相对较为持久的果园生态系统。

(2)自然生草选择的草类

①马唐[*Digitaria sanguinalis*(L.)Scop]

马唐又名抓根草、鸡爪草，一年生草本。茎秆基部匍匐地面，节生不定根或分枝展开；上部倾斜而直立，无毛；叶片线状披针形，先端渐尖，两面疏生软毛，边缘粗糙；总状花序，3～10 枚，指状排列，下部近轮生。花果期 6—9 月，种子易黏附；须根生长量大，适应能力强。

②牛筋草[*Eleusine indica*(L.)Gaertn.]

牛筋草又名蟋蟀草，一年生草本。茎秆扁平，丛生，光滑强韧，直立，高 15～70 cm。叶片扁平线形，强韧，无毛，叶鞘压扁，具脊；穗状花序，2～7 枚，呈指状排列在秆端。穗轴稍宽，小穗成双行密生在穗轴的一侧。花果期 6—10 月，果实为三角状长椭圆形；须根细密，入土深，不易拔除。

③狗尾草[*Setaria viridis*(L.)Beauv.]

狗尾草又名毛毛狗，一年生草本。秆直立或基部膝曲，瘦硬平滑，节膨大；叶片扁平，长三角状狭披针形或线状披针形，边缘粗糙，无毛，叶鞘光滑松弛，无毛或疏具柔毛或疣毛；圆锥花序，单生于顶部，紧密呈圆柱状或基部稍疏离。颖果椭圆形，腹面略扁平，灰白色；花果期 5—10 月，根为须状。

④黄花苜蓿(*Medicago falcata* L.)

黄花苜蓿又名木心菜，豆科苜蓿属，多年生草本。茎斜升或卧伏，长 30～

60 cm,全株有细茸毛;叶互生,有柄,三出复叶,小叶倒披针形、倒卵形或长圆状倒卵形,边缘上部有细锯齿;总状花序,密集呈头状,腋生,花黄色,蝶形花冠;荚果稍扁,弯曲,呈螺旋状,被伏毛,种子2～4粒,千粒重2.2 g,根粗壮。

⑤荠菜[*Capsella bursa-pastoris*(L.)Medic.]

荠菜又名地米菜、地菜,十字花科荠属,一年生或二年生草本。茎直立,单一或基部分枝,株高15～40 cm;叶片稀全缘或羽状分裂,叶片有毛,叶耙有翼;茎生叶片互生,矩圆形或披针形,基部呈耳状抱茎;总状花序,顶生和腋生,白色,两性花,十字花冠;子房三角状卵形,花柱极短;短角果扁平,呈倒三角形,花期3—5月。

(3)自然生草管理

长江流域樱桃园分别于6月中旬、7月下旬、9月上旬进行刈割。6月中旬刈割,此时期为梅雨季节,留茬高度10 cm以下。后期依据降水量确定留茬高度,以10～20 cm为宜,干旱时适当高留,以利调节草种演替,促进以禾本科群落为主的草被发育。

自然杂草经过多次刈割后,樱桃树行间逐渐布满禾本科优势草种,初步形成较为稳定的禾本科草被。及时铲除植株高大、秸秆木质化的阔叶杂草及其他恶性杂草,为选留的草类留出充足的生长空间,主要清除深根性杂草如藜、苋菜、苘麻,缠绕性杂草如葎草、菟丝子、牵牛花,串根性杂草如空心莲子草、白茅等。

第四节　果实管理

一、花和幼果的管理

1. 促进花芽分化,提高成花质量

合理使用多效唑或PBO等植物生长调节剂,促进花芽分化,提高花芽质量。多效唑又叫PP333、对氯丁唑,其作用机理是抑制赤霉素生物合成,使赤霉

素和生长素类物质含量降低，细胞分裂素和脱落酸含量提高，促使果树营养生长减缓、侧枝增加、枝条增粗、节间变短、叶面积增加，树体矮化紧凑，营养更多地用于生殖生长，促进花芽形成、提早结果，提高坐果率。

(1)使用方法

①土施法

土施多效唑"呆滞期"较短，药效期长，省工、省药、效果好，生产上常采用沟灌法和撒施法。沟灌法是在与树冠外围垂直的地面上，开深 10 cm 的环状沟，把多效唑用水稀释后均匀灌入沟内，然后覆土。土壤干燥条件下适当增加水量，以浸透沟内根系为宜。撒施法在树冠下均匀施入多效唑的水溶液，然后耙碎土壤，或者覆盖作物秸秆等。

②叶面喷施法

将多效唑配制成一定浓度的水溶液，在生长期于叶面喷施，最好在晴天傍晚时进行，以利于树体吸收。其特点是药效反应快，但药效期短。叶面喷施多效唑可与常用酸性农药混合使用。

(2)使用剂量

生产上常用 15%的多效唑，其用量应根据品种、树龄、树势、冠层大小和肥水条件等因素确定。土施时期在 3 月上旬至 5 月上旬，大树每株施用 15%多效唑粉剂 5.0～7.5 g，兑水浇灌，施后盖土。喷施时期从新梢生长至 10～15 cm 时开始至 5 月中下旬，使用 15%的多效唑可湿性粉剂 200 倍液叶面喷雾，连续使用 2 次，时间间隔约 20 d。

多效唑在樱桃上使用的浓度过大，会过度抑制生长，引起叶片皱缩，新梢停长，花芽质量差、果个小，严重时引起根系死亡。尤其是土施多效唑，其抑制作用时间长，如果浓度过大，则不发枝条，树势衰弱，缓解补救的办法是喷布赤霉素。

2. 花期及谢花后管理

樱桃易受温度及营养不良的制约产生多种无效花，难以完成授粉受精，生产上必须合理配备授粉树，并通过人工辅助授粉方法才能坐果结实。一是建园时配置授粉树，原则上授粉树数量不少于总株数的 25%，栽植时距离主栽品种不超过 5 m，且授粉树花量大，花期与主栽品种一致，具有良好的亲和力，适应性强，果实品质好。二是通过盛花期喷硼、果园放蜂以及加强肥水管理等措施，来增加营养供给，提高授粉受精效果。

在第一次果实膨大期，自然授粉的幼果依靠种子产生植物激素，诱导营养物质运输到果实，完成膨大。如果授粉受精不良，在果实小米粒或黄豆粒大小时发生缩果现象；在硬核期，果实发育速度缓慢，营养主要用于供应果核和种子的发育。在第一次果实膨大期，疏除过密的幼果，减少养分消耗，一个结果部位留果 10～12 个。

3. 强化生长期修剪，均衡营养生长和生殖生长

(1)促发分枝，促进成花

①摘心

摘心的作用主要是控制枝条的旺长，增加分枝级次和短果枝量。幼树摘心促发二次枝，增加枝量，加速树体成形，促进成花，枝条向结果枝转化，有利于幼树提早结果。摘心分两次进行，第 1 次在开花后 10 d 进行，摘去新梢前端约 5 cm，摘心后除顶端发生中枝以外，其他各芽均可形成短枝，用于控制树冠和培养小型结果枝组；第 2 次摘心在 5 月中旬以后进行，新梢保留 30 cm，主要用于增加枝量，对幼树连续摘心 2～3 次能促进短枝形成，提早结果。但是摘心过晚，会导致所发的枝条不充实，影响后期生长。

②扭梢

对樱桃中庸枝和旺枝进行扭梢和拿枝，可阻碍有机养分下运和水分及无机养分上运，减少枝条顶端生长量，相对增加了枝条下部的优势，使下部短枝增多，把营养枝转化成花枝。5 月上中旬至 6 月初，新梢半木质化时用手捏住新梢中下部反向扭曲近 180°，将新梢的 1/3 处扭曲下垂，以伤及新梢木质部和皮层但不折断为度，有利于新梢形成花芽而抑制营养生长，基部当年可形成腋花芽。对个别过旺梢在扭梢基础上，从基部到顶端逐步捋拿枝条，开张枝条分枝基角，缓势促花。

(2)长枝甩放，枝条开角

通过拉枝、坠枝、别枝、拿枝、撑枝等方法开张枝条角度，缓和顶端优势，改

善冠层光照条件，促使枝条的中后部多出短枝，缓势促花，提早结果，最常用的方法是拉枝。拉枝在果实采收后(5 月中旬以后)进行，幼树可在 4 月中下旬进行拉枝，用布条、麻绳等材料，末端绑上木(竹)桩埋入垄面，不影响行间作业；拉枝的角度根据实际需要确定，主枝的角度依据树体结构而定，辅养枝和侧枝全部拉成 90°。拉枝要防止大枝劈裂，造成流胶；也要防止因拉枝的支撑点过高，被拉的枝条中部向上形成弓背，易冒条。拉枝的同时需配合刻芽、摘心、扭梢等措施，增加发枝量，促进成花，减少无效生长。

(3)调控枝叶数量，延缓生长势

幼树整形和弥补缺枝时，在芽顶变绿尚未萌发时可进行刻芽。过早刻芽，芽体萌发后长势弱，过晚则易流胶。樱桃果实采收以后，在 5 月中旬进行一次修剪。疏除无空间部位的徒长枝、直立枝以及过密的斜生枝，除去病虫枝；结果后过弱的枝组，或者下垂的大枝进行回缩复壮，增强生长势。此次修剪部分代替冬剪，主要是调整树体结构，改善树冠内光照条件，均衡树势，促进花芽分化和充实。此时修剪伤口容易愈合，对树体影响较小。

二、果实成熟期的管理

1. 果蝇的防治

樱桃果蝇主要为害果实，成虫将卵产在樱桃果皮下，卵孵化后，以幼虫蛀果为害，幼虫先在果实表层为害，然后向果心蛀食，被害后的果实逐渐软化、变褐、腐烂。幼虫发育成老熟幼虫后咬破果皮脱果，单个果实上往往有多头果蝇为害，幼虫脱果后表皮上留有多个虫眼，被果蝇蛀食后的果实很快变质腐烂。果蝇一年发生多代，世代重叠。一个世代有卵、幼虫、蛹、成虫 4 个虫态，以蛹在土壤内 1～3 cm 处、烂果上越冬，翌年 2 月中下旬气温 15℃、地温 5℃时见成虫活动，5 月上中旬气温稳定在 20℃、地温 15℃时成虫量增大，在樱桃果实上产卵进行为害。老龄后脱果落地化蛹，蛹羽化后继续产卵产生下一代，樱桃采收后便转向蓝莓、杨梅、桃、李等成熟果实或烂果实上进行为害。

防治方法：一是采用农业技术措施，在果实采收后，及时清除果园中落果、烂果,集中处理;在樱桃果实膨大着色期,及时清除果园内外的杂草、垃圾,并用10%氯氰菊酯乳油2倍液进行地面喷雾,压低虫口基数。二是利用糖醋液诱杀果蝇成虫,按糖∶醋∶果酒∶水=1.5∶1∶1∶10的比例配制糖醋液放入容器内,悬挂于树下遮阴处诱杀,每日对诱到的成虫杀死或深埋,定期补充诱杀液。三是化学防治,选用2.0%阿维菌素乳油4000倍液,或4.5%高效氯氟氰菊酯乳油1500倍液,或40%毒死蜱乳油1500倍液,连续喷雾2次,每次间隔10 d;树冠喷施农药的同时,对果园地面、地埂杂草丛生处也进行喷雾。

2. 鸟害的防控

随着国家对鸟类保护法的推广普及和对猎枪等的限制使用,加之人们保护环境和爱鸟意识的普遍增强,鸟的种类和种群数目大幅增加,这对农业生产,特别是水果的生产造成严重的危害,鸟害严重的樱桃果实被害率达到90%以上。

湖北地区樱桃园鸟害主要为喜鹊和灰喜鹊,偶尔发现信天翁、乌鸦、野鸽子、山雀、麻雀等鸟类为害,主要啄食果实,特别是樱桃近成熟期香甜的气味和亮丽的颜色更增加了对鸟的诱惑,鸟往往成群结队为害;同时,果实受害后流出汁液常伴生次生危害,招引果蝇、蜂类等昆虫,滋生多种腐生菌,造成减产及经济损失。防治鸟害最有效的办法是架设防鸟网,既可以搭盖平面的“蚊帐式”防鸟网,也可搭建垂直的“粘网式”防鸟网。

3. 减少裂果

在南方地区,中国樱桃一直以露地栽培为主,果实成熟期遇雨裂果是南方樱桃产业发展的主要制约因素。果实生长后期遇到强降雨和持续频繁降雨,使土壤含水量增加,根系吸收的水分和果实分配的水分都增加,果肉细胞膨大速度加快,果皮与果肉细胞发育进程不同步,造成果实开裂。影响裂果的直接原因是水分,而决定裂果敏感性的内在因素是果实细胞膨大与果皮破裂应力。

樱桃在接近成熟时或采收前遇雨裂果,严重影响了樱桃果品质量和经济效益,果实开裂后腐烂变质,失去商品价值。在不同地区、不同品种和不同年份间裂果有很大的差别,如果正值樱桃成熟时多雨,裂果率可高达90%以上。防止果实裂果最有效的办法是遮雨栽培,通过塑料薄膜隔绝雨水对果实的危害;同

时，在垄面铺设黑色薄膜、园艺地布或无纺布，减缓土壤水分的变化。此外，选择通透性较好的壤土或沙壤土建园，并对土壤黏重的果园进行土壤改良，改善土壤理化性状。在行间深翻扩穴，深耕覆土，掺沙改良，增强土壤的透气性和排水性能，避免积水。

三、采收及商品化处理

1. 果实采收

樱桃为非呼吸跃变型果实，须在充分成熟时采收才风味最佳。生产上往往根据果实的颜色来判定成熟度和确定采收日期。黄色品种当底色褪绿，由白变黄，并着有红晕时为适宜采收期；红色或紫色品种当果面呈全面红色或紫色时，即进入成熟期。樱桃果实色泽最鲜艳时为正常采收适期；若果实颜色过深发暗时采收，则表明采收过迟，此期果实软化，易腐烂，易失水皱缩，果柄变褐；同时果面更容易出现碰压伤等机械伤害。采收过早，则果实的可溶性固形物含量低，果小、颜色淡、风味差。不在当地销售的樱桃果实，可在果实充分上色后提早 3～5 d 采收，便于储运。

由于开花期和光照等条件的不同，同一株树上不同部位的果实成熟期不一致，应分期分批采收。宜在早上或傍晚温度较低时进行采收，以免果实装箱后温度过高，造成果实变色。

樱桃的采收主要靠人工来完成，采收时要用手握住果柄，用食指顶住果柄基部，轻轻掀起便可采下。注意保持果柄的完整和色泽，不要折断短果枝。在果实采收过程中要轻拿轻放，采下的果实应轻轻放入有铺垫物的果篮中，以避免碰压损伤。

2. 分级和包装

樱桃果实采收后，应立即进入市场销售，因此要立即将采下的果实进行初选包装，剔除未熟果、过熟果、无柄果、畸形果和腐烂果。樱桃果实的包装有很多种类和规格，塑膜袋和吸塑包装盒可保持较高的相对湿度，减少果实失水，保持果柄绿色。气调袋包装中 CO_2 浓度为 10%～15%时，有利于保持果柄绿色，减缓果实变软、颜色变暗和腐烂。短距离运输可用纸箱包装，大小以内装5～10 kg为宜，最好直接装到0.5～1.0 kg的小纸盒内，便于直接销售，然后再装入大箱中运输。纸箱内铺衬纸垫，纸箱两端打有通气孔，上面再衬盖一层包装纸，封箱即可。如有条件，最好在2℃的温度下降温预冷后再运输到外地。销售时放在5℃以下的冷藏条件下，可减轻果柄褐变和果实失水，减少腐烂损失，但要避免果面凝结水珠，造成裂果。

3. 储藏

樱桃果实的最佳储藏温度为－1～0℃，相对湿度大于95%，在此条件下可储藏2～4周。气调储藏和气调包装可减轻果实颜色变暗，减缓酸度和硬度的下降，降低腐烂率，保持果柄绿色。如果果实成熟度过高，酸低、色深、硬度小，则气调的保鲜效果不佳。最佳气调储藏条件为1%～5%的氧气、5%～20%的CO_2，温度0～5℃；气调包装为5%～10%的氧气、5%～15%的CO_2，温度0～5℃。

第五节　主要病虫害防治

一、病害

1. 樱桃褐斑穿孔病

(1)症状及病原

樱桃褐斑穿孔病的病原为子囊菌亚门真菌，樱桃球腔菌(*Mycosphaerella cerasella* Aderh.)，主要为害叶片，也可为害嫩梢和果实，叶片受害初期出现水浸状针头大小斑点，以后逐渐扩大为圆形褐色病斑，有的相互结合，病斑上常伴有褐色露状物和黑色颗粒。黑色小斑点为子囊壳或分生孢子梗，渐扩大长出灰褐色霉状物，病部干燥收缩，周缘产生离层，脱落穿孔。叶片受害后，单个叶片

上有几个或十几个病斑和穿孔。

(2)发生规律

病菌以菌丝体在病叶或枝梢病组织内越冬，翌年产生孢子进行初侵染和再次侵染。春天气温回升，病菌发育温度为 7～37℃，适宜温度为 25～28℃；降雨后产生分生孢子，借风雨传播，侵染叶片、新梢和果实，病部产生分生孢子后进行再侵染，7—8 月雨季为害加重。被侵染叶片的病痕分布在坏死的红褐色斑周围，随后扩大到直径 4～5 mm，中心部分变成浅褐色，边缘呈褐红色，坏死的组织脱落，留下穿孔病的症状。严重时引起早期落叶，导致秋季开花、展叶。

(3)防治方法

①加强管理，提高树体的抗病能力。改善果园通风透光条件，降低果园湿度，减少孢子的萌发。冬季清除园内的枯枝、落叶、落果，剪除病枝、病梢，集中深埋或者焚毁，消灭越冬菌源。

②萌芽前，喷施 5°Bé 石硫合剂，或 45%晶体石硫合剂 10 倍液，进行淋湿式喷雾，以消灭树体上潜伏的越冬病原菌。

③化学防治，5 月叶片发病时，选用 60%唑醚·代森联水分散粒剂 1500 倍液、65%代森锌可湿性粉剂 500～600 倍液、12.5%烯唑醇可湿性粉剂 2500～4000 倍液、25%吡唑醚菌酯乳油 1000～3000 倍液，喷药间隔期为 10 d 左右，喷 2～3 次，药剂轮换使用。

2. 樱桃细菌性穿孔病

(1)症状及病原

樱桃细菌性穿孔病的病原为黄单胞杆菌[*Xanthomonas pruni*(Smith) Dowson.]，主要为害樱桃叶片，也为害枝梢和果实。叶片发病时，发病初期表现为水渍状半透明淡褐色小病斑，后扩大为近圆形或不规则形褐色至黑褐色病斑，边缘角质化，周围有水渍状黄绿色晕圈，病斑边缘陆续出现裂纹。病斑干枯，病健交界处产生一圈裂纹，病斑脱落形成穿孔。有时数个病斑相连，形成一个大斑，焦枯脱落而穿孔。果实染病后，形成暗紫色中央稍凹陷的圆斑，边缘水浸状。湿度大时，果实病斑上出现黄白色黏质分泌物；天气干燥，在病斑及其周围常发生小裂纹，引起果腐。上年被侵染的枝条染病后，春季气温升高时产生溃疡斑，新叶出现后在枝梢上形成暗褐色水浸状小疱疹块儿。当年生新梢被侵染后，产生水浸状紫褐色斑点，多以皮孔为中心，圆形或椭圆形，中央稍凹陷，最后皮层溃疡。

(2)发生规律

樱桃细菌性穿孔病菌主要在落叶和侵染的枝梢上越冬。春季随着气温升高，潜伏在病组织内的细菌在抽梢展叶时开始溢出，借助风雨传播，从气孔、枝条和芽痕侵入叶片、枝梢和果实。一年中多次为害，5 月开始发病，病菌潜育期在温度 25～26℃时 4～5 d，特别是 7—8 月高温多雨条件下，病菌迅速侵染，造成细菌性穿孔病大发生，严重时造成提前落叶，花芽分化数量和质量下降，影响树势和来年产量。地势低洼、排水不良的樱桃园发病重；机械损伤如修剪、刮树皮、拉枝、扭梢、摘心、翻土、虫伤等形成的伤口，有利于病菌的侵入。

(3)防治方法

①加强樱桃苗木、接穗检疫，杜绝引进带有细菌性病原的活体材料。选择抗病性较强的品种，单独建园，不要与桃、李、杏等核果类果树混栽。加强栽培管理，及时排水，降低果园湿度，改善果园通风透光条件。

②冬季清除枯枝、落叶等，集中深埋或焚毁；发芽前喷 5°Bé 石硫合剂，或 1∶1∶100 的波尔多液进行清园消毒。

③化学防治。谢花后新梢快速生长期，为防治细菌性穿孔病的最佳时期，选用 72%农用链霉素 2000 倍液，或 1.5%噻霉酮水乳剂 800 倍液，或 2%的春雷霉素水剂 500 倍液叶面喷雾，注意农药的交替使用。

3. 樱桃流胶病

(1)症状及病原

樱桃流胶病(图 3-6)发病的确切原因尚未明确，一种观点认为是病原微生物引起的，包括病原真菌和病原细菌，为侵染性流胶病；一种观点认为是生理原因引起的，即非侵染性流胶病，如病虫害(尤其是天牛、介壳虫、干腐病等)及机械伤害(耕作、拉枝、修剪)造成伤口后引起流胶，或由于施肥不当，重施化肥尤其是氮肥，栽植过深、土壤黏重(排水不良)等原因引起。

图 3-6　樱桃流胶病

樱桃流胶病是普遍发生且为害严重的病害，染病后可致树势衰弱、枝条干枯甚至整株死亡，发病株率重者达60%以上；主要发生在主干和树枝上。发病初期，病害部位逐渐渗出柔软半透明的黄色胶体，与空气接触后，胶体变成红棕色至茶棕色，干燥后变成硬块。严重时树皮开裂、皮层和木质部褐变坏死，影响树体养分的正常运输，导致树体活力下降、叶片变黄、花芽分化不良。但是樱桃胶体干燥后的硬块也可以进行综合利用，加工为深受市场欢迎的桃胶产品（图3-7）。

图3-7　桃胶加工品（武汉市新洲区）

（2）发生规律

樱桃侵染性流胶病的病原菌以菌丝体、子座和分生孢子器在病部、病枝上越冬，翌年3月上中旬弹射出分生孢子，通过风雨传播，遇雨从病部溢出大量病菌，顺着枝干流下或溅射到新梢上，从皮孔、伤口及侧芽侵入，进行初侵染，具有潜伏侵染特征。随着春季温度升高，病原菌开始繁殖，侵染枝条和树干形成溃疡斑，渗出胶液。随着气温升高，树体流胶点增多，病情逐渐加重，严重时病部扩展引起树皮环状破裂，导致植株死亡。

生理性流胶病在4—10月发生，5月下旬至6月中旬、8月下旬至9月上旬分别有2次发病高峰。多雨条件下，流胶病严重；老树流胶严重，幼树发病轻。主要发生于主干和主枝，也可以发生在小枝上。起初以皮孔为中心产生疣状小凸起，后逐渐扩大成瘤状凸起物。“水泡状”隆起开裂后，流出半透明状的黄色树胶，树胶与空气接触后逐渐变为红褐色，干燥后变成茶褐色的硬质胶块，吸水膨胀成胨状胶体。果实流胶与虫害有关，蝽象为害是果实流胶的主要原因。

(3)防治方法

①樱桃园要建立在通风良好、土质肥沃的沙壤土或壤土上,增施有机肥、磷钾肥,少施氮肥;果园及时中耕除草、松土保墒、排水防涝,改善土壤通气条件,从而培养健壮树势,提高树体抗逆性。

②冬季对樱桃园进行彻底清理,刮掉硬块下的坏死组织,修剪枯枝,清理落叶,减少越冬病原菌。尽量减少对树体的机械损伤,冬季尽可能减少伤口;对树冠内重叠枝、交叉枝及时剪除,防止摩擦损伤。修剪伤口应涂上保护剂,配方为生石灰 10 份、石硫合剂 1 份、食盐 2 份、植物油 0.3 份、水适量,并用薄膜包紧,以促进伤口愈合。

③化学防治。生长期选用 50%苯菌灵可湿性粉剂 1500 倍液、60%唑醚·代森联水分散粒剂 1500 倍液、70%甲基托布津可湿性粉剂 1000 倍液、25%吡唑醚菌酯乳油 1000～3000 倍液,喷药 3～4 次,间隔期为 15 d。

4. 褐腐病

(1)症状及病原

樱桃褐腐病属子囊菌亚门真菌,子囊盘呈钟状或漏斗形,中央凹陷,无色,圆筒形。子囊孢子单胞无色,卵圆形。分生孢子梗丛生,单胞,无色,椭圆形。该病菌主要为害叶、果,展叶期的叶片多染病,初期病部有浅褐斑,后病斑上出现灰白色粉状物。幼果感染后,初期果面出现褐色病斑,后扩大到整个果实,导致果实收缩,果面出现灰白色粉状物;病果多悬挂在树梢上,不脱落,成为僵果。

(2)发生规律

病菌主要以菌丝体在病果或枝梢的溃疡斑病组织内越冬,翌年 3—4 月从菌核上长出子囊盘,形成子囊孢子,借风、雨、昆虫传播,通过病虫伤、机械伤口及自然孔口侵入。遇雨或湿度大时,发病严重,病部表面长出大量的分生孢子,再次侵染。开花期低温多雨潮湿,易引起花腐、叶腐和枝腐;果实成熟期多雨,易引起果腐,裂果加剧果腐的发生。

(3)防治方法

①冬季清除病果、病枝,特别是摘掉枝条上的僵果,集中焚毁,或结合深翻将地面的病残体深埋土内,铲除越冬菌源。

②化学防治。第一次喷药在花谢后 10 d 进行，间隔 20 d 后再喷药 1～2 次，选用 65%代森锌可湿性粉剂 500～600 倍液、12.5%烯唑醇可湿性粉剂 2500～4000 倍液、25%吡唑醚菌酯乳油 1000～3000 倍液、10%苯醚甲环唑 2000 倍液，全株喷雾。

5. 根癌病

(1)症状及病原

根癌病也称冠瘿病，是一种世界性细菌病害，为害樱桃、桃树、葡萄等多种果树，在我国樱桃产区普遍发生。樱桃根癌病的病原为土壤杆菌属(*Agrobacterium*)，也称根瘤菌属，为革兰氏阴性细菌，主要发生在树的根颈部，偶尔发生于侧枝，呈球状或不规则扁球形瘤状。病瘤初生时为乳白色至乳黄色，逐渐变为淡褐色至深褐色。病瘤有大有小，表面凹凸不平，龟裂，每株树根的病瘤少则 3～5 个，多则数十个。鲜病瘤横剖面核心部坚硬，呈木质化，肿瘤皮厚度 1～2 mm，皮和核心之间有空隙。植株患病后，影响营养和水分的正常吸收运输，导致生长缓慢，发育受阻，严重时造成大量死树。

(2)发生规律

病原细菌在发病组织和土壤中越冬。根癌土壤杆菌为短杆状细菌，具有 1～6根周生鞭毛，有运动性。土壤中有寄主组织存在的情况下，病菌能存活1 年以上，2 年内若遇不到新的寄主便会失去生活能力。病菌发育最适温度为 25～28℃，最高温度为 37℃，最低温度为 0℃，致死温度为 51℃。发育最适 pH 值为 7.3，耐酸碱范围为 pH＝5.7～9.2。相对湿度 60%最适宜病瘤的形成。

病菌主要靠灌溉和雨水传播，多从伤口侵入寄主组织，嫁接口、虫伤口、机械伤口均能为病菌感染。根癌病的发病期较长，6—10 月均有病瘤发生，7—8 月为发病盛期，10 月下旬终止发病。土壤湿度大、高温、管理水平差，树势生长弱，有利于该病发生。土壤碱性、黏重、排水不良发病重。不同的砧木类型发病不同。

(3)防治方法

①育苗圃地不能重茬，不用病树上的接穗做繁殖材料，采用组织培养法繁育无病毒苗木。加强苗木检疫和消毒，严禁从病区引进苗木和接穗，若发现病

株要彻底剔除、烧毁。选用抗根癌病砧木苗木和无病毒苗木。栽植前用1%硫酸铜溶液浸根10 min，或用0.01%～0.02%的链霉素溶液浸根30 min。

②避免樱桃重茬建园。选择土壤通透性良好、不积水的地方建园，起大垄栽培。秋季多施有机肥，适当增施酸性化学肥料，抑制根癌菌生长。及时防治地下害虫，如蛴螬等，防止树体根部伤害，造成病菌侵染。发现病株及时刨除并清理所有病根。

③对已患病植株，可用利刀将病瘤切除干净，用5°Bé的石硫合剂消毒保护；用30倍液的土壤杆菌84号(K84)灌施于根部。在配制药液时要用凉水，避免阳光直射，以早晨或傍晚灌施较好。

二、虫害

1. 主要虫害

樱桃虫害主要有刺吸式害虫、咀嚼式害虫和蛀食性害虫。刺吸式害虫主要吸取叶片、枝条和果实里的汁液，使叶片枯落，树势衰弱，果实无法食用，如红蜘蛛、叶螨、介壳虫类、梨花网蝽等。咀嚼式害虫啃食樱桃树的叶片、果实等部位，被害部位形成伤口，影响树势，如刺蛾类、毛虫类、金龟子类、卷叶蛾类、尺蠖类等。蛀食性害虫可蛀食果树的果实、枝干，如红颈天牛、金缘吉丁虫、梨小食心虫、果蝇等。

2. 防治方法

依据“预防为主，综合防治”的原则，采用以农业防治为基础，物理防治、生物防治、化学防治相结合的综合防治方法，科学管理，增强树势，减少虫源，降低虫口密度，选用低毒、高效、低残留量的化学药剂，科学用药，提高效率。

(1)农业防治

于11月下旬至2月初，樱桃休眠期对甜樱桃树主干、中心干涂白，杀死树皮缝隙中的越冬害虫；涂白剂成分及配比为生石灰∶石硫合剂∶食盐∶黏土∶水＝20∶4∶1∶4∶80。同时，结合冬季修剪，剪除病虫为害的枝条、叶团、病虫

果和越冬茧等，对防治介壳虫、卷叶蛾类及刺蛾类等鳞翅目害虫均有效。

于2月上旬喷施5°Bé石硫合剂，进行精细清园消毒，杀灭越冬虫源；彻底清除果园内的枯枝落叶及杂草，全园包括梯田埂，用扫把清扫干净；刮除枝干上的粗老翘皮、病虫瘤，用硬毛刷去除越冬介壳虫，集中深埋或焚毁，减轻螨类、梨花网蝽、梨小食心虫、金缘吉丁虫等的为害。

(2)物理防治

金龟子、金缘吉丁虫的成虫具有假死性，且飞行能力弱，可在树下铺塑料薄膜，人工震树收集捕杀。黄刺蛾、舟形毛虫等的幼虫会群集为害，初期可人工摘除带虫枝、叶，后期可利用黄刺蛾、卷夜蛾、毛虫、金龟子、梨小食心虫、金缘吉丁虫、红颈天牛等成虫的趋光性，用黑光灯诱集捕杀。每隔50亩放置1盏黑光灯，距地面约3.0 m。

按照红糖∶醋∶白酒∶水＝1∶4∶1∶16的比例制成糖醋液放入容器内，诱杀梨小食心虫、天牛、金龟子、果蝇等害虫，糖醋液中可加入少量杀虫剂，每亩等距设置5～10个盛装糖醋液的容器，距地面约1.5 m。

(3)化学防治

2月上旬(萌芽期)，对螨类、介壳虫类、梨花网蝽等为害严重的樱桃园，用硫黄水进行枝干淋洗式喷施；在芽体刚刚萌动且露出绿尖时，喷施硫黄水，杀灭越冬虫源。

花谢后，新梢生长期注意防治梨小食心虫、卷夜蛾类、蚜虫等为害梢叶的害虫，选用杀虫剂为22.4％螺虫乙酯悬浮剂4000倍液，或10％吡虫啉可湿性粉剂4000倍液，或3％啶虫脒乳油2000倍液，或20％甲氰菊酯乳油2000倍液。采果后注意防治刺蛾类、毛虫类、梨花网蝽等的为害，可选用2.5％高效氯氰菊酯乳油3000倍液，或2.5％高效氯氟氰菊酯乳油2000倍液，注意药剂轮换使用。

(4)生物防治

利用有益生物或其他生物对有害生物进行控制，生物防治绿色、高效、安全。长江中游地区气候温暖潮湿，年均温差小，适宜害虫大量繁殖，可用性激素诱集、投放天敌昆虫或生物农药对樱桃有害昆虫进行生物防治。对梨小食心虫(参照第七章梨)、黄刺蛾、卷夜蛾等在每代成虫羽化高峰期前2～3 d，进行外激素性诱灭杀；利用捕食性或寄生性天敌，以虫治虫，如用瓢虫捕食介壳虫、黄刺蛾、金龟子、棉铃虫等多种昆虫，用赤眼蜂寄生卷叶蛾、黄刺蛾等昆虫，利用白僵菌寄生梨小食心虫和天牛；用赤虫菌或杀螟杆菌每克 100 亿单位、复方 Bt 剂每毫升活孢子 100 亿单位防治舟形毛虫、黄刺蛾等幼龄幼虫。

3. 几种主要害虫的防治

(1)红颈天牛

红颈天牛属鞘翅目天牛科，主要为害樱桃、桃、杏、李、梅、梨、苹果等果树，全国各樱桃产区均有发生。

①为害特点

幼虫蛀食皮层与木质部，在韧皮部和木质部之间蛀食，向下蛀食隧道弯曲，内有木粪屑，间隔一定距离向外体蛀 1 个排粪孔。成虫黑色，有光亮；前胸背红色，背面有 4 个光滑疣突，具角状侧枝刺；鞘翅翅面光滑，基部比前胸宽，端部渐狭；雄虫触角超过体长的 4～5 节，雌虫超过 1～2 节。

②发生规律

长江中游地区 2～3 年发生 1 代，以幼虫越冬，樱桃萌芽后开始为害，武汉地区从 4 月中旬开始为害，5—6 月为害尤为严重，常造成樱桃树势衰弱，甚至整株死亡。成虫 6—7 月出现，出洞后先停留在树干等处，常在午间交尾产卵，产卵期 5～7 d，产卵后几天成虫死亡。卵多产于主干、主枝树皮缝中，以近地面 30 cm处最多，卵期 7～9 d，单雌卵量 40～50 粒。幼虫孵化蛀入韧皮部为害，后蛀入木质部，在树干中蛀成弯曲无规则的孔道，深达 35 cm，蛀道长 50～60 cm，在树干蛀孔处和地面上常有大量排出的红褐色粪屑。幼虫期 23～35 个月，蛹期 17～30 d，幼虫经过 2～3 个冬天，在蛀道末端黏结木屑做室化蛹。

③防治方法

a. 在幼虫的蛀孔内注射 80%敌敌畏乳油 20 倍液，用黄泥、塑料薄膜或塑料胶带堵严排粪孔，提高杀虫效果。

b. 成虫发生期，白天人工捕杀成虫。6 月上旬红颈天牛成虫产卵前，在树干上涂刷石灰硫黄混合剂，配比为生石灰∶硫黄粉∶水＝10∶1∶40，防止成虫产卵。

c. 糖醋液诱杀成虫，利用成虫对糖醋的趋性，用糖、醋、酒、杀虫剂、水配成诱杀液装在盒中，挂在离地 1.0 m 处诱杀。

(2)蚜虫类

蚜虫类害虫在我国发生范围广、为害重，其中在樱桃上为害的主要有绣线菊蚜和樱桃瘿瘤头蚜，同翅目蚜虫科害虫。

①为害特点

成虫和若虫群集在新梢和嫩叶背面刺吸为害，使被害叶的叶片卷曲，导致叶片失去绿色，影响正常光合作用，抑制新梢生长。受害严重时，引起早期落叶，导致树势衰弱。

②发生规律

绣线菊蚜每年发生多代，世代重叠，以卵在枝条的芽侧或树皮裂缝中越冬，翌年樱桃萌芽时，越冬卵开始孵化，初孵幼蚜群集在芽或嫩叶的背面取食，约 10 d产生无翅胎生雌蚜，也有少许有翅胎生雌蚜。自春至秋以孤雌胎生方式繁殖，5—6 月气温高时繁殖加快，虫口密度迅速增长，为害严重。10 月产生有性蚜虫，雌雄交尾产卵，以卵越冬。留守式生活周期，出现全年寄生在寄主上，无迁移转至中间寄主现象。

樱桃瘿瘤头蚜一年发生多代，以卵在幼嫩枝上越冬，春季萌芽时越冬卵孵化，于 3 月底在樱桃叶片端部侧缘形成花生壳状伪虫瘿，4 月底出现有翅孤雌蚜。10 月中下旬产生性蚜并在樱桃幼枝上产卵越冬。成虫、若虫群集新梢和叶片背面为害，叶片向背面扭卷，新梢难以生长，削弱树势。

③防治方法

a. 冬季刮除树干的粗裂翘皮，并在树干涂白；萌芽期对枝干喷施 3～5°Bé 石硫合剂或 45％晶体石硫合剂 50 倍液，杀灭越冬虫卵。

b. 早期摘除被害卷叶，集中深埋或销毁，消灭卷叶内蚜虫，降低园内虫量。利用食蚜蝇、草蛉、瓢虫及蚜茧蜂等天敌，以虫治虫。

c. 化学防治。新梢快速生长期选用 70％吡虫啉水分散粒剂 8000 倍液，或 20％啶虫脒可溶性粉剂 8000 倍液、10％烟碱乳油 800 倍液、25％吡蚜酮可湿性粉剂 2000 倍液、0.8％苦参碱・内酯水剂 800 倍液、50％抗蚜威可湿性粉剂 1500 倍液、2.5％氯氟氰菊酯乳油 2000 倍液、2.5％溴氰菊酯乳油 2000 倍液、

20％甲氰菊酯乳油 2000 倍液、4.5％高效氯氰菊酯乳油 2000 倍液、2.5％高效氯氟氰菊酯乳油 2000 倍液、10％烯啶虫胺可溶性液剂 4000 倍液、30％松脂酸钠水乳剂 200 倍液，进行树冠喷雾。

第四章　石榴

第一节 概论

一、石榴的经济意义及在长江中游地区的生产潜力

1. 石榴的经济意义

石榴(*Punica granatum* L.)别名安石榴、榭榴、海榴、丹若、海石榴、金庞、若榴、天浆等,是石榴科石榴属的落叶灌木或小乔木,为我国栽培历史悠久的果树之一。在汉代传入我国,因其果实色彩绚丽,籽粒晶莹剔透,甘甜多汁,清凉爽口,深受人们喜爱。石榴花期长,花红似火而艳丽,集食用性与观赏性于一体。

(1)石榴的经济价值

我国石榴分布范围广泛,北至河北,南至海南,东至辽宁、山东、江苏、上海、浙江,西至新疆、西藏,除东北、内蒙古和新疆北部等极其寒冷的地区以外,各地都有石榴分布。经过长期的自然演化和人工选择,全国已经形成了四川、云南、河南、山东、安徽、陕西、河北和新疆等石榴优势产业区,出现了四川会理、云南蒙自、河南荥阳、山东峄城、安徽怀远、陕西临潼、河北元氏、新疆叶城等规模化、集约化石榴产业区。

自古以来,我国人民就很重视日常膳食的果品摄入,石榴因其独特的风味和丰富的维生素、纤维素及果糖含量低而备受人们喜爱。石榴果实颜色艳丽,百籽同房,籽粒透亮晶莹,被古人称之为“水晶珠玉”,“雾壳作房珠作骨,水晶为粒玉为浆”。石榴的营养丰富,味美多汁,果肉中可溶性固形物含量高,维生素C含量是苹果、梨的1～2倍,风味酸甜适口,果汁中含有大量的碳水化合物、钙、粗纤维等,自古其就被当作药食同源的水果。石榴果实可酿造成营养丰富的石榴酒、糖浆等。

石榴有很高的保健价值，全身是宝，素有"九州神果"的美称。根、花、叶、种子、果皮等都含有丰富的单宁酸、黄酮类化合物、生物碱、甾类等，可以用作药物。《名医别录》记载安石榴，"治下利，止漏精"。《罗氏会约医境》记述"石榴皮，性酸涩，止泻痢、脱肛等，还有断下的功效"。《普济方》记载"治疗久痢疾不瘥，陈石榴焙干，为细粉，米汤调下"。《图经本草》记有"榴叶者，主治咽喉燥渴、止下痢精、止血之功能"。《本草纲目》记载，石榴能"御饥疗渴，解醉止醉"。石榴汁可使人体胆固醇含量下降，能够软化血管、帮助消化、抗胃溃疡；因其中含有微量元素和多种氨基酸，还可以延年益寿、增强食欲；又有健胃提神、防治高血压和冠心病的功能。石榴籽中的籽油可作为天然的功能保健品。石榴叶不仅含有丰富的矿物质，还含有大量的维生素和药用成分，可制成茶叶饮品，明目提神，使身心舒畅，还可以健胃、降温防暑等，将石榴叶捣碎外敷，还可治疗跌打损伤。

石榴花期长达 2 个月，花有红、白、黄等多种颜色，是良好的园林观赏植物。石榴树耐干旱瘠薄、易栽培管理，适应性广，是建园、院落种植的优质树种。初春石榴树鲜叶红嫩，惹人喜爱；夏天繁花似锦，极为美丽，令人赏心悦目；秋季硕果高挂，让人们既可以观果，又可以采摘，感受丰收的喜悦；冬天铁干虬枝，增添冬景。

(2)石榴的文化价值

石榴的果实甘甜、清爽、可口，花和果实都火红、美丽、可爱，极为亮丽，人们将石榴喻为喜庆、和睦、团圆的象征。自古以来，石榴被我国人民视为吉祥之果，有许多民间习俗与之相关。石榴象征长寿、富贵，又因为石榴籽多，又常被人们象征为多子多孙，称之为"榴开百子"。年轻男女成亲时，要在新房中摆上两个大红色的石榴；结婚礼品要送两个绣有大红石榴的枕头，祝新人早日得子；生了孩子后，亲友祝贺赠送的衣服、鞋、帽子上面都绣有石榴图案。至今，闽南人几乎家家户户每逢七夕还有购买石榴敬奉床母的习俗。

石榴有"天下之奇树，九州之名果"之美誉，佛教文化认为"石榴一花多果，一房千实(子)，故为吉祥果。一切供物果子之中，石榴为上"。在我国的传统佳节中秋之夜，人们常常把石榴和月饼供在月下，寓意兴旺发达、合家团聚。中秋石榴供月这一传统习俗也在海外华人居住的地区一直被保留着。在很多地区，老年人办寿宴时，晚辈也送石榴表达长寿的祝福。

石榴也和中国的服饰有着紧密联系，梁元帝《乌栖曲》中记述“芙蓉为带石榴裙”，“石榴裙”的说法由此而来。在古代，妇女都喜欢穿红裙子，当时裙子染色的染料便是从石榴花中取得的，由此红裙子被称为“石榴裙”。

古时有的建筑物装饰时，也用石榴的图案；在器具和糕点等物品上绘画时，石榴也常常作为绘制图案。石榴的榴原意为“留”，因此古人赋予其“留”的意思，“折柳赠别”和“送榴传谊”为中国古代民间特有的风俗文化。

2. 石榴在长江中游地区的生产潜力

长江中游地区，特别是湖北地区，不是石榴的优势产业区，不适宜石榴大规模商业化生产。在进行品种引进、试种及系统区域试验的基础上，湖北地区的石榴生产只能依托乡村产业振兴小规模“插花”，通过一、二、三产业融合，将石榴作为特色水果进行市场补位，以及采取“园艺＋园林”的方式栽植。以传统农业为依托，以新型农业经营主体为引领，以利益联结为纽带，拓展农业内部产业循环、农业与旅游业产业交叉、农业与互联网产业渗透等融合模式，充分挖掘石榴产业的多功能性。

(1)农旅交叉型的“石榴＋旅游业”模式

石榴按生态特征和用途可分为三大类：一是果石榴，既可供食用，又可供观赏，单瓣花有红、白两种；二是花石榴，只开花，不结果，专供观赏，重瓣花，花色有红、白、黄和复色；三是四季石榴，作为小石榴，其既可供观花，又可供观果，果实不能食用，花多单瓣，红色。以观花、观果以及石榴产品为源头，将石榴生产向加工、农资流通服务、产品信息服务以及休闲农业各环节延伸，形成完整的产业链条，实现农业多功能与多价值挖掘，使一、二、三产业多元深度有机结合，提升农业综合竞争力和农业附加值，促进农业农村可持续发展。

农旅产业交叉是以石榴产业为基础，充分发挥石榴产业的生态、文化、景观、教育等多功能性，推动农业与旅游业相结合的交叉型农业产业形态，促进了旅游经营理念与农业自然资源、农村生态环境、民俗文化、特色农产品的有机融合发展。“石榴＋旅游业”产业交叉模式，“以农促旅、以旅兴农”，实现旅游产品结构的优化和升级，成为乡村振兴、农村发展的新产业。

(2)互联网渗透型的“石榴＋电商业”模式

互联网渗透是以信息技术为纽带，跨越农业产业边界，连接各产业技术要素，通过互联网信息技术的渗透和电商平台的应用建立农业新业态。农业电子商务是互联网渗透模式的重要表现，以电子商务进农村为契机，推进石榴农副产品电子商务发展，利用互联网电子商务平台，开展信息、技术、购销服务等助农经济活动，推进“互联网＋合作社”新型农业服务体系建设，以石榴产业为媒介在电商平台上开设地方特色馆，积极探索和推行直销直供、订单农业、“网上交易，线下配送”等石榴产品产销对接模式，通过“互联网＋”着力打造具有石榴特色的互联网电子商务交易平台。

二、石榴的栽培历史及产业现状

1. 石榴的栽培历史

(1)石榴在中国的传播

石榴源于伊朗、阿富汗、格鲁吉亚、印度等地区，在汉代由西域传入中国，石榴传播的大致路径是从中亚→新疆→陕西，后扩散至河南、山东，再到长江流域，最后全国各地均有种植。

石榴引入之初，作为奇花异木进入皇家苑囿，长安一带是中国栽植的最初中心。东汉魏晋时期，河南的石榴栽植最盛，而以都城洛阳为中心，石榴传播至民间，开始形成具有地方特色的优良品种。北魏《洛阳伽蓝记》记述“白马甜榴，一实值牛”。魏晋时期，石榴传播愈广，《广雅》《埤苍》《广志》均有对石榴的记述。曹植《弃妇诗》描述“石榴植庭前，绿叶摇缥青”；《河阳庭前安石榴赋》叙述“石榴者，天下之奇树，九州之名果也”。

东晋南北朝时期，石榴已经广泛种植，成为园篱中的佳果，此期石榴以河南为中心由北向南传播，河北也是石榴的重要产区。《太平御览》记曰“龙岗县有好石榴”。《邺中记》记载“石虎苑中有……安石榴，子大如碗盏，其味不酸，皆果之异者”。《齐民要术》对石榴的繁殖、栽种技术和加工利用有详细的记载，说明当时我国北方石榴栽培技术已臻成熟。

自东晋起，南方石榴也开始见诸文献。蜀地和长江中下游等地出产石榴，并出现地方特色品种。东晋时期的《晋隆安起居注》记载“武陵临沅县，安石榴子大如碗，其味不酸，一蒂六实”；南朝梁吴均在《行路难》中记述“青琐门外安石榴，连枝接叶夹御沟”，石榴树作为行道树种植于都城御道两侧。

从文献记载看，尽管南方普遍有石榴的种植，但明代石榴的分布仍以北方为重，尤其是品质优良的佳种，多出自北方。明清两代定都北京，京师成为石榴种植的中心，并流行盆栽和盆景加工。不少北方品种向南方引种，《遵生八笺》载，石榴花（八种），“余曾四种俱带回杭，至今芳郁”。

从清史资料来看，花石榴在御花园内也占有重要地位；除了云南石榴外，其他各省石榴都向清宫进贡，其中以河南的岗榴果个儿最大。在宫内石榴除食用外，常用做赏赐品及给佛神上供等，储藏时期也较长。

(2)中国古代石榴的栽培

《西京杂记》记载，在汉武帝时，重修上林苑，内育安石榴十株。唐朝石榴生产发展到了鼎盛时期，当时一度出现了“海榴开似火”和“榴花遍近郊”的景象。古人基于对物候期的认识，结合石榴的生长习性，采取相应的栽培管理措施。

①繁殖方法

石榴的繁殖方法较多，古籍中记载的主要有实生、扦插、嫁接、压条和分株，而以扦插法应用最为普遍，容易生根，插枝即活，成为繁殖石榴的主要方法。《便民图纂》中记载“石榴，三月间将嫩枝条插肥土中，用水频沃，则自生根”；《图经本草》记述“取嫩枝如小指大者，插肥土中即活”。

《齐民要术》详细记载了石榴短条插、盘条插、根插三种扦插繁殖方法，“栽石榴法：三月初，取枝大如手指者，斩令长一尺半，八九枝共为一窠，烧下头二寸。不烧则漏汁矣。掘圆坑，深一尺七寸，口径尺，竖枝于坑畔，环圆布枝，令匀调也。置枯骨、礓石于枝间，骨石，此是树胜所宜。下土筑之。一重土，一重骨、石，平坎止。其土令没枝头一寸许也。水浇令润泽。既生，又以骨、石布其根下，则科圆滋茂可爱。”

《农桑衣食撮要》中记载了石榴的压条繁殖方法，“移石榴，叶未生时，用肥土于嫩枝条上以席草包裹束缚，用水频沃，自然生根。叶全，截下栽之……”北宋《洛阳花木记》记载洛阳地区春分时节石榴嫁接，“石榴上接诸般石榴”；《水云

录》记载“若以白榴枝插于红榴枝上，其花粉红”。

②树体管理

石榴极易发生根蘖，任其生长则呈丛生状，浪费大量营养，导致产量下降。《竹屿山房杂部》记述“宜伐尽，留一干”。《农政全书》指出“石榴须春分前剪去繁枝及树梢，则结实大”，《便民图纂》解释为“又须时常剪去繁枝，则力不分”。《汝南圃史》记述，通过石榴生长期的摘心控制营养生长，使树体健壮，提高坐果率，“时三月既望，新绿满枝，红英菽发。忽一日皆掐去。问其故，云是无庸留，留即枝叶冗长，花蕊亦终脱落。必稍遏其生机，迨四月间，长新枝即短茁如老干，花亦耐久”。

③病虫害防治

《种艺必用》中记述了盆栽石榴虫害的防治，“盆榴花树多虫，其形色如花条枝相似，但仔细观而去之，则不被食损其花叶。或木身被虫所蠹，其蛀眼如针而大，可急嚼甜茶，置之孔中，其虫立死”。《汝南圃史》记载“常令土润泽，则蛀不生”。

冬季低温是北方石榴栽培的主要限制因素，《齐民要术》记载黄河中下游栽培石榴的防寒防冻措施，冬季需用“蒲藁”裹缠，否则有冻死之虞。《农桑衣食撮要》记载“以谷草或稻草将树身包裹，用草绳或苘麻拴定，泥封，以糠秕培壅其根，免致霜雪冻损”。

2. 石榴的产业发展现状

石榴在伊朗、阿富汗、黎巴嫩、叙利亚、印度、突尼斯、土库曼斯坦、以色列、日本、美国、西班牙、法国、中国等世界上 30 多个国家有商业化栽培，其中伊朗的栽培面积最大，美国的栽培技术及商业化运作世界领先。中国石榴栽培面积约 200 万亩，呈现出“南方快增、北方慢减”的态势，以四川、云南为代表的南方石榴产业快速发展。由于南方石榴成熟期普遍较北方早一个月，因此出现了“南榴北卖”的情况，随着四川、云南、河南等地的软籽石榴相继大面积投产，石榴的产量以及市场份额将逐年扩大。但是长江中游地区，特别是湖北地区不适宜石榴的商业化生产，切忌盲目投资建设规模化生产基地。

(1)中国石榴的产销形势

我国石榴销售市场总体上呈现出供不应求的态势，不会出现诸如大宗水果绝对产能过剩的问题，但是地区性、季节性的滞销问题仍然存在，主要原因为短时间、局部的产量集中上市。我国北方石榴成熟期晚、品质优，其籽粒大、口感好、耐储藏，与南方石榴形成错峰，总体价格区间在每公斤 10.00～16.00 元。但是石榴的市场销售两极分化严重，优质优价，劣质低价，等外果无价滞销。

①软籽石榴是主流

随着人们生活水平的不断提高，对水果的多样化需求提出了更高的要求，软籽石榴就迎合了这种需求，其中突尼斯软籽石榴风靡我国南方市场近 10 年，仍然热度不减。软籽石榴不仅品质好，而且籽粒特软，甜而无渣，改变了人们吃石榴吐籽粒的传统习惯，特别适合儿童、老年人食用。另外，软籽石榴在南方地区综合性状表现优良，早果、丰产、稳产，预计未来较长时间内，软籽石榴将成为我国石榴的主流栽培品种。

②设施栽培是方向

我国石榴的栽培区域从北往南，跨越了温带、亚热带和热带三个气候带，各个主产区地理条件和气候因子千差万别，对于露地栽培而言，主要的自然灾害是南方多雨、中部的高温高湿以及北方的严寒。石榴的设施栽培可以实现优质、丰产、高效的要求，同时可以防雨、防冻、防日灼，以及减少病虫害的发生。

③农旅融合是趋势

农旅融合是将石榴的科研、生产、加工以及电商营销、生态旅游、康养服务、都市石榴盆景等进行深度融合，拉长石榴的产业链条和价值链，全力将每一棵石榴树、每一个石榴果的潜在价值“吃干榨净”。同时，深度挖掘石榴的文化价值，促进旅游、农业、文化融合。

(2)存在的主要问题

①良种化率低，果品质量不佳

在石榴主栽品种中，普通农家品种所占的比例大，综合性状优良的新特品种偏少，导致石榴果品同质化严重，质量偏低；同时品种结构失调，各产区早、中、晚熟品种比例不当，大多在中秋节和国庆节期间成熟，成熟期过于集中，导致区域性、结构性的供过于求，出现滞销和产品腐烂变质的情况。另外，石榴生产过程中机械化管理、肥水一体化、病虫害综合防控以及设施栽培等环节滞后，导致标准化、精细化以及物联网智能化管理模式缺失，产品质量不优。北方石

榴尽管品质好，但是裂果多、外观质量差；南方石榴品相好，但风味偏淡，个大粒小。

②储藏加工技术落后，产业链条短

石榴产销体系中冷链系统尚未完善，单果塑膜密封冷藏及恒温流通的比例低，果品销售过程中高低温交替，导致出库的石榴在运输和销售过程中，品质劣变和损耗大，提高运销成本。加工企业小而少、产能低，石榴汁、饮品等数量少、档次低，特别是一些具有功能因子的产品，如保健品、化妆品等数量少。

③产业融合制约因素多，难度大

跨行业、多领域的产业融合发展需要土地、资金、人才、技术等生产要素的支撑，现阶段限制因素较多。一是建设性基础用地指标严重稀缺，难以满足加工业、旅游业发展的用地需求，存在用地难的瓶颈问题。二是资金短缺，石榴一、二、三产业融合发展具有显著的资本密集型特征，事实上大多数经营主体难以获得银行贷款支持，导致产业融合的运营管理、电子商务、文化创意、品牌建设等较为缺失。三是现有组织模式难以兼顾石榴产业利益相关方的自然风险和市场风险，受到小农户与大市场矛盾的制约，龙头企业、合作社已经成为石榴产业融合的核心和关键，在“龙头企业＋农户”“合作社＋农户”的组织模式中，农户与市场经营主体之间没有真正形成“利益共享、风险共担”的利益共同体。

三、市场前景及发展趋势

1. 以石榴文化为载体，服务城市内部核心圈层的都市农业

位于城市内部圈层的都市农业主要以生态服务功能为核心，侧重于营造市民的生活环境和改善参与体验的功能，其形态主要以家庭园艺和社区农场、绿化农业和公园农业、植物工厂和垂直农业为主。

石榴树的花、果、枝叶完全符合城市内部圈层这一区域的服务需求，成为家庭园艺和社区农场的首选树种。种植石榴为城市居民提供了休闲活动的空间，市民可体验农事操作，同时能够获得少许新鲜果品。由于城市内部的土地资源极为紧缺，除市政绿化用地外，市民可以利用自家阳台、楼顶、地下室等空间进

行园艺种植，为居民提供绿色、体验、科普、参与现代农业的去处。

另外，石榴盆景被誉为“无声的诗、立体的画”，在花果类盆景中排名居首，且发展迅速。山东峄城石榴盆景产业年销售额超过 1.5 亿元，从业人员多达 3500 人，石榴盆景的产销实现了买全国、卖全国。

2. 利用石榴“全身都是宝”的优势，服务城市近郊及外缘辐射区的都市农业

石榴有很多美好的象征意义，常被用来表达多子多福、团圆美满、事业红火、家庭甜蜜等美好祝福，其成熟季节多与中秋、国庆、重阳等佳节同期，更加增添了吉庆的寓意。城乡接合部的耕地面积易受城市发展的侵蚀，在现代农业背景下其农业生产兼具农副产品的供给、加工和生态服务功能，但不能进行大规模的传统农业生产。利用石榴“全身都是宝”的优势，将石榴产业与休闲旅游结合起来，发展休闲观光、采摘体验和科普教育等形态的农业，吸引城市居民游览农业景观、品尝美食、参与农事活动，打造“城市后花园”，促进一、三产业的融合发展。

作为都市农业的外缘辐射区，都市农业与传统农业在这里可以交互作用、融合发展。石榴产业的发展基于都市农业的技术和理念，将农业与大地景观、乡村旅游结合起来，让市民欣赏田园风光和品尝农家风味，体验传统农耕文化、乡土文化和民俗风情，感受旅游活动中的“乡愁”情怀，形成“以农促旅，以旅带产，以产兴农”的乡村发展模式。

3. 培育新型经营主体，强化科技支撑

适度规模经营对于石榴产业的健康发展至关重要，培育龙头企业、合作社、家庭农场、产业协会等新型经营主体，解决了传统模式中“小农户”与“大市场”的脱节问题，建立有效衔接。新型经营主体通过农资统购、石榴统销，有效提升了果农的市场议价能力，降低了生产成本，提高了销售价格，增加了果农收益。加强供应链建设，建立市场准入制度、原产地追溯体系以及果品分级标准，为广大销售商和消费者提供可靠的供应链服务。

石榴生产最能体现劳动密集和技术密集的特征，全程采用工业化、机械化、信息化难以完成整个生产过程，人工劳动力成本越来越大，省力化栽培成为石

榴生产新的技术模式。土壤耕作、农药喷雾基本可以进行机械操作，微灌、遮雨、液体施肥、生草覆盖等省力化管理技术应用越来越广泛。同时，石榴适度规模化生产要制定技术标准和生产操作规程，推广应用新技术，如疏花疏果技术、套袋技术、生草覆盖技术、节水灌溉技术、配方施肥技术、叶面施肥技术等；杜绝农药残留，不用有机氯、高毒、高残留的有机磷药棉、药泥堵口，提倡申报绿色食品的产地认定和产品认证。

4. 开发石榴加工产品，延长产业链条

石榴果实的营养价值高，可食部分占 15.0%～40.0%，水分含量 78.2%，总糖量 11.0%～16.8%，柠檬酸及苹果酸 0.4%～1.0%；同时富含各种氨基酸、蛋白质、碳水化合物、各种维生素以及微量元素，每 100 g 果汁中含钙 11.0～13.0 mg、磷 11.0～16.0 mg、铁 0.4～1.6 mg、胡萝卜素 0.01 mg、维生素 C 4.6～11.0 mg，以及丰富的锰、钾、铜、锌等。石榴籽含甘油三酯、磷脂、甾类，果皮、果汁中含有多元酚、有机酸、鞣质等。石榴叶水浸剂具有抗氧化、调血脂功能。石榴渣中含有黄酮类化合物，具有抗癌防癌作用，以及降血脂、治疗心脑血管疾病、抗衰老等药用保健功能。

随着市场化的不断深入，大力发展石榴深加工产品，延伸产业链，提升附加值，真正把石榴“吃干榨净”。对石榴果、皮、籽、叶、花等实施深度加工，开发石榴饮品、石榴食品、石榴化妆品、石榴保健品、石榴药品等系列产品，从石榴茶、石榴饮料，扩大到石榴原汁、石榴凉茶、石榴草本茶、石榴酒、石榴饴糖、石榴糕、石榴籽粉、石榴籽粒胶囊、石榴化妆品等系列产品。

第二节　品种

1. 石榴品种的分类

在我国石榴栽培历史悠久，分布范围广泛，受不同生态环境条件的长期影响，其变异类型及品种极多。晋代《广志》记述“安石榴有甜、酸种”，这是我国古籍最早关于石榴品种的记载。我国古代对石榴品种的记载，从最初的依据石榴果实的酸、甜味道进行分类，发展到依据花色、籽粒、结实性等性状进行分类，但是具体品种极少详述。现代石榴品种的分类研究主要是基于形态学、生化水平和分子水平的标记所进行的分类，尤其是以形态学标记的品种分类最多，基于细胞学标记的品种分类极少。

(1)根据花的特征分类

石榴作为重要的园林植物，其花极具观赏价值。无论是观赏还是食用，根据花型、花色、花期等的不同，对石榴进行了明确的区分。

①按照花型进行分类

石榴是一种重要的观赏植物，其花瓣的形状和颜色受到人们特别的重视。其花型丰富，指的主要是重瓣性与瓣型的综合表现。通过花瓣增生、雌蕊或雄蕊瓣化、花朵叠生等方式形成重瓣性，导致花瓣数目增加；瓣型则指花瓣的皱、裂、卷以及形状的差异和花瓣的排列。相对于原始的单瓣品种而言，重瓣性和瓣型的复杂化在品种演化中处于较高级的地位，其演化顺序应该是单瓣品种→复瓣品种→重瓣品种→台阁品种。古籍中记载的“单瓣”“单叶”为单瓣品种，花瓣仅一轮；“千瓣”“千叶”为重瓣品种，花为复瓣、多轮，花瓣数十枚；“重台”即雄蕊全部瓣化，形成的重萼类型。《遵生八笺》记载“石榴花（八种），燕中有千瓣白，千瓣粉红，千瓣黄。大红者，比他处不同，中心花瓣如起楼台，谓之重台石榴花，头颇大，而色更深红”。

石榴花的花型有单瓣、复瓣、重瓣和台阁，瓣型变化常以花瓣内扣的形式存在，花瓣不开裂，但经常发生皱缩。对于单瓣品种，花瓣较为平展，微皱缩；而复瓣、重瓣、台阁品种则出现明显的皱缩。在结实品种中，单瓣占主导地位；有的复瓣和重瓣也具有结实性，但结实率极低；台阁的品种雄蕊全部瓣化，雌蕊退化，完全不能结实，开花后中心复有花萼，萼片数与外层萼片数量相同，内层萼片内仍有花瓣，但花瓣明显小于外层，出现重萼。《本草纲目》记载“单叶者结实，千叶者不结实，或结亦无子也”。

②按照花的颜色进行分类

石榴花的颜色多彩多样，观赏性强，主要为橙红色、淡黄色、纯白色，其中杂

色品种主要表现为花瓣红色有白色条纹，或花瓣白色有红色条纹等色彩变化；橙红色、白色等单色的花色是原始性状，而黄色、粉红色等单色和色彩变化的红白相间、白红相间等复色属进化性状。石榴的花色是由系列多基因控制的质量性状，尽管在同一色系内有深浅变化，但不同色系之间的花色是相对稳定的。

我国古籍中记载了石榴花色的多彩变化。早期的石榴花似乎仅有红色，东汉《翠鸟诗》记载“庭陬有若榴，绿叶含丹荣”。在唐代开始出现有不同花色的石榴，唐代《北户录》记述“涂林花有五色，黄、碧、青、白、红……今岭中安石榴花实相间，四时不绝，亦有绀者”。明代《本草纲目》记载“榴五月开花，有红、黄、白三色”。《竹屿山房杂部》在安石榴章节中记述“红花、黄花、肉红花、四季花、并蒂花、白花”。

③按照花期进行分类

石榴的花期长，其开花的时间长短与生态气候条件和品种有关。大多数石榴开花 3～4 茬，第一次开花以叶丛枝为主，主要是发育正常的花，也称头茬花；第二次开花以短枝、中枝为主，叶丛枝、短枝上的腋芽也同时开放，称为二茬花；第三次开花数量少，多为退化花，称为三茬花；第四次开花称为末茬花。有的石榴在生长季节连绵不断地开花，花期很长。《本草纲目》《群芳谱》等记载，石榴在夏初开花，但也有石榴花期特异，《三才图会》记有“又有千叶粉红榴，夏初、秋中两开”。

(2)根据果实的特征分类

①按照果实的风味进行分类

石榴最早是作为果树进行栽培的，风味是石榴重要的品质特征，早期对石榴的分类即主要依据风味，将其分为酸、甜两种。甜石榴是主要的栽培品种，作为果品食用；酸石榴作药用，《名医别录》记载“其味有甜、酸，药家用酸者”，《图经本草》记述“甘者可食，酢者入药”。

②按照果实的外观进行分类

石榴果实的外观主要包括果皮色泽、果实的形状及大小等性状。果实大小是石榴最为重要的商业性状之一，可以分为特大果、大果、中果、小果四种类型。特大果品种成熟后，平均单果重 400 g 以上，果实横径 9.5 cm 以上；大果品种平均单果重 300～400 g，中果品种单果重 150～300 g，小果品种单果重 150 g 以下。我国古代文献中记载了特大石榴品种,《晋隆安起居注》记述"武陵临沅县,安石榴子大如碗,其味不酸";清代《棻堂节录》记述"石榴之大莫如东明县,岁例解京,名江榴。一圆重三四斤,剥出子可二升余,红色鲜明,味亦甘脆"。

果实色泽的浓淡和分布受果实成熟度及环境因子的影响,幼果一般呈现绿色,也有粉红色和白色,但是数量少。随着果实逐步成熟,果皮外层叶绿素逐渐分解,花青素、类胡萝卜素等形成而呈现出红色、白色、青绿色等颜色。按照皮色的不同,石榴品种可以分为红色、白色和绿色三个色系,其中红色系果实外观色彩鲜艳,鲜红透亮,包括粉红色、紫红色,以红色最为常见,古人称其为"朱实""丹房";白色系果皮为淡黄白色,果面平滑光洁;绿色系果面为青绿色,或者间有暗红的色彩,色泽不艳丽。清代《滇南闻见录》记载"惟阿迷州之石榴,有绿色者,子大而味甘,非寻常石榴可比数也"。

③按照籽粒的特征进行分类

依据石榴籽粒的软硬分为硬籽品种、半软籽品种和软籽品种三大类。大多数品种都是硬籽类型,其湿籽粒的硬度大于 4.20 kg/cm^2。软籽品种数量少,其湿籽粒的硬度小于 3.67 kg/cm^2。我国直至清代,陕西地区才出现软籽石榴,《豳风广义》记载"用者甚少,不必多植,惟择大软子并白玉子者方佳"。

石榴籽粒的大小与形状也存在明显的差异,根据籽粒大小分为五类,籽粒特大,成熟后籽粒百粒重 50 g 以上;籽粒大,百粒重 40.0～49.9 g;籽粒中等,百粒重 30.0～39.9 g;籽粒小,百粒重 20.0～29.9 g;籽粒特小,百粒重 19.9 g 以下。

依据籽粒成熟时的颜色,可分为红色、白色两大类,其中红色系有粉红色、紫红色等。唐代《石榴歌》描述"霜风击破锦香囊,鹦鹉啄残红豆颗(红色籽粒)";宋代《本草衍义》记述"子白莹彻如水晶者(白色籽粒),味亦甘,谓之水晶石榴"。

2. 主要品种

我国石榴栽培历史悠久,分布范围广。经过长期的人工和自然选择,石榴优势产业区集中分布在陕西、河南、山东、安徽、四川、云南、新疆等省区,其石榴总产量占全国产量的 90% 以上。除上述石榴优势产业区以外,我国的江苏、湖

北、湖南、浙江、西藏、贵州、江西、广东、广西、福建、台湾等省区也有石榴的零星分散栽培，特别是观赏石榴，或花果兼用的石榴栽培。

长江中游地区，特别是湖北地区，石榴品种的选择必须先进行引种区域试验，再进行产业化应用，切忌盲目引种。

(1)软籽石榴

软籽石榴种核特软，受到人们的重视和喜爱，生产上热度也高。我国的软籽石榴种质资源较多，分布范围较广，如河南的河阴软籽、范村软籽，安徽的怀远三白软籽甜、烈山软籽、烈山红皮软籽甜，四川的会理青皮软籽、红皮软籽，山东的郭村软籽，陕西的临潼软籽白等，但是大部分为半软籽石榴品种。国内科研单位选育出了许多软籽石榴新品种，除了少部分品种外，大部分品种综合性状，尤其是软籽的软化程度不及突尼斯软籽石榴。

①品种来源

原产于突尼斯，1986年引入中国。

②品种特征特性

果实圆形，果形指数0.89。微显棱柱，近成熟时果皮由黄变红，成熟后阳面全红，间有条纹，背阳面红色占2/3；果皮光洁明亮，极少果锈，外观漂亮。梗洼平，萼洼凹；果皮较薄，平均厚约3.0 mm；萼筒较短，直立张开或闭合，萼片5～7裂。果实特大，平均单果重385 g，籽粒红色，汁液多，可溶性固形物含量15.2%，有机酸含量0.25%，味甘甜，品质上；可食率61.9%，心室6～8个。籽粒大，百粒重48.2 g；核极软，硬度为1.64 kg/cm^2。武汉地区萌芽期2月下旬，第一茬花期4月下旬至5月初，果实成熟期8月下旬至9月初，落叶期11月中下旬。

落叶小乔木，树姿开张，树冠圆形；树势中庸，枝条密，成枝率强；枝细长，茎刺少，树干上有瘤状凸起。一年生枝条为四棱形，呈红色，老枝褐色，节间平均长度为2.6 cm；二年生枝褐色，平均长度为18 cm，节间平均长度为2.8 cm。长枝每年继续生长，扩大树冠，但生长较弱，先端多自行枯干或呈针状，无顶芽；基部簇生短枝，先端1个顶芽，为混合芽，翌年可抽生结果枝，如营养不足则仍为叶芽，翌年生长弱，仍为短枝。叶较大，狭长椭圆形，叶片长5.6 cm、宽1.7 cm；叶面平展，叶片绿色，新叶紫红色；叶基楔形，叶尖钝圆，叶缘波状，全缘，侧脉9

对，网脉不明显。叶柄平均长约4.0 mm，内侧红色。花两性，虫媒花，单生在结果枝顶端或1～4节叶腋间。萼筒钟形或筒状，肉质，与子房连生。子房下位，内有大量多角棱柱状胚珠。花梗下垂，长2.0 mm，红色；花萼筒状，深红色；花单瓣，5～7枚，椭圆形，红色，长2.1 cm、宽1.6 cm；花冠外展，花径3.5 cm，雄蕊多数，210枚。

该品种抗旱、抗病，适应性强，在北方适栽地区早果性好，丰产、稳产，定植第二年始果，第三年进入结果期，亩产可达1000 kg石榴。在武汉地区能够开花结实，但产量低，露地栽培不宜规模化发展，商业化栽培尤其要谨慎。

③栽培技术要点

a.栽植模式为宽行窄株+高垄低面，适宜株行距为(1.5～2.5)m×(3.0～4.0)m；需要配置授粉树，比例为(4～5)∶1。

b.适宜的树形为单干式疏散分层形，具中心干，主干高50 cm，中心干高2.0 m，树高2.5～3.0 m；主枝数量5～6个，在中心干上分两层排列，层间距为80～100 cm；每个主枝配置1～2个侧枝，侧枝上着生结果枝组。生长期修剪主要是抹芽、扭梢、摘心以及疏枝等。

c.石榴为虫媒花，授粉昆虫主要是蜜蜂、壁蜂及其他昆虫，花期放蜂可显著提高坐果率。疏花疏果及早进行，疏除发育不全的退化花和侧生花，疏除侧生果，保留顶生果。

d.套袋栽培，避免裂果以及病虫为害。套袋果实的果面光洁细嫩，着色好，商品价值高。

(2)兼用型石榴

食用和观赏兼用型石榴的花期长，花型美丽，也可作为盆栽品种，花果兼用。观赏石榴有红皮石榴、墨石榴、牡丹花石榴、月季石榴、白石榴、彩花石榴等，选择兼用型品种时，除花期、叶片、株型等观赏性状以外，还应考虑果实的内在和外观品质，特别是综合考评品种的适应性、抗病虫害能力、是否容易裂果及耐储性等性状。在武汉地区经过区试评价筛选，鄂石榴1号优系综合性状表现突出，可以小面积试种。

①优系来源

湖北省农业科学院果树茶叶研究所通过实生选种育成的优系，综合性状优

良，为食用和观赏兼用型的特色种质(图 4-1)。

图 4-1　鄂石榴 1 号(品系)

②品种特征特性

果实近圆形，果形指数 0.93，果面有不明显的棱。果皮青绿色，向阳面有红晕，具少许斑点；梗洼稍凸，萼洼平；果皮较薄，厚约 2.0 mm；萼筒大多数直立张开，较短。果实中大，平均单果重 260 g。籽粒特大，玉白色，近核处有红晕，百粒重 61.0g；果肉可溶性固形物含量 14.6%，有机酸含量 0.31%，汁液多，味甜适口，品质上；可食率 60.2%，心室 8～12 个。核硬，硬度为 3.72 kg/cm^2。武汉地区萌芽期 2 月下旬，第一茬花期 4 月下旬，果实成熟期 8 月下旬，落叶期 11 月下旬。

落叶小灌木，树姿开张，树冠近圆形，树势中庸。主干和多年生枝灰褐色，当年生枝灰色，新梢嫩枝淡红色，节间长 2.8 cm；二年生枝褐色，长度 20.7 cm，节间长 2.3 cm，茎刺少。叶片披针形，长 6.1 cm、宽 1.8 cm；叶面平展微内折，深绿色，新叶浅红色，叶基楔形，叶尖渐尖，叶缘波状，全缘；侧脉 7.5 对，网脉不明显。叶柄长约 6.0 mm，紫红色。全株开花量大，着花中等。花梗下垂，长约 2.9 mm，黄绿色；花萼筒状，6 裂，淡红色，不反卷。花单瓣，6 枚，椭圆形，橙红色，长约 2.0 cm、宽约 1.2 cm，花冠内扣，花径 4.8 cm。雄蕊多数，约 150 枚。该优系为早熟品种，不耐储藏，多雨年份易裂果。

③栽培技术要点

a. 适宜株行距为(1.5～2.5)m×(3.0～4.0)m；需要配置授粉树，比例为(5～7)∶1。

b. 适宜的树形为单干开心形、双主干V字形、三主干开心形、多主干半圆形等。单干开心形主干高40～50 cm，树高2.0～2.5 m，无中心干；主枝3个，每个主枝1～2个侧枝，全株配置20～30个大中型结果枝组。石榴枝条柔软，大量结果后易弯曲下垂。幼树整形时只对骨干枝短截，主枝角度不宜过大。冬季修剪时以疏剪为主，不行短截。生长期注意环割、环剥、摘心、抹芽、除萌蘖等。

c. 果实采收后施基肥，在树冠外缘滴水线处挖深40 cm、宽50 cm的环状沟或条状沟施肥，株施农家肥料40～60 kg＋复合肥1.0 kg＋普钙0.6 kg。催芽肥及幼果膨大肥分别在2月中旬、6月中旬株施复合肥0.5～1.0 kg。

d. 提高树体的营养水平，提高自身抗病虫能力，综合防治石榴干腐病、早期落叶病、褐腐病及桃蛀螟、桃小食心虫、刺蛾等病虫害；减少越冬病虫源，搞好病虫测报，适期进行化学防治。

第三节　建园及果园管理

一、果园的建立

1. 建园

(1)产业定位及品种选择

长江中游地区不是石榴的优势产业区，只能依据“特色、插花、补空”的原则，在“适地适栽＋良种良法”的基础上，农旅结合，花果兼顾。坚持生态、经济和社会效益相统一，突出经济效益；合理布局，突出重点，栽管并重，注重实效，以优质果用为主，兼顾观赏。

品种的选择，无论是果用还是观赏用的品种，务必先期进行试种，筛选评价后再确定，最主要的是适应长江中游地区高温、高湿、少日照的生态气候条件，

抗逆性强，且丰产、稳产，市场上以果大色红味甜、籽粒大核软、耐储运、抗逆性强的品种最受欢迎。

用作盆栽以及绿篱的石榴可以选择月季石榴、墨石榴、重瓣月季石榴等品种，其形态优美、枝叶繁茂，花香果艳且植株矮小，枝条柔密，自我更新能力强，耐修剪。用作行道树以及庭院栽培的石榴可选择粉红花石榴、重瓣粉红花石榴、重瓣红花石榴等品种，其树形高大，花果皆美，作为城市道路、园林、小区绿化及庭院栽培，既可观赏又可食用。

(2)育苗

石榴苗木繁育的方法主要有扦插、压条以及嫁接，生产上主要通过扦插的方法育苗，分为硬枝扦插和绿枝扦插。

①硬枝扦插

硬枝扦插为萌芽前从母株上剪取生长健壮的1～2年生枝，除去茎刺以及病虫枯枝，剪成长10～15 cm、芽体2～3节的插条，将下端的斜面浸入清水中泡12～24 h，或浸入生根粉溶液(50 mg/kg)中2 h，然后按照12 cm×30 cm的株行距插入苗床中，上端芽眼高出畦面1.0～2.0 cm，苗床注意浇水保湿。

②绿枝扦插

绿枝扦插要求的生根条件高于硬枝扦插，需要搭建透光率为70%的遮阳网温棚，配备微管喷雾系统，根据叶面水分含量自动间歇喷雾。5月上旬至6月下旬，从母树上剪取当年生半木质化枝，剪成5～10 cm长的插穗，去掉上部幼嫩顶梢，保留2～3片叶。苗盘规格30 cm×40 cm，基质以珍珠岩、蛭石、河沙等按比例混合而成，按行距6.0 cm、株距4.0 cm、扦插深度2.0 cm的标准插入穗条。棚内白天气温保持35℃以下，生根后控制在30℃，相对湿度保持在90%；前期多喷水，维持叶面水膜，愈伤组织形成后可减少喷水量，根系形成后则少量喷雾。

插穗生长期间，温棚内透光率保持在70%，30 d插穗全部生根。当苗高10～25 cm时，插穗已形成了二次根，即可移栽到营养钵中。移栽前2～3 d停止喷雾，进行炼苗。营养钵的基质以河沙、珍珠岩、草炭、田土等按比例混合，材质为可降解塑料，高15 cm，上口直径13 cm。苗木移植后，带钵栽植在苗床畦内。4～5个月后，苗高在70 cm以上、粗度60 cm以上时即可用于建园。

(3)园地的选择

石榴喜温喜光,怕湿怕涝,园地宜选在阳坡、光照充足、排水良好的地方。石榴在光照良好的地方,完全花比例高,果实色泽艳丽,籽粒含糖量高,优质高产;阳坡石榴着色好于阴坡,树冠发育阳面好于阴面、外围好于内膛。

石榴耐瘠薄,对土壤要求不高,在多种土壤上均可健壮生长,但是建园时应抽槽改土,施入有机肥(图 4-2);对土壤酸碱度的适应范围大,pH 值为 4.5~8.2 的土壤均可栽培,以 pH 值在 6.5~7.5 最为适宜。平地、丘陵、山地均可种植,以沙壤土或壤土为宜。土层深厚处的石榴树势强健,生长旺盛,完全花比例大,果大皮薄着色好。

图 4-2 抽槽改土施入有机肥

(4)苗木栽植

石榴在湖北地区小面积的生产模式参考柿、樱桃等章节,要求“宽行窄株、开沟起垄,抬高栽”。栽植密度根据树形、品种及耕作模式确定,株行距以(1.5~3.0)m×(3.0~4.0)m 为宜。

石榴为虫媒花,建园时需配置授粉树,比例为(5~8):1,栽植花期相同或相近的品种 2~3 个,以利于相互授粉,提高坐果率。

苗木栽植前,根部用清水浸泡 12~24 h,然后剪平伤根和断根并蘸泥浆。栽植时,将苗木放入定植坑内,边填表土,边在表土填入一半时把苗木向上提一提,踏实后做环形树窝浇透定根水,水渗下后在树干基部培土呈馒头状。

二、树体管理

石榴系落叶灌木或小乔木，树高可达数米，但是矮生石榴品种不足一米或更矮，自然树体为单干或多干，自然圆头形或半圆形；幼龄树枝干顺直，老树主干粗糙，有瘤状凸起，多逆时针扭转，树皮呈片状脱落。树冠内分枝多，小枝多圆形，顶端光滑无毛，刺状。叶全缘、有光泽，丛生或对生，短枝叶近簇生；叶形为倒卵形或披针形，具短叶柄，尖端较尖，背面中脉凸出。长江中游地区花期为4—9月，果实成熟期为7—9月。

现代规模化生产园，石榴多主干树形极少，主要有单干篱形、单干疏层形以及单干开心形。

1. 单干篱形

(1)树体结构

石榴的单干篱形和梨树高纺锤形、柿树的树篱形结构相似，其也是大多数具有主干落叶果树的主流树形，如苹果、梨、柿、樱桃、桃、枣等果树，这种树体结构最大的特点是便于实现机械化操作，且早果、丰产；宽行窄株，减少单个树体在水平方向上的枝叶分布，留出机械作业道；增加树体垂直方向上的枝叶数量，维持较高的生物学产量；简化结构层级，主干上直接着生结果枝组，衰老的枝组进行替换。不同的树种和品种，依据植物学特征和生物学特性的不同，其具体的树形结构特征有所不同。

单干篱形的树体特征为主干高 80 cm，中心干高 2.5 m，树高 3.0～3.5 m。无主枝，中心干上分布约 25 个中大型结果枝组，不分层，自下而上呈螺旋状排列，在中心干上的垂直间距约为 15 cm；下部的枝组基角约 70°，长 80～120 cm；中部的枝组基角约 80°，长 70～80 cm；上部的枝组基角约 90°，长约 60 cm。群体结构为株间允许交接 10%，行间留出 1.2 m 的作业通道。

(2)整形过程

①定植当年

石榴干性弱，顶端优势不强，须设置辅助设施才能培育健壮直立的中心干，辅助设施可以参照柿章节，设置水泥立柱，也可设置竹竿或者木桩，高约 2.5 m，将中心干的延长枝绑缚在铁丝或竹竿(木桩)上，维持其直立强旺生长。其枝条较软，结果后易下垂，苗木定干宜高。建园选用健壮的大苗，定干高度 1.0 m；弱苗须平茬，定植后剪留 15～20 cm。萌芽后，抹除距离地面 80 cm 以内的萌芽，选留最顶端的新梢作为主干延长枝；延长枝以下的 3～5 个新梢，当其长度约 20 cm时摘除顶部 10 cm，削弱其生长势，以集中营养促进中心干生长。对于中心干延长枝萌发的二次新梢，长度 20 cm 时进行拿枝，使其保持水平位置或略下垂，促进形成花芽。

当年冬季，幼树主干可高达 1.5 m 以上，中心干上着生结果枝组 7～9 个，枝组长度 80～100 cm，粗度达 0.5 cm 以上。

②定植后第二年

培养树形的主要目的仍然是快扩冠、早成形。此时期石榴开始结果，最好疏除全部花果，集中营养促进树体生长，继续培养健壮的主干，促进平缓生长的二次枝形成结果枝组。

萌芽前，对主干延长枝进行短截，剪口留饱满芽，使其发育成主干延长枝；其余的枝条进行轻简长放，除去部分重叠枝、密挤枝、病虫枝及下垂枝，相邻的结果枝组在中心干上的间距约 15 cm。对保留的结果枝组保持平缓生长，基角过小及时拉枝、撑枝，开张角度。中心干延长枝上当年萌生的二次枝长度约 20 cm时，进行扭梢(拿枝)，延缓其生长势，促进花芽分化。对第一年形成的结果枝组，及时抹除其背上新萌生的嫩梢；两侧萌生的新梢，在同侧按照 20 cm 间距进行疏间，保留的新梢长约 20 cm 时进行半叶摘心，摘叶部位的叶片大小达到正常叶片的 1/2。保持枝组延长枝的平缓生长，枝端与主干夹角保持约 80°。

第二年冬季，幼树主干可达 3.0 m，中心干上着生结果枝组 18～22 个，结果枝组长度 100～120 cm，粗度 1.0 cm。

③定植后第三年及以后

石榴的单干篱形基本成形，进入结果期。此期的重点是均衡营养生长和生殖生长的关系，及时控制树高生长，摘除背上直立旺梢，促使其多结果、结好果。萌芽前，在中心干 2.5 m 处进行落头，疏除中心干上的直立枝、徒长枝。结果后下垂的枝组，通过背上斜生枝换头，抬高角度，增强生长势。生长季节一是花前

环割，促进形成有效花，提高坐果率；二是花期重摘心，对全部新梢保留3片叶摘心，集中养分供应幼果生长；三是幼果坐果稳定后，及时对背上枝摘心，促发分枝，增加冠层枝叶数量，减少枝干及果实的日灼。

冬季修剪对中心干上结果枝组的顶端延长枝进行回缩，利用其背上枝培养新的延长枝，增强其生长势，以维系强大的结果能力。

2. 单干疏层形

(1)树体结构

单干疏层形的石榴树体结构紧凑，通风透光，成形快且骨架牢固，结果早，品质优，方便管理。该树形具有中心干，主干高50～70 cm，中心干高约2.5 m，树高约3.0 m。主枝5～7个，在中心干上分层分布，第一层3～4个主枝，第二层2～3个主枝，两层主枝在中心干上的间距1.0～1.2 m。主枝上不配置侧枝，直接着生中大型结果枝组。

(2)整形过程

①定植当年

幼树进行定干，保留单干，高度当单主干处理，保留单主干高60～80 cm；萌芽后，除去剪口下约30 cm的新梢及根部萌蘖；保留整形带内萌发的新梢，新梢长50 cm时适时进行摘心，促其分枝；选留3～4个新梢，培养成为第一层主枝；拟作主枝新梢上萌生的二次枝进行扭梢，延缓其生长势，促进花芽分化，第一层主枝的开张角度为75°。

冬季修剪时，对中心干的延长枝在饱满芽处短截，促进主干强旺生长；对主枝的延长枝，保留50～60 cm留健壮芽短截，促进主枝外延，快速扩大树冠。对中心干以及主枝上的徒长枝、并列枝、交叉枝疏除，补空时则长放留作辅养枝。根际萌蘖全部剪除。

②定植后第二年

此期重点是继续培养第一层主枝，同时选留第二层主枝。主枝萌发后，抹去剪锯口下和其他部位多余的芽，更换枝组则留一个壮旺芽；当新梢半木质化时，须将新梢基部捋软，通过撑、拉、坠等方法开张角度，如主枝的基角不足45°，则通过拉枝、坠枝等方法开角。因石榴枝条柔软，结果后主枝角度会自然开张下垂，幼树整形时主枝角度不能开张过大。夏季修剪多留主枝末端的新生枝，当其长 50 cm 时摘心。对主干和主枝背上的萌芽及时抹除，对主枝及中心干上选留的结果枝组，在其 40 cm 时摘心，促发分枝。在第一层主枝 1.0 m 以上选留第二层 2～3 个主枝，其延长枝 50 cm 时摘心，促发分枝，对主枝上的二次枝进行扭梢，延缓生长。第二层主枝的长度是第一层主枝长度的 1/2，开张角度 65°。

冬季修剪继续对主枝的延长进行短截，尽快扩冠。剪除根盘上的萌蘖条，对主枝背上的徒长枝和强旺枝疏除。

③定植后第三年及以后

石榴树进入结果期，树体基本成形。生长期修剪，除抹芽、除萌蘖、摘心和疏除过密小枝外，在树膛内主枝顶端和各分枝适当位置预留背上、背下和左右小侧枝，培养成结果枝组，以防空膛。对于不作结果枝组培养的丛生新枝，通过拿枝使旺枝斜生，长约 40 cm 时留 2/3 不断摘心。作结果枝组培养的壮旺枝，新梢长到所需枝组长度 1/2 时不断摘心；主枝两侧的结果枝组不要对生，主枝梢端的枝组长度稍短；枝组直径为着生处主枝直径的 1/3～1/2，第二层主枝上多留粗度 0.3～1.0 cm 的中庸枝。结果枝组上的新梢长 1～2 cm 时，在其枝组中下部环割 2 道，利于形成二茬筒状花。

冬季修剪疏除病虫枝、下垂枝、直立大枝、细弱枝和所有枝组顶端的不充实枝、过密枝。下垂枝、平生枝在抬头分枝处缩剪，无抬头分枝的疏除，过长的丛生枝适当短截或疏除，疏除角度大于 75°枝组的背下枝。对于主枝中下部的多年生衰弱枝组留 3～5 cm 长桩橛疏剪，翌春萌发后选 1 个旺芽新梢培养成新的结果枝组。

3. 单干开心形

单干开心形的树体结构为主干高 60～80 cm，无中心干，树高约 2.5 m；主枝 3～4 个，每个主枝配置 1～2 个侧枝，主枝及侧枝上着生中大型结果枝组。主枝 3～4 个，四斜向生长（东南、西南、西北、东北），开张角度 45°～60°。

树体主枝、侧枝及结果枝组的培养类似单干疏层形。初结果树修剪以疏放为主，短截及回缩等为辅。注意确定和调整好各个主枝的方位，角度不要太开张。疏除病虫枝和影响主枝光照与生长的旺枝，疏除主枝上的背下枝、下垂枝和过密枝，让主枝维持绝对生长优势，扩冠时适当短截主枝延长头。盛果期注

意回缩因结果压下垂和平行的结果枝主轴，直到抬头处。同时，对衰老结果枝组进行更换，宜逐年、逐步、分期进行，防止一次性过多替换造成产量损失。

三、土肥水管理

石榴对土壤要求不严，在沙壤、黄壤、红壤等土壤中均能生长，最适宜土层深厚的沙壤土或壤土，黏重度比较大的土壤会降低果实的品质。石榴根上有瘤状凸起，扭曲，再生能力较强，残留在土中的根段能萌生成单独的植株；有茎生根系、根蘖根系和实生根系三种类型，根系发达，须根多，易发生根蘖；根系在土壤中分布浅，大多在距离地面 30～60 cm 深的土层中；水平分布范围广，为树体冠幅的 1～2 倍。根系在一年中有三次生长高峰，5 月上中旬为第一次生长高峰期，7 月底 8 月初果实生长停止后开始第二次生长高峰，9 月中下旬果实采收后进入第三次生长高峰期。随着地温的降低，根系生长逐渐停止。

1. 基肥

(1)基肥施用时期及数量

石榴基肥分为夏施基肥和秋施基肥。

夏施基肥：石榴为浅根系，在夏季生长迅速，对氮肥需求量大，长江中游地区在 4 月底 5 月初进行夏施基肥，主要促进叶片和枝条的生长，为生殖生长积累营养。根据目标产量、树体大小以及土壤营养水平等因素综合判定，生产上夏施基肥为“斤果斤肥”，每公斤目标产量施入一公斤有机肥以及适量的复合肥，即每株树施入 10.0～15.0 kg 有机肥加上 0.5～1.0 kg 复合肥。

秋施基肥：果实采收后进行秋施基肥，俗称“月子肥”，此期根系生长旺盛(第三次生长高峰期)，施肥时伤根能促进新根萌发，提高根系活力，促进花芽分化。施肥量为“斤果斤肥”，每株树施入 10.0～15.0 kg 有机肥加上 0.5～1.0 kg 复合肥。

(2)肥料类型及施肥方法

①肥料类型

基肥的施用以充分腐熟的有机肥为主，有机肥料占施肥总量的 80%～90%，以腐熟的堆肥、厩肥(牛羊粪)、粪肥(规模化养殖场的猪鸡粪)为主，主要改善土壤性质，改变根域环境，增强根系周围土壤中的土壤酶、微生物活性，以及土壤养分的有效性，从而提高土壤的肥力。化学肥料占比为10%～20%，通过配合施用速效氮、磷、钾肥，以及中、微量元素，满足石榴生长发育需求，有效发挥肥料的作用，提高利用效率。

②施肥方法

施肥方法主要有环状施肥、穴状施肥、条状施肥、放射沟施肥。

环状施肥：在树冠外围（滴水线处）挖长1.0～1.5 m、深和宽0.4～0.6 m的环状沟，肥料与表土混合后施入地下30 cm处（根系主要分布层），立即覆土，干旱时注意浇水。

穴状施肥：在树冠外围，每隔0.5 m，挖3～5个宽、深30 cm的穴，将肥料施入穴内，后覆土盖上。

条状施肥：在树体行间或株间，隔行或隔株挖沟施肥，也可结合深翻进行，挖深和宽0.3～0.4 m的条沟，肥料施入后盖土，可隔年、隔行或隔次更换条沟位置，扩大施肥面，促进根系吸收。

放射沟施肥：以树冠为中心，向外挖3～6条内浅外深的放射沟，长1.5～2.0 m、宽和深0.5 m，将肥料与土充分混合均匀后填平，伤根少，挖沟时避开大根。

2. 追肥

(1)施肥时期

①花前追肥

在石榴开花前，4月中旬施入速效氮、磷、钾肥，促进叶片生长，增大叶片面积、积累光合产物，满足开花坐果需要。

②花后追肥

花后追肥要求肥效快，最好是水溶性肥料，利用施肥枪或者滴管施入，及时补充因长梢、展叶和开花所消耗掉的养分，保证生长后期特别是果实生长发育所需的营养，减少生理落果。

③花芽分化、果实膨大期追肥

追肥的主要目的是加速树体养分的积累，促进果实膨大及花芽分化，此期

部分新梢停止生长，花芽开始分化，肥料施入可提高光合效能，提高翌年的坐果率。

(2)数量及方法

盛果期石榴树追肥的施肥量为每生产 100 kg 果实，施入氮 0.8 kg、磷 0.4 kg、钾 0.9 kg，在树冠内挖宽、深约 20 cm 的条沟或者环状沟施入。当树体或叶片出现微量元素缺乏症时，如缺铁黄叶症、缺锌小叶症等，及时补充微肥。叶面喷肥可以使营养物质通过叶片上的气孔和角质层进入叶片，吸收快，注意喷施时浓度要适宜，5 月上旬、6 月下旬、9 月中旬至下旬，全株喷施 0.2%～0.3%尿素或 0.1%～0.3%磷酸二氢钾，全年喷施 3～5 次，可促进花芽分化、果实膨大，提高品质。

3. 水分管理

石榴比较耐干旱，但在花芽分化、开花坐果、果实膨大等时期须保持水分供给，但果实成熟期多雨易裂果，花期遇雨则降低坐果率。开花时不灌水，此期土壤湿度过大，会造成生理落果。果实成熟前 20 d 不灌水，易造成裂果。另外，石榴成熟前遇雨，务必要搞好排水，清通围沟及腰沟，防止秋雨过多而雨水浸灌石榴，造成裂果及采前落果。

四、石榴盆景的制作及维护

石榴具有重要的观赏价值、食用价值和药用价值，是很好的观赏树木，《长物志》记述“石榴花胜于果”。石榴是制作盆景的绝佳树种，其矮生品种树体矮小，造型容易，花、果均适合观赏，“树仅二尺，栽盆中……直垂至盆，堪作美观”。石榴花色多样，娇艳欲滴，花果期可达 4～5 个月；树叶翡翠，绚烂夺目；树干苍遒奇特，枝条纤软，深受人们喜爱。花石榴的小型盆栽置于屋内，用以观赏和净化空气；大型的果石榴盆景，在花卉装饰和造型中作立体景观或背景材料用。石榴喜光耐旱，盆景用于屋顶栽培或阳台摆设，既有传统古典美，又可使房屋充满温馨、喜悦和清新氛围；花开过后可观赏累累硕果，花果都脱落后还能观赏枝干的造型，情景交融，美不胜收。

我国最大的石榴盆景、盆栽产业在山东峄城地区，其"买全国、卖全国"。峄城石榴盆景、盆栽产业的年产值约5亿元，单盆销售价格从数百元到数万元不等。"买全国"主要是从陕西、安徽、江苏、河南、山西等地购买石榴树桩资源，其中来自陕西的树桩资源约占50%、山东约占20%。"卖全国"主要指的是石榴盆景、盆栽的三大市场：一是以北京、天津为代表的北方市场，辐射至沧州、大连、沈阳等城市；二是以杭州、常州为代表的南方市场，辐射至上海、宁波、福州、温州、湖州、泉州等城市；三是以烟台、青岛、济南为代表的山东本地市场。三大市场约占销售总量的90%。近年来，西宁、兰州、西安、郑州、武汉等中西部城市销售份额呈现出逐年稳定增长的态势。

1. 品种及桩材的选择

经过长期的人工选择及实生育种，我国产生了较多的盆栽石榴资源，如墨石榴、重瓣月季石榴、黄花石榴、玛瑙石榴、金榴、粉红花石榴、重瓣粉红花石榴、重瓣白石榴等稀有珍贵种质。观赏石榴品种丰富多彩，类型繁多，依据石榴花瓣颜色划分，有红、粉、白、黄等品种；按照花瓣的数量划分，有单瓣、重瓣两类；按照果实成熟时果皮颜色进行划分，可分为青皮、红皮、紫皮、白皮、黄皮五类；按照果实成熟时籽粒的风味进行分类，有甜、酸、甜酸三类。盆栽石榴品种的选择须根据花朵色泽、花瓣数量、果皮颜色、籽粒风味等进行综合评价。

盆景中树干的造型主要有曲干、双干、斜干等，枝条叶片为自然的形状。小型和微型盆景，可进行枝条扦插繁殖，也可由种子繁殖；也可选取2～3年实生苗，确定品种后再进行嫁接，经修剪后上盆。盆景制作多用小树进行蟠虬，为使其更具观赏价值需进行修剪造型，如果桩干及主枝不理想，还须在田间栽植培育1～2年。制作大中型盆景，要选用石榴老桩或枯桩，对其"养坯"1～2年，形成造型后再上盆。

2. 盆器及土肥管理

盆器主要选择圆形，也可选择方形，利于根系向四周均匀舒展；材质为瓦盆、陶盆等，以陶盆为最佳，颜色忌用红色，防止与石榴色彩一致，造成反差太小。盆器底部都应有排水孔，以保持良好的渗水性和透气性，否则积水容易发

生烂根。如果盆器大且透气性不好，可在盆底铺垫厚约 5.0 cm 的粗沙，并沿内壁垫一层碎瓦片。

盆栽营养土应疏松肥沃，透气性好，保水保肥能力强，营养土可就地取材进行配制，配方为砂 10%＋泥炭土 10%＋园土 40%＋腐叶土 40%（或草炭土），或者肥沃的园土 50%＋筛煤渣 20%＋腐熟的厩肥 20%＋腐烂的锯末或骨粉发酵肥 10%，最后加入适量的复合肥或者磷酸二氢钾混合均匀，过筛后消毒，暴晒后即可上盆使用。

盆土装入到盆高一半时，堆成半球形。桩材在休眠期入盆，将根系展开，再加填营养土，并轻轻拍打盆器边缘，加足营养土轻轻压实，浇透水。盆土下沉后，再加入营养土至盆口 2.0～3.0 cm 处即可，留出浇水的水口。定植时，桩材主干偏右，使主干下方枝条萌发后伸出花盆左沿，以便石榴果实下垂于盆外。

3. 造型及修剪

(1)造型

石榴盆景造型奇特、风格迥异，其花、果、叶、干、根俱美，观赏价值极高。初春榴叶嫩紫，婀娜多姿；入夏繁花似锦，鲜红似火；仲秋硕果满枝，光彩诱人；隆冬铁干虬枝，苍劲古朴。

石榴盆景，要求自然、流畅、苍劲、古朴，枝叶分布不拘一格，每棵树桩都有其独特的个性，根据桩材结构、形状、体量和形态的不同，顺其自然进行造型，常见的有直干式、曲干式、悬崖式、附石式等。

①直干式

桩材的树干达到一定高度后截干，保持树干直立，如树干略有弯曲，则用金属丝进行绑扎，使主干笔直。在树干下部选留两侧交叉生的两个主枝，第一主枝朝右（或朝左），稍向前偏，第二主枝则反向延伸。在主枝上选留适量簇生枝和曲枝为侧枝，使树体显得苍劲有力。

该造型的特征为主干通直向上生长，拔地而起，直刺云天，表现出巍然屹立、气势磅礴的神韵，给人以顶天立地的气势、阳刚的艺术感受。

②曲干式

桩材上盆时，以一定的角度倾斜定植，用金属丝将主干按照设计意图进行弯曲。在主干弯曲的外弯处或其附近选留侧枝，对侧枝进行蟠扎造型，使其与主干的弯曲风格协调。其特点为“曲为美，直则无景”，枝干从根部至树冠顶部蟠曲向上，翻卷扭动形似游龙，富有节奏感，给人以刚柔相济、坚强拼搏、引弓待发的艺术感受。

③悬崖式

石榴的主干倾于盆外下垂，制作时选择与根部呈约45°夹角、头部起立后急曲的粗枝干为主干，将树桩斜栽或卧栽，并将盆向主干反方向倾斜约30°，使枝条处于水平状态。用金属丝蟠扎，使主干向下弯曲，也可将底部枝条略向上弯曲，抬头形成回悬崖。其形似峭壁上的苍松探海，表现出险峻苍古、居高临下的神韵。

④附石式

制作时先选择合适的山石，在背面向下开凿沟槽，在沟槽中填入肥泥。桩材脱盆后，清理根部泥土及根系，选择位置适当的粗壮主根引入石缝中，用细金属丝将根系缠绕、压扎在石缝内。

附石式石榴盆景将树木、山石巧妙地结合为一体，以突出石榴的树桩为主，山石为配景，根在石上，树在隙间，干则巍巍挺立，刚柔合一，展现出具有山野情趣的自然景观。

(2)修剪

石榴盆景在春季发芽前，剪除徒长枝、过密枝、直立枝、病虫枝和细弱枝，保留健壮的结果母枝。生长期及时抹除萌蘖，宜早不宜晚。夏秋季抽生的新枝，及时剪除，防止营养生长过旺。在枝条半木质化至木质化初期，根据整形要求调整枝干的角度和方向，可进行“撸枝”，或用金属丝绑扎。

3. 盆景的管理

(1)树体管理

石榴树喜光，须将盆栽置于向阳处(田间、屋顶或者阳台)，保证其在整个生长季节有充足的阳光。石榴耐短时间干旱，在初蕾期间严格控水，盆土宁干勿湿。在新叶出现时根据盆土的墒情，及时浇水。花期如遇阴雨，将盆景移入通风避雨处。如花蕾及幼果过多，则疏花疏果，每株石榴盆景保留4～6个果实

为宜。

石榴盆景的追肥以速效肥料水溶肥最佳，幼果膨大肥以速效氮、磷肥为主，配施适量钾肥等液体肥料或者水溶肥；叶面追肥主要为尿素、磷酸二铵、磷酸二氢钾等，浓度为0.2%～0.3%。

(2)定期翻盆

盆栽石榴每隔1～2年进行翻盆，如幼树已长大，应换大盆，老桩可用原盆。剪除部分老根及过长的须根，刺激发生新根；去除一半原土，再填入新土。新土为肥沃的园土，掺入腐熟的有机肥，并加入适量的复合肥。

第四节　果实管理

一、保花保果

1. *石榴的落花落果*

石榴和柿、板栗、柑橘等果树类似，其结果母枝为粗壮的短枝或发育充分的二次枝，翌年顶芽或腋芽抽生结果枝，在其上开花结果，顶生花芽坐果率高。石榴的花分为正常花（两性花）、中间花和退化花（雄花），正常花的花冠大，子房肥大，也叫葫芦状花或果花（图4-3）。中间花介于正常花和退化花之间，可坐果，圆筒形，称为筒状花。退化花（雄花）的花萼呈钟状，只有雄蕊着生于管筒内侧，雌性器官才完全或部分退化。

图4-3　石榴的葫芦状花

石榴从现蕾到开花为10～15 d，单花从开花到落花需4～6 d，气温高则花期短。生产上将石榴花期分为4茬，即头茬花、二茬花、三茬花和四茬花，隔茬之间没有明显的界限，每茬花期长达2个月以上。石榴的花量大，但是坐果率低，约占总花量的30%，受精后花瓣脱落，子房膨大，发育成为果实；退化花全部脱落，大部分的中间花也脱落。落果有两个高峰期，一是谢花后7 d，二是采前约45 d，最终果实数量约占坐果数量的1/3，约占总花量的1/10。由此可见，防止石榴落花落果是稳产的主要途径。石榴落花落果的原因主要为授粉受精不良、营养不良以及逆境影响等。

（1）授粉受精不良

造成石榴授粉受精不良的主要原因：一是气候条件，如花期遇雨或者阴雨连绵，湿度大，气温偏低，导致落果；二是石榴园没有配置授粉树，诸如蜜蜂等授粉昆虫数量少，降雨限制昆虫活动及花粉的风力传播，不利于授粉受精。有的石榴品种能够自花授粉结果，但比例低且果实品质差，人工辅助授粉的结果率可达80%以上，且容易发育成为大果。

（2）营养不良

树体营养水平低且发育枝数量多，养分消耗大，则坐果率低；树体健壮，则授粉受精正常，胚及果实发育良好。石榴果实生长发育受多种内源激素的调节，受精后的胚和胚乳可合成生长素、赤霉素和细胞分裂素等，促进营养物质向果实调运。开花及坐果过程中，激素水平不足且不均衡则产生离层，导致落花落果。

（3）逆境影响

建园栽植密度过大，树体郁闭，冠层光照不足，则坐果少而小，果实品质差。桃蛀螟为害也是造成石榴采收前落果的主要原因之一，严重时虫果率达90%以上。此外，石榴的干腐病、炭疽病等病害亦可造成发育受阻，果实开裂而脱落。

2. 保花保果

（1）人工辅助授粉

①果园放蜂

开花前在石榴园放蜂，利用蜂群辅助授粉。每3～5亩园放置1箱蜜蜂或

者壁蜂。蜂箱宜放在果园中间，距离主栽品种不超过 500 m。放蜂时应注意气候条件，蜜蜂在气温 11℃时开始活动，16～29℃时最活跃。放蜂期间切忌喷剧毒农药，需要喷药前将蜂箱于晚间提前转移，喷后 10 d 再放蜂。

②人工授粉

在自然情况下，石榴开花前一天和开花的第 1、2 天授粉可以获得较高的坐果率，而在花朵开放第 3 天及以后再授粉，雌蕊柱头丧失授粉受精能力。5 月上旬进行对花点授，摘下盛开的正在散粉的授粉品种钟状花（退化花），对触在主栽品种盛开的正常花（葫芦状花）上，使花粉散落于正常花的花柱上，一朵可点授 8～10 朵花。花期遇雨，在降雨间隙及时进行人工授粉，在果园内随采随授。对花授粉可与疏花同时进行。

也可进行人工喷粉。开花期间，在果园内随采随用，采摘授粉品种刚开放的花，两手各持一花相对摩擦，将花粉抖落后除去花丝、花瓣、萼片及其他杂物等，将花粉阴干，或用电灯、人工培养箱烘干，将花粉收集配制成花粉悬浊液，比例为水 10 kg＋蔗糖 10 g＋花粉 50 mg＋硼酸 10 g，混合均匀，用小型手持喷粉器对主栽品种进行喷雾，最好在晴天上午 8:00～10:00 进行，此时花刚刚开放，柱头的分泌物比较旺盛，可提高授粉成功率。

(2)使用生长调节剂

在石榴初花期和盛花期喷施生长调节剂及叶面肥可显著提高坐果率，常用的生长调节剂为 5～10 mg/L 赤霉素溶液、5～20 mg/L 的 2,4-D 钠盐，叶面肥为 0.2%尿素与稀土微肥混合液、0.3%～0.5%硼砂溶液、0.3%～0.5%磷酸二氢钾溶液，花期喷雾 2～3 次。也可在石榴盛花期，用脱脂棉球蘸取 10～20 mg/L 赤霉素，涂抹花托。

5 月上中旬，对石榴树叶面喷洒 500 mg/L 的多效唑溶液，可控制枝梢旺长，增加雌花数量，提高坐果率。在使用多效唑时，最好先行试验，确定其使用时间、浓度以及次数等。多效唑如使用过量，会造成树体和枝叶衰弱，可喷施赤霉素进行缓解。

(3)均衡树体营养，促进生殖生长

加强果园管理，提高树体营养水平，调控石榴树营养生长和生殖生长的平衡，以提高坐果率。石榴花期长、花量大，整个开花过程消耗树体大量的有机营养，应及时疏花疏果，疏除果枝上尾尖瘦小的退化蕾，果实坐稳后疏除树枝上的病虫果、畸形果和丛生果的侧位果。粗度 2.5 cm 的结果母枝，保留 3～4 个果。

石榴新梢生长和现蕾开花同时进行，二者对养分的需求存在剧烈矛盾，4 月上中旬至 5 月中旬，及时抹除主干和骨干枝上徒长性嫩梢，疏除衰老枝；对大枝环切、环剥，用快刀在大枝基部环切透树皮 1～3 圈，深达木质部；在大枝基部用快刀切除宽 3.0～5.0 cm 环状树皮，约为该处大枝直径的 1/10。对生长过旺或结果少的幼旺树，在萌芽期将树盘内土壤翻出，晾出根系，选择 2～3 条粗 3.0～5.0 cm 的根进行断根，土壤晾晒 5～7 d 后填入磷、钾肥或饼肥，再覆土埋根。

二、合理负载及果实套袋

1. 疏花疏果

在石榴的蕾期和花期，除去全部钟状花，留下筒状花和葫芦状花。如果葫芦状花够用，就要将筒状花疏去，只留葫芦状花。簇生花序中只留 1 个顶生完全花，其余全部摘除。

疏果基本原则是多留头茬果，选留二茬果，补留三茬果，坚决不留四茬果。疏除畸形果、病虫果、双果、簇生果以及果面有缺陷的果，疏果后叶果比为(300～400)∶1，冠层内果实之间保持 15～20 cm 的间距。6 月上旬，在头茬果和二茬果稳定后，疏去双果中的小果，保留大果。如果全树果实数量不多，则可留下双果。

2. 果实套袋

石榴果实套袋栽培可显著改善果实的商品外观，好果率在 90%以上，着色率在 80%以上，且颜色鲜艳。套袋可以有效减轻桃蛀螟等食心虫的为害，虫果率低；并可减少果实日灼，避免强光和高温对果实造成灼伤(图 4-4)。

(1)纸袋的类型

果实套袋的纸袋有自制报纸袋、专用纸袋(单层袋、双层袋)、塑料袋(专用塑料袋、普通食品塑料袋)等。自制报纸袋成本低，材料易获得，但制作需

图 4-4　石榴套袋栽培

要人工成本，不耐用，遇到连阴雨易破烂。塑料袋可以预防裂果，防止阴雨造成烂果，成本低，但易造成灼伤，果实着色欠佳，影响外观色泽，并推迟果实成熟期。

专用纸袋效果好，但成本较高。优质专用纸袋其材质洁白、光滑、质轻、纸薄、抗撕拉力强，透气性、疏水性好，要求风吹不破口、雨淋不浸润、日晒不变色，粘接牢固，漏水口开张，自带铅丝。

生产上根据自然条件、经济条件与栽培目的，因地制宜选择不同类型的纸袋，科学套袋。

(2)套袋时期及准备

石榴一茬花结一茬果，7 月以后开花坐果的幼果发育晚，商品价值低，不再留果套袋。纸袋的套袋时间在谢花后 35～45 d，即果实转色后进行，宜早不宜晚；长江中游地区，专用纸袋及自制报纸袋的套袋时间约在 5 月下旬后，尽早进行。自制的报纸袋在袋底的两个角，用剪刀各剪一个与袋口垂直、长约 2.0 cm 的透气孔，以便袋内高温水汽逸出。专用纸袋有透气孔，不需开口。塑料薄膜袋在 8 月上旬套袋，宜晚不宜早。

套袋前清除萼筒内的花丝，尽量在萼片合拢前掏完，宜在中午进行，花丝务必掏彻底、掏干净；摘掉与果实紧贴的叶片，以防套袋后桃蛀螟为害果实。套袋前全园喷施一遍杀虫剂＋杀菌剂，不要漏果漏叶，可选用杀菌剂为 37％苯醚甲环唑水分散粒剂4000倍液，或43%戊唑醇悬浮剂3000倍液，或25%咪鲜胺乳油1000倍液，或40%氟硅唑乳油4000倍液，杀虫剂为22.4%螺虫乙酯悬浮剂4000倍液，或10%吡虫啉可湿性粉剂4000倍液，或3%啶虫脒乳油2000倍液，或1.8%阿维菌素乳油4000倍液。

(3)套袋方法

①纸袋

撑开纸袋，卷折袋口至果柄处，用袋口边的细铁丝，或用曲别针将袋口与果柄别扎在一起。套袋后叶面喷施2～3次有机叶面肥，并及时清理果袋周围的枯枝、茎刺，确保果袋与果实完整无损。

在果实采收前7～10 d除去纸袋，选在阴天或晴天上午的10:00以前或下午4:00以后，以防日灼。先将袋子扎口处的铁丝拧开或将曲别针去掉，使袋口完全张开，待袋内的果实适应后再去掉纸袋。双层袋应先将外袋除去，内袋保留2～3 d再除去；单层袋先将纸袋下边撕裂，保留2～3 d后除去。

②塑料薄膜袋

吹开塑料薄膜袋，将袋口的两个手提部位交叉后，系在果柄或着生果柄的枝上即可，注意不要使袋壁贴在果面上，以免灼伤幼果。塑料薄膜袋可带袋采收，装箱前再去袋。

为促进树冠内膛和下部果实着色，除袋前20 d在树冠下铺银色反光膜。同时，摘袋后进行疏枝、摘叶让果面受光，疏枝重点是去除背上直立徒长枝、密生枝和树冠外围多余的梢头枝，摘叶主要是摘除挡光的叶片。

三、采收及商品化处理

1. 果实采收及分级

(1)采收时期

石榴分期开花、分期结果、分期成熟，生产上根据果实成熟度分期采收。果实成熟时果皮由绿变黄或红，果面出现光泽，着色好；果棱明显，果肉细胞出现大量银白色或红色、粉红色针芒；籽粒饱满，汁液的可溶性固形物含量达标。

(2)采收方法

采果前准备好手套、枝剪、双面果梯以及清洁、无毒、无异味的周转箱或装果筐(篓)等,内套垫有小孔的塑料薄膜袋,或用珍珠棉薄板等材料将果实与塑料筐隔开,避免果实与筐直接接触引起的机械损伤。择晴朗无雾无风的天气采摘,若遇雨采收,应将果实放在通风处,散去表面水分。

按照"两剪法"进行果实采收,戴好手套,第一剪离果蒂 1.0 cm 处剪下,再齐果蒂剪第二剪;采果应自下而上,由外至内依次进行;果实应轻采、轻装、轻运、轻卸,不要碰掉萼片(石榴嘴);不同的品种分别采收,同一品种分批采收;精品果实套网套后装箱,萼筒放置于石榴果实缝间,以减少机械损伤。剔除病虫果、畸形果、伤果、裂果等,不同品种、不同成熟度、不同大小及色泽的果实分开。

(3)分级包装

优质石榴果实的外观品质优,无刺伤、无碰伤、无虫伤、无病疤,果面无锈或少,着色均匀,果型端正,无畸形。果实的大小、果肉可溶性固形物含量以及农残等指标符合要求,食用安全。根据石榴果实大小分为 5 级,特级为 350 g 以上,1 级为 250～350 g,2 级为 150～250 g,3 级为 100～150 g,等外级为 100 g 以下。等外果及伤果就近销售,也可作为加工原料进行销售。

分级后的果实用白纸单果包装,再装入纸箱,装果时果嘴向侧面;纸箱底层垫一层纸板,最上面盖一层纸板。远距离运输时每一层用一个纸格,一格装一个果实,每装满一层盖一层纸板。也可使用塑料或者泡沫托盘,单果包装。

2. 储藏

我国古代石榴储藏方法有罐藏法、挂藏法等,有的至今还在应用。宋代《格物粗谈》中记载"石榴连枝,藏瓦新缸内,以纸重封密收";明代《臞仙神隐》有更加详细的记述,"拣大者连枝摘下,用新瓦瓮一个,摆在内,用纸十余重密封,可留不坏";《王祯农书》记载"藏榴之法,取其实之有棱角者,用热汤微泡,置之新瓷瓶中,久而不损。若圆者,则不可留,留亦坏烂"。《群芳谱》记载了石榴的挂藏法,"霜降后摘下,用稀布逐个袋之,照树上朝向,悬通风阴处";《多能鄙事》记有用竹篮储藏石榴的方法,"取未裂者,以米泔煮沸,焯过数次,逐个排竹篮中,勿用相挤,挂当风处,可经夏"。

现代石榴储藏有的仍然沿用古法，如以家庭生产为主体使用的堆藏、挂藏以及罐藏等，商业化储藏主要是低温冷藏。为了延长石榴储藏保鲜期，减少腐烂，果实预储前或预储后要进行防腐处理，选用45%噻菌灵悬浮剂1000倍液，或50%多菌灵可湿性粉剂1000倍液，浸果4～5 min，取出晾干后进行预储。刚采收的果实带有大量田间热，如不进行预储降温，会加速成熟果实和染病果实腐烂。预储时将装有果实的筐(或篓)放入预储室或通风阴凉处，于24 h内将果实温度降至5～6℃，然后再储藏。石榴适宜的储藏温度为5℃，在低温下易受冷害；同时，石榴果实呼吸产生的乙烯极低，可采取简易气调储藏，延长储藏期。

(1)堆藏

选择地势高、无烟火、凉爽、清洁的房间作为储藏地点，具体要求通风、无虫鼠害且门窗完好等，闲置不用的住房、仓库、厂房和地窖等均可。储藏前将房间清理干净，四周的墙壁用25%石灰水涂刷，地面撒一薄层生石灰粉消毒。储藏时，在地面铺一层鲜松针，或者10 cm的稻草，将预冷处理的石榴果实层层堆放，1～2层石榴果实接着再铺一层松针，以4～5层为限，最上层再铺一层松针。每隔12～15 d检查1次，清除烂果及病果。烂果较多时，要翻堆换松针1次。此法保鲜时间3～4个月。

堆藏前期的管理重点是通风降温，夜间和凌晨打开门窗，让冷凉空气进入，白天气温高时将门窗全部关闭；储藏中期管理重点是保湿，用草帘或棉被等遮挡门窗，以减少冷凉空气的侵入。

(2)吊挂储藏

石榴采收、挑选及分级后，果实留下一截果梗，用麻绳、布条或塑料带将果梗绑成串，置于用牛皮纸做成的喇叭样纸筒内，吊挂于干净且无鼠虫为害的房梁等阴凉、通风处。此法只适合少量果实储藏，保鲜时间为3～4个月。

(3)缸、罐等储藏

选择干净、无油垢，最好是新的坛瓮或缸、罐等，清洗干净、晾干后，用高度白酒擦涂内部消毒。在缸(罐)的底部垫一层松针或干净麦草等，也可在底下铺一层5.0 cm的洁净河沙，湿度以手捏成团、松手即散为宜。然后一层层摆放果实，至距容器口5.0 cm为度，最上层再铺一层松针或麦草等，缸口用塑料薄膜包扎严密，将缸或瓮放置阴凉干燥处。每隔1个月检查1次，腐烂果及时清除。

此法保鲜时间为3～4个月。

(4)聚乙烯薄膜袋储藏

将预冷并经杀菌剂处理的石榴，放入聚乙烯塑料薄膜袋中，扎好袋口，以免果皮失水皱缩，果实置于冷凉的室内储藏。也可将用杀菌剂处理过的石榴果实，用塑料袋单果包装，置于3～4℃的环境下储存。此法储藏4个月后，果实仍新鲜如初。

(5)低温冷藏

①库体消毒

提前进行库体墙壁消毒，在10%石灰水中加入1%～2%硫酸铜配制成溶液，涂刷库体墙壁，晾干后备用；果实入库前2～3 d，按甲醛和高锰酸钾5：1的比例配制成溶液，每立方米库体用量为5.0 g，熏蒸24～48 h，气味散完后即可置入果实。

②果实入库

入库时的库温保持在(5.5±0.5)℃，入储时将经防腐处理和预储的果实装入筐(或篓)中，码放成垛，顺风排放，垛长度与高度随库体空间而定，垛间距10～15 cm，每两垛间留人行道60 cm。风机前留好通风道，以便冷气流畅。单库7 d内装满封库，每天入库量为库容的15%为宜，入库量过大易造成果实表面结露。

③入库后管理

入库后将库温调到(5±0.5)℃，保持5 d后，再调温到(4±0.5)℃长期储藏。库内悬挂玻璃水银温度计，与机组自控温度计联合校对，以测量温度误差；保持库内温度恒定，防止结露。储藏前期每隔10 d自然升温到10℃，保持24 h再调温到(4±0.5)℃下储藏，以防冷害。库内相对湿度保持在90%～95%，用干湿球温度计测定；如湿度不够，用加湿器或挂湿草帘、地面洒水等方式加湿。普通机械冷库储藏，单果包装的小塑料袋内CO_2浓度不高于5%；气调储藏则保持8%O_2+5%CO_2，每隔10 d换1次气。

④包装出库

出库前，果实在缓冲间放置8～12 h，待果实温度与外界温度相差3.0～5.0℃时即可包装。在果实表面贴上标签，套上网套，装入5.0～7.5 kg纸箱(或泡沫箱)，成品出库，最好用冷藏车运输。

3. 加工

石榴籽实多汁，酸甜可口，风味独特，除鲜食外，古代还有多种石榴加工产品。《齐民要术》记载了用石榴汁作原料，制作“胡椒酒”和“胡羹”的方法。用石榴酿酒在古代最为常见，“西域移根至，南方酿酒来”“樽中石榴酒，机上葡萄纹”，清代《花镜》记述“其实可御饥渴，酿酒浆，解醒疗病”。石榴还被加工成石榴汁，《王祯农书》记载“北人以榴子作汁，加蜜为饮浆，以代杯茗。甘酸之味，亦可取焉”。

随着现代工业的快速发展，石榴的营养保健功能及其食品加工技术日臻成熟，产品类型多样。根据加工深度不同，可划分为三个层次：一是初加工，以石榴某一器官或部位为原料做初步的简单加工，如石榴茶叶、石榴汁的加工等；二是粗深加工，对初加工的产品或副产物做进一步加工处理，如石榴果酒、果醋、石榴籽油的加工等；三是精深加工，对石榴原料进行精细化加工，如从石榴原料中提取纯化医药成分或中间体以及制成保健品、药物或化妆品等。

(1)石榴汁

石榴汁是由籽粒经机械压榨出来的液体部分，方便饮用。石榴的果实结构特殊，外面的果皮较厚且不能食用，机械剥离果皮的难度较大，而手工剥离的效率较低。全果机械榨取的石榴汁，果皮中的一些成分会进入石榴汁，使石榴汁的口感变差，涩味加重。现在市场上出现的石榴汁有三种类型：一是原汁型石榴汁，不添加防腐剂、黏稠剂、甜味剂等，保持原有风味；二是澄清石榴汁，采取澄清处理技术增加果汁产品透明度，提高产品的观感；三是浓缩石榴汁，经低温减压浓缩，提高可溶性固形物含量，方便运输和储藏。

石榴汁的工艺流程为：选择原料→清洗→去皮→护色→清洗→破碎及打浆→加热处理→过滤→调配→脱氧→灌装→密封及杀菌→冷却→贴标及成品。挑选后的石榴果实用清水漂洗，用不锈钢刀去掉萼片、果蒂，破碎打浆后的浆体加热至 80℃，保持 10 min，使部分蛋白质聚热变性凝固，果胶分解，并钝化多酚氧化酶活性。果汁的工艺配方为香精色素、山梨酸钠 0.1%＋海藻酸钠 0.1%＋石榴原汁 20%＋柠檬酸 0.2%＋蔗糖 12%。

(2)石榴果醋

石榴果醋是以石榴汁为原料,经过乙醇发酵和醋酸发酵两道工序酿制而成的醋,其集营养、保健、食疗等功能为一体,富含维生素、矿物质、氨基酸等营养成分,风味口感佳,大大提高了果醋的保健功能。

石榴果醋的工艺流程为:选择原料→清洗→去皮→果肉破碎→调整糖度(白砂糖)及酒精发酵(酒用酵母)→石榴酒液→醋酸发酵及陈酿→调配及过滤→灭菌(醋酸菌)→装瓶→检验→得到成品。将破碎的石榴籽和蔗糖按1∶(1～1.2)的比例,置于浸渍池、搪瓷器皿或瓷器中,密封,避免香气逸出,浸渍6～10 d。在经过陈酿的石榴果醋中加入0.08%的山梨酸钾、2%的食盐,同时调整酸度及其他指标。酒精发酵的初始糖度为18°Bx,初始酸度为1.4%,初始酸度pH值为4.2,发酵温度为30℃,发酵时间8 d;发酵温度25℃,发酵时间10 d,醋酸发酵过程中的酒精度为7.0%。

(3)石榴果酒

石榴果酒有石榴露酒和发酵酒,石榴露酒用食用酒精浸泡石榴汁而成,其口感粗糙,香味较淡,缺乏市场竞争力,逐步被淘汰。通常所说的石榴果酒是指发酵酒,选用石榴为原料,采用原汁发酵酿制而成,具有石榴原有的自然风味,有着良好的市场开发前景和较高的开发价值。但石榴果酒在果香方面不突出,体现不出石榴酒的特色;护色技术差,红色的石榴酒极易被氧化成琥珀色,丧失酒体色彩给人的愉悦感。

石榴发酵酒的工艺流程为:选择原料→清洗及剥皮→压榨→添加SO_2→主发酵(酵母菌活化扩大培养)→分离取酒→后发酵→澄清→过滤→陈酿→得到成品。葡萄酒酵母更适合发酵石榴酒,酒度高,品质好。石榴酒的主发酵最佳工艺条件为酵母菌添加量为3%,加入40 mg/L SO_2,在20℃下发酵5 d。在石榴酒酿造过程中,适当带皮压榨,可增加单宁的含量,酿制的石榴酒,色泽好、澄清。后发酵最佳条件为10℃下25 d,温度越低,越有利于酒度的提高和酸度的降低,酒越澄清,色泽和口感越好。

果汁经过发酵获得的新酒,口感粗糙、酸涩、有发酵味,酒液混浊不清,色泽暗淡,稳定性较差,不宜饮用,通常称为生酒或原酒。原酒需经过陈酿和工艺处理,使酒质逐渐成熟,达到成品酒的要求。石榴发酵酒的成品指标为酒度8°,糖度 4 g/mL，酸度 0.68～0.72 g/100mL；红色，澄清透明，有光泽，无沉淀物，无悬浮物，酸甜适中，醇厚微带涩味。

(4)石榴籽油

石榴籽的含油率为 15%～20%，含有不饱和脂肪酸以及甾醇类物质，可作为天然护肤品；也可用来生产石榴油胶囊，作为保健品；石榴籽油具有很好的成膜性，可作为高档油漆的原料。石榴籽体积小、外壳硬，与内部的种仁(种胚)结合紧密，生产上采用带壳加工的方法制取石榴籽油，一是低温冷榨，因石榴籽的外壳吸附油脂性强，低温冷榨出油率低，仅为 7%～11%，须静置过滤；二是高温压榨，出油率 9%～13%，但石榴籽油的某些成分受到破坏，保健价值降低；三是有机溶剂浸提，出油率可达 19%，但有化学残留；四是超临界 CO_2 萃取，出油率高达 20%，且无污染，但是设备投入大，提取成本较高。

石榴籽油的生产工艺为：选择石榴籽→粉碎过筛→索氏提取法→旋转蒸发→溶剂挥干→得到石榴籽油，应用索氏提取法提取石榴籽油，提取温度为 82℃，提取时间为 2 h，液料比(mL/g)为 20∶1，出油率可达 20%以上。

第五节　主要病虫害防治

一、病害

1. 干腐病

(1)症状及病原

石榴干腐病由半知菌亚门真菌石榴鲜壳孢菌(*Zythia versoniana Sacc.*)引起，是石榴树的主要病害之一，在全国各石榴产区呈逐年加重的趋势。该病原在蕾期就侵染为害，花瓣受害后变为褐色，逐渐扩大到花萼、花托等部位；花萼受到侵染后产生黑褐色、卵圆形的凹陷小病斑，逐步扩大变为浅褐色，病变组织

腐烂，后期产生暗黑色小粒点(分生孢子器)。果台、新梢受害染病后，发病部位组织腐烂变为褐色。

果实发病最初在萼筒内、萼筒下方和果面受伤处。萼筒内壁发病，产生大小不规则浅褐色病斑，逐渐扩展为中间深褐、边缘浅褐的凹陷病斑，后穿透萼筒壁，形成褐色病斑(图 4-5)。萼筒下方发病，产生不规则浅褐色病斑，后逐渐扩展为凹陷病斑，并深入果内。幼果发病后期如遇高温干旱，则病部干缩，后期形成裂果。果实膨大期至初熟期受害，则不脱落，干缩成僵果悬挂于枝梢上。

图 4-5 石榴果实干腐病

枝干受害主要在两年生以上枝条的茎刺与分杈处，发病初期病斑呈浅褐色，圆形或椭圆形，在皮层产生马鞍状病斑，后期病部失水凹陷、干缩硬化，灰褐色或黑褐色。受害部位表皮失水后干裂、粗糙不平，病健交界处开裂翘起，极易剥离。发病部位迅速蔓延，很快便深达木质部，严重的可导致全枝甚至全树死亡。

(2)发生规律

该病在花期和幼果期开始潜伏侵染，先从花和花丝侵染再转至萼筒处为害，后扩大蔓延造成果实腐烂。分生孢子器近球形，红色，病原菌最适生长温度为 24～28℃，主要以菌丝体或分生孢子在病果、僵果以及病枝上越冬。翌年春天，越冬后的病菌产生大量的分生孢子，借助风雨传播，从寄主的伤口或皮孔处侵入，反复侵染。5 月上中旬开始发病，气温决定其发病的早晚，降水量和空气相对湿度决定为害程度。果实近熟时若遇阴雨天气，则发病重，先在萼筒下部发病。果实裂口及各种伤口也会加重该病的发生。

(3)防治方法

①加强栽培管理

重施有机肥，合理施用氮磷钾复合肥；疏除病虫枝、细弱枝、过密枝，使树体通风透光；减少修剪等造成的机械创伤，对伤口要用药进行保护，防止病原菌从伤口处侵入。

②减少病原菌

冬季清园时除去残留的病僵果、病枝、病果台等，带出园外深埋或焚毁。生长季节及时剪除病果、病枝及僵果，集中处理。萌芽前全园喷施 5°Bé 石硫合剂，或 45%晶体石硫合剂 20～30 倍液，对枝干进行淋洗式喷雾，铲除越冬病原菌。

③化学防治

重点加强开花前、花期以及幼果期的防控，选用 25%吡唑醚菌酯乳油 3000 倍液，或 70%甲基硫菌灵可湿性粉剂 800 倍液，或 25%吡唑醚菌酯水分散粒剂 3000 倍液，或 25%苯醚甲环唑水分散粒剂 3000 倍液，或 80%代森锰锌可湿性粉剂 800 倍液，或 43%戊唑醇悬浮剂 3000 倍液，或 40%氟硅唑乳油 5000 倍液，全株枝叶喷雾，每次间隔 10～15 d，连续 3～4 次，注意化学农药交替使用，延缓病菌产生抗药性。

2. 疮痂病

(1)症状及病原

石榴疮痂病由半知菌亚门小穴壳菌属引起，主要为害枝干和果实，病斑呈水浸状，颜色由红褐色逐渐变为紫褐色直至黑褐色；单个病斑圆形至椭圆形，直径 2.0～5.0 mm，后期多个病斑融合成不规则疮痂状，严重时发生龟裂；空气湿度大时，病斑内产生淡红色粉状物。子座球形或扁球形，黑色炭质，大小不一；分生孢子器不规则形，单生、双生或聚生在子座内，分生孢子梗着生于分生孢子器壁上，无色，稍弯，单生。分生孢子单孢，无色梭形，大小(3.9～7.8)μm×(18.2～26)μm。

在两年生的枝干上多见，当年生枝梢上发病少，病斑主要出现在自然孔口处，初为圆形或椭圆形，隆起，而后病斑逐渐扩大，为圆形、椭圆形或不规则形，大小不一，严重时多个病斑连在一起，并使表皮发生龟裂，粗糙坚硬，甚至露出韧皮部或木质部，致使树势衰弱。病原菌侵染果实，主要使果皮表面粗糙，严重时果皮龟裂。

(2)发生规律

病菌以菌丝体在病组织中越冬，春季气温高于15℃时，遇雨病部产生分生孢子，借风雨或昆虫传播，经潜育形成新病斑，产生分生孢子进行再浸染。气温高于25℃，病害趋于停滞，秋季阴雨连绵时病害加重。

(3)防治方法

①加强肥水管理，增强树势，提高树体抗病能力。冬季精细清园消毒，剪除病果枝，刮除枝干上粗裂翘皮及病疤，清扫收集园内的枯枝落叶，集中焚毁或深埋。

②萌芽前用小刀刮除病斑，将病部皮层全部刮掉，向四周刮出新皮层；将刮下的病疤组织收集起来，集中销毁。然后使用1.26%辛菌胺醋酸盐50倍液，或35%百菌敌10倍液涂刷病斑，使用量以稍微下流液为度。

③花后及幼果期，选用20%唑菌胺酯水分散粒剂2000倍液，或10%苯醚甲环唑水分散粒剂2500倍液，或5%亚胺唑可湿性粉剂600倍液，进行叶面喷雾2～3次，每次间隔10～15 d。

3. 炭疽病

(1)症状及病原

石榴炭疽病由子囊菌门真菌围小丛壳[*Glomerella cingulata* (Stonem.) Spauld. et Schrenk]引起，主要为害果实、叶片和枝条。果实被侵染后产生圆形暗褐色病斑，随后形成近圆形褐色或暗褐色病斑，病斑上有大量粉红色分生孢子团，无明显下陷，病斑下面果肉坏死、腐烂，病部生有黑色小粒点，为病原菌的分生孢子盘。叶片发病，病斑常发生于边缘和尖端，不规则形，黄褐色，散发黑色小点；枝条发病时，主要发生于嫩梢顶部，由下而上枯死。

(2)发生规律

病菌以菌丝体在病组织中越冬，翌年春天气温高时，分孢盘上产生的分生孢子作为初侵与再侵接种体，借风雨传播，从伤口侵入致病。病菌具潜伏侵染特性，受侵染的幼果无症状，近熟时才发病。高温多雨的气候条件下，叶片易发病，雨季来得早，叶片发病早；幼嫩枝叶夏季发病重，长势衰弱。

(3)防治方法

①加强肥水管理,注意平衡施肥,适当增施磷钾肥,避免偏施、过施氮肥,特别是树体生长的中后期控制速效氮肥用量。

②搞好冬季清园,休眠期收集枯枝病枝、落叶和病果,集中深埋或焚毁;生长期及时摘除树上病僵果及落地病果,集中处理。萌芽前喷施3～5°Bé石硫合剂,或45%代森铵水剂400倍液,或1.8%辛菌胺水剂50倍液,对枝干进行淋洗式喷雾。

③新梢嫩叶出现炭疽病的病斑时,选用25%咪鲜胺乳油800倍液,或80%克菌丹可湿性粉剂600倍液、10%苯醚甲环唑水分散粒剂1000倍液,连续喷雾2～3次,视天气和病情每次间隔10～15 d。

4. 褐斑病

(1)症状及病原

石榴褐斑病由半知菌亚门石榴尾孢霉菌(*Cercospora Pnnicae* P. Henn.)引起,主要为害叶片及果实。发病初期在叶片上出现浅褐色斑点,以后病斑逐渐扩大为外围淡褐色、内部灰白色圆形病斑,中后期部分叶片变黄。空气湿度大时,病叶背面常有霉状物,最后叶片早落,造成树势衰弱。果实上病斑黑色、微凹,近圆形或不规则形,果实着色后病斑外缘呈黄白色。

(2)发生规律

病菌以菌丝体在病叶上越冬,翌年4月产生分生孢子,通过风雨传播,进行初侵染,新病叶上产生的分生孢子进行再次侵染,5月至6月发病重,7月至8月高温高湿条件下,该病发生达到高峰期。温暖多雨年份病害发生加剧,树体衰弱发病重。

(3)防治方法

①及时处理落叶,减少越冬菌原基数。

②发病前或发病初期结合防治石榴干腐病,选用10%苯醚甲环唑水分散粒剂1500倍液,或75%肟菌酯·戊唑醇悬浮剂3000倍液,或50%醚菌酯水分散粒剂2000倍液,进行叶面喷雾。

二、虫害

1. 主要虫害及防治方法

(1)主要虫害

石榴害虫种类多,但生活习性和为害方式有一定趋同性。蛀果害虫有桃蛀螟、桃小食心虫等,食叶害虫有黄刺蛾、石榴巾夜蛾,蛀干害虫有茎窗蛾、豹纹木蠹蛾,刺吸害虫有棉蚜、日本龟蜡介等。此外,还有地区性、偶发性害虫,包括食叶性黑绒鳃金龟、小青花金龟,刺吸性草履介、石榴绒介、黑蚱、茶翅蝽,蛀果的棉铃虫等。

(2)防治方法

①农业防治

秋冬季刨树盘或行间翻耕、松土,杀灭土壤中越冬的桃小食心虫的冬茧、舟形毛虫的蛹等;秋末扫除园内落叶集中处理,消灭落叶上的老熟幼虫、蛹和卵,清扫枯枝、僵果、病枝叶等;对天幕毛虫的“顶针”形卵环、黄刺蛾硬茧、蚱蚕的产卵枝、茎窗蛾的为害枝等及时处理,刮除粗老翘皮,掏空树干缝隙,破坏害虫越冬场所,并对树干及骨干枝涂白;秋季在树干绑缚稻草把或者瓦楞纸箱,诱集杀灭越冬幼虫。

②生物防治

保护和利用天敌,对草蛉、蜘蛛、异色瓢虫等自然天敌实施保育工作,充分发挥其潜在的控制效应。人工释放天敌,抑制害虫的发生,诸如将黑卵蜂的卵环均匀撒在天幕毛虫发生较重的园内,人工释放赤眼蜂,园内饲养鸡、鸭等家禽。捕食性或寄生性天敌大多在5—6月间羽化,此期尽量不施或少施广谱性杀虫剂,可分片、分期施药,有利于天敌的保护、助长和建立稳定种群。

③物理防治

利用金龟子的假死性,在清晨打落或摇树震落捕杀;利用害虫趋光、趋化特性进行诱杀,利用黑光灯诱杀棉铃虫、桃蛀螟、豹纹木蠹蛾、大袋蛾等害虫的成虫,用糖酒醋液诱杀桃蛀螟、桃小食心虫等害虫。

④化学防治

根据害虫的发生规律和石榴生长发育的特点分时段进行化学防治。

休眠至发芽前期(11月中下旬—翌年2月下旬),主要是减少越冬病虫源,全园喷施3～5°Bé石硫合剂,熬制石硫合剂的残渣与石灰混合后用来涂干。

萌芽期至开花期(3月中旬—5月中下旬),主要防治蚜虫、金龟子、介壳虫等害虫,控制有害生物的种类和数量,药剂可以选用22.4%螺虫乙酯悬浮剂4000倍液,或10%吡虫啉可湿性粉剂4000倍液,或3%啶虫脒乳油2000倍液等。

果实生长期(6月上旬—9月上中旬),主要防治桃蛀螟、桃小食心虫、黄刺蛾、茎窗蛾、木蠹蛾、毛虫、网蝽等害虫,药剂可选用20%甲氰菊酯乳油2000倍液,或2.5%高效氯氰菊酯乳油3000倍液,或2.5%高效氯氟氰菊酯乳油2000倍液等,注意药剂轮换使用。

2. 桃蛀螟

桃蛀螟属鳞翅目螟蛾科害虫,又称桃斑螟、豹纹斑螟、桃实螟,食性杂,主要为害桃、杏、李、梨、苹果、樱桃、山楂、石榴、板栗、柿、葡萄等果树,还为害玉米、向日葵、豆类、麻类等农作物,分布广泛。

(1)为害特点

桃蛀螟是石榴树最主要的害虫。幼虫从花或果的萼筒及果与果、果与叶、果与枝的接触处钻入,卵、幼虫发生盛期与石榴开花期、幼果生长期一致。卵主要产在石榴萼筒中,初孵幼虫多在萼筒内或双果、贴叶处蛀食或钻入果肉,2龄后蛀入果内,果肉充满虫粪,极易引起裂果和霉烂。幼虫有转主为害习性,老熟后多在被害果内、树皮缝中结茧化蛹越冬。6月中下旬至9月下旬为害较重,尤以8月上中旬至9月中旬为害最为严重,此时正是石榴成熟采收期,对产量影响大,经济损失重。

(2)发生规律

桃蛀螟在长江流域一年发生4～5代,世代重叠,均以老熟幼虫在树皮裂缝、树洞内,梯田埂上,被害僵果内,堆果场杂物内以及向日葵花盘、玉米茎秆内结茧越冬。越冬幼虫于翌年5月化蛹,5月中下旬成虫开始羽化,第一代幼虫为

害盛期在6月下旬，第二代在8月上中旬，第三代在9月上中旬，第四、五代在9月中下旬以后。成虫产卵于石榴果的萼筒中，幼虫孵出后直接从萼筒中钻入果内蛀食籽粒，使萼筒及果实内充满虫粪，每果内有幼虫1～2头，有的多达8～9头，引起果实变色腐烂，失去食用价值。

成虫昼伏夜出，白天及阴雨天多停息在树叶内，傍晚开始活动，对黑光灯和糖酒醋液的趋性强，喜食花蜜及成熟果实的汁液。卵散产，每个果实上1～3粒卵，以果实胴部着卵较多，卵期6～8 d；幼虫转主为害，约20 d老熟；蛹期约10 d。相对湿度在80%以上的环境条件有利于桃蛀螟发生，幼虫9月中下旬陆续老熟。

(3)防治方法

①生长期及时摘除虫果，捡拾落果，集中处理其中的幼虫和蛹；越冬幼虫化蛹前，收集清理向日葵、玉米、蓖麻等寄主植物的残体，消灭内部的幼虫；冬季刮除老翘皮，清理树缝隙和孔洞，杀灭越冬幼虫。

②在石榴园周围种植向日葵等引诱植物，利用桃蛀螟产卵对向日葵花盘有较强趋性的特点，引诱成虫产卵，定期对向日葵花盘进行喷药，杀灭卵及幼虫；幼虫越冬前(9月中旬)在树干束稻草把或绑缚瓦楞纸箱，诱集幼虫而杀灭。

③在果园内设置黑光灯、糖醋液、性诱剂等，诱杀成虫；果实套袋栽培，套袋前全园仔细喷施一遍杀虫剂+杀菌剂，药液干后立即套袋，通过物理隔离，避免果实受害。

④幼果坐稳果后(5月中下旬)，立即用药泥或者药棉堵塞萼筒。药泥选用90%敌百虫10 g+黄泥土1.0 kg+水10.0 kg，充分混匀，制成药泥，堵塞萼筒；或用50%辛硫磷乳油500倍液，浸渗药棉球，或和成药泥堵塞萼筒(图4-6)。

图4-6 石榴萼筒封堵药泥

⑤成虫发生期，5月中下旬、8月上中旬、9月上中旬，选用50%辛硫磷乳油1000

倍液，或20％杀灭菊酯乳油2500倍液、20％氟氯氰菊酯乳油1500～2500倍液、2.5％溴氰菊酯乳油3000～5000倍液等药剂，进行全株喷雾，着重喷果实，包括果面、胴部及萼筒等部位。

第五章　无花果

第一节 概论

一、无花果的经济意义及在长江中游地区的生产潜力

1. 无花果的经济意义

(1)营养价值

无花果(*Ficus carica* L.)为桑科榕属植物,又名文仙果、品仙果、奶浆果、映日果、隐花果、明目果、蜜果、优昙钵、天生子等,亚热带落叶灌木或小乔木。因无花果的小花隐藏在花托内,从花序开始出现就只能看到瓮形的、由花托包被的雌花形成的假果,看不到花,故称"无花果",其可食部分是由花托和内部雌花组织膨大而成的聚合果。《群芳谱》详细描述了无花果的特征,"一是实甘可食,营养丰富;二是可制干果;三是常供佳食,采摘供食可达三月之久;四是大枝扦插,本年结实;五是叶为医痔圣药;六是未成熟果实可做糖渍蜜果;七是得土即活,随地可种"。

无花果属浆果树种,果实色、香、味俱佳,果品颜色鲜艳,果实含酸量低,成熟时的可溶性固形物含量为12%~30%,软甜似蜜,具有很高的营养价值。无花果的果皮薄且无核,可食率高,适合各个年龄层次的人食用,因其肉质松软,口感香甜,尤其适合儿童和老年人食用。果实富含果糖、葡萄糖和多糖,含糖量为15%~22%,同时还含有多种酶类、蛋白质、氨基酸、矿质元素和维生素,其中维生素C含量极高,为桃含量的8倍、葡萄含量的20倍。无花果是浓集硒的果树,果实中硒含量为54.70 ng/g、叶片中硒含量为189.30 ng/g。

无花果除了作为水果食用以外,可加工制成果干、果酱、果脯、蜜饯、果汁、果粉、果晶、果酒、罐头、饮料、口服液等。生产上无花果被大量用于制干,制干操作简单、成本低,因为其本身含糖量高,在制干时不用再额外添加糖;同时由

于果实的皮薄，不用去皮直接加工。无花果汽水为天然果汁型汽水，不加色素和糖精，具有无花果香味，清凉爽口、消暑解渴、助消化。南方地区还将无花果作为烹饪菜肴的原料，如用火腿或猪肉、香菇炒无花果，鸡炖无花果等，味道清香鲜美，颇受消费者喜欢。

无花果也是适宜观光采摘的果树，其果实在夏季和秋季成熟，不同的品种，果实的颜色不同，其观赏采摘期长。无花果枝叶繁茂，叶掌状，树姿优美，也具有较高的观赏价值，是良好的园林和庭院绿化树种；树势开张，叶片较大，具有良好的吸尘效果，既可在庭院中种植，又可在城市绿化区以及厂区种植，具有绿化和净化空气的作用。

(2)药用价值

无花果的根、茎、叶、果实均可入药，性味甘、平，入脾、胃经，有健胃清肠、清热解毒、通乳消肿之功。《滇南本草》记述“敷一切无名肿毒，痈疽，疥癞，癣疮，黄水疮，鱼口便毒，乳结，痘疮破烂”。《本草纲目》记载“治五痔，利咽喉，消肿痛，解疮毒”。《食物本草》记载“开胃，止泄痢”。《随息居饮食谱》记述“清热疗痔，润肠，上利咽喉”。

《中药大辞典》记载，无花果实，健胃、润肠、清热消肿、解毒，可治便秘、痔疮、咽喉肿痛、腹泻、痢疾、消化不良、肿瘤等。儿童常吃无花果，可驱除体内的蛔虫和钩虫。妇女产后缺乳时，常吃无花果有催乳作用。现代医学研究发现，无花果含有苯甲醛、呋喃香豆素内酯和补骨脂素等多种抗癌活性成分，其抗癌功效已得到世界各国公认，被誉为“抗癌斗士”和“21 世纪人类健康的守护神”。

无花果在民间流传许多治病验方，具有较好的疗效。

①无花果未成熟果实的乳汁直接食用，或与蛋黄配方食用，可排除肾结石，通畅月经，利尿，防治牙周炎等；未熟果实的乳汁外用，可治疗瘊子、牛皮癣、疖子、疥疮、白癜风等，也可淡化人体上的各种疤痕等。

②无花果切片加水、冰糖煎服，日一次，治疗咽喉痛、肺热咳嗽等；无花果干果切成小粒，炒至半焦，加白糖适量，用开水冲泡代茶饮，治疗厌食、消化不良等。

③选无花果枝叶 60 g，洗净切碎煎汤服，治疗慢性腹泻；取无花果叶 15～

20 g,水煎,加红糖适量,口服,治疗小儿腹泻、肠炎;鲜叶煎水坐浴,熏洗肛门,治疗痔疮。

2. 无花果在长江中游地区的生产潜力

(1)结果早,见效快,效益高

无花果早果性好,当年定植的幼苗可少量挂果,翌年每亩产量可达 500 kg,第 3 年进入盛果期;无花果夏季和秋季两次结果,产量高,盛果期每亩可达 4000 kg 以上,且经济寿命长。无花果市场行情逐年看涨,鲜果销售主要是休闲采摘、鲜果快递、直供水果店等方式,平均售价在每千克 30 元以上;果干销售以果场销售和鲜果快递为主,平均售价在每千克 160 元以上,经济效益高。

(2)适应性强,易栽培,好管理

无花果在我国栽植历史悠久,至今已有 2000 多年。无花果在全国除东北、西藏和青海外,均有分布,其中新疆阿图什、山东威海是我国著名的无花果产区。无花果适应性强,对环境要求不高,抗盐碱,对土壤的适应性较强;耐旱、耐涝,对水分要求不太高;耐高温,不耐严寒,适宜在年平均气温为 15℃、生物学积温 4800℃以上(5℃以上)的温暖湿润地区生长,−10℃以下容易发生冻害。无花果最适宜的气候是温暖湿润的海洋性气候,其生长最适温度为 22.0～28.0℃。大体来说,我国北至黄河流域,南至广东、海南、云南等地区均可种植无花果,但是我国无花果集中成片种植的较少,大多是零星分布。无花果树形容易控制,修剪较为简单,采收方便,且繁殖容易,扦插和分株均易成活,极具发展潜力。

(3)挂果时间长,鲜食及加工兼用

无花果的结果期长,从 6 月到 11 月,有近半年的收获期,可源源不断地供应市场,销售压力小,而且能最大限度地满足观光采摘的需求,夏季和秋季都有果实不断成熟。除了鲜食,无花果还可加工成果干、果脯、果酱、果汁、果茶、果酒、饮料、罐头等产品,需要的设备少,制作工艺简单,非常适合发展小微企业生产。无花果制干不使用添加剂,不用去皮,制作工艺简单,南方产区的广东、江苏、浙江等地几乎每个果场都配有小型烘干设备。

二、栽培历史及产业现状

1. 无花果的栽培历史

无花果原产于地中海沿岸的阿拉伯、也门等地，后传入叙利亚、土耳其、中国等地，在中东地区已有约 11000 年的栽培历史，是人类驯化最早的经济作物之一。无花果于汉代传入我国，并最早在新疆南部栽培，以和田、阿图什一带尤盛，到了唐代才由新疆开始经丝绸之路传到甘肃、陕西等地，后又传入中原地区，到了宋代，岭南等地也已经开始栽植。

无花果在世界上 50 多个国家种植面积已超过 40 万 hm^2，世界每年无花果干果出口量为 6.0 万～9.0 万 t，葡萄牙、土耳其、阿尔及利亚、摩洛哥、埃及、伊朗、突尼斯、西班牙、阿尔巴尼亚和叙利亚等是无花果主要生产国家，其中葡萄牙无花果种植面积约为 8.0 万 hm^2，土耳其约 6.0 万 hm^2。中国无花果年产量大约 4 万 t，限制无花果在我国发展的主要因素是低温冻害。随着我国设施农业的不断发展，无花果设施栽培在北方地区发展较快；此外，我国南方热带和亚热带地区随着旅游农业的兴起，无花果引种栽培发展前景广阔。

2. 产业现状

(1)产业分布

我国无花果的主要产区分布在新疆、山东、广西、湖南、江苏、上海、浙江、云南、四川、湖北等地，华北地区主要集中在山东沿海的威海、青岛、烟台以及济南等地，其中山东威海无花果生产面积约 3.0 万亩；西北地区主要集中在新疆的阿图什、喀什、和田等地，其中阿图什生产面积约 1.0 万亩，喀什约 0.5 万亩；南方地区主要分布在江苏、福建、上海等地，其中江苏省主要分布在南通、盐城、丹阳市、南京市等地，福建省主要在福州市。

(2)栽培品种

无花果栽培品种根据果皮颜色可分为红妃格(红色品种)，如玛斯义陶芬、波姬红、日本紫果等；黄妃格(黄色品种)，如美丽娅、金傲芬和新疆早黄等；翠妃格(绿色品种),如青皮等。南方地区无花果的主要品种为波姬红、玛斯义陶芬、金傲芬、丰产黄等,其中波姬红为红皮红肉,果实较大,果形美观、颜色鲜艳,丰产、稳产,已经成为长江流域规模化栽培的首选鲜食品种。

(3)栽培模式

无花果一年多次结果,挂果期长,长江流域露天栽培的无花果采果期为6月中旬到12月中旬。果实从夏季到秋季不断成熟,既可鲜食又可加工成果干,销售风险小。长江中游地区无花果大部分为露天栽培,设施栽培少。生产上用扦插苗建园,树形以自然开心形、一字形为主,株距为0.6～1.5 m,行距为2.0～3.0 m,定干高度为20～40 cm,留3～4个结果枝。春节前后对一年生枝进行重回缩修剪,基部留2～3个芽。春季萌芽后保留方位好、生长势强的芽4～5个,作为当年的结果枝,其余芽全部抹去。

(4)产业文化

在我国新疆阿图什、喀什、和田等地区,无花果和石榴是庭院绿化的主要树种,果实被喻为“糖包子”。无花果的花器官隐藏在花托内,属于隐头花序,果内开花,外观无花,其不追求华而不实,而追求实实在在,这种特征已经形成独特的无花果产业文化,成为山东威海无花果嘉年华的重要主题。

3. 存在的主要问题

(1)种质资源缺乏,优新品种少

无花果为桑科榕属植物,其资源类型主要分为野生型和栽培型,其中栽培型又分为“普通型”(第一批果或有或无,第二批果不经过受精而成熟)、“斯密尔那型”(没有第一批果,第二批果只有受精后才能成熟)和“中间型”(第一批果不经过受精而成熟,但第二批果需要受精后才能成熟)。无花果栽培品种中,约75%的品种是“普通型”,其余为“斯密尔那型”和“中间型”。我国无花果种质资源缺乏,优新品种少,如湖北地区规模种植的品种仅有“玛斯义陶芬”“波姬红”等,品种较为单一,导致果实外观和内在品质缺乏差异性,不能满足市场的多样化需求;同时,采收期集中,产量相对过剩,导致区域性、季节性供过于求。

(2)栽培管理粗放,果实品质不优

长江中游地区商品化无花果生产起步晚,技术发展模式落后;果园普遍管

理粗放，标准化栽培程度低。新建果园缺乏科学规划，无机械作业通道，栽植密度未能根据长江流域高温多湿的气候特点进行优化，造成果实品质不优。没有充分发挥长江中游地区气候较为温暖的优势，生产上缺乏产期调节，对生长期的管理不够重视，枝条生长量大，导致中后期结果部位偏高，不利于采摘果实和树体管理。果园土肥水管理效率低，造成枝条旺长，树冠郁闭，果实品质不优，市场竞争力低。特别是长江中游地区无花果种植模式主要以露地栽培为主，夏季高温高湿多雨易导致裂果，酸败损失大。

(3)采后商品化处理程度低，加工产品开发滞后

无花果属于呼吸跃变型水果，又兼具非呼吸跃变果实的特点，果实只有在树上达到可食成熟度才能采摘，完全成熟后含水量高、果皮薄，采后极易软化、褐变、腐败，常温条件下只能保存 2～3 d。特别是无花果果实结构松软，受外力挤压易变形、腐烂变质，严重影响长距离运销。无花果销售渠道单一，还需人工选果、套袋、覆膜、分箱、装车，分发到各地的销售网点，销售渠道狭窄。

生产过程重产前轻产后，采后处理、分级包装、冷链储藏不能满足当前市场需求。加工产品开发重初级产品，轻精深加工品。市场上多为果汁、果酱和果酒等常规产品，而具备药用价值的蛋白酶、抗癌活性物质和抑菌素等精深加工品较少。无花果的根、叶、枝和干的利用率低，提取其中有价值的部分较少。

三、市场前景及发展趋势

1. 选择良种

无花果作为一种极具特色的小浆果，具有巨大的开发潜力和价值，但我国无花果品种较少、栽培品种单一、育种工作几乎为零、大多从国外引种、品种混杂，这些因素制约着我国无花果产业的发展。优良品种对果实的品质起着决定性的作用，根据果实颜色、果形指数、果实品质、成熟期等综合评判选择鲜食品种，长江中游地区鲜食品种以中大型果为主，也可选择少量有特色、有卖点的迷你型品种。无花果果皮颜色有绿、黄、红、紫，成熟期有早、中、晚熟类型，选择时各方面都要考虑，尤其注重对红色果肉类型的选择；同时关注果孔大小、果皮厚

度、可溶性固形物含量及耐热性等指标。根据果实品质、产量高低、抗逆性强弱等选择加工品种，如果实大小适中，色泽淡、含糖量高的品种。

2. 标准化栽培

无花果对生长条件要求不严，病虫害少，生产环节简单，但是丰产性与果实品质等指标受到环境条件的影响较大，对涝渍、肥料、病虫害防控等方面需要强化管理，坚持适地、适量、适种的原则，建立适合长江中游地区的标准化栽培模式。树形推荐使用V形或自然开心形，搭好立架，控制树势，使树形整齐、通风透光，促进果实着色均匀，便于管理和采摘，提高果实品质，构建高效、优质、丰产和省力的技术模式。

无花果当年成果，耐夏季修剪，喜光、耐旱，应加强无花果成熟期调控研究，利用长江中游地区的温热条件进行产期调节，实现周年市场供给。建立保护地钢架大棚、遮阳网、喷灌和滴灌等设施，推广矮化密植、棚架式栽培等。

3. 采后商品化处理

采后新鲜的无花果其细胞仍进行着各种生命活动，如水分蒸发、呼吸作用等，导致果实不耐储运，货架期短，因此需要加强采后商品化处理，应用保鲜、包装技术，对采收后的果实进行分级、软袋包装，及时入库预冷，将无花果的优质保鲜期延长至48 h或更长。武汉郊区的无花果以休闲采摘、鲜果快递为主，采用透明小塑料盒进行包装，并放入保鲜剂，可减少运输途中的损耗。

无花果果实的加工产品主要有果干、果脯、果酱、果汁、果粉、果酒及保健饮料等，对无花果进行一定量的加工有利于休闲农业品牌的建立与维护，延长产品供应期，丰富产品线。无花果不仅具有营养价值，还具有药用价值，应加强宣传，让人们充分了解无花果的价值，使无花果的鲜果和其加工产品的销售量得到提高，进一步扩展无花果市场。另外，让无花果成为人人都能吃得起的水果，满足中低档消费人群的需求，占领中低档消费市场。

4. 组织管理及品牌战略

随着“互联网＋”的推进，以往依赖采摘后送往各个销售点的传统销售模式

已经转化为依托物联网设备、信息化技术进行网上销售的模式，使销售渠道变得高效、便捷。积极构建无花果种植与观光、旅游、休闲等融合发展的新模式，充分利用农业博览会或各种形式的商贸洽谈会，拓展无花果销售市场，通过网站、电视、报纸等多种形式进行宣传，扩大影响。

提高果农的商品化意识和组织化程度，引导果农适度规模经营；积极创建品牌，加强冷藏保鲜链的建设，走产业化道路；实施“公司(企业)＋基地＋农户”农业产业化经营模式，集中生产经营，统一管理、统一技术指导、统一包装，农户负责种植生产，产业化经营组织负责销售，实现产销一体化。

第二节　品种

一、无花果种质资源及利用

1. 无花果种质资源概况

无花果适宜在温带气候地区栽培，鲜食无花果及其果干制品在美洲、亚洲及欧洲的销量都有较大增长。因此，无花果种质资源研究在世界各国迅速增多，越来越多的国家建立或扩大资源库或者管理中心，并对无花果种质资源的保存和利用开展研究。

传统的无花果遗传资源评价和品种鉴定主要基于形态学特征(田间表型特征)，但由于无花果早期生长形态学特征相似，只依赖形态学特征进行种质资源研究会有局限性，在无花果生长初期不能准确地区分是什么品种，而依据无花果的果皮和果肉颜色也难以有效地辨别是什么品种，且无花果形态学特征易受环境因素的影响。因此，随着分子标记技术日益成熟，无花果亲缘关系以及品种分类技术方法不再局限于形态学特征描述，而是把形态学特征作为第一步分类的基础，然后采用较为稳定的遗传基因种质特征进行品种分类。

无花果是雌雄异株的多年生木本植物，原生类型的无花果花序雌雄异花，雌蕊短，少数较长，一年三次形成果实，但食用价值低，仅用作授粉树种植。普通类型的无花果为亚热带落叶果树，其雄花着生在花序托上部，花序主要为中性花和少数长花柱雌花，不需要授粉就可以结实，形成可食用的聚合肉质果实，长花柱雌花经过人工授粉可以获得种子。栽培型品种中大部分为普通型无花果，其具有单性结实能力，授粉后能形成种子，一年结果两次，代表品种有金傲芬、波姬红、日本紫果等。

2. 无花果的分类

全世界的无花果品种已超过 700 种，多数原产于热带、亚热带，我国约有 120 种。根据花器类型与结果特性将栽培型无花果分为 4 类，分别为普通类型、斯密尔那类型、中间类型和原生类型。根据果实成熟时期将普通类型无花果分为夏果专用种、夏秋果兼用种和秋果专用种。夏果专用种是指夏果能成熟，但秋果在发育过程中全部脱落。夏秋果兼用种是指夏果着生较少，但能成熟；秋果着生多，易丰产。秋果专用种是指夏果少、秋果着生多的品种，以采收秋果为主要目的。

大多数无花果可以单性结实，不同的品种其果实形状也不相同，有卵圆形、扁圆形、球形等。根据无花果的生长习性和地区分布可分为普通无花果、矮生无花果、大无花果和埃及无花果。根据无花果果皮、果肉颜色可分为绿色品种、红色品种和黄色品种，其中红色品种有玛斯义陶芬、波姬红等，黄色品种有布兰瑞克、金傲芬等。

3. 我国的无花果种质资源

我国无花果品种的引进一是沿着丝绸之路，引进的新疆早黄、新疆晚黄等栽培品种；二是 19 世纪末随着沿海口岸的开放，引进的青皮、布兰瑞克及紫果等栽培品种。20 世纪 80 年代，我国开始分批从美国、日本、意大利等国引进无花果品种，初步建立起无花果种质资源库和品种资源圃，实现无花果信息资源的共享。

我国的无花果育种工作起步较晚，目前只有少数科研院所从事无花果种质

资源的保存、评价与利用研究，筛选出10余个优良品种在我国各地区推广种植，如玛斯义陶芬、波姬红、金傲芬、布兰瑞克等。

二、长江中游地区栽培的无花果品种

1. 玛斯义陶芬

(1)品种来源

原产于美国，现我国各地均有种植，属早熟鲜食品种。

(2)品种特征特性

果实长卵圆形或倒圆锥形，平均单果重53.7 g，最大果重可达180 g。果皮绿紫色至褐色，近成熟时紫红色；果面有棱，果点大，果目浅红色，商品外观性状好。果肉红色，肉质稍粗，可溶性固形物含量16.2%，味酸甜，品质优。该品种为夏秋果兼用种，单性结实；具有多次结果习性，可形成春、夏、秋果，夏果较大，秋果较小。武汉地区3月中下旬萌芽，4月上中旬展叶，11月下旬落叶，果实成熟期为7月中旬至11月初。果皮韧性大，较耐储运，去皮后可食率高达80%以上。

树势中庸，树姿开张，主干不明显；枝条较开张，树体冠幅小，适宜密植；易分枝，枝条多，近根部枝干出现瘤状凸起；生长量大，新梢年生长量2.0～2.5 m。叶片黄绿色，掌状，3～6裂，裂深中等；叶缘波状，叶形指数1.91。结果母枝留2～3芽重修剪后，抽生的结果枝坐果率高，始果节位多为第3节；随着新梢伸长，出一叶长一果，单枝新梢结果数达30个以上。早果丰产，苗木定植后当年即可成园，每亩产量可达350 kg以上；第3年进入盛果期，每亩产量达2000 kg以上。

该品种适应性强，抗病性强，基本无虫害，但果实成熟期遇雨易裂果。玛斯义陶芬无花果生长快、结果早、果型大，种植经济效益高，在长江流域露地栽培，发展较多，为观光采摘的首选品种。

(3)栽培技术要点

①该品种苗木繁育嫁接的成活率很低，主要以自根育苗为主。因其枝条极

易生根，萌发根蘖，通过扦插、压条和分株法均可繁殖种苗。

②选择光照良好、平坦肥沃且排灌方便的地块建园。栽植时起垄，株行距为(1.0～2.0)m×(3.0～4.0)m。

③树形根据土壤条件、栽植密度以及生产习惯而定，适宜树形为自然开心形、丛状形以及矮干双臂 T 形等。自然开心形苗木的定干高度约为 50 cm，保留 3～4 个主枝；若主枝偏少，则培养侧枝补空。冬季对各级骨干枝延长枝短截，促发健壮分枝；利用基部侧枝、潜伏芽或不定芽受修剪刺激易萌发的特性，重短截，促使其形成新的结果母枝；生长季对旺枝和结果枝留长 35 cm 进行摘心，促进二次枝早发。

④无花果的果实负载量大，养分消耗多，充足而均衡的营养供给是优质、丰产的关键。生产中除了大量补充氮肥外，还需要充足的磷、钾肥，以利于果实的生长和品质的提高。无花果耐涝性弱，如连续降雨，要及时排水防涝。

⑤病虫害较少，主要防治桑天牛(防治方法见第六章果桑)、金龟子、卷叶蛾、果蝇以及炭疽病、枝枯病、白绢病等病虫害。6—8 月高温多雨，无花果进入白绢病的高发期，选用 50%多菌灵可湿性粉剂 300 倍液对根部喷灌预防，若发病则整株挖除。

2. 波姬红

(1)品种来源

原产于美国，在我国各无花果产区种植面积快速扩大，属优质鲜食品种，也可加工成果干。

(2)品种特征特性

果实长卵形或长圆锥形，果实纵径 7.47 cm、横径 4.81 cm，果柄长 0.8～1.0 cm；平均单果重 62.5 g，最大单果重 145 g；夏天采收的果实较大、较长，秋、冬季采收的果实较小、较短；果皮红褐色，完全成熟时紫褐色，光洁有蜡质，色泽均匀；果目中等开张，粗 0.1 cm；果面有较为明显的棱，商品外观性状优。果肉红色或浅红色，果肋明显，肉质细腻，可溶性固形物含量 16.8%，可滴定酸含量 0.15%，1 kg 果肉维生素 C 含量 10.8 mg，味甜、软糯、多汁，品质上。室温下可储藏 2～3 d，冷藏可储藏 5～7 d。

武汉地区3月中旬萌芽，4月上中旬展叶，11月下旬落叶。该品种具有多次结果的习性，可形成春果、夏果和秋果，以秋果为主；夏果4月上中旬现果，7月中旬成熟，发育期约85 d；秋果6月上旬现果，8月上旬成熟，发育期约60 d，渐次结果可延续至11月下旬。

树势中庸稳健，树姿开张。新梢绿色，木质化后褐色，老熟枝条深褐色，有少量肉色皮孔。新梢年生长量可达2.4 m以上，粗2.1 cm。叶较大，浓绿色，掌状5裂，叶缘有不规则波状锯齿；成熟叶片长28.2 cm、宽24.1 cm，裂刻深15.2 cm；叶柄长14.6 cm，黄绿色。叶腋内2～3个芽，叶芽圆锥形，绿色；花芽圆盾形，花单性，为长柱雌花，浅红色，埋藏于隐头花序中。始果部位为第2～3节，每节1个果，定植当年即可结果，每亩产量达300 kg以上；第3年进入盛果期，每亩产量达1800 kg以上。

该品种在武汉地区长势较强，肥水充足的地方结果多。较耐积渍，根部被水浸泡2～3 d后，叶片、果实脱落，但可以抽生新梢，继续结果。连续多日降雨，易感染锈病、炭疽病。耐高温干旱，持续高温条件下很少出现萎蔫，但是新梢生长和果实膨大受到抑制，成熟后的果实变小，味淡、汁少，品质明显下降。

(3)栽培技术

①适度密植，行株距(1.5～2.5)m×(3.0～4.0)m。推荐搭建辅助设施进行种植，每行两端各立一根2.4 m×0.1 m×0.1 m的水泥柱，立柱地下0.6 m，地上部1.8 m，分别在地上0.7 m、1.2 m、1.7 m处插入3根角铁(宽3.0 cm、厚0.4 cm)，在角铁两侧顺行各拉1条托膜线。

②适宜树形为自然开心形、多主枝丛状树形以及“一字形”树形。定植后新梢长至40 cm时打顶，新芽萌发后保留4～5个壮芽作为当年的结果枝，其余全部抹除。休眠期对一年生枝条进行重回缩，基部留2～3个芽。生长期随着结果枝不断延长生长，用长15 cm的包塑镀锌扎丝将结果枝固定到托膜线上。

③无花果属于浅根植物，生长量大，对水分的要求较高，推荐果园安装简易肥水一体化设施，进行地布覆盖。肥水池选择在地块中间、位置较高的地带，输水管道可分为主管、支管、滴带；主管和支管选PVC管，滴带采用PE内镶贴片式，内径16 mm，滴头间距30 cm。

④该品种果实色彩鲜艳、甜度高，果实成熟期易被鸟类啄食，建议全园覆盖

网眼 2.5 cm 的 PE 防鸟网。果实完全成熟时，采后极易软化、褐变、腐败，常温条件下只能保存 1～2 d，长距离运销，果实七八成熟时采收；通过网络销售的果实，最好可八九成熟时采收，24 h 内达消费者手中；休闲采摘的果实，则在完全成熟时采收。

3. 金傲芬

(1)品种来源

原产于美国，属大型果黄色品种，既可鲜食也可用于加工。

(2)品种特征特性

果实卵圆形，果颈明显，果柄长 1.35 cm，果实纵径 6.75 cm，果形指数 0.96；平均单果重 72.8 g，最大果重可达 160 g 以上。果皮金黄色，果面光滑有蜡质光泽，果棱明显；果目小，微开。果肉淡黄色，肉质致密，细腻甘甜，可溶性固形物含量 17.6%，鲜食风味极佳，品质极上。武汉地区 3 月中旬萌芽，4 月中旬展叶，11 月下旬至 12 月初落叶。该品种有多次结果的习性，既能形成春果，又能长成夏果或秋果，以秋果为主。夏果 4 月中旬现果，7 月中旬成熟；秋果 6 月上旬现果，8 月上旬成熟，结果期可以延续至 12 月初。

树势强旺，树姿半开张。树皮灰褐色，光滑。枝条粗壮，分枝少。叶片中等偏大，叶径 29.6 cm，掌状 5 裂，裂刻深 13.6 cm，裂片呈条状；叶缘具微波状锯齿，成熟叶具有波状叶锯；叶色浓绿，叶脉掌状，叶柄长 14.5 cm。幼苗期叶片 2～4裂，裂较浅，无叶锯，黄绿色。该品种可形成夏、秋果，以秋果为主，始着果部位为第 2～3 节；早果性好，丰产、稳产，当年生苗建园即可结果，每亩产量可达240 kg以上，第 3 年产量进入盛果期，每亩产量 1200 kg 以上。

该品种适应性强，抗病性强，基本无病虫害发生，在武汉地区田间表现性状稳定，为优质的鲜食加工兼用型品种，同时也可作为休闲观光采摘的特色品种。

(3)栽培技术

①依据树形及栽培管理条件确定栽植密度，自然开心形株行距为(1.5～2.5m)×(3.0～4.0)m，丛状树形的株行距为(1.5～2.0)m×(2.0～3.0)m，“T”字形株行距为 4.0 m×3.0 m，南北行向。

②开心形苗木定干 50 cm，主枝留 3 个，水平方向均匀分布，每个主枝选留

2～3 个侧枝。生长期主侧枝上保留 3 个新梢作为结果母枝，盛果期为限制树高，结果枝留 1～2 节反复进行修剪调控，防止树冠扩大；及时抹芽，每株留结果枝 30 个为宜。

③无花果对氮、磷、钾、钙等营养元素的吸收量大，盛果期施肥的氮、磷、钾、钙四元素的比例为 1.0∶1.3∶1.2∶1.5。基肥落叶前后施入，每亩施商品有机肥或腐熟的厩肥 3000～4000 kg，辅以少量的复合肥。追肥在夏果、秋果迅速膨大前施入，前期以氮肥为主，中后期以磷、钾、钙肥为主，分别于 3 月中下旬、5 月中旬、7 月上中旬、9 月上旬分 4 次进行，推荐使用水溶肥或营养液以滴灌的方式施入。

④近地销售以果实完全转色、肉软，表现出该品种固有的风味时采收。外销产品以果实转色完全、果皮未软，八九成熟时采收为宜。清晨采收为佳，当日采收当日销售；量大则及时预冷，使用 2.0 kg 的小包装入冷库储藏，并在冷藏条件下销售。

4. 布兰瑞克

(1)品种来源

原产于法国，属鲜食加工兼用型品种。

(2)品种特征特性

夏、秋果兼用品种，夏果少，以秋果为主。夏果长倒圆锥形，平均单果重 126.5 g；秋果倒圆锥形或倒卵形，平均单果重 56.7 g。果皮黄褐色，果梗基部常膨大，果顶不开裂，果实中空，果目 0.3 cm。果肉琥珀色，质细腻，可溶性固形物含量 14.6％，味甘甜微酸，微香，品质上。武汉地区夏果成熟期为 7 月中旬，秋果成熟期 8 月中下旬，逐渐延续到 11 月下旬；较耐储运，鲜食加工兼用，适宜制果脯、蜜饯、罐头、果酱、饮料等。

树势中庸，树姿开张；分枝力强，多丛生，连续结实能力强，新梢年生长量约 2.5 m。叶片深绿，掌状，3～6 裂，裂深较深；叶缘波状，叶形指数 2.06，叶柄长约 9.4 cm。该品种适应性广，抗逆性好，耐盐力强，基本无病虫害发生。大面积高密度栽培时，多雨年份易发生疫病和炭疽病，在长江流域可露地栽培，其耐寒力强。

(3)栽培技术

①建园时每亩施入优质有机肥4500～5000 kg＋尿素100 kg＋过磷酸钙200 kg,或硫酸钾三元复合肥150 kg。挖宽、深60～80 cm的定植沟或定植穴,心土与表土分开放,掺肥后按土层顺序回填,浇水沉实后栽苗。

②采用多主枝自然开心形、小冠疏层形等树形。幼树期主要建立牢固的骨架和均衡的树体结构,主枝延长枝留40～50 cm短截,留外芽以开张角度。夏季对旺梢摘心,迅速培养结果母枝。冬季对骨干枝延长头继续短截促发分枝,盛果期对各骨干枝延长枝重截,剪留长度30 cm;对各部位的结果母枝选择性重剪更新,以形成新的健壮结果母枝。

③水分管理是无花果栽培管理的重要环节,土壤管理结合果园生草进行,可铺设园艺地布,配套建立水肥一体化设施,维持根系集中分布区域的田间持水量在60%～80%。在多雨季节或低洼地带,及时排除积水,以便降渍;因无花果耐旱不耐涝,新梢生长及果实膨大期需水量大,但长期受渍或处在积水重的环境,易造成落花、落果、落叶,甚至整株死亡。

④幼树种植成活后薄肥勤施,春梢、夏梢、秋梢抽生前各追肥1次;新梢顶芽从修剪到转绿期施肥量逐渐增加,注意增施钙肥。秋末落叶后至初冬间施基肥,以腐熟有机肥为主,混合少量复合肥。

第三节　建园及树体管理

一、苗木繁育

无花果属落叶小乔木,一年生枝生长量大;枝叶花果等器官都有乳汁管,会分泌黏稠的白色汁液。叶片大,呈倒卵形或近圆形,全缘或锯齿不齐,叶片基部心形,叶面粗糙,叶背茸毛粗短,叶柄长。叶腋内着生一个腋芽,生长芽呈圆锥形,延伸生长成新梢,顶芽由两片托叶包裹,花芽呈圆形。托叶和花柄脱落后,

留下较为明显的叶痕，类似节的形态。

无花果的繁殖方法有扦插、压条、分株和嫁接。压条繁殖可在休眠期和生长季节进行，冬季落叶后将靠近地面的枝条（成熟老枝与嫩枝）压土，翌年5—6月剪取生根的压条，即为苗木，可用于生产建园。生长季节在4月上中旬，将低位多年生枝干压条，落叶后挖取生根的苗木；也可在5月上中旬将当年萌发的新梢压条，7月上旬剪断枝条，使其脱离母体成为新植株。分株繁育在6月上旬，将根蘖苗分株培植即可成苗。嫁接育苗在长江流域分为春季枝接和秋季芽接，春季枝接在3月上中旬无花果萌芽前进行，秋季芽接在9月上中旬进行。

生产上多采用扦插繁殖。

1. 扦插前的准备

苗圃以肥沃的沙壤和有机质含量高的土壤最佳，不选用盐碱含量高的土壤。露地插床的畦面每亩撒施50 kg的生石灰，或者喷施150 mg/L二氧化氯消毒；苗圃每亩施入腐熟的有机肥2000～3000 kg，并深翻土壤，培植宽0.8～1.2 m、高10～15 cm的畦垄，平整好垄面，在畦垄的上方铺设微喷管，土壤含水量保持约60%。

在秋季落叶后树液停止流动时采集插条，春季采集插条必须在发芽前进行。采集主干下部的健壮、无病虫害枝条作为插条，剪成20～25 cm的小段，在清水中浸泡2～3 d后及时进行沙藏，一层插条一层沙，保持河沙的湿度，以手握成团、松开即散为宜。

2. 扦插

武汉地区在3月上旬进行露地硬枝扦插，以随剪随插为宜。插条下端剪成马蹄形，上端剪平，剪口控制在枝条的节间处，切口要平滑，防止其后期腐烂。每根插条保留3个芽眼。插条下端1/3～1/2处用150～250 mg/kg的生根粉溶液浸泡10 min，或用IBA浓度为500 mg/L的溶液浸泡2 h，晾干后扦插。处理好的插条，立即斜插入苗床，保持斜插入插条倾斜方向一致，与水平方向的角度为45°～60°，扦插深度为15～20 cm，芽苞向上，地面上留长2.0～3.0 cm，至少两个节间埋入土中；插条密度为15 cm×15 cm。扦插时先用等粗的木棍斜插洞，再将插条放入洞内，然后立即压实插条周围土壤，喷水保湿。

也可在 5 月下旬至 6 月上旬，新梢半木质化时进行绿枝扦插，将叶片剪去半片，扦插深度以留下的叶片露出地面为准，扦插株行距为(15～20)cm×(20～30)cm。

3. 扦插后的管理

扦插完成后，垄面覆盖白色塑料薄膜，形成小拱棚以保湿，同时插条愈合组织形成期对温度要求较高，可以提高地温。苗床上方覆盖遮阳网，使育苗棚内温度保持在 25℃，基质湿度 60%，空气湿度 85%。每天上午 9:00 和下午 4:00，喷雾状水。15 d 后约有 1/2 的插条开始萌芽，打开塑料小拱棚的两端通风；5～7 d 后半敞开塑料膜，仅上午喷水 1 次，降低空气湿度。插条萌发的新梢长 15 cm时，去除多余侧枝，仅保留 1 个侧枝，保留一个健壮的、低节位的侧枝作为苗木的主干进行培养。整枝完成后撤掉全部遮阳网，逐渐接近大田管理，进行炼苗。

二、建园及管理

1. 无花果的生物学特性

(1)根系

无花果的根为茎源根系，具浅根性，以水平根为主，无主根，只有数条较粗的侧根以及大量的须根及不定根。1 年生苗的根幅水平分布约为 2.5 m，垂直分布约为 0.9 m，其中 15～50 cm 深的土层根量最多，达总根量的 65%。

无花果抗旱性较强，不耐涝，降水过多或渍水，往往会使叶片脱落，浸水 2～4 d 即导致植株窒息死亡。但因其叶片大，夏季高温水分消耗多，长期干旱也会影响新梢抽出，导致果实生长停滞。

无花果属夏干地带果树，生长期对温度要求比较严格。武汉地区 3 月上中旬，地温达 9.0～10.0℃时无花果根系开始活动，3—4 月根系生长较慢，5 月进入旺盛生长期，6 月达到生长高峰，7—8 月高温期呈停滞状态，秋季地温适宜时

再度生长，12 月地温降至 10.0℃以下时停止生长。

(2)枝条

生长势强，枝条一年多次生长。3 月中下旬开始萌动，6 月进入旺盛生长期，幼树新梢及徒长枝年生长量可达 2.0 m 以上，强旺枝中上部多发生二次枝。5 月上旬开始，枝条自下而上开始分化花芽，无花果的新梢生长、花芽分化、花器形成以及果实生长发育同步进行。

无花果的芽有顶芽、叶芽、花芽(抽生隐头花序)、潜伏芽和不定芽。无花果单叶，互生，具长柄；叶片大，表面粗糙，暗绿色，常有裂。叶腋内形成花芽，花芽大而圆，小而呈圆锥形的为叶芽。顶芽饱满且较长，潜伏芽较多而寿命长，可达数十年。重剪时，潜伏芽萌发形成新树冠，有利于更新和控冠。无花果的萌芽率和成枝力较弱，骨干枝强，冠层内的枝条较为稀疏。

(3)花和果实

无花果每个新梢均可成为结果枝，每个叶腋几乎都是结果部位(图 5-1)。芽随着新梢的生长由下部叶腋往上部顺次开始分化，形成的芽中有 2～3 个生长点，其中一个生长点形成二次枝，其他生长点形成花芽(花序)结果。花芽分化时间短，当年成花当年结果，多数每节 1 果，个别 1 节 2 果。花单性，淡红色，埋藏于隐头花序中。可食部分为花托肥大而成的果实，单花及由其发育的瘦果隐生于肉质花托内部，外观上似不花而实。

图 5-1　无花果多主枝丛状结果枝

无花果春季新梢开始生长，也开始花托分化与开花结实。新梢除基部1～2个腋芽不分化花托外，其余的腋芽则不断分化花托而成夏果或秋果。只要气温适宜，其他条件都满足，除徒长枝外，春梢与秋梢或副枝，其叶腋生长点会不断自下而上进行花托分化结果，会不断有果实成熟，长达数月之久。随着秋末温度下降，新梢基部数节位芽的生长点停止发育，新梢顶端数节位芽也停止分化。这些当年未结果叶位的芽，翌年继续发育成为夏果。

(4)对环境条件的要求

无花果对寒冷敏感，特别是幼树期。冬季气温在－12℃时，会冻伤主梢；－16～－18℃时，枝干会受严重冻害；－20～－22℃时，地上部分可能受冻死亡。无花果不同品种耐寒能力不同，如布兰瑞克在－13～－15℃时会受冻害，而玛斯义陶芬在－4～－6℃即受冻害。

温度是影响无花果自然分布的主要因素，其适宜的温度条件为年平均气温15℃，夏季平均气温20℃，冬季平均气温不低于8℃，大于或等于5℃的生物学积温达4800℃。无花果对光照适应幅度比较宽，既能在高光照区(如新疆)生长良好，也能在光照不甚强烈的地区(如长江中游地区)生长结实正常。

无花果对土壤条件要求不高，在典型的灰壤土、多石灰的沙漠性砂质土、潮湿的亚热带酸性红壤土以及冲积性黏壤土上都能比较正常地生长，较耐盐碱。

2. 建园和栽植

(1)建园

无花果喜光怕涝，园地应选择光照充足、排灌水良好的中性或微碱性的土壤；为了减少病虫害，园地最好远离桑科植物。无花果适应性强，但其不耐储运，在城市近郊或交通便利的地方建园最佳，便于物流运输，也便于观光采摘。作业区(小区)以30～60亩为单元，作业区的形状为长方形，平地小区的长边与有害风的方向垂直，山地小区的长边与等高线平行。

果园道路系统的设计应便于机械化作业，如施肥、排灌、喷洒农药、果实采摘及运输等，主干道宽6.0 m，次干道宽5.0 m，小区内作业道宽3.0 m。山地果园道路沿坡面斜度不能超过7°，沿等高线设计。有路必有沟，道路和沟渠建设并行；规划建设好排水系统，要求雨过园干，切忌积水和渍水。无花果耐旱、怕

涝，对水分要求严格，有条件的果园可安装滴灌和微喷系统。

苗木栽植前进行土壤改良，深耕改土在夏季结合翻压绿肥进行，秋冬季每亩施入腐熟的有机肥或者商品有机肥，然后全园深翻、整地起垄。垄高约20 cm、宽0.8～1.0 m，垄距1.2～1.5 m，垄面铺设滴灌管，并覆盖园艺地布。为了防治线虫的为害，覆膜前在垄面均匀撒施阿维菌素颗粒剂。

(2)苗木栽植及管理

栽植密度应根据品种、土壤质地、整形方式和是否进行机械作业而确定。为了提高早期产量，可适度密植，株行距为(1.0～1.5)m×(2.5～4.0)m。无花果叶片大，密度过大，遮光严重，光照不足，通风性差，导致产量低，果个小，果面色泽度差；密度过小，早期产量低，经济效益差。

长江流域苗木栽植分为秋冬栽和春栽，秋冬栽在苗木落叶后进行，春栽则在萌芽前进行，春节前后最为适宜，以利于无花果幼苗根部尽快形成愈伤组织。选择一年生、枝条粗壮、叶色浓绿、根系发达、无病虫害的苗木，最好选用根部枝干粗1.5 cm以上的健壮无花果幼苗进行定植，要求果苗截干高度为20 cm，枝干剪切口稍干后涂上保护蜡；对过密、过长的根系进行疏密修剪，根系半径控制在25～30 cm。

定植后，沿着无花果幼苗根部铺设1～2条滴灌带，安装水肥一体滴灌系统，及时通过滴灌带浇透定根水，也可人工浇水；同时，定植垄面覆盖黑色地膜，以提高土温，防止杂草滋生；也可用防草布铺满垄、沟，以使作业环境干净整洁。

(3)辅助设施建设

①温室大棚的搭建

温室大棚按南北方向进行规划和搭建，考虑到风力荷载，长江中下游地区选用单体大棚，其特点是造价较低，但空间利用率偏低，管理相对复杂；也可选用连栋塑料大棚，其造价偏高，但空间利用率高，且管理较方便。单体大棚宽度为8.0 m、顶高为3.2 m，长度控制在50 m以内。连栋塑料大棚宽度8.0～12.0 m、肩高3.5 m、顶高4.7 m、长度60～80 m。温室大棚太短保温性差，太长采摘不方便。

②篱架搭建

无花果篱架式适宜高密度栽培，提高早期田间产量。可选择水泥柱做篱桩，高度为2.2 m，水泥柱下部埋入土中深度为50 cm，沿种植行每隔6.0 m埋入一根水泥篱桩；篱桩上部留2个孔，第一个孔离地面约60 cm，第二个孔距第一个孔约80 cm；孔径3.0 cm，穿入钢管；第一层钢管长度为60 cm，第二层钢管长度为80 cm，钢管两端打孔，孔径0.3 cm，用直径0.25 cm外面带塑胶的钢丝绳穿入钢管两端的孔中，拉紧固定。

③覆盖防鸟网

防鸟网是防止鸟害最为有效、成本最低的方法。PE防鸟网拉力强度大、抗热、耐水、耐腐蚀、耐老化、无毒无味、废弃物易处理，选用孔径2.0～2.5 cm的天蓝色、乳白色或无色防鸟网(图5-2)。正确保管防鸟网，其使用寿命可达5年以上。

图5-2 无花果园的防鸟网

3. 园地的管理

(1)土壤管理

长江流域及其以南地区，温湿度大，杂草生长旺盛，无花果园应进行覆盖。一是铺草覆盖，在4、5月进行，选用稻草、麦秆、油菜壳、锯末以及山青等，厚度10～20 cm，每亩用量1000～1500 kg；二是用园艺地布覆盖，特点是使用寿命长，保肥、保水、防草。

(2)水分管理

无花果叶片大，高温季节水分蒸发多，因此需水量大，如不能满足水分供应，新梢抽生慢、果个小、产量低、品质差。无花果的需水临界期在发芽期、新梢

速长期和果实生长发育期，尤其是长江中下游地区的 6—9 月，易发生高温干旱，应及时灌溉补水，可以通过滴灌、微喷灌等方式进行，漫灌以浸透根系层为度。果实成熟期应始终保持稳定适宜的土壤湿度，因为如果土壤干湿度变化过大，会导致裂果增多。

(3)肥料管理

①基肥

无花果结果时间长、产量高，养分消耗多，对肥料要求较高。施肥原则为适磷重氮、钾，幼树的氮、磷、钾比例为 1.0∶0.5∶0.7，成年树为 1.0∶0.75∶1.0；肥料的施用量可按照目标产量计算确定，即 100 kg 果实需施氮 1.06 kg、磷 0.8 kg、钾 1.06 kg。不同果园土壤条件差异大，施肥量与氮、磷、钾的比例应根据具体情况而酌情增减，如有机质含量高、肥沃的果园，施肥量比标准用量减少 10%～15%；幼树期施肥不宜过多，以免新梢徒长，枝条不充实，但结果多的树可适当多施肥。

基肥以腐熟的有机肥为主，秋季落叶后施入，有机肥如腐熟的鸡粪、猪粪、牛羊粪、菜籽饼等，也可施入商品有机肥，施用量按照一斤果斤半肥的标准确定；另外每亩混入氮、磷、钾复合肥 150～200 kg＋过磷酸钙 150～200 kg。施肥时挖深 20～30 cm 的浅沟，将肥料拌匀施入沟内，再覆土；或者在清园后将肥料拌匀撒于表层，浅耕 15 cm 翻入，浅翻时距主干 50 cm，避免伤根。

②追肥

生长季追肥与灌水相结合，通过水肥管理对树体实行“促”与“控”的调节，早促晚控。早促，即在 4 月上中旬、5 月初追肥，促秋果；晚控，即 7 月中下旬以后减少水肥，控制果枝过快伸长，减少过多秋果，维持来年的夏果产量。

春季萌芽前，每亩施入 150 kg 尿素催芽。4—5 月施液肥，肥料的浓度为 N 220.0 g/L＋P_2O_5 140.0 g/L＋K_2O 160.0 g/L＋B 2.0 g/L＋Zn 1.0 g/L＋有机质 30.0 g/L，每隔 7～10 d 施入肥水 1 次。6—7 月中下旬是夏果成熟期，主要追施壮果肥，肥料的浓度为 N 140.0 g/L＋P_2O_5 150.0 g/L＋K_2O 180.0 g/L＋B 2.0 g/L＋Zn 1.0 g/L＋有机质 60.0 g/L，每隔 4～5 d 追肥水 1 次。9 月上旬到 12 月中下旬，主要为壮果肥，肥料的浓度为 N 120.0 g/L＋P_2O_5 150.0 g/L＋K_2O 180.0 g/L＋B 2.0 g/L＋Zn 1.0 g/L＋有机质 70.0 g/L，每隔 6～8 d 追肥水 1 次。

除土壤施肥外，生长期也可进行根外追肥，前期以氮肥为主，后期以磷、钾肥为主，在上午10:00以前，或下午16:00以后，叶面喷施0.3%的尿素、0.2%～0.3%的磷酸二氢钾等，也可结合病虫害防治进行。

三、主要树形及修剪

1. 主要树形

(1)开心形

①Y形

Y形的树体结构为树高1.5～2.0 m，主干高40～50 cm，无中心干；主枝2个，垂直行向，与主干呈45°夹角；每个主枝配置侧枝3～5个，适于密植栽培，便于修剪和采摘。

苗木定植后距地面约40 cm处定干。萌芽后，选留2个方位角和生长势健壮的分枝作为主枝，疏除其他芽枝。主枝角度与主干呈45°，主枝长度超过40 cm时，重摘心，促发侧枝。翌年春，对顶端有饱满芽的侧枝进行短截以促发新枝，每主枝上选留3～5个新梢作为结果枝。以后每年对主枝延长进行短截，侧枝按20 cm间距在主枝上呈螺旋状配置，剪除过密枝、徒长枝及病虫枯枝。

②多主枝开心形

此树形骨架牢固，通风透光性较好，结果面积大。树体结构为主干高40～50 cm，无中心干，树形为圆头形；树高2.5～3.0 m，主枝3～5个，均匀分布在主干上，与主干的夹角为30°～45°；每个主枝配置3～5个侧枝，侧枝与主枝夹角45°～60°。

苗木定植后定干高度约50 cm。萌发后，选留3～5个新梢作为主枝，疏除其余枝条。当作为主枝的新梢长度超过40 cm时，重摘心，促发侧枝。翌年春，对侧枝进行短截促发新枝，扩大树冠，每主枝上选留3～4个新梢作为结果枝。侧枝在主枝上间隔20～30 cm，交叉配置。

③杯状形

杯状形树冠低，不易受风害，管理和采收方便，但结果部位平面化，产量较

低。树体结构为主干高约 30 cm，主干上错落分布 3 个主枝，主枝间平面夹角各 120°，主枝仰角 45°～50°。主枝上同一级侧枝分布在主枝的同一侧，侧枝数量 3～5 个。

苗木定植后定干高度约 50 cm，抽梢后选留 3 个主枝，其中 1 个主枝朝正北方伸延；主枝长约 70 cm 时，在 60 cm 处摘心，促发侧枝。冬剪时，每个主枝上留 2 个相对的侧生枝作为主枝延长枝，6 个主枝延长枝在饱满芽处短截。翌年生长期疏除主枝上的徒长枝、直立枝及主枝延长枝上过密的副梢，对保留的新梢在 25～30 cm 处摘心，培养结果枝组。第 2 年冬剪时，主枝延长枝进行中短截，以外向副梢取代原主枝延长枝。在主枝外侧间隔约 1.0 m 选留 1 个侧枝。以后继续在侧枝上培养结果枝组，维持主侧枝延长枝的生长势，控制冠幅；内部侧枝长度不宜过长，外部侧枝长度控制在 1.0～1.2 m；主枝上分布各类结果枝组，侧枝上以中、小型结果枝组为主。

(2)圆柱形

该树形枝条数量多，立体结果，产量高。树体结构为主干高约 40 cm，具有中心干，树高 3.0～3.5 m；主枝 12～15 个，在中心干上呈螺旋状排列，与竖直方向的夹角为 60°～80°；主枝上着生 2～3 个侧枝，侧枝上着生结果枝组。

苗木定植后，定干高度 60～70 cm，萌芽后选择直立健壮的新梢作为中心干，保留其延长枝直立生长；在中心干上选留方向、位置、角度适合的强旺新梢作为主枝，长度 50 cm 时摘心，培养侧枝。以后每年继续培养中心干和主枝，每个主枝选留 2～3 个侧枝。

(3)小冠疏层形

小冠疏层形的树体结构为树高 2.5～3.0 m，主干高 50 cm，有中心干；主枝 7～8 个，在中心干上分 3 层排列，第一层 3 个主枝，第二层 2～3 个主枝，第三层 1～2 个主枝；第一层主枝与第二层主枝在中心干上的层间距为 0.8～1.0 m，第二层与第三层在中心干上的层间距为 0.6～0.8 m。每个主枝选留 2～3 个侧枝，在主枝上的间距为 0.4 m。

苗木定植后定干高度 50～60 cm。萌芽后选留上部直立新梢作中心干，并维持中心干强旺的生长势。在中心干上选择 3 个新梢作为第一层主枝，要求方位和角度适宜，生长健壮，并将第1主枝以下萌芽全部抹去。第2年继续在第一层主枝上方1.0 m处中心干上培养第二层2～3个主枝，第3年在第二层主枝上方0.8 m处中心干上培养第三层1～2个主枝，并在最上的主枝处将中心干延长枝落头开心。每个主枝选留2～3个侧枝，间距约40 cm，并在主侧枝上培养结果枝组。

2. 长江中下游地区的常用树形及修剪

(1)自然开心形

①树体结构

自然开心形树体结构通透，冠层内部通风透光良好，果实着色好，品质优，适宜在长江中下游地区露地栽培时采用。树体结构为树高2.0～2.5 m，主干高30～40 cm，无中心干。主干上配置3个主枝，在水平方向上呈120°均匀分布，与竖直方向的夹角为45°～55°。每个主枝上配置2～3个侧枝，侧枝上着生结果枝组。

②整形

苗木栽植后定干高度约为40 cm，萌芽后选择3个均匀分布的健壮新梢作为主枝，其余的枝条全部抹除。新梢长40 cm时摘心，促发分枝，培育2～3个侧枝。冬季修剪时对侧枝留2～3个芽重短截，翌年春，新梢发出后成为结果枝。

第2年主枝延长枝新梢长40 cm时摘心，培养结果枝组，冬剪时主枝延长枝留60cm短截，其余枝条留2～3个芽短截。以后继续培养侧枝和结果枝组，保持单株配置25～30个结果母枝，在主侧枝上按20 cm间距交叉配置。冬剪时主枝和侧枝前端于20～30 cm处短截，其余结果母枝留2～3个芽短截。

③冬季修剪

无花果树形形成后，冬季修剪主要任务是促冠，调整主、侧枝的平衡，选留辅养枝。由于无花果的发枝力较弱，树冠中的枝条不会过分密挤，疏剪应尽量从轻，疏除下垂枝、干枝、无用徒长枝、郁闭枝等。

多年生主枝及结果母枝可进行回缩，在基部剪留1～2芽，减少枝条外围或先端的枝芽量，如此对留下来的枝芽生长和开花坐果有促进作用。

④生长期修剪

盛果期无花果树体管理的重点是维持营养生长与生殖生长的平衡，保障年年稳产、丰产，特别是长江中下游地区夏果成熟期高温多湿，营养生长旺盛，易造成落果及果实品质下降，生长期的修剪尤为重要。

一是疏枝。无花果分枝多，结果前进行疏枝，剪去生长过旺枝、过密枝、细弱枝和徒长枝等，使冠层内通风透光，并集中养分促进花序分化和果实生长发育。进入结果期后，无花果基本上每个叶腋着生 1 个果，有的叶腋还同时萌生侧芽，要及时抹掉，否则侧芽与果实竞争水分、养分和光照，易引起落果或果实着色不均。

二是摘除老叶。6 月以后长江中下游地区进入雨季，特别是梅雨季节高温多湿，日照强度降低，及时摘除枝条下部的老叶，使果实光照充足，利于果实的生长发育和着色，但是叶腋处着生果实的叶片保留。

三是摘心。结果枝长度在 1.8 m 时进行打顶摘心，集中养分供应果实发育。

(2)篱架式 V 形

①树体结构及整形

苗木定植后在 20 cm 处重定干，萌芽后选留 4～5 个新梢作为主枝，其余的枝条疏除。营养条件充足的情况下，作为主枝的新梢当年可结果。生长季及时除去根蘖、萌条和徒长枝，疏除过密枝。新梢数量少于 4 个，则其长到 20～25 cm 时摘心，促进分枝，控制旺长，并抹除过多的分枝和萌芽。冬季主枝留 30 cm 短截，对结果母枝留 2～3 个隐芽重短截，防止结果部位上移，疏除根部密生枝、重叠枝及弱小枝条。

第 2 年春季萌芽后在主枝上保留 1～2 个抽生的新枝作为结果枝，疏除其根蘖抽生的新枝，抹去除主枝外萌发的新芽，当主枝长到 25～30 cm 时摘心，以增加枝量，提高产量。同时疏除病虫枝、扰乱树形的枝条。秋季在结果枝基部 5 cm处短截，以后每年秋季在结果枝基部 5 cm 处短截，每隔 5 年回缩至主枝 20～25 cm处。

②生长期修剪

春季萌芽后，每个主枝选留 2～3 个结果枝，全株的结果枝控制在 10 个以内，及时将过密的枝条抹除，否则养分供应不上，影响果实发育和品质。

生长季节勤抹芽，剪除结果枝上萌发的侧枝，在抹芽的同时摘除发育不良的畸形果、病虫果。在果实即将成熟时，剪掉下部老叶，增加冠层内的透光性，促进果实着色和早熟。

当结果枝生长高度超出钢丝绳高度时，用布条或带塑料的铁丝扎带将枝条均匀地固定在两边的钢丝绳上，结果枝长到 1.8 m 时打顶；7 月底至 8 月初，无论枝条结果多少，每个结果枝都要进行打顶，否则后期的果实因气温低难以成熟。

③冬季修剪

冬季修剪时间在无花果停止生长后，或春季萌芽之前，以冬至后至第二年 2 月(春节前后)为最佳，可以有效减少无花果树体内液体的流出，避免发生抽干。剪掉病虫枝、弱枝、过密枝，让枝条分布均匀，可将徒长枝短截培养成主枝；每个结果母枝剪留 2～3 个芽，长度控制在 15 cm 以内，在芽上方 2.0 cm 处短截，防止枝条上部干枯。

第四节 果实管理及综合利用

一、果实采后商品化处理

无花果属于呼吸跃变型果实，其干物质含量高，鲜果为 14%～20%，干果达 70%以上，其中葡萄糖含量约 34.0%，果糖约 31.0%，蔗糖约 8.0%，多糖约 6.0%，同时含有多种维生素和胡萝卜素。无花果采收后其代谢活动较旺，由于脱离母体得不到养分和水分的供给，其只能依赖自身物质分解来维持生命活动，因此，储藏过程中无花果失水严重，纤维素与原果胶含量显著下降，导致果实软化，糖、酸及维生素 C 含量下降，影响其食用价值和经济价值。

1. 无花果采收

(1)果实催熟

无花果树上成熟，且成熟期较长，上市期不集中。生产中可以使用油脂处理法和乙烯利处理法，使无花果提早成熟上市，提高经济效益。

油脂处理法为传统的无花果催熟方法，催熟过程其实是油脂分解后产生的不饱和脂肪酸被氧化而产生乙烯，引发果实内源乙烯的产生，从而促进果实成熟的代谢过程。经过油脂处理催熟的无花果，其风味、品质、大小与自然成熟的果实没有差异。油脂处理法的操作时间为无花果自然成熟前约 2 周，此时无花果已基本达到固有大小，果皮开始变色，果孔稍稍凸起；将新鲜的植物油用毛笔涂于无花果的果孔内，或用注射器将植物油注入果孔，对结果枝最下部的 1～2 个果实进行处理，处理后 5～7 d，果实即可成熟采收。

乙烯利处理法为现代的催熟技术，其操作简单、工作效率高、实用性强。处理时间在果实生长的第 2 个期末进行，主要方法有浸果法、蘸涂法和喷雾法，其中浸果处理的乙烯利质量浓度为 100～200 mg/L，毛笔蘸涂处理的为 100 mg/L，喷雾处理的为 200～400 mg/L。可以用注射器将乙烯利液直接注入果孔，其质量浓度可降为 25 mg/L。注意按照不同处理方法的要求严格调配浓度，浓度不宜过高，特别是在树体生长旺盛和雨水多的情况下，容易造成果顶开裂。

(2)采收

无花果的成熟期长，从 6 月下旬至 10 月底均可结果采收，7 月为夏果，10 月为秋果；同一树体和枝条上的果实，由于其开花时间不一致，果实成熟期也会不同，形成春、夏、秋三季果，适宜分期采收。无花果成熟的标志是果实散发出特有的浓郁芳香，果皮颜色转为品种固有的紫、红、黄、浅黄或浅绿等色泽，果皮上的网纹明显易见，果实颜色变为深红色、果肉变软、果皮变薄，风味香甜，部分品种果顶开裂、果肩处出现纵向裂纹。

无花果的采收时期根据产品用途不同而有所差异，如果就地进行鲜销，宜在九成熟时进行采收，也就是当无花果的果实长至标准大小、表现出品种固有颜色，且稍稍发软时采收为佳；如果是长途运销，除了要求有良好的包装和冷藏条件外，采收时应以八成熟为宜，即无花果的果体达到固有大小、基本转色但尚未明显软化时进行采收;如果是为了加工利用,成熟度可以为七成熟的无花果。

采收时的天气应以晴天为佳,而在一天当中宜在早上和晚上温度较低时进行采收。因为此时温度较低,果实硬度好,既容易采摘又耐运输。采摘时根据果实的颜色、软硬程度,判断果实的成熟度,通常温度高果实成熟得较快。果实成熟期必须每天进行采摘,不得隔日采收;充分成熟的果实风味最佳,但是果目渐裂开,果实软化严重,极易被微生物侵染,不耐运输,仅适于当日、当地出售,用于鲜食。

在采收成熟果实时,注意将果实抬高,用锋利的刀具切断果柄,不要损坏果皮,否则果实的新鲜度下降,容易腐败或出现黑斑病、疫病等。另外,因切断的果柄处会溢出乳白色汁液(含蛋白质分解酶),会损伤皮肤,在采摘时戴上橡胶手套或棉手套等护具,以防受伤。

2. 分级和包装

无花果的果实采收后,剔除机械损伤果、病虫害果、开裂果、未熟果、过熟果、脱蒂果等果实,然后按照同一品种、同一等级、同一大小规格,整齐包装于适合其产品特性及市场需要的包装容器内,并使每个包装容器内质量一致,以提高产品价值,增加收益。传统的无花果包装运输方式是用竹筐包装运输,每筐容量 10~15 kg,以防挤压腐烂;也有在硬纸包装箱内设泡沫衬垫包装储运的,每箱装无花果 20~25 kg。

一般来讲,无花果的销售分为优、良、中 3 个品质等级,采用大、中、小 3 种包装方式,其中大包装净重为 3.0 kg,中包装净重 1.2 kg,小包装净重 0.5 kg。包装时将无花果的果实单层装于纸箱中,果实之间用纸板隔开,每格一果,防止相互间碰伤或病菌交叉感染。近年来,也有用容量为 0.5 kg 的透明塑料盒包装的,内部放适量保鲜剂;或用聚苯乙烯保鲜箱,装精选无花果 5.0 kg,放 SM 保鲜剂 20 片。

3. 储藏保鲜

成熟的无花果皮薄、肉软,容易造成机械损伤致其腐烂变质,保鲜期比较

短，常温下成熟的果实只有 1 d 的保鲜期，常用的储运保鲜方法有低温库冷藏、热处理、臭氧处理、气调包装的物理保鲜法，以 1-MCP、壳聚糖涂膜、钙处理等化学保鲜法等。其中 1-MCP 为新型的，无味、无毒、生理效应明显的乙烯作用抑制剂，其与果实组织中的乙烯受体发生不可逆转的结合而阻断乙烯与受体的结合，从而延缓果实的成熟与衰老。

低温冷藏是以控制温度条件为主来抑制无花果生理活性的储藏方法，低温作用可降低呼吸作用并抑制微生物繁殖。无花果的许多代谢速率与温度有关，储藏温度高于 5℃时，果实对乙烯的敏感性增强；对低温不敏感，不易产生冷害，最低储藏温度可达－2.4℃。气调储藏是将无花果装入小包装盒后，充入一定量的氮气或二氧化碳，调节包装容器中的氧气含量，密封后低温保存，从而抑制霉菌等微生物生长，降低果实呼吸强度，延长保质期。气调储藏最好结合低温冷藏处理，这样果实品质更好。

生产上，无花果广泛应用低温库冷藏保鲜。果实采摘后及时用－1～0℃的冷藏车运输，然后将其包装储藏在温度 0～1℃、空气相对湿度 85％～90％的冷库中，以减少水分损失，延长保鲜期。

二、加工

无花果营养丰富，药用价值高，鲜食口感好，其在市场上日益受到人们的欢迎，特别是受到儿童和青少年的喜爱。无花果的成熟期在 7—10 月，新鲜的无花果质地柔软，水分含量多，糖多酸少，成熟后不易储存，易腐败变质，因此世界上 90％的无花果被加工成干果。随着人们生活水平的提高，人们对食品的色泽、口感、营养价值等有了新的追求，无花果进一步又以罐头、果酱、果汁、果酒、果醋、保健口服液等形式出现在市场上，经济效益高。

1. 果干

无花果果干为最主要的加工利用形式，加工后的果干要求白色或淡黄偏白，颜色一致，果实表面收缩，有皱纹，表皮不硬，大小接近，无杂质；甜度适中，果香明显，没有异味。

(1)选果

无花果的果皮由绿色变为黄绿色,果实不再膨大,尚未熟透时及时采摘,以个大、肉厚、八九成熟的无花果为佳,去除虫果、腐烂果和不成熟的青色果。加工后的无花果果干要求形状整齐,品质好,成品率高。

(2)去皮

采用碱液法去皮。在不锈钢锅中将10.0%的氢氧化钠溶液加热至沸腾,将经过挑选的无花果倒入不锈钢锅中,水温90～92℃,保持1 min;将经过浸泡的无花果捞出后用1%的盐酸溶液进行中和处理;然后将中和处理后的无花果用清水冲洗干净,用手揉搓后果皮即可脱落;最后将去皮后无花果沥干水分。

(3)去蒂、穿刺

用不锈钢刀削除果蒂,同时将蒂部木质部削除干净。用排针刺孔,要求刺孔必须穿透,且保持果形完整。

(4)浸泡、护色

去皮后的无花果尽快进行护色处理,否则会很快变色。护色时采用1.0%氯化钙溶液与0.5%亚硫酸氢钠溶液的混合液浸泡,时间为6.0～8.0 h。

(5)烘干

用热风干燥进行烘干处理,烘干初期的温度为50℃,时间为1.5 h,风速为1.0 m/s,以便无花果果干的内外温度达到一致;烘干中期的温度为70℃,风速为3.0 m/s;后期温度为5.5℃,风速0.5 m/s,干燥时间16～18 h。无花果果干产品的最后含水量为10%～12%,上市的果干产品采用真空包装方式进行包装。

2. 果酒

大型工厂生产无花果发酵酒,工艺复杂,仪器设备多,小型无花果种植户或个人爱好者不具备这种生产条件,现推荐家庭无花果酒的酿造生产工艺。

(1)工艺流程

准备无花果鲜果→挑选→清洗→去蒂→切分→钝酶→打浆→加入果胶酶酶解→调整成分→接种酵母→发酵→过滤→得到无花果原酒→陈酿→过滤→调配→杀菌→得到成品。

(2)主要工艺节点

①原料选择及挤汁

挑选新鲜、成熟度高(过熟亦可)的无花果,其含糖量高、风味好,更适于酿造酒。放置时间稍长但未变质的残次果,也可以用来酿酒。将原料果清洗干净,放入不锈钢锅内蒸透,开锅约10 min,使果实内部温度达到85℃以上,以杀菌灭酶;趁热将果实捣碎呈浆状,加入原料质量比约20%的纯净水。冷却后用滤布(纱布)包裹无花果浆,手工挤汁,滤出果柄、果皮等杂质。

无花果果实含有果胶和淀粉,不易取得清汁,手工挤汁只能得到较混浊的浆汁。可在无花果捣碎后添加原料质量0.03%的果胶酶,混匀后在45℃下酶解3.0 h,分解果胶后再挤汁,就可得到较清澈的无花果汁,有利于发酵和酒的澄清。

②发酵

为了提高果酒的酒精度,可在无花果汁中添加鲜果质量的6.0%~8.0%的白砂糖,加糖后的无花果汁的糖度达18.0%~21.0%,最终发酵酒精度可达10.0%~12.0%。为抑制杂菌,防止无花果汁氧化,可向无花果汁中加入100 mg/kg(以二氧化硫计)焦亚硫酸钠或液体亚硫酸,同时添加适量的柠檬酸调节pH值到3.5。

发酵容器可选择不锈钢、无毒塑料桶或陶瓷容器,对容器口进行封闭,要求不能进气但能排气;可用无毒塑料薄膜扎紧器口封闭,发酵产生的气体较多、气压较大时,气体可以从捆扎塑料膜的缝隙泄出。

发酵用葡萄酒活性干酵母,也可用普通的白酒活性干酵母,每50 kg发酵液用活性干酵母10 g。将活性干酵母放入200 mL糖水活化液(200 mL纯净水加6.0~10.0 g白砂糖搅匀溶化),搅匀后在35~40℃条件下活化20~30 min;将活化后的活性干酵母液加入到约50 kg无花果汁发酵液中,搅拌均匀后进行发酵;发酵温度18.0~22.0℃,不可超过30.0℃。加酵母2 d后发酵液开始逐渐排出气体,产气期为5~10 d,期间应经常检查发酵容器,保证正常排气。

主发酵期为15~20 d,结束后立即用滤布(纱布或300目的绢布)过滤,分离出酒渣,得到初步发酵的无花果酒。如果不及时过滤,酒渣长时间浸泡在酒中,容易使酒产生苦涩味。分离出酒渣后,将酒继续密封放置,进行后发酵,时间约20 d。后发酵完成后立即用无毒塑料管虹吸出上层清液，下层混浊酒用滤布过滤除去酒脚；后发酵尽量减少酒与氧气的接触，防止混入污染杂菌和空气氧化。

③陈酿

后发酵完成后再次过滤去除沉渣，得到无花果酒的原酒，其酒精度约10.0%。为利于陈酿和存放，可用优级食用酒精，调整酒精度，每100 kg原酒加食用酒精3.0～5.0 kg；然后将原酒再次放入容器密封陈酿2个月以上，其质量好、口味纯。

④澄清及调配

陈酿后的酒静置，先用无毒塑料管虹吸上层清酒，下层混浊的酒用滤布再次过滤，得到较澄清的酒。如果酒比较少，而且很快能喝完，不必进行下胶处理，直接加糖调配后饮用。如果需要长久存放，必须进行下胶处理。每50 kg酒用鸡蛋1个，只取蛋清，加水100 mL＋食盐1.0 g，充分搅拌；将搅好的鸡蛋清缓缓倒入酒中，不可一次性快速倒入，边倒边快速搅拌，使蛋清与酒充分混合均匀；静置沉淀物下沉后，即可抽取上层清酒，并过滤分离出下层沉淀。下胶后的酒在密封条件下可长期存放，也可将酒装入小口玻璃瓶(250～500 mL)中，在70℃热水中水浴加热20 min，封闭瓶口后长期存放。

饮用时，根据个人的喜好在酒中加入白砂糖、食用酒精或纯净水，使果酒的酒精度为5.0%～10.0%，糖度为5.0%～10.0%，调配后的酒即可饮用。

3. 果脯

(1)工艺流程

准备无花果鲜果→剪柄→清洗→削果蒂→纵剖→热烫→漂洗→糖煮→糖浸→干制→封口→杀菌→冷却→包装→得到成品。

(2)操作要点

①原料及处理

以颜色淡黄的无花果最好，选八九成熟的果实，剔除虫果、烂果、黑果、青果。选好的果实在0.5%的盐水中漂洗20 min；用不锈钢刀削除果蒂，并将木质部削除；在果实中部纵切四刀，以切破外果皮为度，但保持果实的完整性，以便

在糖煮和浸渍期间使其更好地均匀渗透。

②热烫

将切割好的果实放在含亚硫酸氢钠0.1%的水中(90～100℃)热烫2 min,以除去从果蒂处流出的胶液及异味。将烫后的果实倒入流动清水中漂洗。

③糖制

糖液配比为水80.0 kg、糖20.0 kg、柠檬酸0.6 kg、山梨酸钾0.3 kg,将糖液煮开后放入热烫后的果实,再煮开后起锅浸渍24 h(糖度为14.5°Bx),果实与糖液的质量比为1∶1;把浸渍的糖水抽出煮开,再加糖10.0 kg,搅拌溶解后,再倒入果实进行第二次糖煮浸渍。以后每隔48 h糖煮浸渍一次,直至糖度达到40～41°Bx,最后在浸渍液中加入0.5 kg的蛋白糖,再浸渍7～8 d。

④干制及包装

糖渍浸透后的果实捞起沥干后,放在竹匾上日晒或于60～70℃的烘房烘至含水量18.0%～20.0%,果脯外干内湿不粘手,外观呈金黄色、半透明时即可。长期储藏须将果脯装在蒸煮袋中,在93.1 kPa气压下真空封口,放入90℃的水中保持30 min杀菌,而后冷却,外套包彩印袋即为成品。

4. 罐头

(1)工艺流程

准备无花果原料→挑选→清洗→去皮→切分→热烫→装罐→排气→封罐→杀菌→冷却→得到成品。

(2)工艺要点

①原料及处理

选用大小均匀,果皮不破裂,七八成熟的果实。红色品种紫红褐色,果顶稍开裂,但不露肉;黄色品种淡黄色,果顶不开裂。剔除青色生果、烂果以及病虫害果。红、黄品种原料分开,分别加工。

果实进行小批量淋洗除污,去皮与否以产品的不同形态规格而定,小型果整果去皮装罐,大型果对开果块或四开果块装罐。去皮有利于保持果块完整,减少破碎肉屑。采用热烫剥皮法去皮,将果实投入沸水中热烫1～2 min,捞出趁热手工剥皮,并立即投入冷水中冷却漂洗。

②切分及装灌

带皮果用利刀纵切为二或四，将果块或整果浸于0.3%的石灰水中3～4 h，以提高果块硬度，使整果不致软塌；再漂洗热烫，杀酶排氧，防止变色，同时脱除果块表面残存的石灰。果块热烫2～3 min、整果热烫4 min，烫至熟而不烂，捞出在冷水中漂冷。在热烫水中添加0.03%的EDTA护色剂，除铁防变色。装罐时剔除软烂、破碎果块，按果块大小及不同色泽，分别装罐；按开罐糖水浓度14.0%～18.0%的要求，配制装罐糖水浓度30.0%，内加0.1%柠檬酸和0.02%的EDTA护色剂。采用7114罐型，净重510 g，每瓶装入270 g果肉，糖水240 g。

③封口及杀菌

排气密封罐中心温度在80℃以上，抽气密封真空度为0.04～0.048 MPa；100℃下杀菌(排气)5～15 min，分段冷却。

三、无花果庭院栽培

无花果庭院栽培主要是充分利用庭院的优良小气候条件，因地制宜，既美化环境，又生产出品质优的果实。无花果庭院栽培要求：一是布置合理，生长健壮，枝叶分布均衡，造型美观大方；二是果实美观、品质优，果大形美，具有观赏价值；三是化学农药和肥料使用量少，不污染环境，绿色、环保、高效。

1. 园土或者盆土肥沃

庭院栽植无花果，要求挖大定植坑(沟)，施足农家肥，改良土壤，增加土壤的有机质含量，使无花果根系处于最优的土肥水条件之下。苗木栽植前使用挖掘机开挖宽、深各1.0 m的大坑，将表土、心土分开放置，在表土中掺入足量腐熟的农家肥，拌和均匀，回填到坑底部，踏实，浇透水，待水下渗、土壤下沉后，再用心土填平。栽植时注意苗木根系周围要用表土，以便于根系及时吸取养分，利于幼苗成活。

盆栽无花果最适宜的容器是瓦盆，以盆口直径40～50 cm、盆深30～40 cm为宜。盆土配制材料主要为肥沃的原土、河沙、农家肥以及营养土，河沙、园土、

腐熟厩肥的配制比例为 2∶1∶1，拌匀后用 0.1%的福尔马林溶液均匀喷洒消毒，用塑料薄膜密封，熏蒸 24 h 后揭膜，晾晒 3～4 d 装盆。

2. 苗木及栽植(上盆)

庭院栽培无花果可选择生产上的主栽品种，如玛斯义陶芬、波姬红、金傲芬等。苗木为壮苗，根系新鲜、发达，有长度 15.0 cm 以上、粗度 0.5 cm 以上的大根 5 条以上；枝芽健壮，芽眼饱满，无病虫害。定植后浇透定根水，覆盖地膜或园艺地布；萌芽后，施入稀薄液肥，促进其生长。

盆栽用的容器选好后，用 1.0%的漂白粉水将容器浸泡 5 min，然后用清水冲洗、浸泡，使之充分吸收水分，晾干后填入营养土，再栽植苗木(上盆)。

3. 整形及修剪

庭院栽培无花果的树形根据实际情况选择，主要有一字形、圆柱形、扇形、V 字形、Y 字形、开心形、疏散分层形、小冠疏层形等，具体整形修剪方法参考本章第三节，这里重点介绍一字形和盆栽树形。

(1)一字形

①树体结构

一字形(“T”字形)的树冠紧凑，便于采摘，抗风害，易管理。其树体结构为主干高 40 cm，无中心干；主枝 2 个，分别向两边呈“一”字伸展。结果枝在主枝上间隔 20 cm 交叉配置，冬季对结果枝留 1～2 个芽反复重截。

②整形过程

苗木定植萌芽后，新梢生长到 15 cm 时，保留 2 个长势较强的新梢分别向两边呈 180°平角“一”字伸展，培养作主枝，其余枝芽全部抹除。两大主枝的延伸方向和开张角度可用竹竿或铁丝固定，2 个主枝的生长势尽量保持平衡。冬季修剪时，保留枝长约 2/3 进行短截，剪口处留饱满侧芽。

翌年春，树液流动前在地上 20 cm 高处架设 8 号铁丝引缚主枝，将主枝用布带绑缚于铁丝上，并撤去之前牵引用的竹竿或铁丝。主枝上萌芽后，间隔 20 cm 交叉选留萌芽，培养作结果枝，其余枝芽抹除；两大主枝最先端发生的新梢作为主枝延长枝，用支柱斜向上引导，防止先端下垂早衰。选留的结果枝长至1.0～1.2 m时，架设第2层铁丝引导固定。夏季及时除萌蘖、除副梢，通过摘心控制生长势，促进果实成熟。冬季修剪时，主枝延长枝在饱满芽处回缩控制，主枝上的结果枝在基部保留1～2个芽重截，剪口芽留外芽。

第三年及以后，主枝延长头继续延伸，结果母枝上的芽萌发后，间隔20 cm交叉选留稍有开角的结果枝。冬剪时对主枝延长头继续进行回缩控制，结果母枝在基部留1～2个芽反复重剪或回缩，防止结果母枝远离主枝。

(2)盆栽无花果的树体管理

盆栽无花果控制营养生长，培养分枝密、枝条短的紧凑树形；可随枝造型，大多采用多主枝自然开心形，主干不能过高，苗木上盆后在15～20 cm处定干。萌芽后，保留3～5个新梢培育成主枝，其余的枝芽疏除；新梢长20～30 cm时进行摘心，促发分枝，同时促进果实生长发育。

第二年春天，在主枝12～15 cm处短截；萌芽后，每个主枝选留2～3个芽，其余的抹掉；新梢长20～30 cm时继续摘心。盆栽无花果树形以蓬松、美观、易于采光为原则，两年整形后树体基本成形，以后每年对主枝延长枝进行短截，促发健壮枝，疏除背上徒长枝、密生枝和干枯枝。

4. 肥水管理

庭院栽培无花果尽量不用或少用化肥，多施农家肥。基肥施用时间以早春和晚秋为宜，主要施用腐熟土杂肥、厩肥和复合肥；追肥根据结果情况可在夏初和秋初进行，重磷、适氮、适钾，具体施肥量及方法可参考本章第三节。

盆栽无花果要经常追施化肥和根外追肥，每100 kg水兑入氮肥1.0 kg+磷酸二氢钾0.3 kg，搅匀浇入盆土中，然后再浇清水。肥液浓度不宜过大，防止烧苗。根外追肥在生长前期进行，叶面喷施0.1%～0.3%的尿素，每隔10 d喷1次，连喷2～3次；在生长后期，叶面喷施0.3%的磷酸二氢钾，每隔7～10 d喷1次，连喷3～4次。

盆栽无花果浇水，掌握“见干见湿”的原则，盆土不宜过湿，水温与土温不要相差过大；温度高时勤浇水，在上午10:00时进行，“少吃多餐”。

第五节　主要病虫害防治

一、病虫害及防治方法

1. 病害

无花果病害较少，主要有炭疽病、疫霉病、锈病、枝枯病、灰斑病、根腐病以及日灼、旱害、涝害、风害、冻害等自然灾害。

(1)锈病。病菌以锈病孢子在病叶上越冬，翌年6月开始为害叶片，8月发生严重，主要为害嫩叶、嫩枝与幼果；发病初期叶片正面出现黄绿色斑点，之后逐渐扩大成病斑，边缘红褐色；发病两周后，病斑逐渐黑化，叶背隆起；幼果被侵染后，初期为黄色病斑，后渐变成黑褐色。防治要点：从6月叶片出现黄色斑点开始，每隔15 d喷施15%三唑酮可湿性粉剂800倍液，连续3次。

(2)枝枯病。初期症状不明显，感病主干或大枝上病部稍凹陷，病部胶点呈黄白色，渐变为褐色、棕色或黑色，病皮组织腐烂呈黄褐色，有酒精味；后期病部干缩凹陷，表面密生黑色小粒点，潮湿时涌出橘红色丝状孢子角。该病4月开始发生，后加重，6月以后病情减缓，8—9月病害再一次暴发。病原体利用风雨和昆虫等经伤口、皮孔或叶痕侵入。防治要点：在5—6月，叶喷1∶2∶200的波尔多液，连续2～3次。

(3)灰斑病。4月中下旬开始发生，高温高湿发病重。叶片受侵染后，产生边缘清晰的圆形或近圆形病斑；以后病斑变为灰色，在高温多雨的季节，迅速扩大成长条形、不规则形病斑，病斑内部呈灰色水浸状，边缘褐色，后病斑扩大相连，整叶变焦枯，老病斑中散生小黑点。防治方法为使用40%多菌灵胶悬剂1000倍液喷雾。

(4)根腐病。由腐霉、镰刀菌、疫霉等多种病原侵染引起，主要为害无花果幼株，成株期也能发病；发病初期，仅个别侧根和须根感病，后逐渐向主根扩展，随着根部腐烂程度的加剧，新叶首先发黄，后植株上部叶片出现萎蔫；病情严重时，整株叶片发黄、枯萎，根皮变褐，并与髓部分离，最后全株死亡。定植幼苗感病后施用40％福美胂＋20％五氯硝基苯＋50％多菌灵＋50％根病清＋50％甲霜灵锰锌300倍液灌根。

(5)自然灾害

①日灼。日灼就是夏、秋季高温，阳光直接照射，树皮内组织受热过重产生灼伤，使枝干水分、养分在输送过程中受阻碍，树皮因缺水干燥而脱落，导致木质部受损。8—9月高温干旱期，日灼发生较重。因湿害、干害引起早期落叶，树势衰弱，也会导致日灼发生。生产中要合理进行水分管理，控制土壤湿度，防止早期落叶，避免阳光直射。

②旱害。无花果叶片大、分枝多，蒸腾作用强，根系分布较浅，抗旱性较差，特别是夏秋季遇到连续干旱，结果枝叶片会变黄甚至脱落，严重时引起果实小而不成熟，甚至落果。栽培上主要是增加根系活力，防止土壤水分剧烈变化，浅水勤灌。

③风害。果实近成熟期遇到大风侵袭，尤其是幼龄树会出现倒伏、落叶和落果现象，不仅会使当年产量减少，还会对翌年的产量造成影响。

④冻害。长江中下游地区冻害发生少，但是在高海拔地区会出现倒春寒危害。植株不同部位的冻害表现不同，花芽腋芽、成熟不好的枝条、根颈处最容易受冻害。栽培上，在寒潮来临前，用涂白剂涂刷主枝和侧枝，果园熏烟等；气温回暖后，剪除主干和主枝冻害部位。

⑤涝害。长江中下游地区春季连阴雨和夏季梅雨季节，降水量大且集中，导致果园排水不畅，出现积渍，严重时导致植株枯萎死亡。栽培上要疏通排水沟渠，腰沟和围沟通畅并加宽、加深，做到雨过园干。

2. 虫害

①天牛类

天牛类常见的有桑天牛和星天牛，是为害无花果的主要虫类。成虫啃食无花果叶柄、新梢嫩皮和枝干，被害处呈不规则条状伤疤。成虫所产卵呈槽条状，初幼虫就近蛀食，然后经木质部向下逐渐深入髓部，将枝干蛀空。受害植株轻者枝梢被风吹折、树势衰弱，重者可全株枯死。防治方法主要是进行人工捕杀，其他方法参考第六章第五节桑天牛的防治。

②金龟子类

金龟子类常见的有白星金龟子和黑绒金龟子。幼虫取食无花果树根，成虫啃食无花果树的嫩枝、叶片和果实，特别是在果实成熟期将果实吃成空洞，尤以被鸟啄食后的果实和开裂的果实上为多。防治方法主要是在成虫出土初期，喷施70%辛硫磷乳油200倍液，或以40%毒死蜱乳油每平方米12.5 L喷撒地面，毒杀出土及潜伏的成虫。

③叶螨类

叶螨类常见的有红蜘蛛、二斑叶螨，以成螨或若螨聚集在叶背主脉两侧吸汁为害，使叶片失绿或变褐，严重时落叶。叶螨类世代重叠。防治方法主要为选用43%联苯肼酯悬浮剂3000倍液，或24%螺螨酯悬浮剂3000倍液，或14%阿维・丁硫乳油1200倍液，或16.8%阿维・三唑锡可湿性粉剂1500倍液全株喷施。

④刺蛾类

刺蛾类主要有黄刺蛾、青刺蛾以及其他鳞翅目食叶害虫。以幼虫为害叶片，仅食叶肉，将叶片吃成网状，残留叶脉；幼虫长大后，将叶片吃成缺刻状，仅留叶柄及主脉。栽培上主要使用菊酯类农药进行防治。

⑤蝇类

蝇类主要有果蝇、橘小实蝇、苍蝇等。无花果的果实为浆果，皮薄，肉质松软，风味甘甜，出现烂果时会招致杂食性蝇类。果蝇主要是以幼虫蛀食果实，成虫将卵产在果皮下，卵孵化后，幼虫开始为害。幼虫从表皮开始然后逐渐向果心进行蛀食，将粪便排在果实中，果实受到侵染后会逐渐软化、褐变直到腐烂，被害果用力捏时会冒出气泡或者汁液。在果蝇发生程度重的果园，于果实成熟前10～15 d用40%乐斯本乳油300倍液全园地面喷布，杀灭果蝇成虫；此外在果实成熟期用糖醋液诱杀，配制比例为糖：醋：白酒：水＝4：(2～4)：(1～2)：10，将诱液盛放在诱捕器中，置于距地面1.0～1.5 m处，每隔15～20 d更换一次诱液。

⑥鸟害

无花果易遭鸟害，而且被鸟啄食的果实，易遭受胡蜂、蝇类的为害，发生次生危害。栽培上主要搭建防鸟网来防止鸟害。

⑦线虫

无花果线虫寄生在无花果根部，为害根系，在根部形成米粒状虫瘿或肿瘤，使根系导管组织扭曲成畸形，影响果树对养分、水分的吸收。幼苗受害后会很快死亡，盛果期树受害生长不良，叶黄而小，果少而小，质次，最终因根系缺乏活力而导致植株死亡。防治措施：一是建园时选用无根结的苗木，苗木定植前进行根系消毒；二是成龄树则于根部附近土施辛硫磷颗粒剂，结合灌溉来杀灭线虫。

3. 无花果病虫害综合防治措施

坚持“预防为主，综合防治”的植保方针，以农业防治为基础，综合运用物理防治、生物防治、化学防治等技术方法，科学、有效、安全地控制病虫害。同时，加强对无花果园的监测管理，科学合理使用化学农药，掌握最佳的用药时间和用药种类，严格控制农药的用量和农药安全间隔期，禁止使用剧毒、高残留的农药，减少农药对生态环境的污染破坏，保障果实的质量安全。

(1)农业防治

①增强树势

加强土肥水管理，增施有机肥，配施中、微肥，平衡配方施肥，可减少果树生理病害。严格花果管理，合理负载，增强树势，提高树体抗旱、抗寒、抗病、耐虫能力。铲除果园周边杂木、杂草，如果园周围的花椒、刺槐、马甲子等围栏要及时清除，杜绝病虫转主传播，净化果园周边环境。冬前深翻树盘 30～40 cm 深，破坏土壤中越冬的金龟子等害虫的生存环境，加速其死亡。

②清园

休眠期彻底清除果园内外残枝落叶、僵果、杂草、秸秆、扎带，剪除病虫枝梢，刮除树干上粗老翘皮，并集中烧毁或深埋，这样可有效减少病虫越冬基数。树干涂白以灭菌除虫，防止日灼，提高树体抗旱能力；涂白剂由生石灰 10 份、水 30 份、食盐 1 份、黏着剂(黏土、油脂等)1 份、石硫合剂原液 1 份组成。

③绑扎诱虫带

在害虫潜伏越冬前的8—10月，将诱虫带用胶带绑扎固定在无花果第一分枝下5.0～10.0 cm处，诱集沿树干下爬寻找越冬场所的害虫，待红蜘蛛、刺蛾等害虫完全潜伏休眠后解下诱虫带深埋。

(2)生物防治

①天敌防虫

无花果园生态系统中常见天敌昆虫类群有寄生性和捕食性天敌数十种。寄生性天敌有蚜茧蜂、蚜小蜂、跳小蜂、赤眼蜂、寄生蝇等，捕食性天敌有瓢虫、草蛉、食虫蝽、食蚜蝇、捕食螨、蜘蛛类等，其对害虫具有极强的自然控制能力。

②喷生物农药

生物农药具有安全、高效、广谱的优点，残留小，既不会使病虫产生抗药性，更不会有交叉抗药性产生。对目标以外的生物影响相对比较小，对天敌无威胁，对环境不会造成污染。无花果生产中常用生物农药有阿维菌素、农抗120、Bt制剂、灭幼脲、苦参碱、齐螨素、印楝素、浏阳霉素等。

③利用性激素

性外激素主要用来对害虫性行为进行干扰，影响害虫繁殖后代，减少害虫基数。无花果常用昆虫性外激素诱芯种类有桃蛀螟等，每株树挂1枚诱芯于树冠内膛，间隔30～40 d更换一次，可起到迷向防治作用。

(3)物理防治

①安装杀虫灯

利用昆虫的趋光性，运用光、波、色、味4种方式诱杀害虫。无花果园安装太阳能杀虫灯可诱杀天牛、金龟子、刺蛾等害虫，有利于控制虫口基数，减少农药使用。杀虫灯每15亩安装一盏，灯高度高出树梢50 cm；使用期间及时清理诱杀的虫体，每隔3～5 d清除虫尸体1次。

②悬挂粘虫板

利用昆虫对颜色的趋性，将害虫诱粘在粘虫板上，以减轻其对树体的为害，从而减少农药的使用。在无花果新梢生长期于树冠外围枝条上，间距6.0～8.0 m悬挂粘虫板，每亩悬挂30～40张，每隔3～4周更换一次。

③挂糖醋液

根据害虫的趋味性，用糖醋液来诱杀害虫，可诱杀小金龟子、鳞翅目类、蝇类等害虫，同时，糖醋液还能很好地预测主要害虫的发生情况，为害虫及时进行药剂防治提供依据，并且不存在农药残留，不污染环境。糖醋液配制的比例为糖：醋：酒：水＝1：4：1：16，每亩挂6个为宜，高度为1.5 m，定时清除诱集的害虫，每周更换1次糖醋液。

(4)化学防治

①禁用农药

无花果生产上禁止使用的化学农药有：高毒、高残留有机氯杀虫剂（滴涕涕、六六六、甲基滴涕涕、硫丹）；有机氯杀螨剂（三氯杀螨醇）；剧毒高毒有机磷杀虫剂（甲拌磷、乙拌磷、久效磷、对硫磷、甲基对硫磷、甲胺磷、甲基异柳磷、治螟磷、氧化乐果、磷胺、灭克磷、地虫硫磷、水胺硫磷、氯唑磷、硫线磷、杀扑磷、特丁硫磷、克线丹、苯线磷、甲基硫环磷）；高毒剧毒氨基甲酸酯杀虫剂（涕灭威、克百威、灭多威、丁硫克百威、丙硫克百威、杀虫脒）；高毒、致癌、致畸卤代烷类薰杀虫剂（二溴乙烷、环氧乙烷、二溴氯丙烷、溴甲烷）；高毒、高残留、有机砷杀菌剂（甲基胂硫锌、甲基胂酸钙、甲基胂酸铁铵、福美甲胂、福美胂）；高残留有机锡杀菌剂（三苯基醋酸锡、三苯基氯化锡、三苯基羟基锡）；剧毒、高毒有机汞杀菌剂（氯化乙基汞、醋酸苯汞）；致癌、高残留取代苯类杀菌剂（五氯硝基苯）；等等。

②科学用药

无花果生产中对病虫害防治要科学合理用药，尽量少用农药，选择使用农药遵循经济、有效、安全、对环境无污染的原则。

一是对症选药。了解农药的成分、作用及防治对象，根据果树生长周期不同阶段病虫害发生的种类，选择合适的农药品种、剂型，有效控制病虫为害。

二是科学用药。不能长期或多次使用一种农药，应交替使用不同的农药，防止、延缓病虫产生抗药性；在防治效果相同的情况下，优先选用低价位的产品，以节约生产成本。所用的农药必须符合国家食品生产安全的规定，禁用农药坚决不用，优先使用对环境无污染、对天敌安全的农药；通过减少用药次数，降低用药剂量，以保证对果品和环境的安全。

三是高效施药。采用压力高、雾化细、性能稳定的喷药机械或迷雾机，及时保质、保量喷药。

无花果萌芽及枝叶果生长期，可选用25％嘧菌酯悬浮剂800倍液、15％粉

锈宁可湿性粉剂 800 倍液、50%代森锰锌可湿性粉剂 1500 倍液、5%吡唑醚菌酯和 55%代森联混配 1500 倍液、20%嘧菌和 12.5%苯醚甲环唑混配 1500 倍液等叶面喷雾，果实采收前 20 d 停止用药。无花果园禁用吡虫啉，以免无花果植株发生严重落果。

二、几种病害的防控

1. 炭疽病

(1)病原及症状

无花果炭疽病的病原为胶孢炭疽菌[*Colletotrichum gloeosporioides* (Penz.)Sacc.]，其主要为害果实、叶片和枝条。果实受害后，在果面呈现圆形、稍凹陷、褐色斑块，随后在病斑上出现同心轮纹状黑色小点；若发生田间降雨，空气潮湿，在果实的表面会出现橘红色鱼子状的分生孢子堆，最后病斑不断扩大，果实变软腐烂，有时干缩成僵果悬挂树上。

叶片受侵染发病后，叶片背面沿叶脉散布褐色病斑，有的在叶片正面边缘处散布淡黄色病斑，病斑中间出现同心轮纹状褐色坏死组织。叶柄感病初变暗褐色，后病斑逐渐扩大，中间颜色呈深褐色。新梢也易感染炭疽病，初期出现黑褐色的斑点，轮纹状的病斑逐渐扩大，直至占新梢的 1/3，严重时致使新梢卷曲，出现落叶甚至枯死。

(2)发生规律

炭疽病主要发生在果实近成熟时，诱发其产生的条件主要是温暖潮湿的气候环境，在南方此病的发生较为严重。病菌在僵果上越冬，第二年春产生分生孢子，随风雨传播，侵害枝梢和果实。以后在新的病斑上再产生孢子，进行重复侵染。夏季高温、高湿、多雨的情况下，病菌迅速扩展到田间，分生孢子附着寄主表面后，形成黏质团、侵入钉，以机械压力穿透寄主的细胞壁，侵入寄主细胞。由于无花果的生长方式为一叶一果，叶片被侵染为害后，直接会影响果实的健康生长。果实最初感病，由于症状不明显，较难察觉到，至果实接近成熟时，病斑迅速扩展，田间发病明显加重。

(3)防治方法

①做好预防工作比做好治理工作更加有意义。夏季加强田间管理,及时排水,清理过密的枝叶和病枯梢,保证园内通风透光;合理负载,防止因结果过多而导致的树体长势衰弱;加强肥水管理,增施有机肥,增强树势。冬季收集处理田间掉落的树枝、树叶,修剪除去生长期遗留的僵果、烂果、坏果、伤梢、枯枝等。

②冬季精细清园,全园选用3～5°Bé石硫合剂,或45%晶体石硫合剂20～30倍液进行淋洗式喷雾。出现炭疽病时,必须彻底清除传染源,将病果、病叶,甚至整株果树深埋或烧毁。

③发病初期,选用50%多菌灵可湿性粉剂1000倍液,或70%百菌清可湿性粉剂800倍液,或80%炭疽福美可湿性粉剂800倍液全株喷雾,每隔10～15 d 1次,连续喷施3～4次。

2. 疫霉病

(1)病原及症状

无花果疫霉病是由棕榈疫霉菌(*Phytophthora palmivora*)引起的,为无花果上重要的病害之一。棕榈疫霉是一种寄主广泛的植物致病性真菌,除引起无花果疫霉病外,还引起榴梿疫霉病、木薯根腐病、橡胶疫霉落叶病、番木瓜疫霉病、菠萝心腐病等。棕榈疫霉菌的卵孢子在土壤中的存活期可达几个月,甚至数年。疫霉病暴发后,若不及时有效治理,卵孢子会在土壤中不断聚集,为下一季病害暴发埋下隐患。

疫霉病为害无花果的果实、叶片、枝条等,主要为害果实。在长江中下游地区6—7月的梅雨季节,雨水多、湿度大,易发生。由于无花果下部的叶片与幼果采光少,离地面近,空气不通畅,因此最先发病,之后上移。叶片感病初期,出现不规则的水渍状、暗绿色的病斑,随后病斑逐渐扩大,软化呈褐色腐烂状,严重时枯焦落叶。

果实受害多从病果内壁开始,逐渐向外扩展霉烂,病果内壁果肉变褐、霉烂,充满灰色或粉红色霉状物;当果内霉烂发展严重时,果实胴部可见水浸状不规则湿腐斑;病果表面出现暗绿色病斑,继而产生白色菌丝布满果实,发病处发软腐烂,且腐烂后有乳酸臭味,最后病果脱落或者失水干枯形成僵果留在树枝

上。感染枝条时，会产生褐色病斑，严重时导致枝条枯死。无花果果实在不同生长时期均可感病，果实软腐是该病的主要特征。

(2)发生规律

棕榈疫霉菌适合在高湿温暖的环境下生长，最适生长温度为 20～30℃，此时孢子的萌发率高，萌发速度快，其芽管的伸长速率最快。无花果疫霉病主要发生在 6—8 月，此期降水量大，果实尚未成熟，果园内的温度与湿度适宜，适合病菌侵染流行，湿度越大越有利于病害发生，在长江中下游地区雨水多的地方发病重。

孢子囊的形成和游动孢子的释放是棕榈疫霉菌生活史中重要的阶段。病菌以厚垣孢子菌丝在病残体或者土壤中越冬，来年环境条件适合时萌发产生孢子囊，并快速释放大量游动孢子，雨后或者灌溉后，游动孢子在水中萌发，借雨水在果园内传播，通过气孔或表皮，或者通过树体的伤口直接侵入，成为初侵染源。病原菌侵染后，持续不断地产生新的孢子囊和游动孢子，不断进行再侵染，导致该病成块、成片发生。由于侵染时间短，发病速度快，在初侵染与再侵染之间没有明显的界限。如果无花果园内郁闭，空气不流通，湿度大，会加重病害的发生。

(3)防治方法

①选用抗病品种，如布兰瑞克，其抗性强；加强田间管理，保持果园良好的通风透光条件；雨季做好排水沟渠的系统配套，及时排除田间积水，防止病菌随雨水飞溅而侵染植株；随时清除病果病叶，及时除草以降低果园内的湿度，也可用地膜或地布覆盖。对冬剪后的病果枝叶及时清扫和烧毁，以减少初侵染源。

②无花果疫病是从近地面的果、叶先发病而逐步向上传染的，应合理整形修剪，提高定干高度(不低于 50 cm)；结果枝不要过长，以免枝条下垂，枝条控制在 1.0～1.5 m，从而减少病菌初侵染的机会。

③在 6 月初，幼果期开始喷药保护，选用 1∶2∶200 的波尔多液，每隔 7～10 d 全株喷雾 1 次，连续 3～5 次；或用 56％嘧菌・百菌清水乳剂 800 倍液叶片喷雾，每隔 10～15 d 喷洒 1 次，连续 2～3 次。

第六章　果桑

第一节 概论

一、果桑的经济意义及在长江中游地区的生产潜力

果桑，又称桑葚、桑果、桑枣、桑椹子、桑椹，为落叶乔木桑树的成熟果穗。桑树为桑科桑属植物，在我国有着悠久的栽培历史。《诗经·氓》记述"桑之未落，其叶沃若。于嗟鸠兮，无食桑葚！"《诗经·泮水》描述"翩彼飞鸮，集于泮林。食我桑黮，怀我好音"，桑葚被称为"葚"和"黮"。传统上对桑树的利用只以种桑养蚕为主，对桑树的综合利用较少。随着现代林木育种技术的发展，人们培育出了很多相对于传统桑葚产量更多、果形更大、品种更优的桑树新品种。

1. 果桑的经济意义

(1)水果食用

果桑是桑树所结的果实，不同果桑品种其形状、大小、色泽、口味各不相同。果桑大多为圆柱状，颜色有白色、紫红色和紫黑色等。现代人工栽培的果桑，品种的综合性状优、产量高，种植经济效益高。新鲜果桑不仅外观诱人，而且绵甜爽口，富含各类营养。果桑中水分含量约 85%，可溶性固形物含量约 15%，主要为糖类、酸类以及少量的黄酮类、脂类、醇类化合物和花色苷等。果桑中的糖类物质主要为葡萄糖、果糖和少量果胶，还富含白藜芦醇、芦丁、花青素、鞣酸、苹果酸、柠檬酸、脂肪酸和挥发油等营养成分。此外，果桑中硒的含量丰富，为葡萄的 10～40 倍，苹果的 5～20 倍，被誉为"天然富硒之王"。

在古代成熟的桑葚历来作为救荒食物和时鲜水果食用，甚至作为贡品。明代《救荒本草》记述"救饥：采桑椹熟者食之。或熬成膏，摊于桑叶上晒干，捣作饼收藏；或直取椹子晒干，可藏经年。及取椹子清汁置瓶中，封三二日即成酒，其色味似葡萄酒，甚佳。亦可熬烧酒，可藏经年，味力愈佳"。在北方地区，五月

端午节祭祀祖先时，果品中就有桑葚，“家堂奉祀，蔬供米粽之外，果品则红樱桃、黑桑椹……”在长江中游地区，桑葚的成熟期正值五一期间，作为桃、梨、葡萄等大宗水果上市前的补缺，成为观光采摘的主要果树种类，深受消费者喜欢。

(2)药用及保健功能

果桑除供食用外，还具有药用功能，被原国家卫生部列为“既是食品又是药品”的植物名单(1993 年)。中医理论认为桑葚性寒，味甘、酸，无毒，主治耳聋目昏、须发早白、神经衰弱、血虚便秘以及风湿关节痛等。唐代《本草拾遗》记载“桑椹利五脏、关节，通血气，久服不饥。多收曝干，捣末，蜜和为丸。每日服六十丸，变白不老”。《食疗本草》记述“食之，补五脏，使耳目聪明。利关节，和经脉，通血气，益精神”。明代《本草纲目》记有，“椹有乌、白两种。捣汁饮，解中酒毒。酿酒服，利水消肿”。

现代医学研究认为，果桑具有调整机体免疫功能，促进造血细胞生长，护肝、抗癌、抗衰老等多种作用。在临床上桑果多用于治疗肝肾亏虚、阴血不足所致的贫血、失眠健忘、头晕目眩、须发早白等病症。桑葚富含的由亚油酸、硬脂酸及油酸组成的脂肪酸，具有分解脂肪、降低血脂、防止血管硬化等作用。

2. 果桑在长江中游地区的生产潜力

蚕桑产业是我国历史悠久的传统优势产业之一，已有 5000 多年的历史。随着现代经济社会的快速发展，中国蚕桑产业也在不断转型升级。在长江中游地区，果桑产业的市场定位主要是开发并延伸果桑潜在的产业优势、资源优势和文化优势，建设集果桑产业、生态、健康、绿色、休闲、科普、文化教育等多种功能于一体的农旅融合果园，为消费者提供具有效用、功能、美学、娱乐和生态等价值的动态综合系统。

(1)休闲观光采摘

在城市近郊地区，4 月底 5 月初果桑成熟时节，开展“采桑之旅”，游客在桑园里采桑叶、吃桑葚，亲近自然，放松身心。以桑果采摘、景观桑观赏为特色，集观果赏叶、踏青休闲为一体，设置帐篷及休闲设施，营造乡村生活空间，让游客参与体验。景观桑的品种有垂枝桑、九曲纹龙桑、乔木桑等，桑枝与绿叶相衬，红果点缀其间，别具风格；果桑品种的选择可将早、中、晚熟品种搭配，如无核大

十、白玉王、长果桑等特色果桑品种，打造成“三彩桑葚”和“五味桑果”。

(2)蚕俗文化

蚕俗文化要表现出全新的旅游形式，突出特色优势禀赋，实现蚕桑产业和城郊旅游的有机结合，并拓展旅游业的内涵和外延，使教育性与娱乐性相结合，如以蚕俗文化为主体的研学，开展小学生的家蚕饲养科学课或生物教学实习，全面展示蚕的食桑过程及变态过程、吐丝结茧过程，同时让学生理解“春蚕到死丝方尽”的奉献精神和闻名中外的丝绸文化理念。

展示蚕俗文化，要从自然资源、经济产业、情感文化等方面入手，满足消费者听、视、嗅、味、触的感官需求，让消费者参与体验缫土丝、剥丝绵、织土绸、拉丝绵被、吃蚕饭、祭蚕神等；或以丝绸工业为基础，展示蚕桑种植及丝绸生产过程，展现长江中游地区的生态休闲文化、农桑文化和丝绸文化。在消费者娱乐体验的同时，展销具有蚕桑特色的功能产品，如桑叶茶、桑葚汁、桑葚干红、干白、桑葚糕等产品。

(3)餐饮休闲

把果桑产业的生态性与经济性相结合，在休闲观光果桑园区涉及果业生产、养殖、餐饮、休闲娱乐等行业，同时，构建完善的蚕桑特色产品生产及供应渠道，保障桑葚、桑叶、蚕、蛹、蛾等食材的稳定供给。

以蚕桑为主体的餐饮休闲服务，着重打造农家“蚕桑宴”，如以桑芽菜、桑叶炒蛋、凉拌桑叶、桑叶鱼、桑园土鸡、油炸蚕蛹、清蒸蚕蛹等为代表的蚕桑特色菜品，配以桑叶糕点、桑葚饮品等。除桑基鱼塘休闲垂钓以外，还可建蚕桑休闲坊，提供饮桑叶茶、泡桑叶足、睡蚕沙枕、盖蚕丝被等特色服务。

二、果桑的栽培历史及产业现状

1. 我国果桑的栽培历史

桑葚是桑树的果穗，桑树是中国古代的重要经济林木之一，人工栽桑是随着养蚕业的兴起而开始的。上海崧泽新石器时代遗址的孢粉分析表明，桑属和禾本科植物孢粉很多，说明新石器时代古人已经有意识地保留桑树，甚至可能

开始人工植桑。传说养蚕织丝是黄帝的妻子嫘祖发明的，表明我国蚕桑生产历史非常悠久。战国时期魏国《神农书》记载“太岁在四仲，椹熟时可种禾豆，夏至可种黍麻”。汉代《史记·五帝本纪第一》记述“时收播百谷草本，淳化鸟兽虫蛾”，“虫蛾”为蚕则必种桑。西汉《氾胜之书》记述“种桑法：五月，取椹著水中，即以手溃之，以水灌洗，取子阴干”；北魏《齐民要术》记载“桑椹熟时，收黑鲁椹，即日以水淘取子，晒燥，仍畦种。常薅令净。明年正月，移而栽之”。

宋代及元朝以后的古籍，关于种桑技术的记载更为详尽。宋代《农书》记载“若欲种椹子，则择美桑种椹，每一枚剪去两头”；元初的《农桑辑要》记有“种椹”，元代《农桑衣食撮要》记有“宜熟耕地，打成畦，以旧椹撒于畦中，常用水浇灌”；明代《蚕经》记载“五月也，收桑椹而水淘少晒焉，畦而种之”；清《广蚕桑说辑补》载有“桑秧皆以桑葚种之，种葚之法，于五月间”。

随着市场需求的趋旺，桑葚作为药、食兼用的特色水果，深受消费者喜欢，生产上已经出现了许多性状优良的果用或叶果两用的果桑品种，如大十、白玉王、红果2号、长果桑等。桑树具有较强的保持水土与抗风沙的能力，是实现青山绿水的优选树种之一。

2. 产业现状

(1)我国蚕桑产业概况

我国蚕桑产业具有5000多年的悠久历史，是中国最具传统优势的农业产业之一。在现代农业背景下蚕桑产业与生态农业旅游业融合发展已经成为新业态，将农业资源转换成旅游观光资源，使其兼具景观功能、休闲功能、生态功能、教育功能和科普功能，将产生良好的社会效益、生态效益和经济效益。

由于传统蚕桑产业以栽桑、养蚕、缫丝、织绸为主，产业发展和产品结构比较单一，资源利用率较低，抵御市场风险的能力弱，因此，多元化发展已成为蚕桑产业变革的必由之路。果桑作为传统蚕桑生产的副产物，因其富含氨基酸、维生素等营养成分，以及芦丁、花青素、白藜芦醇等生物活性成分，具有食用、保健及医用多种功效，其市场前景极为广阔。

(2)湖北省果桑产业现状

①产业现状

湖北省蚕桑产业至今已有4000多年历史，荆州缎、天门绢、远安垭丝、当阳溶丝等产品久负盛名。2018 年湖北省桑园面积达 28 万亩，其中果桑面积约 1.2 万亩。湖北地区大部分果桑成熟期在五一期间，集中在 4 月下旬至 5 月上中旬上市，采收期约 20 d，此期，除了小樱桃以外，湖北地区尚无应季水果，正值水果市场淡季，因此，新鲜果桑市场需求旺盛，特别是观光采摘成为时尚潮流，导致果桑价格高。市场调查显示，每千克果桑在武汉等大中城市的市场价为 20～30 元，产地出园价 10～20 元，观光采摘价格为 40～60 元；每亩果桑产值 1.5 万～2.0 万元，纯利润近万元。

湖北省桑树种质资源丰富，全省各地都有桑树的自然分布，特别是神农架及武陵山区野生桑树种质资源较多。现在湖北省引进了大十、白玉王、红果 2 号、长果桑等优良品种。在果桑产品的精深加工领域，开发了桑葚干红、桑葚干白、桑葚酱、桑葚膏等产品，市场反响较好。

果桑及其加工品销售渠道多样，一是鲜果桑直销，农民将鲜果桑采摘后，自行到集市售卖或经合作社统一批发给超市、水果店。二是果品加工，与果桑加工企业签订购销合同，采摘鲜果桑销售给企业进行深加工，生产桑葚汁、桑葚酒，提取花青素等。三是采摘游，全省各地掀起了果桑采摘游热，五一期间屡现“爆园”，极大地提升了果桑产品的附加值。

②存在的主要问题

一是市场定位不明确，抗风险能力低。

与浙江金华、宁波等果桑生产水平先进的地区相比，湖北地区的果桑市场定位不明确，鲜果批发、冷链销售及加工品的数量少，80%以上的果桑园生产立足于观光采摘，但是果桑品种结构单一，缺乏抗菌核病品种，成熟期较为集中，造成短时间内果桑供过于求，采摘、收购及加工劳动力紧张，出现季节性滞销。加之，果桑生产以农户分散经营为主，规模较小，抵御风险的能力较弱；果桑产业发展规划、市场营销、技术培训、信息管理等服务体系不健全，政策制度、运行机制及财政支持等支撑体系不配套，组织化程度不高。

二是技术模式滞后，产品质量不优。

在果桑新品种选育、果桑标准化种植、病虫害绿色防控技术研究以及桑果加工产品、功能因子产品研发等方面实力不足，缺乏专项资金支持。现有的果桑园大多为农民或企业自发种植，桑园参照叶用桑的模式生产和管理，修剪方

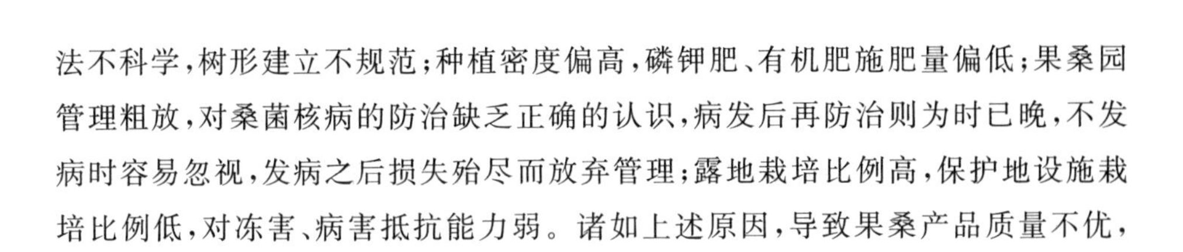

法不科学，树形建立不规范；种植密度偏高，磷钾肥、有机肥施肥量偏低；果桑园管理粗放，对桑菌核病的防治缺乏正确的认识，病发后再防治则为时已晚，不发病时容易忽视，发病之后损失殆尽而放弃管理；露地栽培比例高，保护地设施栽培比例低，对冻害、病害抵抗能力弱。诸如上述原因，导致果桑产品质量不优，产量供给不稳定，经济效益低。

三是加工产品数量少，品牌弱。

果桑为聚合浆果，易破损腐烂，鲜果较难储藏，采收期较短，亟须通过加工工艺来缓解果实采收期短和储运时间短的问题。但果桑加工的低水平、同质化现象严重，产品质量差，缺乏引导市场的主导产品。对果桑的食用、保健及药用功效宣传力度不够，没有充分挖掘果桑的保健价值，缺乏精深加工的功能因子产品，大多数加工企业的产品以果桑饮料为主，尤其是部分加工企业仍停留在对果桑原料进行初加工的水平上，高附加值的深加工产品开发少，产品多而不精，品牌杂而不强，尚未形成有影响力的拳头产品，市场竞争力弱。

三、市场前景及发展趋势

1. 多元化市场开发

蚕桑产业既是具有悠久历史的古老产业，又是充满活力的新兴产业，是中华民族祖先为我们留下的珍贵自然、人文、社会资源。随着我国工业化的快速推进，在现代农业背景下，必须充分挖掘、利用桑蚕产业资源，突破性推出新产品，满足消费者不断升级的物质和文化需求。

(1)充分利用自然和文化资源

“桑梓”作为家园的象征，是中国文化独有的特色。桑树有乔木和灌木两种，树形多样，适应性广，耐瘠薄，既能防止水土流失，又能提高绿化覆盖率；果桑成熟期不同，果实的大小、形状及颜色各异，丰富多彩，风味独特。家蚕吐丝结茧，被完全驯化已有数千年，不同品种的蚕其斑纹及色彩，亮丽斑斓，极具观赏性；家蚕被誉为“生物学的模特”，也是科普教育中宝贵的实物教材。

如今，桑果深加工产业得到快速发展，主要的加工产品有桑果原汁、桑果汁饮料、桑果酒、桑果酱、桑葚膏、桑花青素等。桑果含汁率高，酸甜可口，适宜制成纯果汁；桑果发酵制成的桑果酒，色泽鲜艳，酒香浓郁，酒体丰满醇厚；桑果酱色泽鲜艳，营养丰富；桑果红色素为天然的食用色素，花青素含量高，色素稳定；桑葚膏为传统的中成药，补肝肾、益精血。

(2)深度利用旅游资源

进入 21 世纪以来，果桑产业，特别是结合旅游采摘的果桑产业开发较快，一是归功于桑果产品良好的适口性，其保健功能逐步被市场认可；二是归功于华南、江浙一带兴起的集采摘旅游、餐饮娱乐、科普文化于一体的都市近郊农家乐产业的发展；三是各地民间资本参与建设丝绸博物馆和丝绸文化园，将中国丝绸文化作为非物质文化遗产进行开发和传承，从而调动周边配套果桑的生产。

把握旅游经济的发展规律，因地制宜地将当地历史、文化、社会、自然资源有机融合，构建以果桑产业为支撑、以丝绸文化为载体的田园综合体；建设多元化结构的生态旅游产业园区，让游客既能在视觉上赏心悦目，又能在味觉上醇厚爽口。桑树的树形优美，树冠丰满，枝繁叶茂，春夏季能观果、品果，秋季可观叶。果桑成熟时呈紫黑色、紫红色或乳白色，缀满枝头，美不胜收。各地消费者已经在很大程度上接受了桑葚，特别是采摘果桑逐渐成为“五一”节前后市民近郊游玩的热门选择。

2. 多维度产业支持

(1)政策与资金支持

当前蚕桑产业的经济效益不高，需要转变思路，发展具有较强竞争力和发展潜力的果桑产业，以提高产品附加值和产业经济效益。各级人民政府要加强管理，强化对果桑产业的开发利用和宣传引导，将果桑产业作为一个特色优势产业加以扶持。在省级层面上制定果桑产业的中长期发展规划，并在项目资金上统筹考虑，加大扶持力度；各市、县政府部门则要结合本地的生产实际，制定各地的果桑产业发展总体规划和年度计划，特别是融合乡村产业振兴，在项目资金上给予支持。

(2)技术支持

一是进行联合攻关,开展果桑种质创新及新品种选育研究,对现有种质资源进行改良创新,综合考虑成熟期、产量、品质、兼用性、抗逆性等因素,选育出适合采摘游以及深加工等不同需求的果桑品种。果桑菌核病为毁灭性病害,也是制约果桑产业规模发展的瓶颈,特别要加强抗菌核病的果桑新品种选育工作,创制出高抗菌核病、品质优良且适栽性好的新种质。

二是轻简高效栽培模式研发与应用,开展果桑标准化生产技术的研发、组装和集成,提出涵盖整形修剪、树形养成、肥培管理、病虫害绿色防控等方面的关键技术标准,以及简易避雨栽培技术规范,或保护地栽培技术模式,包括设施栽培的品种选择、树形培育、肥水管理等节点,推广宽行窄株、高垄低干、肥水一体、全园覆盖技术模式,形成技术规程,引导果桑产业向规模化、产业化方向发展。

三是开发深加工产品,改变现有果桑加工品主要为果汁饮料的生产格局。在产品研发上要开拓思路,利用果桑的保健价值,进行深度加工开发,研制如果桑蜜饯、桑葚干、桑葚酱等系列产品,特别是强化桑树资源的综合利用,研发桑叶茶、桑叶饲料、桑叶菜等副产品。

(3)组织建设

一是培育经营主体,以果农和企业利益为基础,培育专业大户、家庭农场、农业合作社和龙头企业等新型经营主体,建立农户、合作社、龙头企业为一体的现代果桑产业组织体系和“合作社+农户”为主的果桑产业新型双层经营体系。以果农利益为核心建立紧密的利益联结机制,推行订单农业、保护价收购、返利分红等措施,推广合作式、订单式、托管式等多种服务模式。

二是加大招商引资力度,培育产值过亿的领军企业。把做强加工、储运、销售企业放在果桑产业发展全局的优先位置,实施现有企业倍增计划;加大招商引资力度,着力打造产值过亿的优质高端企业。进一步加大对桑葚的营养、活性成分及其食用、保健和药用功效的宣传,支持企业研发功能因子的精深加工产品,提升产品市场占有率和企业竞争力,实现以终端加工业带动前端种植业高质量发展的目标。

第二节　品种

1. 大十

(1)品种来源

广东省农业科学院蚕业与农产品加工研究所选育而成，鲜食品种(图 6-1)，也可用于制汁或加工桑葚果酒。

图 6-1　大十果桑

(2)品种特征特性

果实长圆柱形，果色紫红色或紫黑色；果实平均长约 3.8 cm，果径平均为 1.6 cm，果柄长 1.8 cm。平均单果重 3.7 g，果实含水率 88.5%，出汁率 65.4%，果汁的 pH 值为 4.0，果实平均籽粒数 10.3 粒。果肉可溶性固形物含量 16.5%，总糖含量 13.21%，总酸含量 0.78 mg/g，花青苷含量 55.12 mg/g，总多酚含量 14.73 mg/g，总黄酮含量 6.75 mg/g，维生素 C 含量 0.54 mg/g，味甜适口，品质上。武汉地区大十果桑萌芽期 2 月下旬，脱苞期 3 月上旬，燕口期为 3 月中旬，初花期为 3 月下旬，盛花期为 4 月初；桑果始熟期为 4 月下旬，盛熟期为 5 月上旬，谢果期为 5 月中旬；落叶期为 12 月上旬。该品种早果性好、丰产，定植第二年始果，第三年进入盛果期，每米条产果量约 480 g，单株产量可达 4.0 kg 以上；盛果期亩产 800～1200 kg，高者可达 2000 kg 以上。

树形稍开张，枝条细长，侧枝多，发条力中等；夏伐后单株发条数8～10根。皮青灰色至淡褐色，节间直，节距5.2 cm；叶序1/2，皮孔圆形或椭圆形；冬天的芽呈灰褐色，芽面较饱满，形状似盾形，芽尖分离，并有副芽着生，锐齿。叶卵圆形，暗绿色，叶基心形，叶长21.5 cm，叶宽15.3 cm，叶面光滑微皱，稍下垂，叶柄粗短。着生雄花，无花柱，坐果率94.2%。成林果桑一年生枝条产果55～70颗，春芽新抽嫩枝结果6～7颗。

该品种高抗炭疽病、褐斑病，易遭受菌核病危害，严重时造成果桑绝收。对土壤的适应性较好，较耐瘠薄，抗旱力中等。不耐寒，由于萌芽期早，在山区易遭受冻害。

(3)栽培技术要点

①栽植株行距为(1.0～2.0)m×(3.0～4.0)m，配置5%的雄株作授粉树；推荐全园覆盖地布，减少菌核病的危害。

②苗木定植后距离地面20 cm定干，萌芽后选留3～5个均匀分布的嫩梢作为主枝，并培养10～15个副主枝，以期翌年早果丰产。

③果桑采收后进行夏伐，宜早不宜迟，5月下旬开始，以保证新梢生长充实，培养成翌年的结果母枝；在结果枝基部进行剪伐，形成桑拳后则在枝干拳部进行剪伐。

④重施基肥，以有机肥为主，化肥为辅，全年施肥氮磷钾比例约为5∶3∶4；施肥量第一年重施，第二年轻施。夏伐后6月上中旬施夏伐肥，促进抽生健壮枝梢，株施复合肥1.0～1.5 kg，沿行向距植株30 cm处开深30 cm条沟施入。

2. 长果桑

(1)品种来源

原产于中国台湾地区，鲜食品种(图6-2)。

(2)品种特征特性

果实长条形，果面成熟时紫红色；果实平均长约6.12 cm，果径平均为0.63 cm，果柄长3.09 cm。平均单果重3.7 g，果实含水率92.3%，出汁率73.6%，果汁的pH值为5.4，果实平均籽粒数79.4粒。果肉可溶性固形物含量15.7%，总糖含量8.7%，总酸含量0.36 mg/g，花青苷含量21.25 mg/g，总多酚含量 10.11 mg/g,总黄酮含量 0.63 mg/g,维生素 C 含量 0.51 mg/g,味酸甜,具有青草香味,品质上。

图 6-2 长果桑

武汉地区长果桑萌芽期为 2 月下旬,脱苞期为 3 月初,燕口期为 3 月中旬,初花期为 4 月上旬,盛花期为 4 月中旬;桑果始熟期为 5 月上旬,盛熟期为 5 月中旬,谢果期为 5 月下旬;落叶期为 11 月底至 12 月上旬。果实成熟快,从开花到采摘约 20 d,绿色果实开始转粉红色就可食用,越成熟颜色越深,呈紫红色;果实硬度较高,较耐长途运输,果实采收时间长。早果性好,较丰产,定植第二年始果,第三年进入盛果期,坐果率 88.5%,每米条产果量约 226 g;盛果期亩产 750～1150 kg,高者可达 1800 kg 以上。

该品种树形直立,节间长,枝条尤其是嫩梢部分易暴露于阳光下,引起局部灼伤;其枝条生长速度较快,髓部较大,耐寒性差,遇严寒易引起枝条冻伤。叶片长椭圆形,叶尖尾状,叶缘细密乳齿;叶长 25.3 cm,叶宽 17.4 cm,叶形指数 1.45,叶柄长 5.24 cm。长果桑易遭受炭疽病、褐斑病的危害,但是高抗菌核病、白粉病;耐寒性较差,易遭受冻害,造成果桑绝收。其抗旱力中等,生产上应加强肥水管理,以便丰产。

(3)栽培技术要点

①栽植株行距为(1.0～2.0)m×(2.0～3.0)m,定植后在苗木距地面 20 cm 处短截定干;新梢长至 20 cm 时摘心,促发分枝,培养早果丰产的树体冠层

结构。

②露地栽培注意防冻，霜冻过后不宜马上清理枝叶，待霜冻症状明显后再行修剪，以促进副芽生长发育；同时剪除花已腐烂或无花芽的枝条，清理受冻的花和幼果。

③及时中耕除草，改善土壤透气状况，增强根系活力；同时加强水肥管理，尤其是强化叶面营养，增强树势，提高植株抗逆能力和适应性。

④果实由绿转粉红时即可采收上市，以清晨采收品质最佳；用小塑料盒包装，再装纸箱外运或当地销售。

3. 白玉王

(1)品种来源

西北农林科技大学选育而成，鲜食及加工兼用型品种。

(2)品种特征特性

果实长筒形，半熟时呈青白色，成熟时呈乳白色，成熟果与半熟果差异明显，成熟果颗粒上青色不明显，通体乳白色；果实平均长约 3.4 cm，果径平均为 1.5 cm，果形指数 2.29，果柄长 0.84 cm。平均单果重 3.8 g，果肉可溶性固形物含量 17.2%，总酸含量 0.52 mg/g，维生素 C 含量 0.55 mg/g，味浓甜，具有淡淡的清香，品质上。武汉地区萌芽期为 3 月初，脱苞期为 3 月上中旬，燕口期为 3 月下旬，初花期为 3 月底至 4 月初，盛花期为 4 月上中旬；桑果始熟期为 5 月上旬，盛熟期为 5 月中旬，谢果期为 6 月初；落叶期为 11 月底至 12 月上旬。该品种早果性好、丰产，定植第二年始果，第三年进入盛果期，坐果率 94.8%，每米条产果量约 360 g，单株产量可达 4.4 kg 以上；盛果期亩产 750～1200 kg，高者可达 1800 kg 以上。

树形直立，发条数多，枝条短且直；冬芽褐色，芽面饱满，形状呈三角形，芽尖分离，少数生有副芽。叶片心脏形，深裂，叶长 17.9 cm，宽 13.2 cm，叶形指数 1.36，叶面积 137.5 cm^2，叶尖直，叶缘钝齿。着生雄花，单芽坐果数 4～6 个。

该品种高抗炭疽病、褐斑病，对白粉病的抗性亦较强，但是易遭受菌核病的危害。对土壤的适应性较好，耐瘠薄，抗旱力强。白玉王适应性强，抗寒力强，由于萌芽晚，不易遭受冻害。

(3)栽培技术要点

①栽植株行距为(1.0～2.0)m×(3.0～4.0)m,配置5%的雄株作授粉树。

②全年修剪3次,第一次于6月上旬采果后,距离地面40～50 cm处截断,促使树体重新萌发结果新枝;第二次在8月底,剪除萌发的过密枝、下垂枝、重叠枝等;第三次在休眠期,剪掉细弱枝、过密枝、下垂枝等,短截过长枝。

③加强菌核病的防控:一是休眠期进行全园淋洗式喷雾,杀灭越冬病原菌,喷施5°Bé石硫合剂,或喷施1.5∶1.5∶200波尔多液;二是早春花蕾初现至幼果期,每隔10～15 d,选用60%唑醚·代森联水分散粒剂1500倍液、65%代森锌可湿性粉剂500～600倍液、25%吡唑醚菌酯乳油1000～3000倍液,连续喷施2～3次;三是摘除病果,带出果园焚烧并深埋。

4. 桂花蜜

(1)品种来源

原产于河北省迁安市,鲜食品种。

(2)品种特征特性

果实长圆柱形,果色白带紫;果实平均长约2.83 cm,果径平均为1.35 cm,果柄长1.51 cm。平均单果重2.8 g,果实含水率84.4%,出汁率62.8%,果汁的pH值为5.6,果实平均籽粒数45.8粒。果肉可溶性固形物含量18.2%,总糖含量16.27%,总酸含量0.14 mg/g,花青苷含量1.33 mg/g,总多酚含量11.26 mg/g,总黄酮含量0.41 mg/g,维生素C含量0.52 mg/g,味甜爽口,具有浓郁的桂花香味,品质极上。

武汉地区萌芽期为3月上旬,脱苞期为3月上中旬,燕口期为3月中下旬,初花期为4月中旬,盛花期为4月中下旬;桑果始熟期为5月上中旬,盛熟期为5月中下旬,谢果期为5月底;落叶期为12月上旬。该品种定植第二年始果,第三年进入盛果期,坐果率85.6%,每米条产果量约157 g;盛果期亩产750～950 kg,高者可达1500 kg以上。

该品种树形直立,成枝力中等;叶长9.91 cm,叶宽6.79 cm,叶形指数1.46,叶柄长3.96 cm。桂花蜜在武汉地区的表现为果偏小、果形弯曲、籽不多、果细、味甜、产量一般,但是其成熟期较晚,且果实具有特别的桂花香味,便于延

长果实采摘期，适宜休闲采摘搭配种植。其抗菌核病中等，较抗炭疽病及褐斑病。

(3)栽培技术要点

①栽植株行距为(1.0～2.0)m×(3.0～4.0)m，建园时应抽槽改土，增施有机肥，并全园覆盖地布。

②以中低干树形最为适宜，第一枝干距离地面 25 cm，第二枝干距离地面 40～50 cm 定拳，每株定拳 3～5 个，夏伐后保证 10～15 根一年生枝条。

③秋季重施基肥，以腐熟的牛、猪、羊粪等有机肥为主，每亩施入有机肥 3000 kg+150 kg 钙镁磷肥；也可施入商品有机肥，每亩混入约 150 kg 复合肥。

5. 红果 2 号

(1)品种来源

西北农林科技大学选育而成，鲜食及加工兼用型品种，制汁性状优。

(2)品种特征特性

果实长圆柱形，果色为紫黑色，果穗整齐；果实平均长约 3.1 cm，果径平均为 1.3 cm，果形指数 2.38，果柄长 0.66 cm。平均单果重 3.5 g，果实含水率 86.2%，出汁率 52.4%，果汁的 pH 值为 4.1。果肉可溶性固形物含量 11.2%，总糖含量 4.61%，总酸含量 0.82 mg/g，维生素 C 含量 0.50 mg/g，味酸甜适口，品质优。

武汉地区萌芽期为 2 月下旬，脱苞期为 3 月上旬，燕口期为 3 月中旬，初花期为 3 月下旬，盛花期为 4 月上旬；桑果始熟期为 5 月初，盛熟期为 5 月上中旬，谢果期为 5 月底；落叶期为 11 月底。早果性好，丰产、稳产，定植第二年始果，第三年进入盛果期，每米条产果量约 350 g，盛果期亩产 750～1200 kg。

树形直立，冠幅紧凑，树皮青褐色；枝条数多且细长较直，但侧枝少。冬芽褐色，芽面圆润饱满，形状呈三角形，少数有副芽着生。叶片形状及叶基均类似心形，叶片长 16.01 cm，叶片宽 4.26 cm，叶柄长 4.52 cm；叶片颜色为深绿色，有金属光泽，叶边缘呈现乳头齿，叶尖近似短尾状。着生雄花，坐果率 94.4%，单芽坐果数 5～7 个；半熟果实呈鲜红色，成熟果实呈紫黑色，成熟期维持 20～30 d。

该品种抗性较好，高抗炭疽病、褐斑病、白粉病，对菌核病的抗性中等；耐寒、抗旱性较强、适应性强，长江流域适宜栽植。

(3)栽培技术要点

①全园覆盖地布，改善果桑生长环境，可保墒节水、预防菌核病、升温保温、防草抑草，同时提高桑园产量，方便游客采摘。

②施肥量及施肥时期，春肥于2月中旬施三元复合肥，每亩施入约100 kg，开花期叶面喷施0.3%磷酸二氢钾2～3次，提高坐果率。夏肥于夏伐后施三元复合肥，亩施入100～150 kg；或者施入腐熟有机肥，每亩1000 kg。秋施基肥于10—11月进行，每亩施入腐熟的有机肥2000～3000 kg。

③夏季修剪在距离地面50 cm的桑拳处夏伐，并摘心1次，每株培养结果枝30～40个；冬季修剪不剪梢或少剪梢，以抑制营养生长，促进其次年多结果，宜迟不宜早。

④病虫害防治坚持“预防为主，综合防治”的原则，优先采用农业防治和物理防治措施，配合使用高效、低毒、低残留农药，果实成熟前20 d禁止使用农药，并强化菌核病的防控。

第三节　栽培模式及管理

一、休闲采摘桑园的建立

1. 休闲桑园建设规划

(1)园区选址及定位

果桑休闲农业园的选址必须依附于城镇及周边地区，拥有便利的交通、充足的客源等区位优势。交通方式的便捷性直接影响园区对外运输产品的效率、质量与对内观光游客的数量，间接影响园区农产品占有的市场份额。果桑农业园内不同品种、栽培模式以及立体生态种植，可延长果桑采摘时间，提高果桑品

质；围绕果桑资源及产业特色进行开发，与文化教育结合，开展蚕桑科普知识讲堂、蚕桑标本制做等具有园区特色的教育培训。

果桑属于浆果，不耐储藏，不同品种在果实口感、果形、果色等生物学方面存在显著差异，在园区规划时需要建设加工设施，如生产果汁、果桑酒的车间，将刚采摘的果实通过加工成果桑汁或桑果酒，来进行长期储藏。同时，围绕果桑资源进行产品开发，开发出如桑叶茶、桑葚膏等具有保健功能的产品。

(2)园区功能

果桑农业园的功能主要包括农业生产、休闲采摘、科普教育、技术示范等功能，其中农业生产为果桑农业园最基本的功能，以果桑生产、果桑产品加工为主，辅以水果业、渔业共同发展，从根本上改善果桑单一种植模式，提高园区经济效益与生态效益。

围绕果桑资源不同的利用方式进行园区功能的规划布局，根据果桑品种间的差异、生产与采摘功能的区分、游客体验与观光的不同，以及区域内动静环境进行功能区划分，以此满足园区生产、游客观光采摘、体验与教育等方面需求。休闲采摘功能以果桑生产为主体，使游客在观光与欣赏农业园的同时，增加游客对农事活动的体验感与参与感。科普教育功能以资源展示、演示与体验的方式，使游客了解果桑产业、果桑品种，感受农耕和蚕桑文化，提高游客对果桑品种、产品、产业的认知度及产品的市场认可度。同时对果桑产品进行深度加工开发，最大化利用农产品资源，丰富农产品种类，延长产业链条。

(3)产业布局

果桑农业园产业布局应围绕果桑资源进行规划，以果桑品质与产量作为园区可持续发展的前提，以游客林下采摘的便捷性为出发点，进行生产区域划分，同时确定桑树的栽植密度。

根据功能不同将全园果桑生产分为采摘果桑区与生产果桑区，采摘区栽植密度设为株行距(1.0～2.0)m×(3.5～4.0)m，栽植稀些以方便游客进入，同时保障果桑采摘品质；生产区栽植密度设为株行距(1.0～2.0)m×(2.0～3.0)m，适当增加栽植密度，以提高田间生物学产量。

通过果桑品种间的差异性，突出果桑农业园的产业特色。不同品种间的物候期、果形、果色、口感等方面存在差异，通过早、中、晚熟果桑品种的合理搭配，延长果桑的采摘时间。将不同品种果桑分地块栽植、分时间开放，满足游客不同的需求，增加游客对果桑的认知度，应避免不同品种混种。园区的整体性应协调各功能区域的主基调，确保园区植物颜色的主基调统一，做到各功能区与整体园区的协同。

2. 果桑园的建立

果桑产业的发展离不开第一产业，不能通过大面积布置景观与一味地追求景观而忽视农业生产的本质，应以丰富的果桑品种、优质的产品质量、优美的自然环境、多样的功能体验提高对游客的吸引力。充分利用当地乡土树种及园区现有植物、建筑、道路、地形，避免大改大建破坏园区自然生态，同时搭配农、林、牧、渔产业，建立果桑园。

现代果桑产业的种植模式为“高垄低畦＋宽行窄株＋低干矮冠＋肥水一体＋全园覆盖”，实现“一年养型、二年始果、三年丰产”，即第一年养成主干及一级枝干，第二年投产，大大缩短建园周期。

(1)建园

桑园应选择地势平坦，或坡度15°以下的向阳坡地，土层深厚，耕作层不少于25 cm，地下水位距地表1 m以上，土壤质地良好，疏松肥沃，有机质含量1.5%以上的中性壤土或沙壤土为宜。为了便于机械化作业，坡岗地可用小型挖掘机进行平整，坡改梯，并开挖排灌沟渠。全园撒施2000～3000 kg腐熟的有机肥，然后用农用旋耕机进行深耕，以改良土壤。苗木定植前，依据行株距进行起垄，垄面宽0.8～1.2 m、高约20 cm。

(2)栽植

选用优质健壮的苗木，无检疫性病虫害，无根结线虫、紫纹羽病、青枯病等病虫害；苗木栽植前剪除烂根、伤根及过长根，高度控制在20～30 cm。苗木应浅栽，在定植垄面挖宽、深约30 cm的定植穴，桑苗放在定植穴中间位置，横纵对直，用细碎表土回填至根部，并轻轻向上提、抖动桑苗，再踏实，使根围土壤下层紧上层松，做到浅栽、正干、展根。苗木定植后施足定根水，可使用地布对地面进行覆盖，地布成本低，渗水性好，雨水可渗入土壤，同时控制杂草危害。

3. 设施栽培

(1)安全生产大棚设施

安全生产设施使用跨度 8.0 m 的单体塑料钢架大棚和连栋塑料钢架大棚。单体塑料钢架大棚顶高 3.3 m、肩高 1.6 m;塑料薄膜选用防老化、防雾滴的聚乙烯农膜,厚 0.07 mm 以上,连栋塑料钢架大棚的塑料薄膜厚度 0.1 mm 以上。压膜线采用大棚专用压膜线。顶膜人工打开或机械打开,即利用摇动装置将顶膜摇到距棚顶 70～80 cm 处,通过侧边与顶部开窗,实现全开窗。在连栋大棚顶膜下或横档上加铺防鸟网,防止鸟类进入,为害果实。同时,在桑果成熟时要通风及增光,防止大棚内闷热,产生落果。

大棚内须加设地下水喷雾保温装置,在遇到严寒或遭遇倒春寒的异常天气时,通过微喷带或喷灌装置进行喷雾,利用水汽维持棚内温度高于 0℃,以减轻冻害。当大棚外温在零下时,为确保安全,可进行覆膜喷雾;当外温在 0℃以上时,则打开顶膜和侧膜通风,回归自然条件,防止苗木生长过快。

安全生产大棚不同于促早栽培大棚,在桑树发芽前不覆膜,避免过早生长产生的低温风险。同时,在幼果生长期进行适度增温,可促使果实在五一期间成熟,提高经济效益。顶膜在保温和雨天时闭合,晴天需增加光照时打开,实现前期主要保温、后期主要避雨之目的。开花初期遇雨天顶膜关闭,有利于菌核病的防控;开花结束至初熟时,雨天可打开淋雨通风,促进花柱凋谢,提高果实品质;果实成熟时,雨天顶膜关闭,避免雨水污染桑果。

(2)促早栽培大棚设施

促早栽培大棚主要是利用日光暖棚或加温暖棚进行反季节生产。暖棚走向与桑树行向一致,大小因行距不同而异,棚顶高 3.0～3.5 m。冬季低温时,棚内装置加温保暖设备,以保障白天棚内温度在 28℃以上,夜间温度在 15℃以上。棚顶设置自动喷雾塑管,以补充湿度。大棚骨架为钢架,也可用木竹桩和竹条,骨架外覆盖塑料薄膜和草帘。

扣棚时间以桑树通过自然休眠期为宜,扣棚后加强棚内温度管理,萌芽至开花期昼间温度控制在 25℃,坐果后昼间温度 28℃以上时揭膜通风,果实成熟时撤去棚膜。

二、桑树的立体生态种植模式

1. 桑基鱼塘

桑基鱼塘是我国古代劳动人民的伟大创造之一，是对数千年中华农业文明史的伟大贡献，是生态农业的极致典范之一。桑基鱼塘生态模式符合循环经济的减量化原则、再利用原则和再循环原则，其千百年来不断发展、长盛不衰，大大促进了我国淡水养殖业、蚕桑业、织造业、食品业等产业的发展，不仅对我国蚕丝业的可持续发展发挥了重要的促进作用，而且也在现代旅游业和休闲农业、园林设计等领域发挥了独特的作用。图 6-3 为湖北阳新县现代桑基鱼塘。

图 6-3　现代的桑基鱼塘(湖北阳新县)

(1)生态循环特征

桑基鱼塘生态系统由水、陆两个生态系统构成。桑基陆生系统由叶片吸收太阳能，通过光合作用促进树体生长发育，提供蚕的饲料；鱼塘水生系统则是部分蚕沙直接供鱼食用，部分蚕沙经水中生物分解产生营养物质，促进浮游植物及浮游动物的生长，浮游植物及浮游动物又可作为各种食性鱼类的饲料。通过陆基种桑、塘水养鱼、桑叶饲蚕、蚕沙喂鱼、塘泥培桑，形成了闭合的相互利用、相互依存、循环发展的生态系统，产生了古人所称的“两利俱全，十倍禾稼”的经济效益。

桑基鱼塘生态系统的“基”是指“池埂”“田埂”，根据地理位置、劳作习惯、民族风俗等不同，基塘比例有“基六塘四”“基四塘六”“基七塘三”“五水五基”等几种。塘基上栽培的桑树品种应适应当地土壤、气候等自然条件，也应适宜当地的劳作习惯、民族风情等社会条件，如湖桑、广东荆桑等。鱼塘的形状方形较为常见，即长方形或正方形，且多为长方形，符合传统的“天圆地方”之说。

鱼类生态系统由上、中、下三层构成，上层喂养鳙（花鲢、胖头鱼）、鲢，中层喂养鲩鱼（草鱼），底层则主要喂养鲮、鲤鱼，不同鱼类的合理配比为草鱼30%～40%，鲢鱼20%～30%，鳙鱼10%，鲤鱼10%，鲫鱼及其他鱼类20%～25%。

(2)多元化开发利用

随着现代化与城镇化的快速推进，桑基鱼塘的结构和功能也应与时俱进，对与各环节相关的物质、生物和文化资源进行综合高效开发利用，建立适应社会发展的高效益、多元化桑基鱼塘模式。

在现代农业背景下，桑基鱼塘不是传统的栽植饲料桑和养蚕结茧，而是增加了园林观赏及果桑食用功能，以桑基鱼塘生态系统交叉网格理念为主体，构建立体、多元、开放式的空间景观体系。观赏型的桑树品种主要有龙须桑和龙桑，龙须桑具有柳树样的垂枝、龙槐样的树体、银杏叶的药效；龙桑的枝条弯曲盘旋似飞龙行走，独特而优美，且桑葚鲜红，既可供观赏，又可供食用。

2. 桑鸡模式

果桑产业发展除围绕“一粒桑果”外，还可根据市场多层次需求对桑树生物资源进行高效综合开发利用，桑鸡模式可有效提高桑园的闲置空间和资源利用率，该模式技术简单实用，经济效益好。

(1)桑林管理

利用桑园种草养鸡模式替代传统的清耕制度。生草的草种要求一是耐阴、无毒且营养丰富、家禽喜食；二是耐阴湿、耐旱，产量高且耐牧，桑园中可种植白三叶、黄花苜蓿、苕子等。为了提高饲料多样性，可以进行混播，如三叶草和黑麦草混播等。

牧草播种后当年，因苗弱根系小，不宜过早牧养家禽，当草长到20 cm时可牧养家禽。翌年全园规划4～6个小区，进行划区轮牧。每块轮牧小区视牧养家禽多少放牧 5～7 d。若采食不尽，草坪高度约 40 cm 时进行刈割，刈割下的草晒干后用于冬季补饲。

(2)养鸡

选择通风向阳、排水良好且交通便利的开阔平坦地搭建鸡舍，用砖块、木条搭建框架，用彩条布或塑料薄膜将四周和顶端围起来，固定好即可。每亩桑园养殖 200 只鸡，密度过小影响收益，过大则不利于草地恢复；另加养 1～2 只鹅，促使草鸡进行活动，以改善其肉质。

雏鸡在清明节后和国庆节前分批放养，可购买 1 月龄雏鸡直接投放桑林，让其白天在轮牧小区自行觅食，晚上补喂饲料。在放养场提供清洁饮水，定期补放粗沙石。及时清理鸡舍粪便，经腐熟后还原桑林，实现污染物零排放，林、草、牧协同发展。

3. 桑菌模式

以桑园多余的桑枝为菌料，培植大球盖菇、鸡腿菇、杏鲍菇、茶树菇、小香菇、平菇等菌类，也可套种木耳。

每亩果桑园夏伐和冬季剪梢的桑枝条，可加工成黑木耳菌棒约 600 只。露地果桑园套种黑木耳菌棒，平均每只菌棒可收获干木耳约 0.15 kg，每亩可收获干木耳 1000 kg 以上，每亩纯收益在 3.5 万元以上。此外，黑木耳采收后，其废菌棒的基质是优质有机肥，作为基肥可改良土壤团粒结构，提高土壤肥力。

三、树形及管理

1. 幼树的养形

标准化果桑园的树形为低干矮冠，个体结构的主干、枝干、拳头分布均匀，枝条开展，枝序合理；群体结构通风透光，结构紧凑，留有人工和机械作业通道，便于采摘及管理。

(1)主干

苗木定植后，距离地面 20 cm 处定干，芽体萌发后选留健壮、直立的独干嫩

梢，作为主干培养。当枝干长 20～30 cm 时，进行摘心，去掉顶端的嫩叶，培养一级枝干。幼树定型后维持主干高度为 40～50 cm。

(2)一级枝干

6 月上中旬，对主干先端萌发的枝条，选留 2～3 个均匀分布健壮的新梢，作为一级枝干培养，其余的桑芽枝全部抹去。当枝干长 15～20 cm 时，进行摘心，培育健壮的结果母枝。

(3)二级枝干

翌年果桑结果后，5 月下旬至 6 月上旬对选定的一级枝干进行夏伐，培养二级枝干。夏伐后，待新梢萌发，每个一级枝干上选留 3～5 个新梢作为第三年的结果枝，同时培养成为二级枝干。

第三年果桑采摘结束后进行夏伐，每个一级枝干上选留 3～5 个枝条作为二级枝干。每个二级枝干保留基部 2～3 个芽剪除，定型为桑拳。每株桑树留拳 2～3 个，每个桑拳上各留 3～5 个枝条，共计留下 9～15 根枝条结果。

2. 成年树的整形

(1)剪伐

夏伐是将春季萌芽结果后的枝条，留基部芽剪除。每年桑葚采摘完成后，从二级枝干的拳头处剪去上部枝条，去掉全部的叶片；同时将桑枝叶、落果、病枝叶等收集，集中清理，以减少病虫危害。当新梢长至 5～10 cm 时可进行疏芽，要求“去弱留强”、“树形对称”以及“内外均衡”，成龄桑园每亩枝条控制在 1500 条。

(2)冬季修剪

桑树经过近半年的营养生长，树形易紊乱，冬季修剪重点是调整树体结构，调控树高和冠幅，实现冠层各部位均衡结果。幼树和旺树应轻剪，仅疏除下垂枝、重叠枝、细弱枝、干枯枝、穿丫枝、逆向枝以及病虫枝，对过长的结果母枝在先端枝条打弯处进行轻短截，只剪去枝条顶端 10～20 cm 长的嫩梢部分。剪梢在落叶后进行，过早易发生冬芽秋发。

衰老树、弱树则进行重剪，对弱枝、长枝进行重短截，剪留 1/3；对健壮的结果母枝进行中度短截，剪留 1/2。对树龄较大、枝干层次太多的衰老树进行降干，对少数延伸过长的枝干应将其回缩至适当部位；树体枝干层次不清且通风透光差，疏去过多的枝干，使树冠开展；枝干过少则在空缺处培育枝干，提高单株产量。

四、土肥水管理

1. 园艺地布覆盖

(1)地布的选择

地布透水率要大于 5.0 L/s・m^2，透过表面积水的能力要高；地布的拉伸强度应大于 800 N，采摘果桑时其不能破损。地布的幅宽与种植株行距、铺设方式和数量有关，为减小因裁剪地布而造成的工时损失和材料损失，应按照种植行距作为宽幅，大部分宽幅为 2.0～3.5 m。铺设长度根据桑园面积确定，每亩铺设长度约为 250 m。

地布由抗紫外线、抗老化的 PP 或者 PE 扁丝编织而成，使用寿命因质量不同而异，大部分地布的使用寿命在 5 年以上。颜色分为黑色和白色，桑园选用黑色地布可保温、增温、防病、抑草，同时控制菌核病分生孢子的溢出。

(2)地布的铺设

根据当地气候选择适宜的铺设时期，应在桑树发芽前 30～40 d 铺设。新建园在苗木定植后即可进行地布覆盖，除施肥、翻耕外，地布不再揭开。盛果期果桑地布覆盖至 6 月，夏伐后揭除地布，翌年萌芽前再行覆盖，以便进行施肥及清园。

地布铺设前进行放线规划，树行笔直则沿着树冠边缘、顺着行向拉直侧绳，用白灰画线；树行有弯度的则随弯就弯，沿着树冠边缘放线。放线后即整理铺设地布的带面，培成中间低、边缘高的凹形带面；3 年生以上的成龄桑园，从灰线处向根际部起垄，形成中间高、两侧低的凸形垄面。铺设地布采取全园覆盖，沿着桑树行间，顺着行向把地布拉展、压土、铺平，每隔 2.0 m 用土压实或用地布钉固定(图 6-4)。

图 6-4　果桑园铺设园艺地布

(3)地布铺设后桑园的管理

地布铺设后，要定期检查，发现地布边缘被风卷起，及时重新压土铺好或用地布钉固定，以防土壤墒情损失和土温下降，影响果桑生长。果桑成熟期间，及时清扫落叶、落果，防止果桑腐烂。在施肥、采果、修剪等作业时，注意不要机械和人为损坏地布。

2. 肥水管理

(1)肥料管理

根据桑园土壤肥力、品种、树势等确定施肥种类和施肥量，施肥主要分为春肥、夏肥和秋肥。

①春肥

春肥分萌芽肥和壮果肥两次施入。萌芽肥适当早施，在 2 月上旬桑芽萌动前施入，每亩施入三元复合肥 50～100 kg，不能偏施氮肥，以免营养生长过旺而造成落花落果；壮果肥在 3 月底至 4 月初施入，以磷钾肥为主，每亩施入复合肥 100～150 kg，促使果桑膨大，提高产量和品质；幼果期可进行根外追肥，每亩施入水溶肥 20～30 kg，分 2～3 次进行，每次间隔 10～15 d；也可每隔 10 d，使用 0.3%磷酸二氢钾进行叶面喷雾，最好在傍晚或阴天进行。

②夏肥

夏肥在夏伐后尽快施入，对果桑树生长特别重要。果桑树夏伐后，经 10～15 d 开始萌芽抽条，并逐步进入旺盛生长期。此时若肥料供应不足，或者施肥过迟，会导致结果母枝质量差，花芽分化不良，影响第二年产量。夏肥每亩施复合肥约 200 kg，挖宽、深约 10 cm 的条沟施入。

③秋肥

秋肥主要为基肥，于 9—10 月挖宽、深 30～40 cm 的条沟施入，或全园撒施后翻耕旋入。肥料以腐熟的有机肥、商品有机肥为主，另加复合肥、钙镁磷肥或者微生物肥，限制使用含氯复合肥、酸性肥料等，不得使用含有毒、有害物质的垃圾肥和污泥，人畜禽粪尿等施用前须经无害化处理。每亩施入腐熟有机肥 2000～3000 kg＋复合肥、磷酸钙或钙镁磷肥 150 kg。

(2)水分管理

根据果桑的不同生长阶段及天气情况进行水分管理。萌芽期、浆果膨大期和入冬前需要充足的水分供应，果实成熟期应控制灌水；夏季修剪后适当控水，以防高温高湿条件下结果母枝抽生侧枝，影响翌年结果。

长江中游地区梅雨季节，桑园要及时排除积水和渍水，特别是地下水位较高的田地要疏通排水设施，雨过园干，无明水及暗渍。

第四节　果桑加工及综合利用

一、桑果加工

果桑是我国特色小水果，营养丰富。果实中富含葡萄糖、果糖和蔗糖以及苹果酸、琥珀酸、酒石酸、鞣酸、亚油酸、棕榈酸等脂肪酸类物质和醇类、磷脂、亚麻酸等成分，还含有人体所必需的异亮氨酸、色氨酸、缬氨酸、苏氨酸、赖氨酸、蛋氨酸等氨基酸、维生素和钙、钾、钠、铁、锌等矿物质元素。果桑由果肉、果皮、种子及果柄组成，其中果肉占 71.40%、果皮占 23.50%、种子占 2.90%、果柄占 2.20%，桑籽油的不饱和脂肪酸含量为 81.20%、亚油酸 69.63%、总黄酮 0.03%、维生素 E 为 0.07%。

果桑的主要活性成分有抗坏血酸、花青素、白藜芦醇、硒等，抗坏血酸和花青素具有很强的抗氧化作用；白藜芦醇可抑制癌细胞生长，阻止血液栓塞；微量元素硒参与酶的合成，与维生素C协同有很强的抗氧化作用。

1. 桑葚果酒

果桑中含有丰富的人体所必需的多种功能成分，具有极高的营养价值。随着人们生活水平的提高，人们的饮酒习惯逐步在改变，开始追求健康因子、低酒精、时尚、个性化等元素，桑葚酒很好地满足了人们对时尚酒精饮料的认同和追求，被视为红酒中的人参。

以果桑作原料酿酒，一是直接通过发酵，酿成桑葚果酒；二是将酿成的桑葚果酒，再加以蒸馏制成浓度高的蒸馏酒（烧酒）。明代《救荒本草》记载“及取椹子清汁置于瓶中，封三二日即成酒，其色味似葡萄酒，甚佳。亦可熬烧酒，可藏经年，味力愈佳”。

（1）工艺流程

桑葚果酒是以新鲜果桑和果桑汁为原料，利用酵母菌将糖发酵转化为酒精等产物，再经陈酿而成，其酒质醇厚芳香、酒体清亮透明，质量上乘。在酿造过程中，能很好地保持鲜果中的天然营养成分，发酵过程中产生的次级代谢产物又能增强桑葚果酒的保健功能。

桑葚果酒的生产工艺为：选择桑葚果实→分选→破碎打浆→酶解处理→调节糖酸→接种酵母→控温发酵→第二次加糖→终止发酵→低温澄清→皮渣分离→陈酿→过滤澄清→杀菌→灌装→得到成品。

（2）操作要点

成熟黑桑葚果实，果皮颜色紫红色或紫黑色，无霉果、烂果；去除杂物后，将桑葚破碎、打浆，全汁与果肉一起发酵，保留其营养成分；在水中加入以 SO_2 计 30 g/L 的焦亚硫酸钾，待其充分溶解后加到桑葚汁中，去除杂菌；同时加 30g/L 的果胶酶，搅拌均匀，静置 2.0 h；根据桑葚汁的原始糖度，分两次添加糖到桑葚汁中，第一次在发酵前添加，第二次在 48 h 后添加。

用碳酸氢钠和柠檬酸调节酸度，水温 37℃、糖度 7.0%～10.0%，加入酵母活化；将活化好的酵母加入桑葚汁中进行控温发酵，发酵结束后添加焦亚硫酸钾(以 SO_2 计 50 g/L),终止发酵;将终止发酵后的桑葚酒在 0~5℃的条件下静置 10~15 d,使发酵液中的果肉、籽、酵母等悬浮物沉降到罐底。抽取发酵罐中桑葚酒上清液至储酒罐,装至满罐,充入氮气,隔绝空气;在 0~5℃低温条件下储存不少于 6 个月,使其进一步沉淀,酒液发生酯化、氧化还原反应,逐渐澄清、老熟。

正常桑葚果酒的外观品质要求澄清透明,澄清是桑葚果酒研制过程中最困难的工序。从步骤上,分为对果汁澄清、对原酒澄清等不同的处理阶段;从方法上,有自然澄清、澄清剂澄清、冷热处理澄清、离心澄清、超声波澄清以及超滤技术等。常用的澄清剂有果胶酶、蛋清、麦汁、明胶、皂土、硅藻土、膨润土以及合成树脂等,促使酵母、胶质、蛋白质、单宁、纤维素、半纤维素以及浆果组织的碎片等沉淀,提高酒体的稳定性,增大透光率。

2. 桑葚果汁

由于新鲜果桑容易出汁,生产上主要有桑葚原汁和配制型桑葚果汁。制取方法一是采用鲜果直接压榨,二是将鲜果制成干制品,将干制品通过复水后再压榨果汁。不论采用哪种方法,制得的原汁均味道醇和,并具有果香味。配制型桑葚果汁在原汁中加入食品添加剂、食用香料等辅料,配制成复合、调味型果汁,其风味独特,不仅在外观上吸引消费者,闻起来也同时兼有桑葚和桑叶二者的香味。

(1)工艺流程

果桑果实含水量在 80%~85%,营养丰富,易受微生物的侵害而变质,极不耐储藏和运输。果实就地榨汁加工,初步灭菌后,再运输至生产厂家进行精深加工。

桑葚果汁饮料的加工流程为:原料的采收→挑选→清洗→粉碎→酶处理→榨汁→粗滤→酶处理→PVP 澄清→过滤→调配→均质、脱气→UHT 灭菌→冷却→灌装→灭菌→入库→得到成品,在酶处理环节选用果胶酶,第一次添加 0.05%,温度维持在 40~42℃,2~4 h;第二次添加 3.00%,温度维持在 35~37℃,2~4 h。调配环节将果汁 17.0%、白砂糖 8.0%、琼脂 0.2%、苯甲酸钠 0.1% 等,均匀混合,加入纯净水至 100%,用柠檬酸调整果汁的 pH 值为 3.4~3.6。

(2)操作要点

选择成熟度高、无霉烂变质的果实,用清水缓缓清洗表面尘土;避免挤破果皮,从而损失果汁,造成污染;用榨汁机初榨后,剩余残渣加水再榨,两次所得果汁混合,稍微混浊,如有果肉、果梗残渣沉淀,则用纱网过滤澄清;采用105℃高温瞬时灭菌,防止营养成分被高温破坏;灭菌后的果汁,装入干净的容器中,用石蜡封口保存,用冷藏车运输。

果汁的色泽为紫褐色,具有原桑果的香味和滋味,不得有其他异味;果汁均匀微浊,允许有少量果肉沉淀,无杂质。果汁可溶性固形物含量8.0%~15.0%,总酸含量(以柠檬酸计)0.2%~0.9%,维生素C含量大于或等于2.30 mg/100g,食品添加剂的使用及含量按照国家规定执行。

二、果桑综合利用

1. 桑葚菜肴

将桑葚用鸡蛋清滚糊后炸食,食之味美,是农家细菜之一。黑白桑葚熟后,甜者均可用来做炸桑葚菜;将果实用清水洗净,控去水分,在鸡蛋清内滚糊;千万不能在开锅的油里去炸,以免桑葚被炸爆,甜香之气尽去;必须在温油中炸熟,即可装盘供食用,甚是美观雅致,食之则清香别致。

2. 桑葚熬粥

桑葚粥具有补肝益气、滋阴养血、润肠明目的功效,主治阴血不足致头晕目眩、失眠耳鸣、视力减退、目昏、须发早白等,对阴虚型高血压也有效。

新鲜紫桑葚30 g或干品20 g去掉长柄,糯米50 g,冰糖适量,放置砂锅内加水400 mL,用文火烧至微滚至沸腾,以粥黏稠为度。也可熬制桑葚果仁粥,主要用料为桑葚干25 g、葡萄干50 g、薏米50 g,加水合煮为粥服用,适用于治疗慢性肾炎、心源性水肿等。

3. 桑葚醪

鲜果桑1.0 kg或果桑干300 g,糯米500 g,酒曲适量。将鲜桑葚洗净掏汁,或以干品煎汁去渣，然后将桑葚汁与糯米共同烧煮，做成糯米干饭，待冷却后加酒曲适量拌匀，发酵成酒酿。桑葚醪有补血益肾、明目的功效，适用于肝肾阴亏消渴、便秘、耳鸣、目暗等。

4. 桑葚糕饼及桑葚糖

将黑果桑取汁，拌和白糖后晒稠，加入适量梅肉及紫苏末，捣成饼，用油纸包好晒干，连纸存放。

取鲜果桑 1.0 kg 或桑葚干 500 g 捣成泥状，与 500 g 白糖共煮，待糖液呈黄色并拔丝时，倒在涂有麻油的石板上，切成糖块，随时含服。桑葚糖具有保护视力、缓解疲劳的功效，特别适合长时间用眼者食用。

5. 桑葚膏

原料为鲜果桑 1.0 kg 或桑葚干 500 g，蜂蜜 300 g。将桑葚洗净，加水适量煎煮（煎煮时不宜用铁锅）；每隔 30 min 取煎液 1 次，加水再煎，共取煎液 2 次，然后合并煎液，再以小火煎熬浓缩至较稠时，加入蜂蜜，沸腾后停火，待冷装瓶备用。

桑葚膏每次 1 汤匙，以沸水冲化服用，每日 2 次，具有滋补肝肾、明目的功效，可治疗神经衰弱所致失眠、健忘、目暗、烦渴、便秘、须发早白。

6. 桑葚干及桑葚药丸

鲜果桑采收后，暴晒成干。《齐民要术》记载“椹熟时，多收，曝干之，凶年粟少，可以当食”。《王祯农书》记有“盖桑椹干湿皆可食……至夏初，青黄未接，其桑椹已熟，民皆食椹，获活者不可胜计。凡植桑多者，椹黑时悉宜振落箔上，爆干，平时可当果食，歉岁可御饥饿，虽世之珍异果实，未可比之”。

桑葚药丸的制作方法简单，将果桑晒干，捣成粉末，再用蜂蜜调制成丸，每日服用，具有利五脏、利关节和通气血的功效。

7. 桑葚浸酒

桑葚浸酒的方法很多，功效各异。比如鲜果桑 500 g，浸在 1.5 kg 的高粱酒

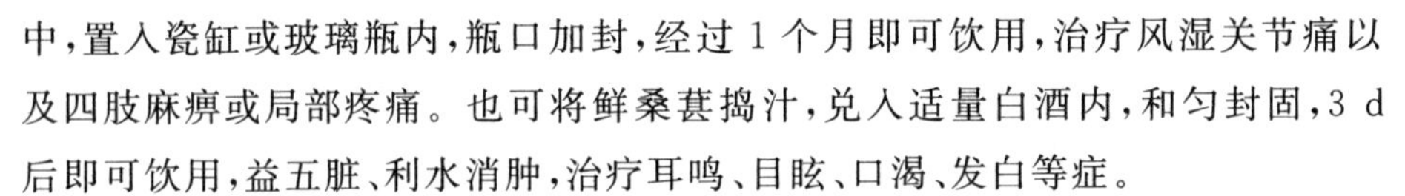

中，置入瓷缸或玻璃瓶内，瓶口加封，经过 1 个月即可饮用，治疗风湿关节痛以及四肢麻痹或局部疼痛。也可将鲜桑葚捣汁，兑入适量白酒内，和匀封固，3 d 后即可饮用，益五脏、利水消肿，治疗耳鸣、目眩、口渴、发白等症。

鲜桑葚 100 g 去杂洗净，剔去果柄，沥干后捣烂，放入葡萄酒中，密封后放于室内阴凉、避光处保存，1 周后即可饮用；也可用鲜桑葚 150 g，米酒 500 g，浸酒半月亦可饮用，具有补肝肾、明目、乌须发、利关节的功效。

8. 桑葚饮料

桑葚 30 g、枸杞子 9 g、大枣 15 枚，分别用清水洗净，放入锅内，加水大火煮沸后，加入红糖文火煎煮约 1 h 即成桑葚枸杞饮料，具有滋补肝肾的功效，可治疗头昏眼花、耳鸣、遗精、消渴、便秘等症。

将鲜熟桑葚 100 g 洗净，放铝锅内，加水适量，煮沸 1 h，加入适量冰糖溶化，制成桑葚冰糖饮料，适用于肝肾阴亏、目暗、耳鸣等症。

9. 现代果桑功能因子产品

现代果桑精深加工产品除了桑葚酒、桑葚果汁以外，还开发出了新型桑葚醋、桑葚饮料、桑葚罐头、桑葚果冻、桑葚果酱、桑葚蜜饯、桑葚饼干等，甚至还开发出了桑葚化妆品。

随着食品加工技术的快速发展，桑葚天然色素(桑果红色素)、桑葚复方制剂、桑葚花色糖苷、桑葚酵素、白藜芦醇原料及制剂等功能因子产品开发成为热点，桑葚功能产品被誉为“软黄金”，在国内市场上越来越受到消费者的欢迎。

三、果桑的盆栽

1. 盆栽前的准备

(1)培养土的配制

选用富含有机质、疏松肥沃、保水性能强的腐殖土作为盆栽土，pH 值适宜，理化性状优良。一种是选用天然的营养土，取森林中阔叶树下的腐叶土；另一种是人工配制营养土。

一种方法是选用熟化的田园土 6 份＋河沙 2 份＋腐熟的羊、马、牛粪土 1 份＋腐叶土 1 份，充分混合均匀，碾细过筛；使用前进行消毒处理，可采用蒸煮消毒、烘烤消毒、太阳暴晒等方法，也可采用化学药物消毒，常用 1.0%～2.0% 福尔马林溶液喷洒，每立方米用量为 0.5 kg，用薄膜覆 3～5 d，然后揭开薄膜摊晾 10～15 d 即可上盆。

另一种方法是就地取材，选用松针土＋腐熟木屑＋肥沃的园土＋牛、羊粪及药渣粉等原料，将原料、腐熟剂、尿素按比例混拌均匀，进行堆沤，湿度为 55%～65%，以捏挤出水为宜，堆沤期间翻堆 2～3 次，夏秋堆沤 20～25 d 即腐熟，用日光暴晒消毒灭菌，并翻动研碎过筛即可使用。

(2)容器的选择

盆栽容器可选用陶瓷盆、塑料盆、木盆、无纺布袋等。

素烧盆和木质盆最适宜栽种果桑，为增强观赏性，也可采用塑料盆。塑料盆透气性差，需在盆底铺垫 5.0 cm 厚的粗砂，沿内壁垫一层新瓦，盆口径 50 cm 以上、盆深 50～75 cm 为宜。最好选择纯陶盆，其透水、透气性强，忌选择瓷盆或内胆刷釉质的陶盆，先选择宽、深 30～33 cm 的小陶盆，以便于管理，待桑葚的根系完全扩展到盆边沿，再更换大的陶盆。

(3)品种及苗木的选择

盆栽果桑选择黑桑和白桑均可，要求丰产、稳产，果实色泽艳丽且酸甜可口，如大十、白玉王、果桑等。同时，要求苗木粗壮，根系完整，芽眼饱满，无检疫性病虫害。

2. 上盆及苗期管理

(1)上盆

上盆时期分为冬季和春季，以冬季栽植为主。苗木剪去坏死根，深穴浅栽，一盆一株；先把少量营养土装入盆底，放入苗木，根系摆布均匀，埋土至根颈，填实；营养土低于盆沿 5.0～6.0 cm，最后浇透水。

(2)肥水管理

容器栽培的营养空间有限，仅靠盆中的肥料不能满足果桑生长发育的需要，要加强肥水管理。在萌芽前施 1 次速效氮肥，每株浇肥水 1.0 kg，促使萌芽开花整齐；幼果生长期，每隔 10 d，叶面喷施 0.1%磷酸二氢钾，连续 3～4 次。

果实膨大期追施壮果肥，每盆施入氮磷钾复合肥 10～15 g，撒施、穴施均可，结合土壤墒情浇水。

桑树喜阳，要求光照充足，通风良好，水肥供给充足。桑叶大，蒸腾所消耗的水分较多，生长季应及时浇水。果实近成熟期，少浇水，减少菌核病的发生。

(3)换盆

桑树生长快，需要的营养多，每隔 2～3 年换盆 1 次。在苗木休眠期将苗木从盆中取出，在苗根上敲打土壤至脱落，剪短过长根，剪除过多的衰老根；换盆时保留 20%～40%的原盆土，装上配制腐熟好的新营养土，把果桑苗栽植于原盆或较大的盆中，边栽苗边压实土壤，最后浇透水。

3. 树形培养

盆栽果桑既要考虑其生长结果，又要使其具有观赏性。新栽苗在距离盆土面 3.0～5.0 cm 处定干，萌芽后保留 1 个嫩梢生长，疏除其他的芽枝；5 月中下旬，苗高 30～40 cm 时，保留 3～4 个健壮芽定型，培养 2～3 个侧枝，最终定型为“低干、多主枝、开心形”。

定型后，通过人工铁丝扭枝，或者揉枝、绑枝、背杆固定等方法逐步做造型，使树形美观、内外结果。生长季采用拉枝开角、摘心等措施，控制旺长，促壮主干，促发新枝。对有空间的徒长枝和竞争枝通过拉枝、扭梢、摘心、刻伤、环剥等措施的综合运用，促使花芽形成。果实采收后，剪除下垂枝、病弱枝，清理过密的竞争枝；对结果后的枝条及时夏伐，培养中、短枝结果枝组，维持盆栽果桑丰产、稳产。

第五节 主要病虫害防治

一、病害

长江流域果桑的主要病害有菌核病、桑萎缩病、桑紫蚊羽病、桑膏药病、桑

叶枯病、桑褐斑病、桑炭疽病、桑污叶病、桑疫病、桑里白粉病、桑黄白叶病、桑赤锈病、桑丝叶病、桑粗皮病等，其中发生范围较广、危害较重的主要有菌核病和桑萎缩病。

1. 菌核病

(1)症状及病原

果桑菌核病生产上又称白果病，分为肥大性菌核病、缩小性菌核病、小粒性菌核病三种类型，病原菌均属子囊菌亚门真菌。

果桑肥大性菌核病发生最普遍，发病率最高，病原菌为白杯盘菌，属子囊菌亚门，盘菌纲，蜡钉菌目，核盘菌科，杯盘菌属。果桑被害后生长异常，在逐渐增大成熟过程中失去光泽，变为灰白色或白色，花被厚而肿大，呈乳白色或灰白色，病葚膨大，中心有黑色较硬的菌核，果实破后有臭气(图 6-5)。

图 6-5　桑葚菌核病(白果)

缩小性菌核病的病原菌为白井头罩地舌菌，属蜡钉菌目，地舌菌科，核地杖菌属。果实被害后显著缩小，灰白色，病葚内形成黑色坚硬菌核，表面有暗褐色细斑；花被外生细微缩皱，散生细褐色斑点。

小粒性菌核病的病原菌为肉阜状杯盘菌，属核盘菌科，杯盘菌属。桑葚小果染病后，花被不是很肥大，病小果膨大突出，内生小粒形菌核，果实变白，容易脱落而残留果轴。

(2)发生规律

湖北地区果桑产业迅速发展，桑葚菌核病成为果桑主要病害。肥大性菌核

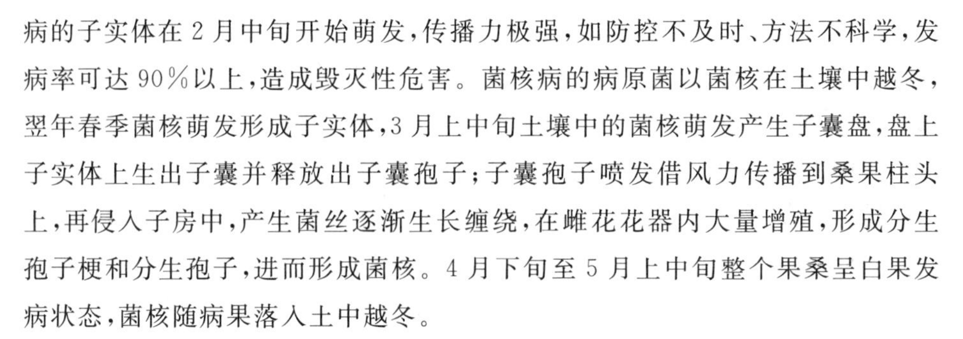

病的子实体在2月中旬开始萌发，传播力极强，如防控不及时、方法不科学，发病率可达90%以上，造成毁灭性危害。菌核病的病原菌以菌核在土壤中越冬，翌年春季菌核萌发形成子实体，3月上中旬土壤中的菌核萌发产生子囊盘，盘上子实体上生出子囊并释放出子囊孢子；子囊孢子喷发借风力传播到桑果柱头上，再侵入子房中，产生菌丝逐渐生长缠绕，在雌花花器内大量增殖，形成分生孢子梗和分生孢子，进而形成菌核。4月下旬至5月上中旬整个果桑呈白果发病状态，菌核随病果落入土中越冬。

不同类型的菌核萌发时间不一，在同一年份同一地区，肥大性菌核较小粒性菌核萌发早，小粒性菌核较缩小性菌核萌发早。不同类型的菌核子囊盘萌发数量也不一样，菌核萌发子囊盘的数量由多到少依次为肥大性菌核、小粒性菌核、缩小性菌核。菌核萌发产生子囊盘的时间在不同年份、不同地区有差异；同一地区春季气温回升快、雨水多的年份菌核萌发早。肥大性菌核病的菌核萌发、菌丝生长最适温度分别为15℃、25℃，最适相对湿度大于或等于85%，为高湿适温病害。

湖北地区2月底至3月中旬为果桑花期，病原菌初次侵染，此期阴雨天气多，田间湿度大，气温10～15℃，利于土壤中菌核萌发，产生子囊盘多，发病重；桑园密闭通风透光差，加之排水不畅，发病重。长江中下游地区为油菜生产的重要区域，桑葚菌核病与油菜菌核病形成交叉感染，增大了桑菌核病防控难度。

(3)防治方法

①农业防治

菌核病以菌核在土壤中越冬，致病菌源在土壤中逐年积累，导致危害基数增大，务必避免“头年丰产、次年减产、三年绝收”的情况出现。

早春深耕可起到深埋菌核的作用，防止子实体萌发出地面后产生子囊孢子侵害，深耕前清理残存的病果、枯枝落叶、杂草等杂物，减少园区内病原菌的存量。2月中旬以前，深耕园地15 cm以上，把地表土翻耕在下层，压制菌核子囊盘出土；在开花前全园覆盖地膜或地布，包括桑园及周边的土地，可有效阻隔子囊孢子随气流传播侵入桑花。剪除营养枝、无效果枝，疏剪部分下垂枝、内膛枝，果实生长后期对新梢进行摘心；及时摘除病葚，清除落地的病果，集中深埋或烧毁。

果桑适宜栽植在高燥、迎风、向阳且地表含水量低的缓坡地，平地栽植以透水性较强的沙壤土为宜，易积渍的低洼地不宜栽植。果桑园内不宜套种高秆作物，以降低果园内相对湿度，减少桑葚菌核病的发生。

②化学防治

适时用药，掌握好最佳用药时间是取得良好防治效果的关键。防治的重点在于防早、防少、防小，从桑芽发育、燕口期至青果期用药3～5次，主要依据菌核病发生程度、药剂持效期以及开花期的气候条件而定。一般在初花期、盛花期、谢花期各施药1次，青果期施药1～2次。果桑的雌花柱头从子房伸出，左右分开，呈牛角状，柱头变粗变白，此时为开花。第一次喷药在初花期（5%～10%的花开放），第二次在盛花期（50%以上的花开放），第三次在谢花期（85%以上的花开放，且部分花柱变黑、缩短）；青果期根据天气条件以及前期防治的效果，喷药1～2次。喷药应在晴天或阴天进行，如喷药后12 h内下雨，应补喷；喷药要均匀，逐行逐株进行，不可漏喷，枝叶花果的上下左右、树冠内外、周边杂草甚至地面土壤都要喷药周到，不留边角和死角，药液量以叶花果见药滴为度。

药剂选用70%甲基硫菌灵（甲基托布津）可湿性粉剂1000倍液，或50%多菌灵可湿性粉剂600倍液，或70%嘧菌酯水分散粒剂1200倍液，或10%苯醚甲环唑水分散剂1000倍液，或50%腐霉利可湿性粉剂900倍液，或50%速克灵可湿性粉剂1200倍液，或56%嘧菌·百菌清水乳剂800倍液，交替施用。

2. 桑萎缩病

(1)症状及病原

桑树萎缩病是由于类菌源体和病毒共同侵染引起的传染性病害，表现为黄化型、萎缩型和花叶型三种类型，其中以黄化型较多发。发病初期少数枝梢嫩叶皱缩、发黄，向反面卷曲，随病势加重腋芽萌发，侧枝细弱，叶形瘦小，节间缩短，而后逐渐由几根枝条发展到全株。夏伐后重病株新弱小枝丛生，密生猫耳状瘦小叶片逐渐枯死。

萎缩型和黄化型叶片呈黄化状，而花叶型呈黄绿相间的花叶；萎缩型叶片皱缩、裂叶变圆叶、缩小，黄化型叶片表现为缩小，而花叶型叶缘向上卷缩，叶脉有凸起；萎缩型和花叶型枝条生侧枝，侧枝较长；萎缩型根部细根腐烂，黄化型

根部色泽异常，而花叶型根部正常；在致死年限方面，萎缩型和花叶型都是逐年衰亡，而黄化型的致死年限为两三年。

(2)发生规律

此病的病原存在于树液中，可通过嫁接和虫媒两个途径传染。砧木或接穗带病原时嫁接株均会发病；昆虫媒介传染，主要是菱纹叶蝉和拟菱纹叶蝉两种媒介昆虫。

(3)防治方法

①切断传染源，加强苗木检疫，严防带病苗木流入；发现病树立即挖除焚毁，发病重的桑园全部刨除焚毁后重栽；新建桑园苗木宜选用抗病品种，或选用无病毒苗木。

②加强桑园管理，注重养用结合，合理施用有机肥及复合肥，避免偏施氮肥；夏伐应及时、合理，增强树势，提高树体的抗病能力。

③加强媒介昆虫的防治，切断传播途径。选 90%敌百虫晶体 2000 倍液，或 80%敌敌畏乳油 1000 倍液进行喷雾，杀灭凹缘菱纹叶蝉、拟菱纹叶蝉等媒介害虫。

④对于黄化型和萎缩型的桑树萎缩病用土霉素进行防治，轻病桑树用每毫升 2500 国际单位的土霉素药液浸渍根部，或在根茎部打孔注入；黄化型萎缩病在春季或夏伐后桑芽萌发刚显症状时，用 100 mg/kg 硫脲嘧啶喷雾 1～2 次，每次间隔 10 d。

二、虫害

长江流域果桑的主要虫害有桑螟、桑葚瘿蚊、桑天牛、桑蓟马、桑象虫、桑尺镬、桑毛虫、野蚕、桑叶蝉、桑瘿蚊、朱砂叶螨、灰蜗牛、金龟子类等，其中广泛发生为害的有桑螟、桑葚瘿蚊以及桑天牛。

1. 桑螟

桑螟[*Diaphania pyloalis*(Walker)]属鳞翅目螟蛾科，生产上又称卷叶虫。桑螟的为害呈现出加重的态势，已经成为江浙、湘鄂赣、川渝等地的主要害虫之一。

(1)为害特点

低龄幼虫在叶背叶脉分叉处取食,3 龄幼虫吐丝缀成卷叶,或两张叶片重叠,在内取食下表皮及叶肉,仅留叶脉及上表皮,形成黄褐色透明薄膜,以第 3 代至第 5 代虫为害最重,尤其是第 3 至 4 代,其繁殖速度快,难以彻底防治,虫口逐代、逐年积累,一旦环境条件适宜,易形成大规模暴发性虫灾。

(2)发生规律

桑螟在长江流域一年发生 4～6 代,世代重叠。以最后一代老熟幼虫在树皮裂隙、孔洞中吐丝结薄茧越冬,不老熟幼虫越冬大多死亡,翌年随着气温的上升,越冬幼虫陆续化蛹、羽化、交配产卵,湖北地区各龄幼虫为害盛期为第 1 代幼虫 4 月底至 5 月上旬,第 2 代幼虫 6 月中旬,第 3 代幼虫 7 月中旬,第 4 代幼虫 8 月中旬,第 5、6 代幼虫 9 月中下旬以后。成虫历期 5～6 d,卵期 5～6 d,幼虫历期 16～18 d,蛹期 8～14 d,越冬代幼虫历期约 250 d。

成虫以早晨 5:00～9:00 羽化飞出最多,白天隐蔽杂草或桑丛中,夜间飞舞,具有趋光性。成虫产卵在梢顶嫩叶背面较多,幼虫多在梢顶取食嫩叶叶肉,以后虫体随之增长吐丝重叠叶片,藏在其中取食,叶肉吃光转移为害。非越冬代幼虫老熟,多在叶背卷叠叶片中化蛹。

桑螟的发生受湿度因子影响大,相对湿度 70%～80%时孵化率最高,多雨环境中存活率降低,遇干旱高温时加重为害。粗放管理的果桑园,冬季清园不彻底,杂草落叶多,土壤未深翻,没有清理树缝、树洞等的越冬场所,导致虫口基数高,易暴发成灾。

(3)防治方法

①农业防治

加强桑园管理,清除桑园枯枝落叶及杂草,做到地内无落叶;桑螟三龄期后卷叶为害,人工摘除卷叶,集中堆沤、清除化蛹幼虫;冬季翻耕,消灭表层越冬幼虫,减少虫源越冬基数。

②物理防治

每 30 亩果桑园安装频振式杀虫灯 1 台,夜间开灯,有效诱杀越冬桑螟成虫,减少第 1 代虫口发生基数。

③生物防治

每亩安装1个诱捕器+性诱剂诱芯，诱捕器下沿略高于桑树顶端20 cm，保持直立状态；安装诱芯的诱捕器应密封严，防止入笼成虫逃逸。保护和利用桑螟绒茧蜂、寄生蜂、草蛉、步行虫、胡蜂等天敌，控制虫口基数。

④化学防治

桑螟成龄以后会吐丝把叶片粘连成叶苞，增加防治难度。桑螟孵化到卷叶期的4～5 d是化学防治的最佳时期，此期幼虫抗性差且对药剂敏感，用药效果最好。选用7.5%敌敌畏乳油1000倍液、4.5%高效氯氰菊酯乳油2000倍液、20%灭扫利或者2.5%功夫乳油3000倍液，每隔15 d喷药1次，连续1～2次。

2. 桑葚瘿蚊

桑葚瘿蚊（*Contarinia* sp.）属双翅目长角亚目瘿蚊科害虫，又称桑吸浆虫、桑葚浆瘿蚊，全国各果桑产区普遍发生，是果桑生产的主要害虫。

(1)为害特点

桑葚瘿蚊主要为害果实，为害严重时果实被害率达90%以上，甚至导致绝收。成虫在桑雌花上产卵，幼虫于小果中吸取汁液，被害幼果褪绿发红，最后变黑红并干瘪，果实颜色不均而畸形；每个幼果中幼虫可达3头以上，幼果汁液被吸干停止生长后，幼虫则转移至果轴部位为害，果实失水萎蔫，发黑腐烂。

卵长椭圆形，无色透明，表面光滑柔软，具卵柄。幼虫半头式蛆状，初孵幼虫体小如针尖，无色透明，蛀入幼果后逐渐变为橘黄色，最后为橘红色老熟幼虫。幼虫老熟后弹跳入土结成近似圆形、扁平、中凹的土色囊包，称为“圆茧”，幼虫卷伏其中。离蛹在长茧内，初为橘红色，渐变为红褐色，复眼、翅芽、触角、胸足在羽化前会变为黑褐色。成虫形态似蚊，全身布满黑色细毛，雄比雌小。

(2)发生规律

在长江流域一年发生1代，以老熟幼虫结成囊包体在表层土壤3～10 cm处越夏越冬。成虫发生期与桑树开花期一致。卵期经过6～7 d，幼虫期6～10 d，囊幼虫7 d，蛹期7～10 d，成虫期3～4 d。雌雄成虫于16:00—18:00交配，交配后雌成虫产卵于桑果中；卵逐渐孵化为幼虫，老熟幼虫弹跳入土，在土中形成休眠体（囊包幼虫）越夏越冬，翌年春季又转化为蛹，蛹羽化为成虫。

桑葚瘿蚊每年发生时间和发生量受温度、降水量等气候因素影响很大，不同地区，或同一地区不同年份发生时间差异较大。

(3)防治方法

①初冬清园深翻、夏秋中耕除草，通过干、晒、冻等逆境，控制瘿蚊虫口基数；桑园用黑色地膜覆盖，防止成虫羽化出土和老熟幼虫弹跳入土化蛹，阻断其生活史发育进程。

②雄性成虫对雌性成虫性外激素反应极为灵敏，用96%的酒精提取雌性成虫(未交尾)性外激素置于田间，在每日上午7:00—8:00成虫羽化高峰期进行诱杀。使用粘虫板诱杀，在树冠中上部空旷处悬挂粘虫板，高度约1.5 m，距离约2.0 m，大量诱杀羽化成虫。

③由于桑葚瘿蚊老熟幼虫、囊包幼虫、蛹均在土壤中，在地面撒施5%喹硫磷颗粒剂、1.5%辛硫磷颗粒剂，或者使用14%乐斯本粒剂25～30 kg拌细土350 kg，均匀撒于地面，下雨前施用或者施药后浅耕效果更好。

④幼果生长期，选用22.4%螺虫乙酯悬浮剂2000倍液、20%吡虫啉可湿性粉剂5000倍液、50%敌敌畏乳油1200倍液，重点喷雾果桑。

3. 桑天牛

桑天牛(*Apriona germari* Hope)属鞘翅目天牛科沟胫天牛亚科害虫，又称褐天牛、粒肩天牛、大羊角、蛀心虫，全国各果桑产区均有分布。

(1)为害特点

桑天牛为完全变态发育昆虫，有卵、幼虫、蛹、成虫四个发育时期，主要为害桑树的虫期是幼虫期和成虫期。幼虫孵化后，先在树体上向上蛀食约1.0 cm，即掉头沿枝干木质部向下蛀食，继之蛀入根部，幼虫的蛀食导致木质部和木髓遭到破坏，使桑树生长衰弱，甚至全枝枯死。幼虫蛀食所成隧道内无粪屑，其每隔一定距离向外蛀一通气孔，排出棕褐色末状粪便和木屑，隧道较长者可深达根部，幼虫均位于最下排粪孔的下方且头朝下。

成虫体型较大，长3.5～4.5 cm，体和鞘翅呈黑色，密被黄褐色短毛，上额黑褐色锐利，触角后披，末端卷曲；常栖息于枝干上啃食嫩枝皮层，若皮层被啃成环状，枝即枯死。成虫在新梢基部产卵，产卵时用上颚咬破枝条皮层和木质部，

使枝条易被风吹折。

(2)发生规律

长江流域 2～3 年发生 1 代，以幼虫在枝干内越冬。树体萌动后幼虫开始为害，落叶时休眠越冬。成虫出现在 6 月中旬至 8 月中旬，7 月上旬雨后最多。成虫啃食枝条表皮、叶片和嫩芽，多在傍晚和早晨产卵，卵主要产在粗度 2.0 cm 以上的枝条表面，产卵前先将皮层咬成“U”“川”字形伤口，然后产单粒卵于其中，每头雌虫一生可产卵 100 多粒。

卵期 10～14 d，幼虫老熟后沿蛀道上移，越过 1～3 个排泄孔，咬出羽化孔的雏形，然后回到蛀道内做蛹室化蛹。蛹室长 4.0～5.0 cm、宽 2.0～2.5 cm，蛹期 15～25 d，羽化后于蛹室内停 5～7 d 后咬孔钻出。成虫飞翔能力较强，有趋光性和假死性，振动枝干即受惊落地。

(3)防治方法

①人工捕杀

成虫羽化后，在树冠补充营养、交尾和产卵，每天清晨和傍晚人工捕杀成虫；寻找成虫产卵后的“U”形刻槽，通过打击、剥离等方式，杀灭其中的卵；生长期用铁丝钩杀幼虫，休眠期剪除幼虫为害的枝条，消灭其内部的幼虫。

②药剂防治

对蛀入主干或根部的幼虫，用镊子将有新鲜虫粪排出的排粪孔清理干净，塞入磷化铝片剂或磷化锌毒签，或用注射器向孔内注射 80%敌敌畏乳油 10 倍液、50%辛硫磷乳油 50 倍液，然后用粘泥封堵其他排粪孔，熏杀蛀道内的幼虫。

成虫羽化前，树冠内喷施 2.5%溴氰菊酯触破式微胶囊，或进行枝干涂白(涂白剂为硫黄 1 份、石灰 10 份、水 40 份、食盐和动物油各 0.2 份)，以减少成虫产卵并杀灭产卵刻槽的卵粒。

成虫发生高峰期，也即产卵高峰期，于 7 月上中旬结合防治尺蠖类、刺蛾类害虫，喷施 48%毒死蜱乳油 5000 倍液，或 2.5%高效氯氰菊酯乳油 2000 倍液。

第七章　梨

第一节 概论

一、梨的经济意义及在湖北地区的发展潜力

1. 梨的经济意义

梨，古称为宗果、快果、蜜父等，具有独特的营养价值，其根、皮、枝、叶及果实、果皮都可用来入药。梨果实富含维生素 A、B、C、D、E 和微量元素碘，含水量多，含糖高，其中主要是果糖、葡萄糖、蔗糖等可溶性糖，并含多种有机酸，故味甜，汁多爽口，香甜宜人，食后满口清凉，既有营养，又解热症，可止咳生津、清心润喉、降火解暑，是夏秋热病之清凉果品，又可润肺、止咳、化痰。中医认为梨性寒、味甘、微酸，入肺、胃经，有生吞津、润燥、消痰、止咳、降火、清心等功用，可用于热病津伤、消渴、热痰咳嗽、便秘等症的治疗。《罗氏会约医镜》记载梨"外可散风，内可涤烦。生用，清六腑之热，熟食，滋五脏之阴"。《本草纲目》记有"肖梨有治风热、润肺凉心、消痰降炎、解毒之功也"。

梨文化的传承是一个连续不断的发展过程，具有空间上的统一性、时间上的连续性。这一发展过程中人类是主体，梨是客体，梨文化的形成是二者相互作用的结果，它既是一种社会现象，是人们长期创造形成的产物，同时又是一种历史现象，是社会历史的积淀。梨在我国有着 3000 多年的栽培历史，梨的文化史承载于史书、典籍的记录中，梨文化源远流长，在以农业经济占主导地位的中国古代社会，梨的发展主要以作为贡品、日常食用以及部分用作交易的形式参与到社会发展的历程中。《史记・货殖列传》中记载"安邑千树枣，燕秦千树栗，蜀汉江陵千树橘，淮北常山以南、河济之间千树梨……此其人皆与千户侯等"。唐朝宰相魏征为治疗母亲的哮喘病研制出了梨糖膏。宋代诗赞曰："名果出西州，霜前竞以收。老嫌冰熨齿，渴爱蜜过喉。色向瑶盘发，甘应蚁酒投。仙桃无

此比，不畏小儿偷”。因此，梨产业在不同历史时期的发展，也是梨自身物质文化和精神文化价值的凝聚，丰富了梨的发展历史，从而使梨的物质文化与精神文化代代传承。

我国的民间俗语、俚语、歇后语中也有许多关于梨的记述，如歇后语“生铁梨头——宁折不弯”“山头上的花梨树——蔸硬(头硬)”“沙梨打癞蛤蟆——一对疙瘩货”“桑树上摘梨——错盯了叶子”“青皮梨——好觑不好吃”“卖梨膏的住楼——熬上去了”“卖梨膏的盖楼——得几年熬的”“落地的山梨——熟透了”“六月的梨疙瘩——有点酸”“梨树底下摸帽子——惹人怀疑”“瓜田不纳履、梨下不正冠——避人嫌疑”“哀梨蒸食——可惜了好东西”“黄连树上结糖梨——甜果都从苦根来”“茶壶里煮冻梨——倒出来也是酸货”等，俗语和俚语有“男怕柿子女怕梨，母猪最怕西瓜皮”“七月核桃八月梨，九月枣儿甜蜜蜜”“立秋胡桃白露梨，寒露柿子红了皮”“桃三杏四梨五年，枣树当年就还钱”“莲子心中苦，梨儿腹中酸”等。

2. 梨在湖北地区的发展潜力

(1)砂梨生产历史悠久

湖北省地处长江中游，位于汉水流域及长江沙洲砂梨优势产业区。我国长江流域砂梨栽培历史悠久，但是相比较而言，早期南方物产见于文献的较少，不过从汉代开始，关于梨的记载逐渐多起来，至迟从晋代开始，长江流域产的优质梨也开始见诸史籍。南朝宋时期《永嘉郡记》记载青田村产一种质量上乘供上贡的“御梨”。南北朝时期《荆州土地记》记有“江陵有名梨”，说明湖北江陵地区生产品质优良的梨。

湖北省枝江市百里洲镇位于长江中游荆江首端，是万里长江上最大的江心洲，北依长江与枝江城区隔江相望，南靠松滋河与松滋市相邻。百里洲镇生产水果的历史悠久，《湖北通志志余》记载“百里洲其上，平广土沃……王果、甘奈、梨于此是出”。百里洲镇砂梨品种主要有丰水梨、圆黄梨、黄金梨、翠冠梨、黄花梨、金水梨等，果实富含果糖、葡萄糖、苹果酸，并含脂肪、蛋白质、钙、磷、铁、维生素、胡萝卜素、烟酸等营养物质，个大、肉脆、汁多、味甜。1999年，百里洲砂梨被认定为中国国际农业博览会湖北名牌产品，中国“星火计划”名优产品。2010

年，在原国家工商总局成功注册“百里洲砂梨”地理标志商标；2012 年“百里洲砂梨”获得原农业部“地理标志农产品”称号；2014 年 10 月 11 日，原国家质检总局批准对“百里洲砂梨”实施地理标志产品保护。

(2)砂梨产业呈现出逐步增大的态势

湖北省是砂梨生产大省。砂梨产业的发展曾经为全省农村产业结构调整、农业增产、农民增收发挥了重要作用。随着我国人民水果消费层次的提高、消费观念的改变和国内外果品市场供求关系的变化，砂梨产业的发展已经由单纯的数量、规模扩张时期进入到优化结构、提高质量和效益的调整时期，面临着转型期的阵痛。湖北砂梨产业通过换品种、调结构、改模式，从而提品质、增效益，生产规模呈现出稳中有升的态势，梨产量自 2005 年以后保持稳定，年产量均在 40 万 t 左右，湖北省砂梨种植面积维持在 40 万亩的水平，呈现出稳中有升的态势。从 1995 年开始，湖北砂梨单位面积产量呈现出增加的态势，至 2015 年达到最高值——每亩 1178.17 kg。同时，砂梨每亩产量均保持在 1000 kg 以上，表明此时期随着品种改良及栽培技术水平的逐步提高，全省砂梨的生产技术水平有所提高。

砂梨产业在湖北地区的地域分布特点为全省遍布，相对集中在汉江流域及长江沿岸沙洲地区，分布在汉江流域(鄂北地区)的老河口市、枣阳市、襄州区等地，长江沙洲沿岸(鄂中地区)的钟祥市、京山市、枝江市、潜江市等地。一些新兴的梨产区由于生态气候条件独特、起点高，砂梨产业呈现出快速发展的态势，产业规模较大，如利川市、咸丰县、建始县等地。随着乡村产业振兴工作的深入，鄂西地区的砂梨产业规模逐年增大，产业效益较高。

二、栽培历史及产业现状

1. 我国梨的栽培历史

我国梨的栽培历史悠久，在以采集、渔猎经济为主的原始社会，树木的果实已是人类赖以生存的食物来源之一。新石器时代遗址中就有果实、果核出土。梨的栽培在原始农业诞生之初，经历了对野生梨进行驯化、培育和选择的过程。据史

料记载，黄河流域地区梨的人工栽培历史有3000多年。《诗经·召南·甘棠》记载“蔽芾甘棠，勿剪勿伐，召伯所茇”，在陕西省岐山县发现保存完好的“召伯甘棠”石碑，说明棠梨树确实为召伯所植。《诗经·秦风·晨风》载有“隰有树檖”，“树檖”在《尔雅·释木》中释为“萝”，《毛诗草木鸟兽虫鱼疏》载有“檖，一名赤萝，一名山梨，今人谓之杨檖。其实如梨但实甘小异耳。一名鹿梨，一名鼠梨。齐郡广饶县尧山、鲁国河内共北山中有今人亦种之，极有脆美者，亦如梨之美者”。

春秋战国时期，在黄河流域地区，梨已为广受欢迎的水果，《逸周书》记有“秋食楂梨橘柚”，《礼记·内则》有“……枧、枣、栗、榛、柿、瓜、桃、李、梅、杏、楂、梨、姜、桂”，《庄子·天运》有“其犹柤梨橘柚，其味相反而皆可于口”。至汉代，梨已经成为黄河流域及华北平原重要的经济林产业之一。《汉书·东方朔传》载“有粳稻梨栗桑麻竹箭之饶”，《三辅黄图》有“云阳车箱坂下有梨园一顷，梨树数百株”，《汉书·货殖传》记有“淮北、荥南、河济之间千树梨，其人与千户侯等”，有上千棵梨树与当时的千户侯相提并论，可见当时梨树的种植规模和产量之高。《广志》记载“洛阳北邙，张公夏梨，海内唯有一树。常山真定，山阳巨野，梁国睢阳，齐国临淄，巨鹿，并出梨。上党楟梨小而加甘。广都梨(又云:巨鹿豪梨)重六斤，数人分食之。新丰箭谷梨。弘农、京兆、右扶风郡界诸谷中梨，多供御。阳城秋梨、夏梨”，记述关中平原盛产品质优良的梨果，并作为御用果品，由此可见秦汉时期梨树已经大量种植，形成一定的产业规模。

西汉时期长江流域已开始栽培梨树，《子虚赋》记载楚地“楂梨梬栗，橘柚芬芳”。长沙的中山靖王很喜欢梨，将梨作为墓葬的随葬品。淮南王主持编写的《淮南子》记载“佳人不同体，美人不同面，而皆说(悦)于目；梨、橘、枣、栗不同味，而皆调于口”。1972年在湖南长沙马王堆汉墓中，发掘出了距今有2100多年的梨核及一些关于梨的竹简史料。《山海经》《湖北荆州土地志》也有“江陵有名梨”的记载。

随着我国考古工作的不断推进，在新疆吐鲁番地区发掘出公元557年的唐代墓葬，发现了梨干遗物以及梨的竹简史料，证明新疆也是梨树的原产地之一。《云南记》中记载云南等地有梨、桃、杏等水果。《三山志》中有福建栽培梨树和各种梨树品种的记载，南宋王安石《送李宣叔倅漳州》中，也有“焦黄荔子丹，又胜楂梨酢”，表明梨果在福建很早就有栽培，并受到广大人民的欢迎。

2. 梨产业现状

2021 年,中国梨总产量为 1600 万 t,出口量为 55 万 t,进口量保持在 1.1 万 t。欧盟梨总产量为 230 万 t,其中产量最高的意大利进口量为17 万 t,出口量为 30.5 万 t。南美洲阿根廷梨总产量达到 61 万 t,出口量为 32 万 t;智利梨总产量为 21.3 万 t,出口量为 11 万 t。南非梨总产量为 41 万 t,出口量为 22 万 t。俄罗斯梨总产量为 24.7 万 t,进口量保持在 19.5 万 t 的水平。

我国是世界上栽培梨的起源中心,也是梨的重要原产地和生产大国。据 FAO 统计,2018 年中国梨栽培面积占世界梨栽培总面积的 67.85%;梨产量占世界梨总产量的 68.24%。自 1989 年以来,世界梨栽培面积(不含中国)总体呈下降趋势,产量小幅波动但基本稳定在 750 万 t。

我国梨的种植范围较广,在长期的自然选择和生产发展过程中,逐渐形成了四大产区,即环渤海(辽、冀、京、津、鲁)秋子梨、白梨产区,西部地区(新、甘、陕、滇)白梨产区,黄河故道(豫、皖、苏)白梨、砂梨产区,长江流域(川、渝、鄂、浙)砂梨产区。

我国北方梨产区(长江以北 17 个省、自治区、直辖市)主要栽培品种有酥梨、黄冠、雪花、库尔勒香、鸭梨、新高、红香酥、南果等,其次是早酥、秋白、苹果梨、锦丰、花盖、茌梨、丰水、圆黄、中梨 1 号、大果水晶、玉露香、新梨 7 号、长把、尖把、冬果、五九香等,近期秋月、玉露香、红香酥、苏翠 1 号、翠玉等新品种在北方梨产区发展势头较好。南方梨产区(长江及其以南 12 个省、自治区、直辖市)主要品种为翠冠、黄花、湘南、金秋、金花、黄金、圆黄、鄂梨 2 号、苍溪雪梨等,主要市场定位是早熟、优质、鲜食。

三、市场前景及发展趋势

1. 市场前景

(1)市场消费潜力

我国城乡居民的生活方式和消费结构正在发生新的重大阶段性变化,对农

产品加工产品的消费需求快速扩张，对食品、农产品质量安全和品牌农产品消费的重视程度明显提高，市场细分、市场分层对农业发展的影响不断深化；农产品消费日益呈现功能化、多样化、便捷化的趋势，个性化、体验化、高端化日益成为农产品消费需求增长的重点；对新型流通配送、食物供给社会化、休闲农业和乡村旅游等服务消费不断扩大，均为推进农产品加工业和产业融合创造了巨大的发展空间。

2018 年，我国梨人均占有量为 11.5 kg，约是世界梨人均占有量 3.0 kg 的 3.8 倍。市场供给的梨品种和数量都很丰富，呈现出供大于求的态势，导致部分地区出现季节性、结构性的卖梨难问题，部分传统大宗品种低价滞销情况突出，严重打击了梨农的生产积极性。2017—2019 年主要梨品种批发价格受气候原因导致减产的影响，2018 年我国香梨、酥梨、鸭梨、雪花梨等主要品种批发价格较 2017 年大幅上涨，价格高低与增减的变化完全取决于供求关系，从价格的涨幅可以看出减产的幅度。

(2)我国梨出口市场

梨是我国第三大出口水果，出口量位列苹果、柑橘之后。我国也是世界上鲜梨出口量最多的国家，2019 年鲜梨出口 47.02 万 t，占世界鲜梨出口贸易量的 27.7%，占我国水果出口总量的 13.0%，仅占我国梨产量的 2.76%。鲜梨出口量比 2018 年减少 4.2%，但是集中度进一步提高，出口额和出口价格呈现出上升的态势，出口额达 5.73 亿美元，同比增长 8.1%，占我国水果出口总额的 10.4%。2019 年，我国对俄罗斯、美国、菲律宾、马来西亚等国的鲜梨出口量减少较大，但是对越南、吉尔吉斯斯坦、尼泊尔等国的出口量增加较大。

据海关统计，2019 年，我国鲜梨出口国家和地区达到 64 个，较 2018 年增加 2 个，其中包括我国香港地区以及 33 个亚洲国家、14 个欧洲国家、8 个美洲国家、5 个非洲国家、3 个大洋洲国家。出口量达万吨及以上的国家和地区有 7 个，分别为印度尼西亚、越南、泰国、马来西亚、菲律宾、缅甸以及中国香港，亚洲尤其是东南亚地区仍然是我国鲜梨传统消费区，出口数量最多，其次是北美和欧洲地区。2019 年，出口量排列前 15 的国家和地区中，亚洲国家和地区占 11 个，其中印度尼西亚、越南、泰国、马来西亚等国家和地区梨进口量占我国梨出口总量的 77.1%，进口数额占我国梨出口总额的 78.1%。

从我国梨出口价格看,呈现出上升的态势。2019年我国梨出口平均价格为1218.6美元/t,同比上升12.9%,其中文莱、越南、缅甸、委内瑞拉、柬埔寨、美国、吉尔吉斯斯坦、泰国、澳大利亚以及中国香港等国家和地区出口价格在前10位。

2. 发展趋势

我国是世界第一产梨大国,也是梨生产强国,中国梨在世界梨产业发展中有举足轻重的位置,梨是我国仅次于苹果、柑橘的第三大水果。2022年我国梨产量为1926.53万t,同比增加2.06%;梨园面积91.50万hm^2,同比下降0.07%。我国梨生产分布广,除海南省、港澳地区外,其余各省自治区、直辖市均有种植。

我国梨产业发展大体分为三个阶段。第一阶段:中华人民共和国成立后至改革开放前为起步发展阶段,梨树种植面积、梨产量由1952年的150万亩(1亩≈667 m^2)、40万t发展到1978年的460多万亩、160多万t,梨单产由每亩267 kg提高到351 kg。第二阶段:1979—2000年为快速发展阶段,梨树种植面积突破1500万亩,梨产量突破850万t,分别比1979年增长了2.2倍和4.5倍,单产由1979年的每亩320 kg提高到2000年的553 kg。第三阶段:2001年至今进入稳定发展阶段,梨树种植面积增长速度减缓,2018年为1415万亩,产量大幅度增长,达到1620万t,梨单产由2000年的每亩553 kg提高到2018年的每亩1145 kg。

我国梨产业发展的前两个阶段基本是以扩大面积提高总产为主的外延式扩张,生产经营管理方式比较粗放;第三阶段开始走向以提高单产、优化区域布局为主的内涵式发展之路,果品质量明显提高。总体上说,我国梨产业现正处于由粗放经营向集约经营转变的过程中,但地区间发展不平衡,差异较大。2018年,从各省、自治区、直辖市梨产量看,河北梨产量为329.7万t,占全国产量的20.5%,其次为辽宁、河南、安徽、新疆、山东、陕西等地,年产量在100万~130万t之间,四川、江苏、山西、云南等地年产量在50万~99万t之间,上述11个省、自治区、直辖市占全国产量的81.2%。长江以北17个省、自治区、直辖市(冀、鲁、辽、京、津、吉、黑、内蒙古、晋、陕、新、甘、宁、青、皖、苏、豫)梨产量为1206.2万t,占全国产量的3/4,长江及其以南12个省、自治区、直辖市(川、滇、桂、浙、鄂、黔、渝、

湘、闽、赣、粤、沪)产量占全国的1/4,是我国重要的早熟梨生产区。

湖北梨产业主要集中在江汉平原地区的钟祥市、京山市、老河口市等地,另外,湖北省西部地区的宣恩县、利川市也有规模化栽培。产业的高度集中相比零散的分布具有明显的优势,第一能够有效降低产业链各环节的成本,比如,可以大大降低企业收购原料鲜果的运输费用、储藏费用等生产成本,从而提高企业的收益率。第二有利于保持整个梨产业的领先优势,无论是对于梨的种植还是加工,产业的高度集中都可以加强各要素之间的协作和竞争,从而使之保持领先的优势,更能焕发出更大的活力,当然也更加有利于各个组成部分形成自己的核心能力。第三有利于营销优势的形成,如同零售商业的扎堆效应,便于集聚人气。产业聚集化程度高的优势,使湖北省梨产业继续向好发展,并为一、二、三产业融合发展奠定了基础。在新时代乡村振兴背景下,依托现有的梨栽培体系,把文化价值融入果业生产,结合乡村旅游的开发,对促进湖北省砂梨产业的多功能融合和产业结构优化具有实践意义。

第二节　主要栽培品种

一、早熟品种

1. 金水2号

(1)品种来源

湖北省农业科学院果树茶叶研究所选育而成,亲本为长十郎×江岛。1978年金水2号获全国科技大会奖及湖北省科技大会奖,多次被评为“全国优质早熟梨”。

(2)品种特征特性

果实近圆形,果形指数0.95,平均单果重225 g,最大单果重517 g。果形整齐一致,萼洼中等、深广,萼片脱落,梗洼浅狭,近果柄处有似鸭梨状的瘤状凸起，被誉为“南方鸭梨”。果皮黄绿色，果面极平滑洁净，有蜡质光泽，果点浅、小而稀，外观漂亮。果肉乳白色，肉质细嫩、酥脆，果肉去皮硬度 6.20 kg/cm^2，石细胞极少，汁液特多，可溶性固形物含量 12.1%，可滴定酸含量 0.19%，味酸甜，微香，储藏后香气更浓，品质上，果心小。

树姿较直立，树势强旺，生长势强，15 年生树高 3.6 m，干周 32 cm，冠径 2.45 m。新梢粗壮、直立，平均长 82 cm。萌发率为 60.84%，成枝率中等，平均延长枝剪口下抽生枝 2.07 个。以短果枝结果为主，短果枝占总结果枝的 75%，中果枝占 20%，长果枝占 5%。花序坐果率为 95.7%，果台连续结果能力强，平均每果台坐果 3.44 个。在武汉地区，叶芽萌动期为 2 月下旬，花芽萌动期为 3 月中旬，初花期为 3 月中下旬，盛花期为 3 月下旬。新梢在 5 月底停止生长，果实成熟期为 7 月下旬。有采前落果现象。

抗逆性和抗病虫性较强，适应性广，对需冷量要求低，在广西桂林、福建建宁、江西鹰潭和上饶、浙江海宁和江苏南京以及安徽合肥生长结实正常。对黑斑病、黑星病抗性强，较抗轮纹病。抗旱性、耐渍性较强。对土壤条件要求较高，适于土层肥沃深厚、透气性良好的沙壤土及壤土，土壤贫瘠、干旱时，易采前落果。

(3)栽培技术要点

①授粉品种为鄂梨 2 号、华梨 2 号、翠冠，配置比例为(3.0～4.0)∶1。

②金水 2 号坐果率高，务必疏果，定果后每果台留单果，定果后叶果比 25∶1，树冠内每 20 cm 间距留 1 个果。

③果实进行二次套袋栽培，谢花后 15 d 内套小蜡袋，30 d 后直接在小蜡袋上套大袋，带袋采收。

④主要树形为细长纺锤形、小冠疏层形、双层形，金水 2 号生长势强，幼树要注意开张主枝角度，以轻剪甩放为主。

⑤注意分批采收，否则容易发生采前落果。果实成熟一批采收一批，过熟则会导致夜蛾为害。

2. 鄂梨 2 号

(1)品种来源

湖北省农业科学院果树茶叶研究所选育而成，亲本为中香×(伏梨×启发)。鄂梨 2 号获湖北省科技进步奖二等奖，多次被评为“全国优质早熟梨”，并

获得“最佳风味奖”。

(2)品种特征特性

果实倒卵圆形，果形指数 1.01。平均单果重 242 g，最大单果重 507 g。果形整齐一致，果皮绿色，近成熟时黄绿色，皮薄，具蜡质光泽，果点中大、中多、分布浅，外观美。果肉洁白，肉质细嫩、松脆，果肉去皮硬度 5.78 kg/cm^2，汁特多，石细胞极少，可溶性固形物含量 12.6%，可滴定酸含量 0.18%，味甜，微香，品质上，果心极小，果实心室数 5。

树姿半开张，树冠圆锥形，主干灰褐色，一年生新梢绿褐色，平均长 69 cm，粗 0.78 cm，节间长 3.45 cm。幼叶初展呈橙红色，成熟后墨绿色，狭椭圆形，叶片长 11.53 cm、宽 6.61 cm，叶柄长 2.55 cm、粗 0.21 cm。平均每花序 5.5 朵花，花瓣 5 枚，花蕾粉红色，花冠白色，直径为 3.62 cm。

株形为普通型，生长势中庸偏旺。萌芽率为 79.46%，成枝力 3.1 个。自花不结实，平均每果台坐果 1.8 个，果台连续坐果率为 12.77%。早果性好、丰产，盛果期每亩产量可达 2500 kg 以上。

武汉地区叶芽萌动期为 2 月底至 3 月初，落叶期为 11 月下旬，营养生长期约 275 d。花芽萌动期为 2 月下旬，初花期为 3 月中旬，盛花期为 3 月下旬，终花期为 3 月底至 4 月初，果实成熟期为 7 月中下旬，果实发育天数为 106 d。

该品种高抗黑星病、黑斑病，保叶能力强，不容易返青返花，对轮纹病、梨锈病的抗性同金水 2 号；对需冷量要求低，在广西桂林地区、南宁地区生长结实正常。

(3)栽培技术要点

①授粉品种为金水 2 号、翠冠、早美酥，配置比例为(3～4)∶1。

②合理负载，定果后每果台留单果，疏去短果、畸形果、病虫果、小果及短果柄果。定果后叶果比 25∶1，树冠内每 20 cm 间距留 1 个果。

③果实进行二次套袋栽培，谢花后 15 d 内套小蜡袋，30 d 后直接在小蜡袋上套大袋，带袋采收。

④主要树形为细长纺锤形、小冠疏层形及倒伞形，平棚架栽培(二主枝棚架、多主枝棚架、漏斗式架下结果棚架等)，坐果率高、产量高、品质优。长江中游及以南地区注意控制营养生长，促进花芽分化。4 月中下旬注意抹芽、抹梢，

抹除剪口附近、背上直立的芽梢。幼旺树注意轻剪长放拉枝，结果后回缩更新。

3. 玉香

(1)品种来源

湖北省农业科学院果树茶叶研究所选育而成，亲本为伏梨×金水酥。玉香获湖北省科技进步奖一等奖，生产上该品种的商品也被称为“丑梨”。

(2)品种特征特性

果实近圆形，果形指数 1.01。平均单果重 246 g，最大单果重 420 g。果皮暗绿色，果点少、浅，果面平滑。果形整齐一致，果柄长 3.59 cm、粗 0.28 cm，梗洼浅、中广，部分果实萼片脱落，萼洼浅、中广。果肉洁白，质细嫩、松脆，果肉去皮硬度 6.22 kg/cm^2，石细胞少，可溶性固形物含量 12.2%，可滴定酸含量 0.17%，味浓甜，品质上。果心中大，不耐储藏。

树姿开张，树冠阔圆锥形。主干灰褐色，表面光滑。一年生枝呈暗褐色，长 94.50 cm，粗 3.5 cm，节间长 3.80 cm，皮孔中大、中密。叶片广椭圆形，老叶绿色，长 9.12 cm、宽 6.85 cm，叶柄长度 4.7 cm，叶缘细锯齿、具刺芒，叶端凸尖或尾尖，叶基圆形；幼叶粉红色，有茸毛。叶芽小，三角形，离生；花芽小，椭圆形，鳞片褐色。每花序 5～8 朵花，花冠白色，花冠直径 3.21 cm，花瓣 5～8 枚，雌蕊 5～6 个，雄蕊 24～29 个。果实心室数 5，每果种子数 6～8 粒。种子黄褐色，长 0.66 cm、宽 0.32 cm，卵形。

生长势中庸。萌芽率为 76.47%，成枝力低，平均 2.0 个。平均每果台坐果 2.0 个，每果台发副梢 1～2 个，果台连续坐果率为 12.75%。以短果枝结果为主，总结果枝中长果枝比例为 9.27%，中果枝比例为 11.40%，短果枝比例为 79.33%。

武汉地区叶芽萌动期在 3 月上中旬，展叶期为 3 月下旬到 4 月初，落叶期为 10 月中旬。花芽萌动期为 3 月上旬，盛花期为 3 月下旬，果实成熟期为 7 月中下旬，果实发育期 107 d，营养生长期约 200 d。

该品种高抗黑星病、白粉病，抗黑斑病、褐斑病、轮纹病，没有特殊病虫害发生。叶片和果实主要病虫害是锈病、轮纹病、黑斑病、梨木虱、梨网蝽，枝干病害以轮纹病为主。

(3)栽培技术要点

①授粉品种为翠冠、华梨2号、金水2号,配置比例为(3～4)∶1。

②玉香梨坐果率很高,特别是进入盛果期以后,必须严格疏果,合理负载,才能达到应有的果实大小和优良品质。每果台留单果,定果后每亩留果数为1.0万～1.5万个,适宜叶果比为25∶1。

③果实套袋,进行二次套袋栽培,谢花后15 d内套小蜡袋,30 d后直接在小蜡袋上套大袋,带袋采收。

④适宜树形为疏散分层形、小冠疏层形及开心形。冬季修剪时注意慎用短截。对于树冠上部的直立枝、强旺的斜生枝忌用短截,以免造成树上长树。可实行"三套枝"制度,保留预备枝,轮换更新,控制结果部位外移。

4. *翠冠*

(1)品种来源

浙江省农业科学院园艺所选育而成,亲本为幸水×(杭青×新世纪)。翠冠获国家科技进步奖二等奖,多次被评为"全国优质早熟梨"。

(2)品种特征特性

果实扁圆形,果形指数0.90。平均单果重277 g,最大单果重580 g。果皮光滑,底色绿色,面色暗绿色,分布有锈斑,果点浅、小而少。果梗长4.1 cm、粗0.3 cm,略有肉梗,梗洼中广,萼洼广而深,有2～3条沟纹,萼片脱落,果心线不缝合,果心中位,呈心脏形,小。果肉白色,肉质细嫩、松脆,果肉去皮硬度5.39 kg/cm^2,汁液多,石细胞少,可溶性固形物含量12.4%,可滴定酸含量0.11%,味甘甜,品质上。

树势健壮,树姿较直立,主干树皮光滑。一年生嫩枝绿色,顶部小叶为红色,茸毛中等,皮孔长圆形开裂;成熟枝褐色,顶芽凸出明显,平均长74 cm,芽节间距3.9 cm。叶片长椭圆形,浓绿,大而厚,叶长12.0 cm、宽7.2 cm,叶柄长5.7 cm、粗0.12 cm。叶缘锯齿细锐尖,叶端渐尖略长,叶色深绿而厚。花白色,雄蕊20～22枚,雌蕊5枚。种子卵圆形,褐色。萌芽率高和发枝力强,盛果期以短果枝结果为主,果台连续结果能力强,坐果均匀,果个均匀。

武汉地区叶芽萌动期为3月上旬,落叶期为11月下旬。花芽萌动期为2月下旬，初花期为3月中旬，盛花期为3月下旬，终花期为3月底至4月初，果实成熟期为7月下旬，7月中旬即可采收，果实发育期110 d。

该品种抗逆性强，适应性广，高抗黑星病、白粉病，抗黑斑病、褐斑病，较抗轮纹病，耐瘠薄，耐湿，有早期落叶现象。

(3)栽培技术要点

①授粉品种为圆黄、华梨2号、鄂梨2号，配置比例为(3～4)∶1。

②果实进行二次套袋栽培才能获得优质的商品外观，谢花后15 d内套小蜡袋，30 d后直接在小蜡袋上套大袋，带袋采收。直接套袋果面锈斑明显，商品外观不优。

③主要树形为细长纺锤形、小冠疏层形、倒伞形等。

5. 翠玉

(1)品种来源

浙江省农业科学院园艺研究所选育而成，亲本为西子绿×翠冠。翠玉多次被评为“全国优质早熟梨”。

(2)品种特征特性

果实扁圆形，果形指数0.89。平均单果重262 g，最大单果重504 g。果皮翠绿色，果面平滑光洁，具有蜡质光泽，果点浅、小而少，果锈极少，萼片脱落，外观美。果肉白色，肉质细嫩、松脆，果肉去皮硬度6.30 kg/cm^2，石细胞少，可溶性固形物含量10.8%，可滴定酸含量0.11%，汁多，味甜，品质优。果心极小，可食率85%。较耐储藏。

树姿半开张，树冠呈圆头形，成龄树主干树皮光滑且呈灰褐色，一年生枝条阳面主色为褐色，软易弯曲，节间长3.5 cm，单位面积皮孔数量中，枝条上无针刺，嫩枝表面无茸毛。萌芽率81%，成枝力中等。叶芽斜生，顶端尖，芽托小。萌动后展开的幼叶淡绿色，成熟叶平均长12.97 cm，平均宽8.20 cm，平均叶柄长2.59 cm。叶色亮绿，叶片呈卵圆形，叶基部呈圆形，叶尖呈渐尖，叶缘具锐锯齿、有芒刺，无裂刻，叶背无茸毛。叶面平展，相对于枝条呈斜向下着生，叶柄基部无托叶。成熟花芽表面稍有茸毛，每个花序平均5～8朵花。蕾期花朵纯白色，花瓣纯白色，盛花时花瓣全白，5～6个花瓣，边缘重叠。柱头与花药等高，或

柱头略高，花柱基部无茸毛，花药紫红色，花粉量较多，花柱 5～7 枚，平均雄蕊 25 枚。

树势中庸稳健。5 年生树干周 35.8 cm。花芽易形成，长、中、短果枝均能结果，以中、短果枝结果为主。坐果率高，丰产、稳产。该品种自花结实率低，栽培上须配置授粉品种，与黄花梨、翠冠梨均可互为授粉品种。

武汉地区叶芽萌动期为 2 月底至 3 月初，落叶期为 11 月下旬。花芽萌动期为 2 月下旬，初花期为 3 月中旬，盛花期为 3 月下旬，终花期为 3 月底至 4 月初，果实成熟期为 7 月上旬，果实发育期 100 d。

(3)栽培技术要点

①授粉品种为翠冠、华梨 2 号、鄂梨 2 号，配置比例为(3～4)∶1。

②主要树形为细长纺锤形、小冠疏层形、倒伞形等，采取拿枝、拉枝等缓势修剪法，缓和树势，促进花芽分化，形成大量短果枝，增加早期产量。结果后及时回缩，培养结果枝组。

③肥水管理。幼树生长季节施速效肥，少量多次。盛果期每年秋季施入基肥，每亩施有机肥 2000～2500 kg 及钙镁磷肥 50 kg。萌芽肥在开花前每株施高氮复合肥 0.5 kg，壮果肥在 5 月中旬株施硫酸钾复合肥 1.0～1.5 kg。

6. 幸水

(1)品种来源

日本品种，亲本为菊水梨×早生幸藏。

(2)品种特征特性

果实扁圆形，果形指数 0.81。平均单果重 224 g，最大单果重 416 g。果面黄褐色，充分成熟时向阳面呈微红色，果面较粗糙，果点大、多而凸起。果柄粗短，约 2.8 cm，抗风能力强，不易落果。果肉洁白，抗氧化能力强，肉质细嫩、松脆，果肉去皮硬度 6.02 kg/cm^2，石细胞少，可溶性固形物含量 12.2%，可滴定酸含量 0.12%，汁特多，味浓甜，品质上。果心小，可食率 95%，中位，5 心室。不耐储运，果皮摩擦受伤后易黑变，室温下储放 15 d。

树姿开张，树冠半圆形，适宜密植。萌芽率高，成枝力中等。叶片长卵圆形，呈浅绿色，较薄，叶面平展，叶缘锯齿状，叶长 9.9 cm、宽 7.2 cm，叶柄长 3～

5 cm。花芽极易形成，花量较大。每花序 5～11 朵花，花瓣白色，11～14 片，边缘有花纹，雌蕊 7 枚，雄蕊 33 枚。花序坐果率 69.38%。种子黄褐色，6～8 粒，饱满，呈心形。

树势中庸稳健。幼树生长旺盛，5 年生树，干径达 7 cm，树高 3.5 m，冠幅 230～250 cm。一年生新稍平均长度 52 cm。初结果树以中、长果枝结果为主，中果枝结果占 72.3%，长果枝结果占 24.7%，短果枝及腋花芽占 3%。5 年后则迅速转为以中、短果枝结果为主，连续结果能力强。以顶花芽结果为主，腋花芽亦能结果，形成束丛果，每花序结果多达 8 个。结果部位均在树冠中下部和内膛，上部继续抽梢。

武汉地区叶芽萌动期为 2 月底至 3 月初，落叶期为 11 月下旬。花芽萌动期为 2 月下旬，初花期为 3 月中下旬，盛花期为 3 月底至 4 月初，终花期为 4 月上旬，果实成熟期为 7 月下旬，果实发育期 114 d。落叶期为 11 月下旬，全年生育期 230 d。该品种抗黑斑病、黑星病，在武汉早期落叶程度中等，抗旱、抗风力中等。

(3)栽培技术要点

①授粉品种为园黄、丰水、黄花，配置比例为(3～4)∶1。

②果实进行套袋可提高外观品质，5 月上中旬直接套大袋，带袋采收，也可不进行套袋栽培，唯注意防控裂果。

③该品种进入盛果期，花芽极易形成，花量较大，坐果率高，负载量过大时树势急速衰弱，要疏花、疏果，每亩产量控制在 2000～2500 kg。

④对肥水管理要求高。秋季施入基肥，每亩施有机肥 2000～2500 kg 及钙镁磷肥 50 kg。萌芽肥在开花前每株施高氮复合肥 0.5 kg，壮果肥在 5 月中旬每株施硫酸钾复合肥 1.0～1.5 kg。

二、中晚熟品种

1. 圆黄

(1)品种来源

韩国品种，亲本为早生赤×晚三吉。

(2)品种特征特性

果实扁圆形,果形指数 0.87。平均单果重 305 g,最大单果重 612 g。果形整齐一致,果皮黄褐色,果点中大、中多而凸起。果肉呈淡黄白色,肉质细嫩、松脆,果肉去皮硬度 6.62 kg/cm^2,汁多,石细胞少,可溶性固形物含量 12.9%,可滴定酸含量 0.15%,味甜微香,品质上。果心小,可食率 94%。较耐储藏,在常温下可保存 20～30 d。5 个心室,种子呈黄褐色,5～7 粒,呈心形。

树姿较开张,树冠圆锥形,主干呈绿褐色,光滑。一年生枝条绿褐色,新梢长 53 cm,粗度 0.62 cm,节间长 2.9 cm。嫩梢及嫩叶茸毛多。叶片呈浅绿色,这是该品种最为显著的特征之一。叶片长 18.2 cm、叶宽 5.6 cm,叶柄长 3.5 cm,叶面稍卷曲,叶缘锯齿较大。花冠小、白色,花瓣 5 片,每花序 5～7 朵花。花粉较多,花序坐果率 72%。

武汉地区叶芽萌动期为 3 月上旬,落叶期为 11 月下旬。花芽萌动期为 2 月下旬,初花期为 3 月中旬,盛花期为 3 月下旬,终花期为 3 月底至 4 月初,果实成熟期为 8 月中旬,果实发育期 130 d。

树势强旺,幼树生长旺盛。萌芽率高,成枝力中等,枝条粗壮直立,节间短,当年生枝条易形成腋花芽和顶花芽。该品种高抗黑星病,抗黑斑病,保叶能力强,返青返花程度低。在江汉平原地区,如在成熟期遇到高温,容易引起果心变黑,失去商品价值。

(3)栽培技术要点

①授粉品种为翠冠、翠玉、苏翠 1 号,配置比例为(3～4)∶1。

②疏花疏果,每果台留单果,定果后叶果比 30∶1,树冠内每 25 cm 间距留 1 个果。

③主要树形为细长纺锤形、小冠疏层形及倒伞形,平棚架栽培产量高、品质优。该品种树冠紧凑,枝条节间短,易成花,结果早。幼树期整形时,以短截为主,多留营养枝,以促进树冠扩大。

④基肥于 10 月中下旬每亩施入 3000 kg,以腐熟的猪粪、鸡粪、羊粪等有机肥为主,同时混入钙镁磷肥 150 kg,沿着树冠滴水线挖宽、深约 45 cm 的条沟施入,也可以全园撒施后进行机械翻耕。

2. 黄金

(1)品种来源

韩国品种,亲本为新高×二十世纪。

(2)品种特征特性

果实扁圆形,果形指数0.85。平均单果重265 g,最大单果重545 g。果形圆整一致,萼片脱落。果皮呈绿色,近成熟时呈黄绿色,果面具有蜡质光泽,平滑洁净,果锈少。果点浅、中大、少,外观美。套袋果实呈黄白色或黄绿色,外观极其漂亮。果肉洁白,肉质细嫩酥脆,果肉去皮硬度5.46 kg/cm^2,汁多,石细胞少,可溶性固形物含量12.7%,可滴定酸含量0.16%,味浓甜,微香,品质上。果心极小,可食率达92%。5个心室,种子4～8粒,呈黄褐色。不耐储运,室温下储放易皱皮变软,货架期20 d。

树姿半开张,树冠呈半圆形。主干优势明显,多年生枝条棕褐色,一年生枝条棕绿色,枝条直立,节间长5.50 cm,皮孔大,较稀疏。嫩叶淡黄绿色,叶缘锯齿浅而密,初展开时叶背有白色茸毛,叶片阔卵形,老熟叶片深绿色,叶片长10.85 cm、宽7.50 cm,叶柄长4.10 cm,叶基楔形,叶尖渐尖,叶缘锐锯齿,锯齿大而深、密。

树势强健,幼树生长势旺盛,枝条粗壮,节间短。一年生枝长60 cm,6年生树高3.1 m,冠径2.68 m,干径7.5 cm。花瓣白色,花冠直径4.9 cm,花瓣5片,每花序4～6朵花。雌蕊5枚,雄蕊19～25枚。花器发育不完全,雌蕊发达,雄蕊退化,花粉量极少,自花不结实,需异花授粉。

武汉地区叶芽萌动期为3月上旬,落叶期为11月下旬。花芽萌动期为2月下旬,初花期为3月中旬,盛花期为3月下旬,终花期为4月初,果实成熟期为8月中下旬,果实发育期135 d。

该品种适应性较强,在丘陵、平原地均能正常生长结果,对肥水条件要求较高,喜沙壤土、壤土地。高抗黑星病,较抗黑斑病,轮纹病抗性中等。

(3)栽培技术要点

①自花不实且花粉量极少,需要配置2个以上授粉品种,主要为金水2号、鄂梨2号、翠玉、翠冠,配置比例为(3～4)∶1,在花期进行人工授粉。

②果实进行二次套袋栽培，可提高商品外观品质。谢花后 15 d 内套小蜡袋，30 d 后直接在小蜡袋上套大袋，带袋采收。

③盛果期以短果枝和叶丛枝结果为主，连续结果能力强。成花量大，易坐果，丰产稳产，负载量过大时，树势急速衰弱，特别强调疏花疏果。在开花前疏除过密、过弱花序，按 10 cm 留 1 个花序，以留枝条中部花序为主。疏果在坐果后 15 d 内进行，每个花序留 1 个果，果间距为 20～30 cm，弱树少留、旺树多留、下垂果多留、背上果少留或不留，腋花芽果全部疏除。

④主要树形为细长纺锤形、小冠疏层形、倒伞形及开心形。该品种枝条较弱易下垂，注意培养健壮的结果枝组，拉枝角度不宜过大。幼树适当轻剪，及时拉平背上旺枝、竞争枝、徒长枝，枝条密挤时则疏除。主枝延长枝短截，其余枝轻截或不截。进入盛果期后，要不断短剪和回缩老弱枝组，促发强梢和长果枝，对于结果的长果枝要先放后缩，及时更新。

3. 丰水

(1)品种来源

日本品种，亲本为(菊水梨×八云)×八云。

(2)品种特征特性

果实扁圆形，果形指数 0.86。平均单果重 271 g，最大单果重 485 g。果皮呈黄褐色，果面较粗糙，有棱沟，果点大、多而凸起。果柄较短，萼片脱落。果肉淡黄白色，肉质细脆，果肉去皮硬度 6.10 kg/cm^2，汁多，石细胞少，可溶性固形物含量 13.1%，可滴定酸含量 0.15%，味浓甜，微香，品质上。果心中大，5 心室，种子黄褐色，长卵圆形。较耐储藏，室温下可储放 20～30 d，唯果皮摩擦后极易变黑，影响外观。

树姿较直立，树冠近圆形。主干灰褐色，萌芽率高，发枝力弱。一年生枝黄褐色，皮孔多，中大，叶片卵圆形，长 12.8 cm、宽 8.4 cm，叶端渐尖，叶基圆形，叶缘具粗锯齿，刺芒直立。花芽极易形成，花量较大，坐果率高；每花序 4.8 朵花，花瓣白色，直径 4.5 cm，边缘有花纹，雌蕊 7 枚，雄蕊 33 枚。花序自然坐果率为 72%，每序坐果 3～4 个。自花授粉能力强，叶片椭圆形，深绿色、较大、肥厚。

树势中庸，幼树生长势较强，5 年生树干径 7 cm，干高 35 cm，树高 3.05 m。

幼树以中长果枝结果为主，盛果期以短果枝结果为主，结果质量好且稳定，中长枝及腋花芽也能结出高品质果实，其中短果枝约占总结果枝的85%，中果枝占10%，长果枝占5%。

武汉地区叶芽萌动期为3月上旬，落叶期为11月下旬。花芽萌动期为2月下旬，初花期为3月中旬，盛花期为3月下旬，终花期为4月初，果实成熟期为8月中下旬，果实发育期140 d。

该品种高抗黑星病，中抗黑斑病和轮纹病。品种抗旱、抗寒、耐涝性差，对肥水条件要求较高，需精细管理才能生产出高档果品。容易早期落叶，导致返青、返花严重。

(3)栽培技术要点

①自花不实，授粉品种为圆黄、翠冠、华梨1号，配置比例为(3～4)∶1。

②果实需采用套袋技术管理，方可产出高档商品果，不套袋时果面粗糙，外观差。5月上中旬直接进行一次套袋。

③基肥采果后立即施入，每亩施有机肥(腐熟的农家肥或者猪鸡羊粪)4000 kg及钙镁磷肥150 kg。芽前肥以氮肥为主，壮果肥以氮、磷、钾复合肥为主，采果前1个月以磷、钾肥为主，每株施1.5～2.0 kg。根外追肥可在全年生长期根据果树长势随时同农药混合喷施，可用尿素、磷酸二氢钾或其他叶面微肥。

④主要树形为小冠疏层形、倒伞形及开心形，修剪以使树冠外稀内密，上稀下密，大枝稀小枝密；枝梢分布有序，互不遮阴，通风透光，立体结果。冬剪主要采用短截、疏剪、回缩修剪相结合的方式，剪除密生枝、细弱枝、病虫枝、干枯枝、徒长枝、穿膛枝、骑背枝等。夏季修剪主要抹芽，抹除密生芽、立生芽、徒长枝基部萌蘖等多余的芽；短截部分没有挂果的枝条，并进行扭梢、拿梢等。对壮枝和较直立的大枝采用拉枝、吊枝、撑枝等方法缓和树势，使其成花结果。

⑤以保叶为目标，综合防治黑斑病、褐斑病以及梨木虱、梨瘿蚊、蚜虫、梨网蝽等病虫害。

4. 秋月

(1)品种来源

日本品种，亲本为(新高×丰水)×幸水。

(2)品种特征特性

果实扁圆形,果形指数0.82。平均单果重277 g,最大单果重603 g。果皮褐色、薄,套袋果实淡黄色,非常漂亮。果点大、浅而稍密。果形整齐一致,梗洼中深、中广,萼洼中深、中狭,萼片宿存。果肉白色,肉质极细腻、酥脆,果肉去皮硬度6.42 kg/cm^2,汁多,石细胞少,可溶性固形物含量13.8%,可滴定酸含量0.13%,味浓甜,品质上。果心小,可食率达95%。5个心室,每心室1～2粒种子。种子为卵形,中大,深褐色。较耐储运,室温下可储放15～20 d。

树姿较直立,树冠圆锥形。一年生枝阳面红褐色,枝条粗壮,新梢呈浅绿色,有茸毛,皮孔白色、稍密,近圆形,中大。叶片卵圆形,嫩叶浅红色,老叶深绿色,平均长13.5 cm、宽8.1 cm,叶柄长3.4 cm。叶基近圆形,叶尖渐尖,叶缘钝锯齿。每花序平均8.7朵花,花蕾粉红色,花瓣白色,花粉量大。

树势中庸稳健,幼树生长势强,萌芽率低,成枝力强,平均成枝2.8个。果台副梢抽生力中强,多为1～2个果台中长枝。易形成短果枝,一年生枝条甩放后可形成腋花芽,果台副梢连续结果能力中等。花序坐果率52.13%,平均每个花序坐果1.3个。

武汉地区叶芽萌动期为3月上旬,落叶期为11月下旬。花芽萌动期为2月下旬,初花期为3月中旬,盛花期为3月下旬,终花期为3月底4月初,果实成熟期为9月上旬,果实发育期150 d。

该品种抗逆性强,适应性广。抗寒,抗旱,抗梨黑星病、梨黑斑病,中抗轮纹病,对白粉病的抗性弱。

(3)栽培技术要点

①自花不实,授粉品种为翠冠、华梨2号、黄冠,配置比例为(3～4)∶1。

②花前复剪时对中、长果枝进行适当短截,或疏除花芽多且过密的枝条。疏花在花蕾伸出后至授粉前进行,在同一个花序上疏除中心花,保留生长健壮的边花,每个花序留2～3朵花,注意保留果台副梢和叶片,以利当年形成花芽。若花较多可疏花序,每隔1～2个花序疏去1个花序,疏花序的枝条当年可抽生副梢形成花芽,翌年结果。

③主要树形为细长纺锤形、小冠疏层形及倒伞形,其枝条直立且硬度较大,幼树尽早拉枝开角,轻剪、少疏枝。盛果期树冬剪与夏剪相结合,通过疏枝、回缩、短截等措施,调节平衡树势,保持枝条健壮,花芽饱满。过长的单轴结果枝

组在分枝处回缩,生长后期骨干枝下部易光秃,该部位的直立徒长枝要保留并拉枝开角,以便更新,大枝组疏除时要留橛以促发新枝。

④对肥水要求较高,需保证充足的肥水供应。基肥于秋季果实采收后施入,初果期树生产 1 kg 梨果施用 1.5~2.0 kg 有机肥,盛果期每亩施入腐熟有机肥 3000 kg。追肥在萌芽前后、花芽分化期、果实膨大期进行,分别以氮肥、磷钾肥和钾肥为主。

三、优良新品种

1. 明晶

(1)来源

湖北省农业科学院果树茶叶研究所选育而成,农业农村部品种登记编号 GPD 梨(2023)420008。

(2)果实经济性状

果实圆形,果形指数 0.88,平均单果重 305.2 g,最大单果重 418.3 g。果形整齐一致,梗洼中深、中广,萼片脱落,萼洼深、广。果柄长 3.12 cm、粗 0.31 cm。果皮薄,绿色,果面极平滑光洁,无锈斑,有蜡质;果点浅棕色,极浅、极小而极少,果面外观非常美。果肉白,肉质细嫩松脆,果肉去皮硬度 5.23 kg/cm^2,汁多,石细胞极少,可溶性固形物含量 11.0%,味甜,品质上。果心极小,6 个心室,每果平均种子数 9.8 粒。种子卵圆形,黄褐色,少而小,长 0.92 cm、宽 0.52 cm。

(3)生物学特性及适应性

武汉地区叶芽萌动期在 3 月初,展叶期为 3 月中旬,落叶期为 11 月上旬,营养生长期 230 d。花芽萌动期为 2 月底,盛花期为 3 月中旬,谢花期为 3 月底。果实成熟期为 7 月上旬,早熟,果实发育期 110 d。

该品种在武汉地区高抗黑星病、中抗黑斑病,没有特殊病虫害发生。早果性好,丰产,定植后第三年始果。

2.明丰

(1)来源

湖北省农业科学院果树茶叶研究所选育而成，农业农村部品种登记编号GPD梨(2023)420007。

(2)果实经济性状

果实圆形，果形指数0.88，平均单果重265.5 g，最大单果重405.5 g。果形整齐一致，梗洼中深、中广，萼片脱落，萼洼中深、广。果柄长2.86 cm、粗0.32 cm。果皮褐色，果面光滑，果点浅棕色，中大、中多，果形美观。果肉白，肉质细嫩松脆，果肉去皮硬度5.65 kg/cm^2，汁多，石细胞极少，可溶性固形物含量12.0%，味甜，品质上。果心小，5个心室，每果平均种子数8.5粒。种子卵圆形，黄褐色，长0.88 cm、宽0.54 cm。

(3)生物学特性及适应性

武汉地区叶芽萌动期在3月初，展叶期为3月中旬，落叶期为11月上旬，营养生长期230 d。花芽萌动期为2月底，盛花期为3月中旬，谢花期为3月底。果实成熟期为7月下旬，早中熟，果实发育期130 d。

该品种在武汉地区中抗黑斑病，没有特殊病虫害发生。早果性好，丰产，定植后第三年始果。

3.明香

(1)来源

湖北省农业科学院果树茶叶研究所选育而成，农业农村部品种登记编号GPD梨(2023)420006。

(2)果实经济性状

果实近圆形，果形指数0.90，平均单果重278.6 g，最大单果重495.7 g。梗洼中深、中广，萼片脱落，萼洼浅、中广。果柄长3.95 cm、粗0.32 cm。果皮褐色，果面光滑，果点浅棕色，中大、中多。果肉白，肉质细嫩松脆，果肉去皮硬度5.82 kg/cm^2，汁多，石细胞少，可溶性固形物含量12.3%，味甜，品质上。果心小，5个心室，每果平均种子数8.5粒。种子卵圆形，黑褐色，长0.90 cm、宽0.55 cm。

(3)生物学特性及适应性

武汉地区叶芽萌动期在3月初，展叶期为3月中旬，落叶期为11月上旬，营养生长期230 d。花芽萌动期为2月底，盛花期为3月中旬，谢花期为3月底。果实成熟期为7月下旬，早中熟，果实发育期133 d。

该品种在武汉地区中抗黑斑病，没有特殊病虫害发生。早果性好，丰产，定植后第三年始果。

4. 明蜜

(1)来源

湖北省农业科学院果树茶叶研究所选育而成，农业农村部品种登记编号GPD梨(2023)420005。

(2)果实经济性状

果实近圆形，果形指数0.88，平均单果重285.6 g，最大单果重475.2 g。梗洼中深、中广，萼片脱落，萼洼浅、中广。果柄长3.18 cm、粗0.32 cm。果皮褐色，果面光滑，果点浅棕色，中大、中多。果肉白，肉质细嫩松脆，果肉去皮硬度5.66 kg/cm^2，汁多，石细胞少，可溶性固形物含量12.0%，味甜，品质上。果心小，5个心室，每果平均种子数6.5粒。种子卵圆形，褐色，长0.90 cm、宽0.55 cm。

(3)生物学特性及适应性

武汉地区叶芽萌动期在3月初，展叶期为3月中旬，落叶期为11月上旬，营养生长期230 d。花芽萌动期为2月底，盛花期为3月中旬，谢花期为3月底。果实成熟期为7月下旬，早中熟，果实发育期135 d。

该品种在武汉地区中抗黑斑病，没有特殊病虫害发生。早果性好，丰产，定植后第三年始果。

5. 明露

(1)来源

湖北省农业科学院果树茶叶研究所选育而成，农业农村部品种登记编号GPD梨(2023)420004。

(2)果实经济性状

果实近圆形，果形指数 0.88，平均单果重 290.6 g，最大单果重 515.2 g。梗洼中深、中广，萼片脱落或宿存，萼洼浅、中广。果柄长 2.72 cm、粗 0.30 cm。果皮褐色，果面光滑，果点浅棕色，中大、中多。果肉白，肉质细嫩松脆，果肉去皮硬度 5.24 kg/cm^2，汁多，石细胞少，可溶性固形物含量 12.0%，味甜，品质上。果心小，5 个心室，每果平均种子数 7.2 粒。种子卵圆形，褐色，长 0.92 cm、宽 0.58 cm。

(3)生物学特性及适应性

武汉地区叶芽萌动期在 3 月初，展叶期为 3 月中旬，落叶期为 11 月上旬，营养生长期 230 d。花芽萌动期为 2 月底，盛花期为 3 月中旬，谢花期为 3 月底。果实成熟期为 7 月下旬，早中熟，果实发育期 131 d。

该品种在武汉地区中抗黑斑病，没有特殊病虫害发生。早果性好，丰产，定植后第三年始果。

6. 楚香

(1)来源

湖北省农业科学院果树茶叶研究所选育而成，2022 年获得植物新品种保护权，品种权号 CNA20191003320O。

(2)果实经济性状

果实卵圆形，果形指数 0.96，纵径 7.52 cm、横径 7.87 cm。平均单果重 255.6 g。果柄长 3.87 cm、粗 3.2 mm；梗洼浅、狭。萼片脱落，萼洼中深、中广。果皮绿色，果面平滑，有蜡质，外观较美。果肉白色，肉质中细、酥脆，可溶性固形物含量 11.8%，可滴定酸含量 0.19%，每 100 g 果肉含维生素 C 2.37 mg，酸甜适度，品质中上，最适食用期为 7 月下旬。果心极小，5 个心室，每果平均种子数 5.6 粒。种子卵圆形，黄褐色，少而小，长 0.82 cm、宽 0.45 cm。

(3)生物学特性及适应性

武汉地区叶芽萌动期在 3 月初，展叶期为 3 月中旬，落叶期为 11 月初，营养生长期 224 d。花芽萌动期为 2 月底，盛花期为 3 月中下旬，谢花期为 3 月底。果实成熟期为 7 月下旬，早熟，果实发育期 122 d 左右。

该品种在武汉地区高抗黑星病、中抗黑斑病，没有特殊病虫害发生。早果性好，丰产，定植后第三年始果。

7.楚冠

(1)来源

湖北省农业科学院果树茶叶研究所选育而成,2023年获得植物新品种保护权,品种权号CNA20191003199。

(2)果实经济性状

果实圆形,果形指数0.95,纵径7.65 cm、横径8.05 cm。平均单果重295.8 g。果柄长3.05 cm、粗2.9 mm。梗洼浅、中广。萼片脱落,萼洼深、中广。果皮褐色,果点中大。果肉白色,肉质疏松,可溶性固形物含量13.0%,可滴定酸含量0.22%,每100 g果肉含维生素C 3.05 mg,酸甜适度,品质上,最适食用期为8月中下旬。果心极小,5个心室,每果平均种子数6.8粒。种子卵圆形,黑褐色,长0.95 cm、宽0.48 cm。

(3)生物学特性及适应性

武汉地区叶芽萌动期在3月初,展叶期为3月中旬,落叶期为11月上旬,营养生长期232 d。花芽萌动期为2月底,盛花期为3月中下旬,谢花期为3月底。果实成熟期为8月中下旬,中熟,果实发育期140 d左右。

该品种在武汉地区丰产、稳产,高抗黑星病、抗黑斑病,较耐高温高热。

第三节　建园及高质高效种植模式

一、果园的建立

长江流域沙洲及平原地区,土地肥沃,土层深厚,建园时无须抽槽改土,只须起垄定植苗木即可。随着农村地区荒山荒坡的流转,大部分新建梨园集中在山地丘陵地区,土壤风化度浅,坡面起伏,地形复杂,需进行土壤改良及土地平整。

1. 丘陵山地的地形改造

浅丘地区的顶部与麓部高差一般小于 100 m，深丘为 200 m，土层较厚，坡度大于 15°时，需要改造成梯田；山地由于不同坡度、坡向和坡形较为复杂，需要变坡地为台地，减少集流面，削弱地表径流的流速和流量，同时便于耕作、施肥、灌溉、修剪、病虫害防治及采收等技术操作（图 7-1）。

图 7-1　丘陵梨园的建立

一般使用履带式推土机进行初步的土方作业，梯田的阶面修建成水平或向内倾斜式，宽度为 2～4 m，具体根据坡面地形确定，台地走向与等高线平行，并划分作业小区，一般以 60～90 亩划分为一个小区；同时配套完成梨园的道路系统，主干道宽 6～8 m，确保能通行大型货车，干路宽为 4 m，能通过小型汽车及机耕农具。梯壁及果园排灌系统的建设使用履带式挖掘机进行，南方地区降水量大，果园排灌系统建议使用明沟排水系统，兼梨园灌水系统，背沟建在梯田的内沿，比降与梯田一致，为 0.3%～0.5%，行间排水沟朝向支沟或干沟，直角相交；总排水沟建在集水线上，必须选择丘陵、山地、凹地的侵蚀沟建设总排水沟。梯壁的建设则依据丘陵山顶的地形、地势及等高线进行。

2. 土壤改良

地形改造、道路系统及排灌系统建立后，梨园初具雏形，瘠薄的园地还需进行土壤改良，以增加土壤有机质，改善土壤结构，提高土壤持水力。特别是要修整梯田的阶面，土壤的肥力不均匀，削面土壤条件差，垒面土壤条件好，必须在梯田内沿进行土壤改良。

(1)抽槽改土

使用小型履带式挖掘机，根据定植时确定的株行距进行抽槽，槽宽和槽深根据梯田的土壤肥力及土层厚度确定，瘠薄的地方及梯田的削面应宽些、深些，一般槽宽 0.8～1.0 m，槽深 1.0 m。槽向依照梯田的朝向确定，与梯壁平行。用挖掘机抽槽时务必与梨园的干沟或者支沟相通，以避免内积、内渍。抽槽时表层土壤与心土层土壤分开堆放。回填也可以使用挖掘机进行，先将表层土壤填入槽底，厚度为槽深的 1/2，然后施入粗肥，然后再回填心土，并培植定植带，垄面高出地面 30～40 cm，垄面宽度 0.8～1.0 m。粗肥一般为有机肥，包括猪粪、鸡粪、饼肥、厩肥、作物秸秆及山青等，施用量依据土壤肥力确定，一般每亩施入猪粪 3～4 t，或者饼肥 1.0～1.5 t；同时混合施入足量的磷肥，每亩施钙镁磷肥 150～250 kg，与有机肥充分混匀施入。

(2)深翻改土

使用中型履带式拖拉机牵引铧式犁进行深耕，深度可达 0.5～0.6 m，深耕前地表撒施有机肥，包括鸡粪、饼肥等，一般每亩施饼肥 1.0～1.5 t，或者鸡粪2 t；同时，混匀钙镁磷肥 150～250 kg 一起施入，通过深耕将肥料翻入地下，然后依据梯田的等高线培植栽植带，垄面宽 0.8～1.0 m，垄面高出地面 30～40 cm。

二、苗木及定植

1. 梨芽苗定植建园技术

梨芽苗又称“半成苗”“砧芽苗”“芽包苗”等，为 1 年生梨苗，一般 2 月上旬在苗圃地播种豆梨种子，当年 8—9 月嫁接。落叶后起苗定植建园，具有成本低、易整形以及管理便捷的特点，定植后 2～3 年进入初果期，始果年龄与 2 年生梨成苗相同。但是栽后须精细管理，以提高成活率，快速扩大树冠，从而实现早果、丰产、稳产的目标。

(1)栽植

芽苗应选择砧直径在 0.8 cm 以上、根系发达、具 2～3 条较粗侧根的健壮

苗。定植分秋栽和春栽。秋栽于落叶后尽早进行，越早越好，有利于伤根迅速愈合，缩短缓苗期。春栽务必在接芽萌动前定植完毕（长江流域在2月中旬以前）。栽植前先按确定的株行距定点，南北行向，低丘地依地势沿等高线确定行向。瘠薄丘陵岗地的株行距为（1.5～2）m×（3.5～4.5）m，肥沃深厚的沙壤土地的株行距为（2～3）m×（4～5）m。栽植时芽苗根部应蘸稀泥浆，接芽面朝南方，以防夏季南风吹折新梢。在定植沟中开小穴浅栽，填土时边踩边用手轻轻抖动上提，使根部充分接触细土，接芽口高出地面8～10 cm。栽后做环形树窝，浇足定根水，待水分下渗后再覆盖一层细土保墒。每隔5～7 d浇水1次，确保栽植成活率。

（2）适时夏剪

定植后剪砧，分两次进行。第一次于接芽萌动（2月中旬）前完成，于接芽以上10～20 cm处剪截，接芽开绽后进行第二次剪砧，刀口迎向接芽，在距接芽0.3～0.5 cm处下剪，并附带剪断嫁接薄膜，使剪口背向接芽呈斜面，以利剪口迅速愈合，同时剪松绑缚薄膜，避免新枝长粗时发生卡脖现象。4月上旬以后连续抹芽，抹除基砧上发出的不定芽，每隔10 d一次，以减少养分消耗。新梢长70～80 cm时摘心，促发分枝。当侧枝长40～50 cm时连续摘心，将先端1～2片未展开的幼叶一并摘除，促使侧枝发育充实。对发枝力弱的品种在叶腋处涂赤霉素膏，以促生中长枝，对40 cm以上的壮枝开角，开角可在枝条半木质化前（6月中旬以前）用竹牙签撑开，或用8号铁丝做成“W”形开角器，卡住新梢基部即可（距幼苗中心干约10 cm处），以便尽早形成丰产树形。

（3）芽苗定植后的管理

对栽植芽苗的行带（树盘）进行松土除草，要求勤锄、浅锄，特别是梅雨季节，杂草生长迅速，应及早除草。由于夏秋季长江中下游地区受负高压控制，易发生伏旱，有时伏旱连秋旱，行带可覆盖厚10～20 cm的稻草、秸秆或山青，以保湿降温。长江流域的红壤土普遍缺氮、磷肥，幼树特别应补施氮肥。缓苗期（4月底以前）应进行地下追肥。若发现幼叶颜色过浅、叶薄，可向叶面喷2～3次0.2%～0.4%的尿素。5月以后，幼苗根系有了一定的吸收能力，可浅施5%～10%人粪尿或1%尿素水，亦可开挖深10 cm的条沟或环状沟，每株施100～250 g尿素或复合肥，施后盖土。积水的低丘或滩地梨园雨季应注意排水防涝。夏秋中午（12:00—14:00）梨树叶片萎蔫，黄昏和清晨叶片舒展，即表示梨树缺水，应该灌溉。

2. 授粉树配置

大型梨园可以确定 2～3 个品种为主栽品种，小型梨园可以确定 1～2 个主栽品种，便于形成品牌和特色。授粉品种应选择花粉量大、与主栽品种亲和力好、花期相遇或者略提前 1～2 d 的。授粉品种综合性状优良且熟期一致，其本身经济价值较高、丰产，适应当地生态条件。此外，还需要考虑花粉直感，因为它会影响果实的外观，诸如果实形状、锈斑、果皮光洁度以及是否脱萼等。另外，主栽品种也必须花粉量大、花粉发芽率高、亲和力好，能互相授粉。如果主栽品种花粉少或者无花粉（如黄金梨），则需要选配 2 个以上的授粉品种（1∶4∶1）。

授粉品种配置方法为不等行配置、等行配置以及中心式配置（图 7-2），数量不宜过多，一般 3～4 行主栽品种配 1 行授粉品种。如两个品种都是品质优良、商品价值高且可以相互授粉，则没有主栽品种和授粉品种之分，进行等行配置。山地梨园面积小、地块不规则，可以采用中心式配置，如同棋盘。

图 7-2　梨树授粉品种配置方式

（注：□和×表示授粉品种；○表示主栽品种）

3. 提高苗木栽植成活率的措施

提高苗木栽植成活率的总体原则是“选壮苗，填肥土，灌透水，根土密结”。

选壮苗：选根系发达、芽子饱满、高度在 120 cm 以上的健壮苗木，栽前修根，剪去因起苗造成的旧伤面和机械伤根等，用生根粉或萘乙酸浸蘸根系效果更好，有利于伤口尽快愈合，发根快。苗木定植前浸泡一天，以吸足水分。

填肥土：挖大穴栽植，定植坑深、宽为 35～40 cm，表土回填在下层，底土在

上层，回填坑时一定要使表层肥土与苗木根系直接接触。苗木一定要浅栽，埋土深度要与嫁接口相平，或高出地面 0.5～1.0 cm，切忌深栽，因为深栽长不旺且根颈部分易患病害。

灌透水（定根水）：定植时，苗木根部务必蘸稀泥浆，并浇足定根水，以提高成活率；定植回填后即浇透定根水，一棵树一桶水，虚土沉实后再在结壳的湿土上覆盖一层干碎土。

根土密结：栽种时根系要舒展，覆土后，将苗轻轻往上提一提，再踩实，确保根系舒展。

4. 平茬复壮

采用细长纺锤形、圆柱形以及平棚架栽培模式的梨园，如果苗木发芽后生长势弱，当年冬季幼苗距地面 10～20 cm 处直径小于 1.5 cm、高度低于 1.5 m，则幼苗应进行平茬复壮，以便翌年细长纺锤形、圆柱形栽培模式的梨园形成健壮饱满的叶芽。刻伤后萌发强健的长轴结果枝组；平棚架栽培模式的梨园形成高大粗壮的中心干，便于翌年上架。平茬在距离点面 15～20 cm 处截干，使剪口处下面第一、二芽饱满，便于翌年萌发健壮的新梢作为中心干。

三、种植模式及树体管理

1. 种植模式

(1)新建梨园宜机化种植模式

中华人民共和国成立以来，我国梨栽培模式由乔砧稀植大冠栽培模式演变为乔砧密植高冠栽培模式，生产目标及管理理念发生了深刻变革。随着栽培模式变革的深入，梨树的冠层形状和整形修剪方式也发生了重大变化，树体结构由多级大骨架转变为少级次小骨架，树形由单一形向复合型转变。与之相配套的是地上管理与地下管理有机结合的措施，具有省土、省肥、省水、省人工、高品质、高产出、早挂果、早回本的特点。新模式的总体特征为“宽行窄株、高垄低畦”+“行间生草、行带覆盖”(图 7-3)+“群体调节+单果管理”+“肥水一体、绿色防控”。

图 7-3　宽行窄株+高垄低畦+行间生草+行带覆盖

梨树的宜机化树形为高纺锤形(图 7-4),其主要特点是增加垂直方向上的枝叶数量,适度减少水平方向上的枝叶数量,留出机械作业通道。“宽行窄株、高垄低畦”的建园株行距为(1.2～2)m×(3.5～4)m,宽行既保证果园的通风透光,为树体生长结果提供良好的生长环境,又方便田间管理,为田间机械操作提供良好的作业环境。窄株为长方形定植,一般为南北行向,通过设施辅助栽培,加立杆固定扶干,保证中心干的直立生长。

图 7-4　梨树宜机化的高纺锤形(河北高阳)

(2)架式栽培模式

随着我国工业化水平及水果产业投入能力的提高,在沿海经济发达及农业产业化水平较高的地区,梨架式栽培模式得到较为广泛的应用。如我国经济较

为发达的江浙沪地区，梨架式栽培已经成为梨生产上的主要模式，特别是新建果园，平棚架式栽培的比例较高。在我国农业产业化水平较高的胶东半岛，如莱阳、莱西、龙口等地，传统的疏散分层形梨园全部被改造为平棚架式栽培，尽管大部分为架下结果，但是果园产量、果品质量及经济效益均较改造前大为提高；在胶东半岛，新建梨园除了平棚架式以外，由于受韩国的影响较大，梨的"Y"形架、"V"形架(图 7-5)应用也比较广泛。此外，在我国内陆一些梨产区，如河北辛集、山东泰安、安徽砀山、重庆永川等地也进行了疏散分层形的架式改造，效果较好。

图 7-5　梨树"V"形架式(山东莱阳)

架式栽培主要有水平棚架、倾斜棚架、漏斗形棚架和"Y"形架、"V"形架式等，与我国传统的立木式梨栽培方式相比，梨架式栽培由于枝条空间分布有序，树体养分分配较均匀，梨果形的整齐度及单果重得到显著改善；架式栽培枝条分布架面距离地面高度为 1.70～1.80 m，这对年轻人日渐稀少，以老人或妇女为主体的梨园管理人员来说，能极大方便人工授粉、疏花疏果、果实套袋、病虫防治等果园操作管理工作，提高工效。随着我国农业投入水平的不断提高，加之架式栽培技术研发不断推进，我国梨架式栽培将呈现出迅猛发展的态势。

(3)宜机化梨园的建设及改造

随着工业化、城镇化进程的加快，越来越多的农业劳动力转移到非农领域就业，农村聘请劳动力变得越来越困难，且成本上涨。据统计，在梨园的生产中，人工成本占到总成本的60%以上，加之梨栽培模式的变革，助推了机械化果园发展。长江流域丘陵山地梨园，特别是老梨园，最大的缺点就是大中型机械不方便进出作业，必须进行宜机化整治，提高果园的机械化应用效率。

机械化梨园的建设，使农业机械进出自如、方便管护以及土地最大化利用，对于山坡则缓坡化和梯台化，利于土地旱灌涝排，并设计梯台循环式农机作业通道。地块相对集中连片、日照较充足、土层较深厚、坡度为5°～25°的坡地或弃耕地，可采用挖掘机、推土机等机械因地制宜整治为缓坡或梯台地块，以满足梨园标准化定植要求。其中缓坡化地块按照5 m、8 m、13 m、18 m设置行间与行向，地台台面设置为4.5～5 m；园区内合理布置转运及机耕道路，梨种植区禁止设置便道；排水系统的设置以疏通背沟及边沟为主，种植区内不设置厢沟或主排水沟，根据雨量和排水需要设置管径为250 mm或300 mm的暗沟，以满足大中型机械行进作业。

对于坡度变化不大的地块，梯台沿等高线分布，选好基线位置，确定放线基点，逐梯进行放线，自上而下围绕山头一层一层地设置，梯台呈环状。遇局部地形复杂处，应根据大弯就势、小弯取直原则，规划建成宽度基本一致的梯台。缓坡或梯台要求修整为一个平整斜面，里高外低，坡度小于6°，每个梯台横向坡度3°，便于自然沥水。土地整治成形后配套修建转运道路或机耕道路，实现相邻地块之间、地块与外部道路之间衔接顺畅、互联互通，满足大中型农机转场行进或作业需要。宜机化梨园地块坡度变缓、无作业死角、机械行进路线延长，果园机械化管理实现从人力管理为主跨越到高效能大中型农机具应用为主，大大减轻劳动强度，综合经济效益可提高数倍以上。

2. 树体管理

(1)梨主要树形及变化趋势

我国气候类型多样，梨生产面积广、品种繁多，各地根据自身的生态气候特点及主栽品种的特性，因地制宜选用了多种梨树形。总体上讲，我国梨树形分为两大类，即有干(中心干)树形和无干树形，其中有干树形包括疏散分层形、小冠疏层形及其改良树形(双层形、二层一心形)，纺锤形及其改良树形(自由纺锤形、细长纺锤形、多主枝螺旋形、圆柱形、主干形等)，一边倒树形(两边倒树形)

等。无干树形包括两主枝开心形(Y形、V形、倒“人”字形、2+1、倒“个”字形)、三主枝开心形(倒伞形、3+1、延迟开心形、一层一心形)、多主枝开心形(3个主枝以上、N+1)以及架式栽培树形,包括水平棚架(两主枝棚架、三主枝棚架、四主枝棚架等)、Y形架、V形架等;无干树形中的2+1、3+1、N+1以及延迟开心形树形中,中心干弱化成为主枝的功能。

我国现存老龄梨园高、大、圆的稀植大冠疏散分层形已经逐步改造为3～4个主枝的开心形或者双层形,由多元结构向二元结构转变,即主干上着生主枝,主枝上着生侧枝,侧枝上面不再配置二级侧枝,只是着生大中型结果枝组。修剪方式已经由传统的短截修剪制度转变为长枝更新修剪制度,由传统的冬季修剪向生长季节修剪和冬季修剪并重,甚至更注重生长季节修剪的方式转变。

随着劳动力人工成本的增加,适宜机械化操作的梨树形将成为主流。这类树形的主要特点是便于果园机械化操作,减少水平方向上枝叶分布,促进树高方向上的发展,较为典型的树形为梨自由纺锤形及其改良树形,如细长纺锤形、圆柱形、主干形等。

(2)梨新树形及冠层特征

①高纺锤形

高纺锤形梨树(图7-6)主干高60 cm,中心树干高3.0 m,树冠高度3.5～4.0 m,冠幅1.2～1.5 m。主干上着生15～20个结果枝组,在主干上的距离为15～20 cm,呈螺旋形分布。枝组平均长度1.35 m,平均基角65°,腰角85°。

图7-6　梨树高纺锤形

单株平均枝条生长点数量为200～250个,75%的枝条生长点集中分布在距离主干1.0 m的水平区域。叶面积指数为4.5,树冠覆盖率为75%～85%,株间允许交接15%～20%;树篱宽度1.2～1.5 m,行间留出1.5 m以上的机械作业通道。

高纺锤形树形修剪过程中注意冬疏枝、春调芽、夏理梢、秋开角，综合应用拉、刻、剥等技术措施，合理分配冠层空间，有效促进花芽形成，提高果实品质。冬疏枝：主要疏除冠内弱枝、外围竞争枝、背上徒长枝和过旺过强枝；春调芽：可用刻、涂、抹等方法，刻芽（图 7-7）（涂生长素）补空，抹除剪口附近、位置不当的萌芽；夏调梢：在 5 月中旬至 6 月中下旬及时疏除密挤梢，牙签撑开直立旺梢（图 7-8）或者扭梢，拿平特旺长梢；秋开角：在 7 月进行，对角度小的 1～2 年生旺枝，采用拉、撑、吊等方法，开张枝条角度，改善光照条件、促进果实生长和花芽分化，以培养骨干枝。

图 7-7　刻芽的作用效果

图 7-8　牙签撑枝开角

②平棚架式树形

平棚架式树形有二主枝平棚架树形及多主枝平棚架树形。二主枝平棚架树形无中心干，主枝分为行式和垂直行式，主枝间方位角为 180°。主枝上直接着生单轴结果枝组，单轴结果枝组在主枝上单侧间距 40～50 cm，两侧错开，第一枝组距离主枝基部 30 cm 以上。生产中依据栽植密度确定主枝上单轴结果枝组的数量。图 7-9 为平棚架式梨园。

多主枝平棚架树形无中心干，主干高 60～80 cm，主枝 3～4 个，方位角 120°

图 7-9　平棚架式梨园

或 90°，在架面上水平分布。每个主枝配备 2～3 个侧枝，第 1 个侧枝距主干 80～100 cm；第 2 个侧枝在另一侧距离第 1 个侧枝 80～100 cm，第 3 个侧枝距离第 2 个侧枝 100 cm。主枝、侧枝均在架面水平延伸，在主、侧枝的左右两侧，配置结果枝组，间隔 40～50 cm。

保持主枝的先端生长优势和稳定树势，各类骨干枝及结果枝组单轴延伸，减少因枝条堵截、变向引起的水分、养分流动受阻问题。对主、侧枝的延长枝进行短截，保持延长头的强势，维持其对水分、养分的抽拉作用。单轴结果枝组 5～6年以后，进行基部原位更新，以基部长出的新梢替换衰老枝条，在同一位置来回更替，以永远保持结果枝的年轻健壮，枝组直径大于 0.8～1.2 cm。实现枝组之间多而不挤，疏密适当，上下左右枝枝见光；以相互不交叉、不重叠为度，每主侧枝配置 4～6 个结果枝组，维持树体营养生长与生殖生长的合理平衡。

3. 架式栽培树体改造

(1)架式辅助设施的搭建

架式辅助设施主要由支撑柱和网面组合而成。支撑柱分为角柱、边柱和支柱，材料用水泥柱，长度 2.3 m，垂直埋设于地面，深度 50～60 cm。角柱埋设在田块的四角，水泥柱截面积 12 cm×12 cm 以上。边柱埋设于田块的 4 条边上，间距 5.0 m，边柱截面积 10 cm×12 cm。支柱埋设于田块内，支柱截面积 8 cm×10 cm；埋设时与边柱在南北和东西两个方向垂直，间距 10 m×10 m。网面架设在棚架的支撑柱上，平行于地面，距地面高度175～185 cm，由主线、支线和子线组成。主线连接4条边上角柱和边柱，用ϕ12 mm镀锌钢绞线；支线分别在南北和东西方向上连接边柱和支柱，用ϕ10 mm镀锌钢绞线；子线连接主线和支线，用8号或者10号镀锌铁丝，组成50 cm×50 cm正方形网格。

（2）树体改造及上架

放任树及疏散分层形等树形可以通过“提干、开心、培主枝”等措施，改造为多主枝平棚架树形。主干高度提高至60 cm，去除中心干。骨干枝改造时最大限度地保留原有骨干枝，缩短多主枝平棚架树形改造时间，加快树冠恢复。保留的骨干枝调整垂直延伸方向，减小基角，加大其腰角和梢角的角度，防止骨干枝过多偏离架面。对棚面以下且中部枝段距棚面50 cm及以上的骨干枝，从基部锯除，原位更新留桩，促进抽生分生角度小的强枝，重新培养贴近架面延伸的骨干枝。对留用骨干枝高出架面的部分拉至贴近架面，过粗、过硬的骨干枝先端则回缩至架面下方距架面30 cm处，萌发后的枝条替换原骨干枝延长枝，贴近架面延伸。

第四节　果实管理

一、保花保果

1. 人工辅助授粉

梨园放蜂：每亩设置5个巢箱，巢箱之间距离为50～80 m，巢箱分为固定式和移动式两种。固定式用砖石砌成，一次投入多年使用；移动式用木箱、纸箱做成。巢箱的长、宽、高分别为30 cm、20 cm、25 cm，距地面40～50 cm，各面用塑料薄膜包裹，仅留一面开口，以免雨水渗入。巢箱置于避风向阳、空间开阔的树冠下，放蜂口朝南，每箱放100～150个巢管。巢管内径为0.5～0.8 cm、管长

20～25 cm，一端封闭，一端开口，管口处要平滑，用绿、红、黄、白4种颜色涂抹，巢管按放蜂量的2～3倍备足，每亩准备巢管300～400支。放茧盒长20 cm、宽10 cm、高3 cm，也可使用药用的小包装盒。放茧盒放在巢箱内的巢管上，露出2～3 cm，盒内放蜂40～50头，盒外口扎2～3个黄豆粒大小的孔，以便于出蜂。花开放到3%～5%时开始放蜂。蜂茧放在田间后，壁蜂即能陆续咬破壳出巢，7～10 d后出齐，盛果期果园每亩放蜂100～150头蜂茧。花期结束时，繁蜂结束，及时回收巢管，把封口或半封口的巢管50支一捆放入纱布袋内，挂在通风、干燥、清洁、避光的空房内存放，也可每5～10亩放置1箱蜜蜂。

2. 人工授粉

当花期遇到阴雨、低温、大风、沙尘等不良天气时，会直接影响昆虫活动和自然授粉，坐果率大大降低，必须进行人工授粉。从授粉品种上(多品种花粉混合最佳)采集呈灯笼状的花蕾，每花序上采1～2朵边花，立即在室内剥开花瓣，两手各拿1朵花，花心对花心互相摩擦，使花药全落下，筛去花瓣等杂物。将未散粉的花药放在光滑的纸内，置于温度20～25℃、相对湿度60%～70%的培养箱中36～48 h，花粉即可散出，除去杂物，放入小瓶备用。人工授粉时可在花粉中加入3倍量左右的淀粉或滑石粉进行稀释，以提高花粉的利用率。人工授粉时间选择在盛花期的9时到15时进行，用小毛笔或棉花球蘸取稀释好的花粉，点授在盛开花朵的柱头上，每花序点授2～3朵边花，蘸一次花粉可点授3～5朵花。

也可用喷雾器进行液体喷雾，用水10 kg+尿素30 g+蔗糖0.5 kg+花粉20～25 g+硼酸10 g配成悬浮液，在花开30%时，用喷雾器全株喷雾，配好悬浮液2 h内喷完。喷雾时间应选在上午10时无风时进行，如喷粉后3 h内遇雨则应重喷。

3. 生长调节剂的应用

幼果期为了提高果实品质，可以使用3%的赤霉素脂膏，这是光谱性植物生长调节剂，可促进梨果实生长，增大果实，促进果实成熟7～10 d，提早采收，使果实均匀一致，并能降低部分品种裂果概率。

使用时期在盛花期后 30～35 d，果实膨大期使用专用毛刷或用拇指和食指轻捏果柄，将药膏均匀涂抹在果柄靠近果台 1.0～1.5 cm 处，涂抹时不要让药膏接触果实，避免损伤果实和污染果面，用药后 7 d 才能套袋。

二、合理负载

在果树产量中，果实所占的比重越大，就越符合栽培的要求。果树生产的本质，就是把光能转为化学能，并储存于枝、叶、花、果、根、干等器官内。生产所需要的最终产品是果实，是经济产量，但是经济产量的获得需要其他器官的参与。梨树负载量直接关系到光合产物分配、果树生长及果实发育，进而直接影响到产量和品质，还影响新梢生长、光合作用和花芽分化等生长发育过程。负载量过高，会导致果实品质变差，翌年花量减少，树势衰弱；负载量过低，则会导致树体营养生长过旺，果园郁闭，营养生长抑制生殖生长，大幅减产。负载量调控是通过调节“库”的大小，减小果实间营养物质的竞争，从而提升果实品质。适宜的负载量可最大限度地利用叶片的光合能力维持果实负载，从而获得果实产量和质量的平衡，同时对维持梨树生殖生长与营养生长以及地上部与地下部的平衡具有重要意义，这也是保证优产的重要途径。

1. 负载量的确定

(1)叶果比法

叶果比法是最常用的方法，也最可行。每个果实正常生长发育需要 20～35 片叶。依据品种特性、土壤肥力、栽培管理技术水平来确定，中、大果型品种按照 30～35 片叶留 1 个果，小果型品种每 25～30 片叶留 1 个果计算。

(2)果间距法

冠层内果实的间距为 20～30 cm，中、大果型品种果间距稍大，冠层内可以每隔 25～30 cm 留 1 个果；小果型品种果间距稍小，冠层内可以每隔 20～25 cm 留 1 个果。

(3)枝果比法

冠层内每 3～4 个生长点留 1 个果，所谓生长点包括长、中、短梢以及果台副梢、莲座状叶丛顶端，需依据品种特性、梨园管理状况综合确定，大果型品种

每3～4个生长点留1个果，小果型品种每3个生长点留1个果。

（4）干周法

主干的截面面积一定程度上代表树体的生产能力。在离地表20 cm处测量出树干周长，用公式（周长×周长×0.08）计算出干截面面积。根据品种、树势等决定负载量，按照干截面面积每平方厘米留2～4个果，小果型品种留3～4个果，大果型品种留2～3个果，在留果量标准的基础上乘以保险系数1.1～1.2，即为实际留果量。

（5）树冠投影法

梨园按照每平方米树冠投影面积确定田间产量，一般每平方米留果5～8 kg，依据树势及目标产量确定留果量。

（6）目标产量法

依据生产者的目标产量，确定单株留果数量。目标产量除以每亩株数，除以单果重，然后乘以1.1～1.2的保险系数，即为实际每株留果数量。

（7）枝粗法

主要用于冬季修剪时局部冠层的负载量确定。树体冠层的结果枝组基部直径为1.0～2.0 cm时留5～8个饱满花芽，2.0～3.0 cm时留9～15个花芽，3.0～4.5 cm时留18～25个花芽，一个花芽原则上一个果。

梨树负载量的确定与梨园管理水平和品种、树龄、树势密切相关，需要综合进行评估研判。管理水平高、树龄小、树势强，应当多留，否则少留。特别是老弱树则应以提高树体长势为前提，尽量少留果，甚至不留果。

2. 疏花疏果

（1）疏花（芽）

迟疏不如早疏，疏果不如疏花，疏花不如疏芽（花芽）。通过冬季修剪、花前复剪等措施疏花（芽），疏枝条背下花芽，留背上花芽，疏密留匀，做到全树均匀分布，疏去主枝、中心干延长头的花芽。花前复剪注意旺树、旺枝少疏多留，弱树、弱枝多疏少留，在花蕾分离期疏去过密、过弱的花枝或花序。每亩留花枝数为1.5万～2.5万枝。疏花在花序伸出至初花期进行，疏去中心花、留边花，每花序留2～3朵花。过密的花序则摘除花朵，注意保留果台芽。

(2)疏果

疏果的原则是疏弱留强，疏小留大，疏密留稀，疏上下留两侧。疏果分两次进行，第一次粗疏，于谢花后 10 d 进行；第二次定果，于 5 月上中旬进行，结合果实套袋进行。

留边花果、疏中心花果，留花柄长的、疏花柄短的，留大果、疏小果，留椭圆形果、疏圆形和扁形果，留下生果和侧生果、疏背上果，疏除小果、畸形果、病虫果、叶磨果、锈果、朝天果。疏果时先里后外、先上后下，勿碰伤果台，注意保护下部的叶片以及周围的果实。

三、果实套袋

1. 套袋时间

青皮品种，如鄂梨 2 号、黄金梨、二十世纪必须进行 2 次套袋，谢花后 15 d，套小蜡袋，30 d 后直接在小蜡袋上套大袋。褐皮品种，如丰水、圆黄等，进行 1 次套袋即可，即谢花 30～40 d 后直接套袋。杂色品种，如翠冠、玉香，既可以进行 2 次套袋，也可以进行 1 次套袋，主要目的是改善果面外观品质，避免形成“花脸”。

套袋时期越早，果面锈斑颜色越浅，呈现出浅黄棕—黄棕—棕褐的变化趋势。从果面光洁度变化趋势看，套袋时期越早，果面越光洁。

2. 套袋前的处理

(1)疏果

套袋前要按负载量要求认真疏果，留量可比应套袋果多些，以便套袋时再有选择余地。套袋时严格选择果形长、萼紧闭的壮果、大果、边果套袋。剔出病虫弱果、枝叶磨果、次果。每序只套 1 果，1 果 1 袋，不可 1 袋 2 果。

(2)套袋前病虫害防治

套袋前 2 d，用 70%甲基托布津可湿性粉剂 1500 倍液加上 10%大功臣可湿性粉剂 2000 倍液进行全园喷雾，注意要仔细彻底，防止漏叶、漏果。重点喷

果面，杀死果面上的菌虫。用药对象主要是梨黑星病、轮纹烂果病及黄粉虫等。喷药后 10 d 之内还没完成套袋的，余下部分应补喷 1 次药再套。

(3)纸袋的选择

要选择质量较好的梨专用纸袋，鉴别果袋质量一是看纸质。外袋，用手触摸、揉捏，手感绵软，皱褶不明显，声音小且沉闷的纸质好；反之，手感硬，皱褶明显，声音清脆如干柴、响声大的纸质差。用手撕纸，纸口绒毛多，说明含木浆多，纸质好。内袋，内袋纸质厚，质地光滑，有光泽，涂蜡均匀，两面涂蜡者为优质；内袋纸质薄而粗，色泽暗淡，涂蜡薄而不均匀，一面涂蜡者质量较差。

二是看制造工艺的精细程度。袋口扁平而柔软，黏结牢固，袋口长短一致；黏结部位不脱胶，纸袋底部两角通气口大小一致，通气性能好，为好果袋；反之为差果袋。

三是看用水浸泡的情况。将纸袋样品浸泡水中 24 h，外袋黏结部位不脱胶，不变形；内袋蜡纸平展而无积水，晾干后外袋无皱纹，平展如初者表明防水性能好，为优质纸袋。而脱胶变形，内袋积水多，取出后提起呈团状，晾干后外袋均皱纹明显而不平展者，表明吸水性能强、防水性能差，为不合格纸袋。

四是看透光情况。将内袋取出后，把外袋撑开，呈筒形，取出手后朝外向袋子里面看，如亮度较差，光点小而密度大，光点均匀者，表明滤光性能好，为优质育果袋。如亮度较好，光点大而不均匀或呈云片状，表明滤光性能差，质量差。

3. 操作方法

纸袋使用前 2 d 进行湿口处理，将袋口朝下浸水约 4 cm 深，持续 30 s，然后袋口朝上放置于纸箱中，上面覆盖 10 层湿报纸，纸箱外用塑料薄膜捂实包严。套袋时撑开纸袋如灯笼状，张开底角的出水汽口，幼果悬空于纸袋中，以免纸袋摩擦幼果果面。纸袋直接捆扎在尽量靠近果台的果柄上，不要将枝叶套入。扎口时宜松紧适度，以纸袋不在果柄上上下滑动为度，铁丝呈“V”形。树体套袋顺序为先上后下，先里后外。套小蜡袋时注意清除幼果尚未脱落干净的雄蕊和柱头。采收时连同果实袋一并摘放入筐中，待装箱时再除袋分级，既可防止果碰伤，保持果面洁净，又可减少失水量。

4. 套袋后果实的管理

果实套袋后，全园喷施1次杀菌剂和杀虫剂。6月上中旬注意防治梨木虱、黄粉蚜等入袋害虫。防治梨木虱使用10%吡虫啉3000倍液，可加入0.3%的洗衣粉或0.3%的碳铵，以提高防治效果。

梨黄粉蚜为套袋所特有的害虫，大多由袋口进入，主要在果肩部为害，被害处初期出现黄色稍凹陷的小斑，以后渐变为黑色，斑点逐渐扩大并腐烂，严重时造成落果。冬季喷5°Bé石硫合剂，是全年控制梨黄粉蚜虫口密度的重要措施，套袋时要将袋口扎紧，防止梨黄粉蚜入袋为害。另外，5月下旬至7月中旬，每隔10 d随机解袋检查一次，若发现梨黄粉蚜为害，应及时喷布敌敌畏等具有熏蒸作用的杀虫剂，重点为果袋扎口处。

四、采收及商品化处理

1. 采收

(1)采收时期

果实采收是梨园一个生长季生产工作的结束，同时又是果品储运和销售的开始，如果采收不当，不仅使产量降低，而且还会影响果实的耐储性和产品质量，甚至影响翌年的产量。准确判断果实的成熟度是适期采收的主要依据，判断成熟度的常用指标有以下几种：

①果实颜色

果实颜色是判定果实成熟的主要标准之一。果实成熟时，果皮色泽呈现出本品种固有的颜色。成熟前果实的表皮细胞内含有较多叶绿素而呈现绿色或褐绿色。随着果实成熟，叶绿素逐渐分解而显现出类胡萝卜素的黄色，果色则逐渐变浅、变黄。一般果皮颜色变为黄绿色或黄褐色时即为可采成熟度。

②种皮颜色

果实成熟前种皮的颜色为白色，随着果实成熟，种皮颜色逐渐变为褐色，并不断加深，可作为判断果实成熟度的指标。可将种皮颜色分为4级，即白色为1

级，浅褐色为2级，褐色为3级，深褐色为4级。每次采有代表性的果实3～5个，取出其种子观察计算，当平均色级达到2.3时即为可采成熟度。

③果肉硬度

果肉的硬度大小主要取决于细胞间层原果胶的多少。果实未成熟时，原果胶逐渐水解而减少，果肉硬度逐渐变小，所以定期测定果肉硬度可作为判断果实成熟度的指标。虽然不同品种果实的果肉硬度大小不同，但是在成熟时都有各自相对固定的范围，近于成熟的果实，果肉变软，硬度下降，口感松脆。

④果实发育期

在气候条件正常的情况下，某一品种在特定的地区，从盛花期到果实成熟，所需的天数是相对稳定的，可用来预定采收日期，即果实发育期。由此来确定采收时期是目前绝大部分果园采用的既简便，又可靠的方法。

⑤果实脱落难易程度

果实成熟时，在果柄基部与果枝之间形成离层，稍加触动，即可采摘脱落。

(2)采收方法

在适宜的采收期内，对果实成熟不一致和采前落果较重的品种，或因劳动力不足，应考虑分批采收。采果时，应根据果实着生部位、密度等进行分期、分批采收，以提高产量、品质和商品价值。先采收树冠外围和上层着色好的果和大果以及风口果，后采内膛果和下部果。内膛果和下部果因光照、营养条件较差而成熟较晚，稍晚采摘不仅可避免因成熟度低带来的不利影响，还能增加产量和提高果实品质。

采摘果实时应避开阴雨天气和有露水的早晨，因为这时果皮细胞膨压较大，果皮较脆，容易造成伤害；同时，因果面潮湿，极易引起果实腐烂和污染果面。还应避开中午高温时摘果，因为这时果温较高，采后堆在一起不易散热，对储藏不利。梨果实含水量高，皮薄，肉质脆嫩，极易造成伤害，采摘过程中须精心加以保护。

采收人员要注意剪短指甲或戴手套，以免划伤果皮。采果篮应不易变形，并内衬柔软材料，以免挤伤、扎伤果实。摘果时，先用手掌托住果实，拇指和食指捏住果柄，轻轻一抬，使果柄与果台自然脱离。切不可生拉硬扯，以防碰伤果柄。无柄果实不符合商品要求，而且极易腐烂。采收过程中要轻拿轻放，严禁随意抛掷或整篮倾倒，以免碰伤果实。采收过程中应多用梯、凳，少上树，并按照先外围、后内膛，先下部、后上部的顺序依次采摘，以尽量减少对树体的伤害和碰伤、砸伤果实。采收后的果实要放在阴凉干燥处预储，不能日晒雨淋。

2. 采后商品化处理

(1)梨果分级

梨果分级的主要目的是使产品达到标准化。分级是在果形、新鲜度、颜色、品质、病虫害和机械伤等方面符合要求的基础上，再按果实大小(重量)划分成若干个等级(规格)。分级工作应与采收及包装相结合，分级方法有人工方法和机械方法。传统的人工分级主要是目测法，即按照人的视觉判断，根据果实的外观颜色和大小进行分级，主观性较强。当前的小型梨园主要采用选果板进行分级，根据选果板上不同的孔径将果实分级，这种方法分级误差较小；人工分级用工量大、人工成本高。机械分级是采用机械选果，实现规模化处理，但损耗较大，初期设备投资高，适合大企业进行商品化处理。

(2)储藏

①储藏前准备

在梨入储前一周，对仓库设施进行检查，如冷库的各种配套设施、机组的运行情况、控制系统的工作状况等，确保在梨入储时仓库保温、密闭性良好，保证果实正常入储。在储藏梨果前，对库房进行彻底清扫，用40%福尔马林150～200倍液喷洒库墙、库顶及地面，密闭24 h；或20 g/m^{3}硫黄熏蒸，密封10 h以上。在梨入库前进行通风换气，排除残存消毒剂后用于储存。给库房消毒灭菌时，应将储存用具放入库内一起消毒。果品入库前2 d，要将冷库预先降温，保证在果品入库时库温降至果品储藏要求的温度。

②果实预冷

采收后对果实进行预冷处理。梨采收后在常温下有很强的呼吸作用，会产生大量的呼吸热，同时带有大量的田间热，若不及时预冷，会加速梨果成熟和老化，使其新鲜度和质量明显降低。预冷应在短时间内进行，将梨果迅速冷却至

约 3℃,使其保持较低的呼吸速率,延缓果实衰老。

自然预冷是在没有冷藏或预冷设备的情况下,将采后的梨果用通透的材料包装运到阴凉、通风处,利用自然风或机械送风来除去热量。自然预冷需时较长,且不易达到适储温度,只用于档次较低、不进行精包装的果品,且运输距离在 400 km 以内的区域。冷库预冷应设立专门的预冷冷库。田间采收的梨果应于当日尽快运至加工厂,快速分级后进入已消毒并降温至 2～3℃的预冷库,使果实快速降温。果箱入库后堆码成垛,垛底垫板并架空 10～15 cm,垛与垛、箱与箱之间要留有空隙。果实分批进入预冷库,每天入库量不要超过总库容的 20%,以便果实快速降温至所需温度,预冷时间以 24 h 为宜。

③储藏

储藏过程中,要注意库内温度条件,防止冷害的发生。果箱堆叠类型为品字型和蜂窝型,堆垛体积不应太大,果箱间要保留空隙,堆垛应离地面 15～20 cm、距顶部 20～30 cm,底部一般用托盘或垫木垫起,放置方向以不影响库内冷风循环的位置为佳。堆垛间距为 0.5～0.7 m,库房中间留有 1.0～1.3 m 的人行通道兼作通风道。储存期间保持温度和湿度稳定,温度一般为 0～1℃,湿度为 90%～94%,每 10 d 进行一次通风换气,防止诸如乙烯、乙醇、氨气等有害气体过多积累,造成二氧化碳中毒和产生催熟作用。

(3)包装

包装是产品转化成商品的重要组成部分,兼有包裹产品、保护产品、宣传产品等功效,是果品商品化生产中增值最高的一个技术环节。果品包装技术呈现包装系统化、规格趋于小型化、容器趋向精致化、设计趋向精美化、内涵注重品牌化,为果品在产后储、运、销过程中的流通提供极大的便利。

①包装容器的要求

梨果商品包装应具有美观、清洁,无有害化学物质,内壁光滑、卫生,自重轻、成本低,便于取材,易于回收及处理的特点。外包装材料要求卫生、美观、坚固,有利于储藏和运输中的堆码;内包装宜选用价格便宜、不易破损,具有良好的透湿透气性能,符合卫生和环保要求的包装纸、保鲜膜(含单果膜)、网套等,并用隔板或垫片隔离,以防果实挤压造成伤害。在包装外注明商标、品名、等级、质量、产地、特定标志及包装日期等。

采收包装以有内衬的竹篮、藤筐或塑料筐为宜，可减少对果品的擦伤。运输包装要有一定的坚固性，能承受运输期的压力和颠簸，并容易回收。最好用纸箱或泡沫箱，内加果实衬垫。储藏的外包装应坚固、通气，内包装应保湿透气。由于储藏库内低温高湿，产品的堆码较高，要求有良好的通气状态。销售包装以方便、轻巧、直观和美观为准，选择透明度高、透气性好的塑料薄膜袋、网，塑料托盘、泡沫托盘，或小纸箱包装。销售包装上应标明质量、品名、价格和日期。

②包装容器的种类及特点

纸箱：果品储藏和销售最为主要的包装容器。瓦楞纸箱具有自重轻、经济实用、易于回收的特点，且空箱可折叠，便于堆放和运输。箱体支撑力较大，有弹性，可较好地保护果实；规格大小一致，便于堆码，在装卸过程中便于机械化作业。

塑料箱和钙塑箱：塑料箱的主要材料是高密度聚乙烯或聚苯乙烯，钙塑箱的主要材料是聚乙烯和碳酸钙，其箱体结实牢固，自重轻、抗挤压，抗碰撞能力强，防水，不易变形，便于果品包装后高度堆码，有效利用储运空间。在装卸过程中便于机械化作业，外表光滑易清洗，可重复使用，空箱可以套叠，箱口有插槽，空箱周转、运输和堆码时安全。

③辅助包装材料

包果纸：减少果品采后失水、腐烂和机械伤害，质地光滑、柔软、卫生，无异味，有韧性。

衬垫物：泡沫、网套以及牛皮纸等。

抗压托盘：具凹坑，凹坑的大小和形状以及图案的类型根据包装的具体果实设计，每个凹坑放置一个果实，果实的层与层之间由抗压托盘隔开，有效减少果实的损伤。

第五节　主要病虫害防治

一、病害

1. 梨锈病

(1)症状及病原

梨锈病又称赤星病、羊胡子，由担子菌亚门真菌梨胶锈菌(*Gymmosporangium haraeanur* Syd.)引起，主要为害叶片、叶柄、新梢、果梗和幼果。为害梨树叶片时，在叶正面形成数目不等的橙黄色近圆形斑点，病斑直径为4～5 mm，大的可以达到7～8 mm，病部中央密生橙黄色针头大小的小粒点(性孢子器)。遇到潮湿条件，溢出浅黄色黏液(性孢子)。黏液干燥后，小粒点变黑，病斑组织渐变肥厚，对应的叶背面组织增厚，正面微凹陷，背面隆起部位长出黄褐色毛状物(锈孢子器)。一个病斑可长出十多条毛状的锈子腔。锈子腔成熟后，先端破裂，散出黄褐色粉末(病菌的锈孢子)。叶片上病斑较多时，叶片会早枯脱落。幼果受害后，初期病斑与叶片上的相似，病部稍凹陷，病斑上密生橙黄色小粒点，后变黑色。果实生长停滞，畸形早落。新梢、果梗与叶柄上的病斑大体与果实上的相同。叶柄、果梗受害，引起落叶、落果。

(2)发生规律

梨锈病病菌产生冬孢子、担孢子、性孢子和锈孢子，但无夏孢子阶段，不发生重复侵染。病原菌为转主寄生菌，其转主寄主为松柏科的桧柏、龙柏、刺柏等。病菌以多年生的菌丝体在桧柏等转主寄主的病组织中越冬，翌春2—3月开始形成冬孢子角。冬孢子在适宜的温度和湿度下迅速萌发产生担孢子，借风传播，为害梨树。担孢子萌发的最适温度为17～20℃，低于14℃或高于30℃均不萌发。病菌侵入后，侵染梨树幼叶、嫩梢和幼果，叶面产生橙黄色病斑，病斑表面长出性孢子器，然后在病斑背面或附近形成锈孢子器和锈孢子。锈孢子不为害梨树，只能在桧柏等转主寄主上为害，并在转主寄主上越夏、越冬，至翌春形成冬孢子角。病菌的潜育期长短与气温和叶龄有密切关系，一般为 6～10 d。温度越高，叶龄越小，潜育期越短，展叶后 25 d 的叶片不受感染。梨锈病发生的轻重与转主寄主、气候条件、品种的抗性等密切相关。

(3)防治方法

①清除转主寄主

砍除距梨园 5 km 以内的桧柏类树木，是防治梨锈病最彻底有效的方法。在建立新梨园时，也应考虑附近有无桧柏存在，如有零星桧柏，应彻底砍除。

②杀灭转主寄主上的病原菌

如梨园附近的桧柏不宜砍除时，可对桧柏喷药杀灭梨锈病病菌的冬孢子，减少初侵染源。时间在梨树发芽前，这段时期冬孢子已经成熟，可以控制梨树发病，使用 3～5°Bé 石硫合剂或 15％三唑酮可湿性粉剂 2000 倍液进行防治。

③化学防治

时间在梨树萌芽至展叶后约 25 d(长江中游地区在 3 月下旬至 4 月上旬)，即在担孢子传播侵染盛期进行，每隔 10 d 喷药 1 次，连喷 2～3 次。使用 15％三唑酮可湿性粉剂 2000 倍液、40％氟硅唑乳油 8000～10000 倍液、12.5％烯唑醇可湿性粉剂 2000～3000 倍液、12.5％腈菌唑可湿性粉剂 3000 倍液或 10％苯醚甲环唑水分散粒剂 2000 倍液进行防治。

2. 梨黑斑病

(1)症状及病原

梨黑斑病的病菌为半知菌亚门真菌菊池链格孢(*Alternaria kikuchiana* Tanaka)，在梨树整个生长期及各部位均有为害，主要侵害叶片、果实和新梢。幼嫩的叶片最易发病，开始时产生针头大圆形的黑色斑点，以后斑点逐渐扩大，呈近圆形或不规则形，中央呈灰白色，边缘为黑褐色，有时微显淡紫色轮纹。潮湿时病斑表面遍生黑霉(分生孢子梗及分生孢子)。叶片上长出多数病斑时，往往相互融合成不规则形的大病斑，使叶片成为畸形，引起叶片早落。成龄叶片病斑呈淡黑褐色，微显轮纹，直径可达 2 cm。幼果染病，起初在果面上产生一

个至数个针头大的圆形黑色斑点，逐渐扩大，呈近圆形或椭圆形。病斑略凹陷，上面生有黑霉。由于病健部分发育不均，果实长大时，果面发生龟裂，裂隙可深达果心，在裂缝内也会产生很多黑霉，造成落果。新梢染病时，发生黑色小斑点，以后发展成长椭圆形，暗褐色，凹陷，病健交界处产生裂缝，病斑表面有霉状物。

(2)发生规律

病菌以分生孢子及菌丝体在病枝梢、病芽及芽鳞、病叶、病果上越冬。翌春产生分生孢子，借风雨传播。分生孢子萌发侵入寄主植物组织，引起初次侵染。以后新老病斑上又不断产生新的分生孢子而发生再侵染。4月中旬至5月初，日平均气温13～15℃时，叶片开始出现病斑，5月中旬增加，6月多雨，病斑急剧增加。4月底至5月初，孢子开始显著增加，并侵害幼果，5月中下旬为孢子飞散的高峰期，也是全年的发病盛期，果实于5月中旬出现病斑，5月下旬至6月上旬开始龟裂，7—8月病果腐烂脱落。温度和湿度与病害的发生和发展关系极为密切。分生孢子萌发的最适温度为25～27℃，在30℃以上或20℃以下萌发不良。适温条件下，分生孢子在水中10 h即能萌发。气温在24～28℃，如遇连续阴雨则黑斑病快速发生与蔓延，如气温达30℃以上，并连续晴天，则病害停止扩展。不同品种、树势强弱、树龄大小与发病轻重程度密切相关。

梨褐斑病[*Mycosphaerella sentina*(Fries) Schrot]由子囊菌亚门梨褐斑小球壳菌引起，又称梨叶斑病、梨斑枯病，常与梨黑斑病一起发生。梨褐斑病是先产生褐色斑点，后病斑变成中间灰白色，周围褐色，外围黑色，病斑上密生小黑点(分生孢子器)。而梨黑斑病是先产生黑色斑点，后病斑变成中间灰白色，周缘黑褐色，潮湿时病斑表面密生黑色霉层(分生孢子梗和分生孢子)。生产上梨黑斑病和梨褐斑病常常一起防治，选用的药剂也相同。

(3)防治方法

①冬季清园消毒

冬季或者萌芽前，用0.5%五氯酚钠+5°Bé石硫合剂进行枝干淋洗式喷雾，全园清园。

②化学防治

五一前后视叶片病斑发生情况，选用10%多抗霉素粉剂1000～1500倍液、

60%唑醚·代森联水分散粒剂 1500 倍液、50%异菌脲可湿性粉剂 800～1500 倍液、65%代森锌可湿性粉剂 500～600 倍液、12.5%烯唑醇可湿性粉剂 2500～4000 倍液、25%吡唑醚菌酯乳油 1000～3000 倍液、24%腈苯唑悬浮剂 2500～3000 倍液进行防治,喷药间隔期为 10 d 左右,喷 2～3 次,保护剂和治疗剂混用或轮换使用。

3. 梨轮纹病

(1)症状及病原

梨轮纹病又称瘤皮病、粗皮病、烂果病,梨轮纹病有性阶段为子囊菌亚门(*Physalospora pirlcola* Nose),无性阶段为半知菌亚门(*Macrophoma kuwatsukai* Hara),主要为害枝干、果实、叶片。枝干以皮孔为中心产生褐色、水渍状小病斑,逐步扩大,呈圆形或扁圆形不规则褐色瘤状凸起,直径为 0.3～3.0 cm,病斑较坚硬,里面为暗褐色。病斑上产生许多黑色小粒点,为病菌的分生孢子器,病斑多数限于树皮表层,部分病斑可达形成层甚至木质部,病健交界处隆起,出现裂缝、翘起、剥离。染病严重时,病斑相连,枝干表面极为粗糙,故称为粗皮病。果实多数在近成熟期发病,起初在果面上产生一圆形褐色小点,2～3 d 后病斑扩大至 3～5 mm,病斑显轮纹,逐渐扩展,呈暗红褐色,并有明显的同心轮纹,深达果心;病果以皮孔为中心产生水渍状近圆形的褐色斑点,后逐渐扩大,腐烂流出茶褐色的黏液。叶片上发病少,起初形成近圆形或不规则的褐色病斑,微具同心轮纹,后期变灰白色,产生黑色小粒点。

(2)发生规律

以菌丝体和分生孢子器及子囊壳在枝干瘤斑、病果、病叶处越冬,为翌年的侵染源。病菌发育最适温度为 27℃,最高 36℃,最低 7℃。第二年春季恢复活动,4—6 月形成分生孢子,继续侵害梨树枝干。分生孢子器内的分生孢子在下雨时散出,引起初次侵染,当气温在 20℃以上、相对湿度在 75%以上时,孢子大量散布,借风雨传播,孢子落到果实、枝条等处萌发后从皮孔侵入。枝干上的病斑在春、秋两季有两次扩展高峰,在夏季基本处于停顿状态。叶片发病从 5 月开始,7—9 月发病较重。此病的发病程度还受外界诸多因素的影响。降雨早、雨量大、次数多的温暖多雨年份发病严重,干旱年份发病较轻。

(3)防治方法

①冬季清园,减少病原菌基数

冬季结合清园剪除病枝,刮除病斑,将园内的病叶、病果、病瘤及杂草、残附物等清除干净,收集深埋,然后使用3～5°Bé石硫合剂＋200倍五氯酚钠进行树冠喷雾,减少病菌的初侵染来源。

②增强树势,提高树体抗病能力

轮纹病菌是弱寄生菌,在树体生活力旺盛的情况下,病害程度明显减轻。梨树进入结果期后,树势明显下降,应加强肥水管理,增施有机肥,适当挂果,增强树势,提高抗病力。

③化学防治

梨病原菌借风雨传播,在雨前、雨后应及时喷药,减少病原菌的侵害。使用70％甲基托布可湿性粉剂1000倍液、75％百菌清可湿性粉剂800倍液、50％多菌灵可湿性粉剂600倍液、10％的多抗霉菌1000倍液或1∶2∶160倍的波尔多液进行防治。

4. 梨黑星病

(1)症状及病原

梨黑星病又称疮痂病、黑霉病,梨黑星病有性阶段为子囊菌亚门(*Vendturia pirina* Aderhord),无性阶段为半知菌亚门[*Fusicladium pirinum*(Lib.) Fuckel],主要为害叶片、果实、叶柄、新梢等。叶片发病初期,在叶背主脉两侧和支脉之间产生圆形、椭圆形或不规则形的淡黄色小斑点,界限不明显,扩大后在病斑上产生黑色霉状物,严重时多病斑融合,产生黑色霉层。叶柄受害则出现黑色的椭圆形凹陷病斑,产生黑色霉层,造成落叶。果实前期受害,产生淡褐色圆形小病斑,逐渐扩大后表面长出黑色霉层(分生孢子梗和分生孢子)。随着果实增大,病部逐渐凹陷、木栓化、龟裂,果实丧失商品价值。生长期新梢受害,病斑椭圆形或近圆形,淡黄色,微隆起,表面有黑色霉层,以后病部渐凹陷、龟裂,呈粗皮状的疮痂。

(2)发生规律

以菌丝和分生孢子、子囊壳在病部越冬,也以菌丝团或子囊壳在落叶上越冬。分生孢子萌发的温度范围为2～30℃，以15～20℃为适宜，高于25℃萌发率急剧下降，分生孢子形成温度12～20℃，最适温度为16℃。春季随着梨芽萌发和新梢的抽出，越冬菌源开始活动，新生的分生孢子借风雨传播进行初侵染，引起发病。以后由病叶、病果上的分生孢子借风雨传播，进行再侵染。多雨年份或多雨地区易大量发生，尤其是5—7月雨量多、日照寡、湿度大，易大量发生。

(3)防治方法

生长期在田间开始发现病芽梢、叶时，进行第1次喷药。以后根据发病情况，每隔15～20 d喷1次药。使用40%福星8000倍液、10%苯醚甲环唑2000倍液、5%烯唑醇3000倍液进行全株叶面喷雾。

二、虫害

1. 梨小食心虫

梨小食心虫(*Grapholitha molesta* Busck)别名梨小蛀果蛾、桃折梢虫、东方蛀果蛾，简称“梨小”，为鳞翅目卷蛾科害虫，国内各梨区分布广泛。

(1)为害特点

主要为害梨、桃、苹果、李、杏、樱桃、山楂、枣、枇杷等果树，分布广。幼虫为害梨果实多从萼洼、梗洼处蛀入，直达果心，蛀食果肉。早期入果孔较浅、较大，有虫粪排出，蛀孔周围变黑腐烂，略凹陷，俗称“黑膏药”；晚期入果孔很小，蛀孔四周青绿色，稍凹陷。幼虫老熟后由果肉脱出，脱果孔大，虫道有丝状物。幼虫为害桃树嫩梢时，多从新梢顶端2～3片嫩叶的叶柄基部蛀入髓部，向下蛀至木质化处就转移为害，蛀孔外流胶并有虫粪，被害嫩梢枯萎下垂。

(2)发生规律

每年发生代数因各地气候不同而异，华北多为3～4代，长江流域及以南地区为5～7代，武汉地区发生5代，各代发生不整齐，世代重叠。以老熟幼虫在梨树枝干及根颈部的翘皮裂缝中及土中结茧越冬，为灰白色薄茧。部分幼虫在堆果场、果库等处越冬。越冬代成虫3月中下旬开始化蛹；4月上中旬成虫羽

化，产卵于新梢；5 月上旬第 1 代幼虫开始蛀食桃梢，老熟后在桃树枝干处化蛹。卵期 5～6 d，第一代卵期 8～10 d，非越冬幼虫期 25～30 d，蛹期 7～10 d，成虫寿命 4～15 d，除最后一代幼虫越冬外，完成一代需 40～50 d。有转主为害的特性，一般 1、2 代为害桃、李、杏梢，以后各代为害梨果实。卵产于中部叶背，为害果实产于果实表面，多产于萼洼和两果接缝处，散产。单一种植的果园发生程度轻，梨、桃、李混栽的果园发生程度重。

(3)防治方法

①人工防治

4—6 月剪除第 1、2 代梨小食心虫为害后的桃、李、杏、樱桃等萎蔫的新梢，集中深埋。剪除被害新梢的时间不宜太晚，如果被害梢已变褐、枯干，则其中的幼虫已转移。7—8 月，人工摘除虫果，捡拾落果，并集中深埋，切忌堆积在树下。8 月在梨树干上绑草环，诱集幼虫进入越冬，冬季解下草环深埋。

结合休眠期清园消毒，刮除树干粗皮、翘皮及裂缝，清扫枯枝、落叶、杂草，铲除越冬的梨小食心虫幼虫。对于聚集在树干基部 3～10 cm 深的土里越冬的幼虫，可浅翻树盘，将在土中越冬的幼虫翻在地表杀灭。

②农业防治

对果实进行套袋，可有效阻止梨小食心虫产卵于果面，从而杜绝其为害。

③诱杀成虫

梨小成虫有趋光性，对糖醋液有趋性。在梨园设置频振灯或黑光灯，诱杀成虫。用糖 1 份＋醋 4 份＋水 16 份＋少量敌百虫配制成糖醋液，盛于广口塑料瓶中，诱集成虫取食杀死。梨小成虫的飞翔力较强，易迅速扩散，大面积梨园要统一采取行动，统防统治。

④加强虫情测报，及时进行化学防治

梨小幼虫一旦蛀进果内，就无法防治，适期防治是控制此类害虫的关键。将人工合成的性诱剂挂于果园，每 15 亩果园挂 1 个，每天检查诱集虫数，当诱集成虫数量剧增时，每 3 d 检查 1 次卵果。当卵果率达到 1%时，则立即进行化学防治，选用 1%苦参碱 1000 倍液、4.5%高效氯氰菊酯乳油 2000 倍液、48%乐斯本乳油 2000 倍液、20%灭扫利或者 2.5%功夫 3000 倍液，每隔 15 d 喷药 1 次。

2. 梨瘿蚊

梨瘿蚊(*Dasinenra pyri* Bouche)别名梨蚜蛆、梨卷叶瘿蚊，为双翅目瘿蚊科害虫，分布于湖北、安徽、浙江、福建、江苏、四川、贵州、河南等地。

(1)为害特点

仅为害梨，以幼虫为害梨芽、叶，幼虫在未展开的嫩叶边缘刮吸汁液，使叶面皱缩、变成畸形，呈肿瘤状，叶缘正面相对纵卷。受害轻的幼叶长大后边缘不开展，凹凸不平，卷曲叶缘发黑皱缩；受害重的幼叶完全不开展，呈筒状，变黑枯死而脱落。武汉地区春梢为害盛期为4月上中旬，夏梢为5月中旬，秋梢为9月初，以夏梢叶片被害最重。

(2)发生规律

成虫体为暗红色，体长1.3～1.6 mm，雌虫体稍长，翅展约3.6 mm，雄虫略短。幼虫4龄，呈狭纺锤形。低龄幼虫无色透明，老熟幼虫橘红色，体长1.5～2.1 mm，头极小，在中胸腹面有1个棕褐色“Y”形剑骨片。长江流域梨产区高温高湿，适宜其生长发育，发生程度重。武汉地区一年发生4代。以老熟幼虫在树冠滴水线内深0～6 cm土壤中越冬，少数在枝干粗翘皮裂缝中越冬，以2～3 cm表土层中数量多。越冬代成虫盛发期为4月上旬，第1代为5月上旬，第2代为6月上旬，第3代为9月初。雌虫多在上午羽化，雄虫则在黄昏时羽化。雌雄交尾在上午8:00—10:00进行。雌虫交尾1次，雄虫可交尾数次。雌虫交尾后即产卵。卵一般产在未展开的芽叶缝隙中，少数直接产在芽叶表面。成虫寿命约1 d，雌成虫稍长。卵期2～4 d，气温高时卵期短。幼虫孵化后即钻入芽内舐吸为害，幼虫为害期为11～13 d。老熟幼虫遇降雨或大的露水则脱出卷叶，弹落地面，沿土缝入土化蛹，少数随雨水潜行至枝干粗皮、翘皮裂缝中化蛹。蛹期随温度升高而缩短，第1代为20 d，第2代为12 d，第3代为20 d。10月初老熟幼虫将身体蜷曲，入土或在枝干裂缝中结茧越冬。

温(湿)度和雨水对梨瘿蚊发生数量及发生世代有极显著的影响。春季10 cm处土层温度在10℃以上时越冬幼虫破茧活动，20℃时成虫大量羽化。温度高于30℃时幼虫恢复休眠而不能化蛹。低于15℃时，羽化后成虫不能活动产卵。雨水是老熟幼虫脱叶的重要条件，不降雨则老熟幼虫不能钻出卷叶，也

不能在卷叶内化蛹。土壤含水量为20%～25%时，梨瘿蚊大量化蛹、羽化。土壤含水量低于15%或高于35%时化蛹缓慢，成虫羽化率低。

(3)防治方法

①人工防治

冬季应深翻行带，集中烧毁枯枝、落叶、杂草等物，对枝干粗皮、翘皮应认真刮除，并涂10°Bé石硫合剂+0.5%五氯酚钠。生长期及时摘除全部被害叶片，带出园外，集中杀死里面幼虫。

②利用天敌

武汉地区梨瘿蚊天敌有中华草蛉、七星瓢虫、小花蝽等，合理利用天敌，对压低虫口基数有明显作用。

③土壤喷药触杀

武汉地区越冬成虫羽化盛期为3月底至4月初，第1代为5月上旬。选用25%对硫磷微粒胶囊剂300倍液、40.7%乐斯本乳油600倍液，进行地面喷雾触杀。

④杀灭幼虫

武汉地区各代发生期分别为4月上旬、5月上旬、6月上旬、9月上旬。由于梨瘿蚊幼虫舐吸为害，且又有卷叶保护，触杀性农药防治效果差，宜选用内吸性或胃毒性农药。可选用22.4%螺虫乙酯悬浮剂2000倍液、22%噻虫·高氯氟微囊悬浮剂2500倍液、20%吡虫啉可湿性粉剂5000倍液、50%敌敌畏乳油1200倍液，重点喷雾新梢未展嫩芽叶。

3. 梨木虱

梨木虱(*Psylla pyrisuga* Forster)为同翅目木虱科害虫，国内各梨产区分布广泛。

(1)为害特点

食性专一，仅为害梨，以成虫、若虫刺吸芽、叶、嫩梢和果实汁液。第1代若虫潜入芽鳞片内或群集于花簇基部及未展开的叶内为害，以后成虫和若虫在梨树嫩绿部位刺吸汁液。春季成虫、若虫多集中于新梢、叶柄为害；夏秋季则多集中在叶背的叶柄、叶主脉附近吸食为害，受害叶片叶脉扭曲，叶片皱缩，且若虫分泌大量蜜露黏液，常使两叶片粘在一起或粘在果实上，诱发煤污病，污染叶片和果面，影响品质。若虫为害较重，肛门上常分泌出白色弯曲的絮状物盖在虫体上，影响药液的渗透。

(2)发生规律

在武汉地区1年发生5代，世代重叠。以成虫在落叶、杂草中及树缝下越冬，耐寒力较强。成虫很微小，体长仅2～3 mm，卵0.3 mm。适宜生存的温度范围为0～35.5℃，最适温度为15～25℃，相对湿度为65%～85%，其生长发育的虫态历期随温度升高而缩短，当日均温度超过23℃以上时，虫态发育进度会随温度升高而减缓，日最高温度达到35℃以上时，对种群会产生非常明显的抑制作用。2月下旬，梨树花芽处可见成虫，但此时不活跃。3月上旬梨树花芽萌动时，成虫开始进入活跃期，常在新梢上取食为害，成虫在树干的阳面，气温升高时交尾产卵。越冬代产卵量最高，主要在枝条顶部芽穗下的叶痕处，散产或2～3粒一起，以后成虫的卵主要散产在新梢上有茸毛的地方，最后1代的卵产在叶片正面主脉沟内，呈线状排列。连年高温干旱时，梨木虱发生严重，雨水偏多年份发生较轻；4—7月是梨木虱的发生盛期，占全年发生量的85%～92%。

(3)防治方法

梨木虱繁殖系数极高，越冬代雌成虫产卵量大，每头150～200粒，初孵若虫潜入芽鳞片内或群集在花簇基部及未展开的叶内为害，不易察觉。第1代雌成虫每头产卵约100粒，当这两代若虫的发生进入盛发期，由于若虫排泄大量弱酸性黏液般的蜜露，到中后期较难防治。因此，应该强化早期防治，选用22.4%螺虫乙酯悬浮剂3000倍液、20%烯啶虫胺水分散粒剂2000倍液、40%氯虫苯甲酰胺·噻虫嗪水分散粒剂3000倍液、50%噻虫胺水分散粒剂4000倍液进行防治，可以混加500～1000倍的洗衣粉，去除若虫上的黏液，提高防效。

4. 梨网蝽

梨网蝽(*Stephanitis nashi* Esaki et Takeya)俗称梨军配虫，为半翅目网蝽科害虫，主要为害梨、苹果、花红、桃、李、杏、樱桃等果树，全国各梨产区均有发生。

(1)为害特点

成虫和若虫群集在叶背吸食汁液，受害叶片正面呈现苍白色褪绿斑点，以

叶片中心脉处最严重，并向叶缘蔓延，背面布满斑斑点点的褐色粪便和产卵时留下的蝇粪状黑点，叶背面有大量褐色黏液，使叶背呈现黄褐色锈渍，被害叶片正面初期呈现黄白色斑点，逐渐转化为锈黄色，以叶片中心脉处最严重，并向叶缘蔓延。在盛发期，被害叶片反卷脱落，造成二次开花，影响第二年的产量和品质。

(2)发生规律

成虫体小而扁，体长 3.0～3.5 mm，呈暗褐色。头小、复眼暗黑，触角丝状，翅上布满网状纹。前胸背板隆起，向后延伸呈扁板状，盖住小盾片，两侧向外凸出呈翼状。前翅合叠，其形成“X”形黑褐色斑纹。卵长 0.4～0.6 mm，长椭圆形。若虫共 5 龄。初孵时白色，后渐变为深褐色，3 龄时出现翅芽，外形似成虫。老熟若虫体扁平，呈暗褐色。

武汉地区 1 年发生 5 代，以成虫在枯枝落叶、枝干翘皮裂缝、杂草及土、石缝中越冬。越冬成虫 4 月初出蛰，第 1 代成虫于 5 月底发生，世代重叠。成虫畏光，多隐匿在叶背面，夜间具有趋光性。卵多产在叶背面主脉两侧的叶肉组织内，初孵幼虫行动迟缓，群集在叶背面，2 龄后逐渐扩大为害活动范围，成虫、若虫喜群集于叶背中心脉附近为害，全年以 8 月上中旬至 9 月中下旬为害最为严重，遇到高温、干旱则为害加重。

(3)防治方法

①农业防治

成虫春季出蛰活动前，彻底清除果园内及附近的杂草、枯枝落叶，集中烧毁或深埋，消灭越冬成虫。9 月间树干上束草，诱集越冬成虫并杀灭。4 月中旬至 8 月底，果园悬挂频振式杀虫灯诱杀成虫，采用 100 m 间距，直线排列杀虫灯。

②生物防治

在成虫发生期，采用田间释放蝽象黑卵蜂或人工收集蝽象黑卵蜂寄生的卵块，待寄生蜂羽化后，放回梨园以提高寄生率。

③化学防治

选用 2%阿维菌素 2000 倍液、11.5%阿维·吡虫啉 3000 倍液、10%蚜虱净 2000 倍液、10%氯氰菊酯 3000 倍液等药剂交替防治。发生成虫为害严重的梨园，7～10 d 再喷 1 次，注意全园喷药。

参考文献

[1]李先明.梨适地适栽与良种良法[M].武汉:武汉理工大学出版社,2022.

[2]李先明,丁向阳,吴美华.柿栽培新品种新技术[M].南昌:江西科学技术出版社,2018.

[3]蒲富慎.果树种质资源描述符——记载项目及评价标准[M].北京:农业出版社,1990.

[4]中国农业科学院.中国果树栽培学[M].北京:农业出版社,1987.

[5]王克,赵文珊.果树病虫害及其防治[M].北京:中国林业出版社,1989.

[6]魏闻东.鲜食梨[M].郑州:河南科学技术出版社,2006.

[7]李先明,秦仲麒,涂俊凡,等.甜柿树篱形冠层特征及整形修剪研究[J].安徽农业科学,2020,48(22):44-46.

[8]李先明.甜柿的嫁接繁殖试验[J].中国种业,2002(9):27-28.

[9]李先明,秦仲麒,涂俊凡,等.湖北省柿子产业现状及发展对策[J].安徽农业科学,2015,43(26):47-50.

[10]李先明,刁松峰,涂俊凡,等.湖北省柿属种质筛选和栽培利用[J].中国果树,2022(5):67-71.

[11]李先明.一种甜柿树篱形整形方法:ZL 201510222852.X[P].2015-05-05.

[12]李先明.一种用于砧穗亲和力差的甜柿嫁接方法:ZL 201610605486.0[P].2016-11-09.

[13]李先明.一种柿子-水稻立体生态种植方法:ZL 201610315732.9[P].2016-05-12.

[14]李先明.一种克服柿大小年的方法:ZL 201810444417.5[P].2018-05-10.

[15]李先明.一种柿子快速成园方法:ZL 201610325895.5[P].2016-05-17.

[16]李先明.一种用于山地柿园休闲观光的生态栽培模式:ZL 201810444935.7[P].2018-05-10.

[17]李先明.一种甜柿高位嫁接方法:ZL 201510222855.3[P].2015-05-05.

[18]李先明.一种富有甜柿中间砧快速育苗方法:ZL 201510215649.X[P].2015-04-30.

[19]李先明.一种用于采收果实的工具:ZL 202022783380.4[P].2020-11-26.

[20]李先明.一种果树苗木断根的利用方法:ZL 202010699729.8[P].2020-07-20.

[21]李先明.罗田甜柿种质资源调查报告[J].中国南方果树,2003,32(6):69-70.

[22]李先明,秦仲麒,涂俊凡,等.甜柿开心形冠层结构特征及光合作用特性的研究[J].江西农业学报,2015,27(9):17-20.

[23]李先明.甜柿优良品种及高接换种技术[J].北方果树,2004(3):17-18.

[24]周丽,王长柱,李新岗.新疆现代红枣栽培模式研究[J].西北林学院学报,2015,30(2):139-143.

[25]罗桂环.中国杏和樱桃的栽培史略[J].古今农业,2013(2):38-45.

[26]郑媛媛.古代中国枣业研究[D].淮北:淮北师范大学,2018.

[27]郭满玲.我国鲜食枣品种资源及分布研究[D].咸阳:西北农林科技大学,2004.

[28]仇振华.南方枣丰产、优质栽培调控关键技术研究[D].长沙:湖南农业大学,2016.

[29]黄海,方金豹,唐常青,等.植物生长调节剂多效唑对甜樱桃树的化学控制效应[J].华北农学报,1993,8(1):101-106.

[30]袁玥,吴延军,凡改恩,等.中国南方地区甜樱桃病虫害管理[J].浙江农业科学,2018,59(9):1540-1542.

[31]吴子江,马翠兰,郭阳彬,等.无花果生产与研究进展[J].亚热带农业研究,2013,9(3):151-157.

[32]洪莉.中国樱桃新品种引进及其避雨栽培技术研究[D].杭州:浙江农

林大学,2013.

[33]王现.莆田市无花果引种及其配套栽培技术研究[D].福州:福建农林大学,2013.

[34]杨蓉.无花果采后商业化处理技术初探[D].南京:南京农业大学,2015.

[35]孙德茂.陕西石榴干腐病发生规律与防治研究[D].咸阳:西北农林科技大学,2008.

[36]任博.桑葚果酒发酵工艺研究[D].咸阳:西北农林科技大学,2015.

[37]张蒙蒙.基于蚕桑主题的农业生态园规划设计研究——以齐河古晏生态农业为例[D].泰安:山东农业大学,2019.

[38]赵丛枝,寇天舒,张子德.发酵型无花果果酒加工工艺的研究[J].食品研究与开发,2014,35(13):79-82.

[39]赵杰,支月娥,赵宝明,等.无花果炭疽病菌生物学特性及药剂的毒力测定[J].北方园艺,2016(14):126-129.

[40]李玉,王晨,夏如兵,等.中国石榴栽培史[J].中国农史,2014(1):30-37.

[41]侯乐峰,郭祁,郝兆祥,等.我国软籽石榴生产历史、现状及其展望[J].北方园艺,2017(20):196-199.

[42]陈利娜,敬丹,唐丽颖,等.新中国果树科学研究70年——石榴[J].果树学报,2019,36(10):1389-1398.

[43]张聪宽,徐涛,陈延惠.豫西南地区软籽石榴的新型栽培模式与配套技术[J].果树学报,2017,34(增刊):171-174.

[44]张立华,郝兆祥,董业成.石榴的功能成分及开发利用[J].山东农业科学,2015,47(10):133-138.

[45]王立.桑的栽培演化与农耕文化及其资源利用[D].广州:仲恺农业工程学院,2019.

[46]夏志松,蒯元璋.长江流域桑树病虫害调查报告[J].中国蚕业,2003,24(4):78-82.

[47]刘孟军,王玖瑞,刘平,等.中国枣生产于科研成就及前沿进展[J].园

艺学报,2015,42(9):1683-1698.

[48]李先明,伊华林,秦仲麒,等.不同时期套袋对鄂梨2号果实品质的影响[J].果树学报,2008(6):924-927.

[49]李先明,秦仲麒,涂俊凡,等.梨果实若干经济性状遗传倾向研究[J].西北农业学报,2014(11):85-91.

[50]李先明,秦仲麒,刘先琴,等.生草对梨园微域生态环境及果实品质的影响[J].河南农业科学,2010(1):92-95.

[51]李先明,秦仲麒,涂俊凡,等.早熟梨新品种"玉香"的选育[J].中国南方果树,2018(S1):1-4.

[52]李先明,朱红艳,李梦歌,等.湖北地区砂梨有害生物发生及防治现状[J].果树学报,2018(A1):46-54.

[53]李先明,秦仲麒,涂俊凡,等.湖北省梨高接换种技术规程[J].河北农业科学,2020,24(6):65-68.

[54]李先明,秦仲麒,刘先琴,等.不同梨品种光合作用差异性的研究[J].江西农业学报,2012(3):7-10.

[55]李先明.砂梨套袋技术及其效应研究[D].武汉:华中农业大学,2005.

[56]李先明,秦仲麒,涂俊凡,等.梨品种需冷量评价模式[J].西北农业学报,2013(5):68-71.

[57]李先明.梨园正确使用波尔多液的方法[J].中国农村科技,2000(8):23.

[58]李先明.梨新品种"金香"的品种特性及栽培技术[J].中国南方果树,2018(S1):5-8.

[59]李先明,秦仲麒,涂俊凡,等.西北地区梨主要树形冠层结构调查分析[J].中国南方果树,2018(A1):67-71.

[60]李先明,秦仲麒,涂俊凡,等.梨果实若干外观性状及童期的遗传学调查[J].江西农业学报,2016,28(7):22-26.

[61]李先明,秦仲麒,涂俊凡,等.不同类型纸袋套袋处理对梨果实品质的影响[J].浙江农业学报,2012(6):998-1003.

[62]李先明,秦仲麒,涂俊凡,等.六个中晚熟梨品种叶面积回归方程的建立[J].湖北农业科学,2012(12):2487-2492.

[63]李先明,秦仲麒,涂俊凡,等.不同梨品种需冷量研究[J].河南农业科学,2011(7):126-129.

[64]李先明,秦仲麒,涂俊凡,等.7个早熟梨品种叶面积回归方程的建立[J].江西农业学报,2011(5):36-39.

[65]李先明,秦仲麒,刘先琴,等.套袋对梨果实农药残留量和重金属含量的影响[J].天津农业科学,2010(5):97-99.

[66]李先明,刘先琴,涂俊凡,等.梨不同树形的结构特征、产量分布及果实品质的差异[J].中国农学学报,2009(23):323-326.

[67]李先明,秦仲麒,刘先琴,等.湖北省砂梨产业现状、存在问题及发展对策[J].河北农业科学,2009(8):100-104.

[68]李相禹,李先明.果园绿肥新种——大别山野豌豆概述[J].特种经济动植物,2019(9):28-30.

[69]李先明.十六个早熟砂梨品种在武汉的引种试验[J].中国南方果树,2003(4):66-67.

[70]李先明.采摘期对金水2号梨果实性状的影响[J].中国南方果树,2001(4):54-55.

[71]李先明.武汉地区梨瘿蚊发生特点及防治[J].湖北植保,2000(3):23-24.

[72]李先明.优质晚熟梨——金水1号[J].中国土特产,2000(3):36.

[73]李先明.金水2号梨套袋试验[J].中国南方果树,2000(2):45.

[74]李先明,秦仲麒,刘先琴.梨接芽苗栽植技术[J].落叶果树,2000,28(1):52.

[75]李先明.武汉地区梨实蜂发生特点及防治[J].湖北植保,1999(4):28.

[76]李先明.提高鄂梨2号坐果率、果实品质及田间产量的方法及应用:ZL 202010699731.5[P].2020-07-20.

[77]李先明.一种梨杂交种子简易快速育苗方法:ZL 201110130146.4[P].2012-12-05.

[78]李先明.一种果树杂交育种人工授粉工具:ZL 201120161087.2[P].2012-05-30.

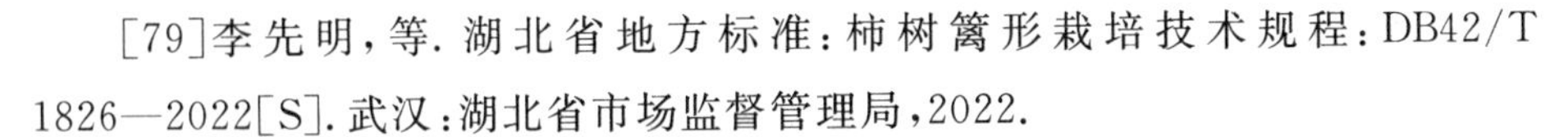

[79]李先明，等. 湖北省地方标准：柿树篱形栽培技术规程：DB42/T 1826—2022[S]. 武汉：湖北省市场监督管理局，2022.

[80]李先明，等. 湖北省地方标准：甜柿低产林提质增效技术规程：DB42/T 1856—2022[S]. 武汉：湖北省市场监督管理局，2022.

[81]李先明，等. 湖北省地方标准：绿色食品 柿生产技术规程：DB42/T 1297—2017[S]. 武汉：湖北省质量技术监督局，2017.

[82]李先明，等. 湖北省地方标准：化学农药减施增效技术规范 第2部分：梨园：DB42/T 1788.2—2022[S]. 武汉：湖北省市场监督管理局，2022.

[83]李先明，等. 湖北省地方标准：生草栽培技术规程 第1部分：梨园：DB42/T 1759.1—2021[S]. 武汉：湖北省市场监督管理局，2021.

[84]李先明，等. 湖北省地方标准：砂梨套袋栽培技术规程，DB42/T 930—2013[S]. 武汉：湖北省质量技术监督局，2013.

[85]李先明，等. 湖北省地方标准：砂梨生产技术规程，DB42/T 931—2013[S]. 武汉：湖北省质量技术监督局，2013.

[86]李先明，等. 湖北省地方标准：长江流域梨树体管理增效技术规程：DB42/T 1578—2020[S]. 武汉：湖北省市场监督管理局，2020.

[87]李先明，等. 湖北省地方标准：鄂梨1号、鄂梨2号生产技术规程：DB42/T 424—2020[S]. 武汉：湖北省市场监督管理局，2020.

[88]李先明，等. 湖北省地方标准：梨简化树形栽培技术规程，DB42/T 1981—2023[S]. 武汉：湖北省市场监督管理局，2023.

[89]李先明. 一种改变玉香梨果实商品外观性状的方法及其应用：ZL 202310172096.9[P]. 2023-12-15.

[90]李先明. 一种梨树和半夏立体生态栽培方法及其应用：ZL 202210407571.1[P]. 2023-09-22.

[91]李先明. 一种减少罗田甜柿果实种子同时提高坐果率的方法及其应用：ZL 202310172104.X[P]. 2024-01-26.

[92]李先明. 一种缩短柿实生苗童程和童期的方法：ZL 202111648586.9[P]. 2023-04-07.

[93]李先明. 一种同步防控柿果实皲裂和日灼的方法：ZL 202110013406.3

[P].2023-06-09.

[94]李先明.一种培育柿健壮结果母枝的方法:ZL 202110013421.8 [P].2023-05-26.

[95]李先明.柿“N+1”树形整形方法:ZL 202111648561.9 [P].2023-04-14.

果园常用的农药

1. 大生 M-45

大生 M-45，80%可湿性粉剂，通用名为代森锰锌，是锌锰离子以络合态的形式结合而成的化合物，广谱、高效，耐雨水冲刷，可在雨前喷施，在叶果表面形成一种致密的保护药膜，能抑制病菌的萌发和侵入。

2. 三唑酮

三唑酮又名粉锈宁、百菌酮，三唑类杀菌剂，高效、低毒、低残留，持效期长、内吸性强，被植物的各部分吸收后，能在植物体内传导，对锈病和白粉病具有预防、治疗、铲除等作用，可抑制菌丝生长和孢子形成。三唑酮应用广泛，原药和制剂类型多，主要有 15%、20%乳油，8%、10%、12%高渗乳油，12%增效乳油，10%、15%、25%可湿性粉剂，8%高渗可湿性粉剂，15%烟雾剂，以及含三唑酮的复配杀菌剂和杀菌杀虫剂、种衣剂，可以茎叶喷雾、种子处理、土壤处理等方式施用，也可与多种杀菌剂、杀虫剂、除草剂等现混现用。

3. 苯醚甲环唑

苯醚甲环唑又名恶醚唑，商品名称：思科、世高。三唑类杀菌剂，具内吸性，有保护和治疗作用，安全性比较高。其杀菌谱广，对子囊菌纲、担子菌纲，以及包括链格孢属、壳二孢属、尾孢霉属、刺盘孢属、球痤菌属、茎点霉属、柱隔孢属、壳针孢属、黑星菌属在内的半知菌，白粉菌科、锈菌目等有持久的保护和治疗作用。

4. 吡唑醚菌酯

吡唑醚菌酯又名百克敏、唑菌胺酯，是甲氧基丙烯酸酯类杀菌剂之一，新型广谱杀菌剂，线粒体呼吸抑制剂，具有保护、治疗、叶片渗透传导作用。一般喷

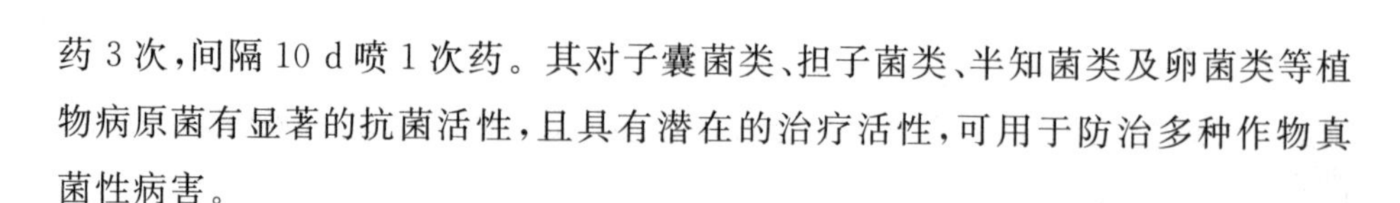

药 3 次，间隔 10 d 喷 1 次药。其对子囊菌类、担子菌类、半知菌类及卵菌类等植物病原菌有显著的抗菌活性，且具有潜在的治疗活性，可用于防治多种作物真菌性病害。

5. 咪鲜胺

咪鲜胺系抑制麦角甾醇生物而合成的，广谱杀菌剂，具有保护和铲除作用。其对由子囊菌和半知菌引起的病害具有明显的防效，与大多数杀菌剂、杀菌剂、杀虫剂、除草剂混用，均有较好的防治效果。

6. 烯啶虫胺

烯啶虫胺是新烟碱类杀虫剂，高效、低毒，具内吸性和无交互抗性，主要作用于昆虫神经，对害虫突触受体具有神经阻断作用，对各种蚜虫、粉虱、叶蝉和蓟马有良好的防效。其杀虫谱较广，残留期可持续 15 d，主要用于防治木虱、蚜虫等害虫，使用安全，害虫不易产生抗体。

7. 噻虫嗪

噻虫嗪又名阿克泰，是一种全新结构的第二代烟碱类高效低毒杀虫剂，可选择性抑制昆虫中枢神经系统烟酸乙酰胆碱酯酶受体，进而阻断昆虫中枢神经系统的正常传导，造成害虫出现麻痹时死亡。其对害虫具有胃毒、触杀及内吸活性，用于叶面喷雾及土壤灌根处理。施药后其迅速被内吸，并传导到植株各部位，对鞘翅目、双翅目、鳞翅目，尤其是同翅目害虫有高活性，可有效防治各种刺吸式害虫，如蚜虫、叶蝉、飞虱类、粉虱、金龟子幼虫、线虫、潜叶蛾等。其与吡虫啉、啶虫脒、烯啶虫胺无交互抗性，既可用于茎叶处理，也可用于土壤处理。

8. 吡虫啉

吡虫啉是烟碱类杀虫剂，广谱、高效、低毒、低残留，不易产生抗性，对人、畜、植物和天敌安全，并有触杀、胃毒和内吸等作用。产品速效性好，药后 1 d 即有较高的防效，残留期长达 25 d，温度高杀虫效果好。其主要用于防治刺吸式口器害虫，如蚜虫、飞虱、粉虱、叶蝉、蓟马，以及鞘翅目、双翅目和鳞翅目的某些害虫，但对线虫和红蜘蛛无效。其特别适于种子处理和以撒颗粒剂方式施药。

9. 虱螨脲

虱螨脲是新型杀虫剂，通过作用于昆虫幼虫、阻止脱皮过程而杀死害虫，对蓟马、锈螨、白粉虱有独特的杀灭机理，适于防治对合成除虫菊酯和有机磷农药

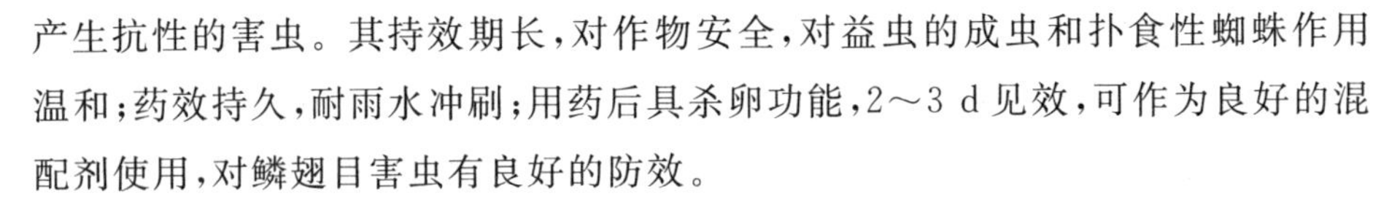

产生抗性的害虫。其持效期长，对作物安全，对益虫的成虫和扑食性蜘蛛作用温和；药效持久，耐雨水冲刷；用药后具杀卵功能，2～3 d见效，可作为良好的混配剂使用，对鳞翅目害虫有良好的防效。

10. 螺虫乙酯

螺虫乙酯是季酮酸类化合物，高效、广谱，具有双向内吸传导性能，被植物吸收后，能在整个植物体内上下移动，抵达叶面和树皮。其独特的内吸性能可有效保护新生茎、叶和根部，防止害虫的卵和幼虫生长。其持效期长达8周，可有效防治各种刺吸式口器害虫，如蚜虫、蓟马、木虱、粉蚧、粉虱和介壳虫等，对重要益虫，如瓢虫、食蚜蝇和寄生蜂，具有良好的选择性。

11. 吡蚜酮

吡蚜酮又名吡嗪酮，是新型吡啶杂环类杀虫剂，高效、低毒，对环境生态安全，用于防治大部分同翅目害虫，尤其是刺吸式口器害虫，如蚜虫科、粉虱科、叶蝉科害虫。

12. 高效氯氰菊酯

高效氯氰菊酯的商品名称为高保、高清、高亮等，制剂类型多，有95%原药、4.5%乳油、5%可湿粉剂，还有复配制剂，如40%甲·辛·高氯乳油、29%敌畏·高氯乳油、30%高氯·辛乳油。其非内吸性，具触杀和胃毒作用，通过与害虫钠通道相互作用而破坏神经系统，有强毒性；广谱性杀虫剂，对许多种害虫均具有很高的杀虫活性，主要防治鳞翅目害虫，可用于木虱类、蓟马类、食心虫类、卷叶蛾类、毛虫类、刺蛾类等害虫。

13. 啶虫脒

啶虫脒又名乙虫脒、啶虫咪，是一种氯化烟碱类化合物。其杀虫谱广、活性高、持效长、速效，具有触杀和胃毒作用，内吸活性强；对半翅目（蚜虫、叶蝉、粉虱、蚧虫、介壳虫等）、鳞翅目（小菜蛾、潜蛾、小食心虫、纵卷叶螟）、鞘翅目（天牛、猿叶虫）、总翅目（蓟马类）害虫均有效，对有机磷、氨基甲酸酯及拟除虫菊酯类等农药品种产生抗药性的害虫具有较好效果。

14. 甲维盐

甲氨基阿维菌素苯甲酸盐（甲维盐），溶于丙酮和甲醇，微溶于水，是从发酵产品阿维菌素中合成的一种新型高效抗生素杀虫剂，超高效、低毒（制剂近无

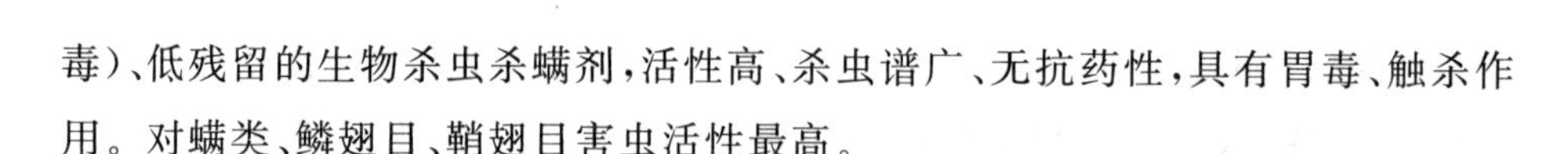

毒)、低残留的生物杀虫杀螨剂,活性高、杀虫谱广、无抗药性,具有胃毒、触杀作用。对螨类、鳞翅目、鞘翅目害虫活性最高。

15. 高氯甲维盐

高氯甲维盐是用0.2%甲氨基阿维菌素苯甲酸盐和4%高效氯氰菊脂混配的杀虫剂。

16. 石硫合剂

熬制石硫合剂时应选择色白、质轻,无杂质、含钙量高的优质石灰,要用色黄、质细的优质硫黄,最好达到350目以上。先用大锅将水烧至70~80 ℃,然后把称好的硫黄粉放入预备容器内,加热水搅拌至硫黄粉全部溶解且呈面糊状,再倒入烧好的大锅内。大锅内硫黄水沸腾时则缓慢加入生石灰,此时溶液易喷溅,应加少量冷水降温。生石灰∶硫黄粉∶水=1∶2∶10 。石灰全部加入锅内以后,开始记时并加大火力猛煮约50 min。在此过程中,水分蒸发较快,应补水至生石灰∶硫黄粉∶水=1∶2∶13。锅内的溶液呈酱油色,用波美比重计测定浓度为26~28°Bé时即可。待原液澄清后,即可稀释使用。锅内的残渣收集后,可用作树体刷干。

17. 波尔多液

波尔多液为矿物源农药,是生产绿色果品提倡使用的杀菌剂。

(1)配制比例

适当增加石灰用量可提高药液的黏附能力,每喷1次可维持药效30~40 d。传统的1∶2∶200波尔多液,每喷1次仅能维持药效15~20 d,且易产生果锈;若比例为1∶6∶200,则影响叶片的光合作用,药效亦降低。

(2)配制方法

配制波尔多液时不宜用金属容器,可用木桶、塑料桶或瓷器;石灰宜选用色白、质轻的块状新鲜石灰,忌用久置粉化发绵的石灰。配制时先用2/3的水稀释硫酸铜,并充分搅拌使其溶解,再用1/3的水将生石灰配成浓石灰乳,然后将稀的硫酸铜溶液缓慢倒入浓石灰乳中,边倒边搅拌,这样配成的波尔多液为天蓝色胶悬体,不产生沉淀。

(3)使用方法

波尔多液为保护性杀菌剂,应在果树发病前使用,而且喷雾时应细致均匀,叶背及叶面都应喷至滴水为度；枝干则用淋洗式，成年树每亩每次用药 150 kg 为宜。喷药应在晴天上午 9 点至下午 4 点进行，阴天或有露水时忌用，多雨季节宜在雨前使用。波尔多液为碱性农药，宜随配随用，忌与其他杀虫杀菌剂混合使用，以免产生药害。若使用其他杀虫杀菌剂时，应与波尔多液错开 7～10 d，否则降低药效。波尔多液可与退菌特混合使用，且能提高药效。长期使用波尔多液的园子，红蜘蛛有加重为害的趋势，应注意使用杀螨剂防治红蜘蛛。

后　　记

值此《经济林栽培与利用》即将付梓之际，我所主持的2项科技成果通过了第三方科技成果评价。在此我要对30多年来一直关心、支持我的领导、老师、同事及同行表示诚挚的谢意！

第一项是柿优特新品种选育与产业化应用。2023年3月28日，专家组在武汉对“柿优特新品种选育与产业化应用”项目进行了科技成果评价。中国工程院院士、西北农业科技大学康振生教授担任专家组组长，湖北省农业农村厅副厅长肖长惜研究员任副组长，专家组认为该项目科技成果整体达到国际领先水平。

该项目主要创新成果：

一是创制出一批优异种质，选育出不同用途的优质特色柿新品种5个。我们系统搜集了罗田甜柿、磨盘柿、牛心柿等各类种质资源329份，并进行了鉴定评价；创制了种子少、品质优、抗性强的特异新种质21份；国内首次育成了完全甜柿新品种“宝华甜柿”和“宝盖甜柿”，其综合性状超过国际主栽品种日本甜柿“次郎”，还育成了国际首个高Vc含量的黑色柿品种“黑柿1号”，以及鲜食加工兼用的“中农红灯笼”和“桂柿1号”。

二是构建了生态高效栽培技术体系。我们创新了柿“三当”(当年播种、当年嫁接、当年成苗)育苗技术，攻克了柿砧穗不亲和的技术难题，研发了宜机化的“树篱形”、高光效的一主多侧(N+1)树形，构建了以生态栽培为特征的土壤管理和“宽行窄株+高垄低畦+行间生草+肥水一体”的栽培技术体系。

三是揭示了柿果实保鲜与脱涩的分子机理，建立了柿果实储藏保鲜技术规范，开发出一系列柿加工新产品。我们解析了乙烯响应因子通过促进细胞壁修饰和乙烯生物合成调控果实成熟的机制，揭示了DkMYB6基因调控柿果实脱涩的机理；研发出柿单宁高效制备新方法和果实储藏新技术，储藏180 d后好果率达到95%以上；开发出柿饼、柿醋、柿片加工新工艺并规模化应用。

第二项是梨优质特色品种选育与绿色轻简栽培技术创新及应用。

2023年1月6日，专家组在武汉对“梨优质特色品种选育与绿色轻简栽培技术创新及应用”项目进行了科技成果评价。中国工程院院士、中国农业科学院李培武研究员担任专家组组长，湖北省农业农村厅副厅长肖长惜研究员，以及华中农业大学郭文武教授任副组长，专家组认为该科技成果整体达到国际先进水平，其中在低需冷量品种及早熟品种选育方面达到国际领先水平。

该项目主要创新成果：

一是创新了梨种质评价与育种方法，创制出一批早熟、高糖等优异种质，选育出不同需冷量的优质特色梨新品种5个。我们创建了梨种质及育种核心亲本需冷量评价鉴定技术，鉴定了430个组合、2.9万株杂交苗，通过远缘有性杂交和SNP分子标记辅助育种技术，筛选出早熟、高抗、高糖等不同类型的新品系34份；选育出早熟型鄂梨2号、高糖型玉香梨、加工兼用型玉绿等梨新品种。

二是揭示了梨黑斑病、炭疽病等主要病害的致病机理，建立了绿色防控技术体系。我们调查分析了长江流域产区梨主要病害类型及发生规律，创建了梨黑斑病菌分离鉴定及分类方法，发现炭疽病新种C. pyrifoliae和C. jinshuense，揭示了炭疽病菌侵染的分子机理；分离鉴定出具有生防应用前景的新的+ssRNA真菌病毒CfRV1；研制出黑斑病、炭疽病防治技术规程，构建了“以树形管理果园生草为基础，以绿色替代精准施药为核心”的绿色防控技术体系。

三是系统研究了优质特色梨新品种的生育特性，制定了高质高效生产技术规程，构建了绿色轻简栽培技术体系。我们基于早熟、高糖、低需冷量等不同类型品种的生长发育特性，研发了宜机化果园管理的单轴长枝修剪技术，创建了圆柱形、倒伞形等简化树形生产管理技术模式；构建了“高垄低畦+宽行窄株+果园生草+宜机树形+单果管理”的轻简高效栽培技术体系。

我要感谢湖北省林业局张维副局长、夏向荣处长；感谢湖北省果茶办公室鲍江峰研究员、赵昆松研究员；感谢华中农业大学伊华林教授、徐文兴教授；感谢中国林业科学研究院刁松锋处长、程军勇研究员；感谢湖北省农业科学院吴恢研究员、张兴中处长。

“投我以木李，报之以琼玖；匪报也，永以为好也”，感谢我的妻儿！

“蓼蓼者莪，匪莪伊蒿；哀哀父母，生我劬劳”，感谢我的父母！

“为什么我的眼里常含泪水，因为我对这土地爱的深沉”，感谢湖北省农业科学院果树茶叶研究所的同事们！

由于本人水平有限，书中错误在所难免，敬请读者批评指正！（微信同手机号：13971014917；邮箱：xianmingli@126.com）

李先明

2024 年 4 月